MARCHA CRIANÇA

INTEGRADO

4º ano

Maria Teresa Marsico

Professora graduada em Letras pela Universidade Federal do Rio de Janeiro (UFRJ) e em Pedagogia pela Sociedade Unificada de Ensino Superior Augusto Motta. Atuou por mais de trinta anos como professora de Educação Infantil e Ensino Fundamental das redes municipal e particular de ensino no município do Rio de Janeiro.

Armando Coelho de Carvalho Neto

Atua desde 1981 com alunos da rede oficial de ensino e professores das redes oficial e particular do Rio de Janeiro. Desenvolve pesquisas e estudos sobre metodologias e teorias modernas do aprendizado. É autor de obras didáticas para Ensino Fundamental e Educação Infantil desde 1993.

Maria Elisabete Martins Antunes

Professora graduada em Letras pela Universidade Federal do Rio de Janeiro (UFRJ). Atuou durante trinta anos como professora titular em turmas do 1º ao 5º ano na rede municipal de ensino do Rio de Janeiro.

Este livro pertence a: ______________________________

____

Escola: ______________________________

____

editora scipione

editora scipione

Diretoria editorial: Lidiane Vivaldini Olo
Editoria de Anos Iniciais do Ensino Fundamental: Heloisa Pimentel
Edição: Miriam Mayumi, Angela Adriana, Tais Freire Rodrigues, Leandro dos Reis Silva, Adriane Gozzo, Tereza Cristina de Freitas Gouveia, Naira Gomes dos Santos
Colaboração: Nathalia Matsumoto
Supervisão de arte e produção: Sérgio Yutaka
Equipe de arte: Eber Alexandre de Souza, Mauro Roberto Fernandes, Ester Harue Inakake, Cleiton Caliman
Supervisão de arte e criação: Didier Moraes
Edição de arte e criação: Tyago Bonifácio da Silva
Design gráfico (capa e miolo): UC Produção Editorial
Gerência de revisão: Hélia de Jesus Gonsaga
Equipe de revisão: Rosângela Muricy (coord.); Ana Curci, Gloria Cunha, Luís Maurício Boa Nova e Vanessa de Paula; Flávia Venézio dos Santos e Gabriela Macedo de Andrade (estags.)
Supervisão de iconografia: Sílvio Kligin
Pesquisa iconográfica: Ana Maria de Andrade e Caio Mazzilli
Tratamento de imagem: Cesar Wolf e Fernanda Crevin
Ilustrações: Adelmo Naccari, Andréia Vieira, Camila de Godoy, Carlos Avalone, Cassiano Röda, Cícero Soares, Ilustra Cartoon, J. Rodrigues, Jurandir Ribeiro, Kanton, Luis Moura, Mário Pita, MW Editora Ilustrações, Osni de Oliveira, Sérgio Cântara, Valter Ferrari
Cartografia: Allmaps

Direitos desta edição cedidos à Editora Scipione S.A.
Avenida das Nações Unidas, 7221, 3º andar, Setor D
Pinheiros – São Paulo – SP – CEP 05425-902
Tel.: 4003-3061
www.scipione.com.br/atendimento@scipione.com.br

Dados Internacionais de Catalogação na Publicação (CIP)
(Câmara Brasileira do Livro, SP, Brasil)

Marsico, Maria Teresa
Marcha criança: integrado: ensino fundamental: língua portuguesa, matemática, história, geografia, ciências, inglês, arte / Maria Teresa Marsico, Maria Elisabete Martins Antunes, Armando Coelho de Carvalho Neto, – 3. ed. – São Paulo: Scipione, 2014.

Obra em 5 v.

1. Arte (Ensino fundamental) 2. Ciências (Ensino fundamental) 3. Geografia (Ensino fundamental) 4. História (Ensino fundamental) 5. Inglês (Ensino fundamental) 6. Matemática (Ensino fundamental) 7. Português (Ensino fundamental) I. Antunes, Maria Elisabete Martins. II. Carvalho Neto, Armando Coelho de. III. Título.

14-02320 CDD–372.19

Índices para catálogo sistemático:
1. Ensino integrado: Livros-texto: Ensino Fundamental 372.19

2024
ISBN 978 85 262 9356-4 (AL)
ISBN 978 85 262 9357-1 (PR)
Cód. da obra CL 738661
CAE 497804 (AL) / 497805 (PR)
3ª edição
9ª impressão

Impressão e acabamento:
Log&Print Gráfica, Dados Variáveis e Logística S.A.

MARCHA CRIANÇA
INTEGRADO

Sumário

APRESENTAÇÃO

Querido aluno, querida aluna,

Preparamos esta coleção com muito carinho especialmente para você. Ela está repleta de situações e atividades motivadoras que certamente despertarão seu interesse e lhe proporcionarão momentos de alegria e muitas descobertas. Esperamos que com ela você encontre satisfação no constante desafio de aprender!

Ao final de cada unidade, apresentamos como novidade a seção **De olho...**, com a qual você e seus colegas poderão ampliar seus conhecimentos nas diferentes disciplinas.

Crie, opine, participe, aprenda e colabore para transformar o mundo em um lugar melhor. E lembre-se de compartilhar seus conhecimentos com os colegas e com o professor, oferecendo um grande exemplo de solidariedade, amizade e cidadania.

Bons estudos e um forte abraço!

Maria Teresa, Maria Elisabete e Armando

CONHEÇA SEU LIVRO

Este livro é composto de sete disciplinas.

As disciplinas regulares estão divididas sempre em quatro unidades. Cada unidade termina com a nova seção **De olho...**

No final de cada disciplina, você encontrará algumas sugestões de leitura para aprofundar seus conhecimentos.

Em papel especial, um material exclusivo complementa as atividades do livro.

Para complementar seu aprendizado, você ainda receberá, à parte, um caderno de atividades.

Unidade

1

Na escola e na vida

Andréia Vieira/Arquivo da editora

O QUE VOU ESTUDAR?

- Leitura e compreensão
- Encontro vocálico
- Encontro consonantal e dígrafo
- Sílaba
- Acentuação

Texto 1

Diário de Biloca

Ilustra Cartoon/Arquivo da editora

15 de fevereiro

Ganhei este diário hoje.

Mentirinha. Eu ganhei no ano passado, no dia da troca do presente de amigo-secreto. Fiquei superfeliz de ter sido amiga da Dri. Além do diário, ganhei uma pulseira lindérrima. Adorei o diário... mas só estou começando a escrever hoje porque vieram as férias... o início das aulas... Na verdade, não tinha começado ainda por pura preguiça — gostar de escrever eu até gosto. E prometo, de pés juntos e dedos cruzados, que a partir de hoje não falho mais um dia sequer... Só se...

Espero realmente que aconteçam boas coisas para contar. Se for como o ano passado, cruz-credo. Nem gosto de lembrar, mas como não consigo controlar a portinha da lembrança, acabo pensando tudo outra vez. A pior de todas foi mesmo a recuperação que eu peguei em Português. Por pouco, muito pouco, não termino o ano com uma preciosa bomba que certamente iria explodir na minha casa. Ufa, ainda bem que passou, e o que passou, passou. Como diz minha avó: “Águas passadas não movem moinhos”. Se movem ou não movem, não quero saber, este ano eu não vou marcar bobeira. Recuperação nunquinha, nunquinha. Vou tirar tudo de letra. Bem... chega de falar de coisa chata. Acho que para começar um diário é preciso coisas alegres, senão dá azar.

Biloca

16 de fevereiro

As aulas começam amanhã. Série nova, vida nova. Tomara que eu não caia na classe da Marília.

22 de fevereiro

Nada de importante. Ou melhor: tudo é importante.

Como não cabe tudo aqui, nem tenho tanto tempo assim, escolho alguma coisa e vamos lá. Anteontem eu precisei de dinheiro para comprar um tênis novo. Fiz um bilhete, logo de manhã, antes de ir para a escola, e coloquei na geladeira, preso na porta pelo ímã, no mesmo lugar em que minha mãe anota suas coisas que não devem ser esquecidas.

Na hora do almoço a resposta estava no mesmo lugar.

Ilustrações: Kanton/Arquivo da editora

Espertinho, meu pai. Tem boa memória.

Melhor do que a minha. Quem foi que disse que os mais velhos perdem a memória? E essa de aumento de gasolina? Se for problema de aumento de preço, estou perdida, nunca mais calçarei um par de tênis. Tem aumento todo dia, um atrás do outro, tantos! Só a minha mesada não aumenta com a inflação.

Diário de Biloca, de Edson Gabriel Garcia.
São Paulo: Atual, 2005.

Reprodução/Editora Atual

moinhos: engenhos para moer cereais, movidos por queda-d'água, vento, motor ou animais.

POR DENTRO DO TEXTO

1. Em que dia Biloca começou a escrever em seu diário?

____

2. A primeira frase que Biloca escreveu em seu diário foi "Ganhei este diário hoje". Copie o trecho do texto que nega essa informação.

____

3. Complete as informações do quadro. Elas se referem a Biloca.

a) Quando ganhou o diário: ____

____

b) De quem ganhou o diário: ____

c) Motivos por ter demorado a escrever no diário: ____

____

d) A pior lembrança do ano anterior: ____

4. Releia o trecho a seguir.

> "Recuperação nunquinha, nunquinha. Vou tirar tudo de letra."

- Na sua opinião, o que Biloca deve fazer para conseguir isso?

____

5. Em que dia começaram as aulas de Biloca? Como você descobriu isso?

____

____

6. Em que data Biloca escreveu ao pai sobre a necessidade de comprar um tênis novo?

____

- A que data o trecho abaixo se refere?

  "Anteontem eu precisei de dinheiro para comprar um tênis novo."

  ____

7. A maneira como Biloca escreveu o bilhete a seu pai é a mesma de quando ela escreve no diário? Por quê?

____

____

____

8. Releia os trechos e escreva o significado das palavras destacadas.

a) "Fiquei **superfeliz** de ter sido amiga da Dri." ______________

b) "Além do diário, ganhei uma pulseira **lindérrima**." ______________

c) "Se for como o ano passado, **cruz-credo**." ______________

9. Você sabe o significado da palavra **inflação**? Leia o verbete no quadro e, com base nele, explique o trecho abaixo.

> **inflação** *s. fem.* in-fla-**ção.** Aumento regular e frequente dos preços, ou seja, diminuição do valor do dinheiro e do poder de compra das pessoas.
>
> **Dicionário ilustrado de português**, de Maria Tereza Camargo Biderman. São Paulo: Ática, 2005.

"Tem aumento todo dia, um atrás do outro, tantos! Só a minha mesada não aumenta com a inflação."

____

____

____

APRENDENDO GRAMÁTICA

Encontro vocálico: ditongo, hiato, tritongo

Leia a frase e observe as palavras destacadas.

Biloca escreve todos os **dias** em **seu diário**.

Elas apresentam encontro de vogais.

d**ia**s   s**eu**   d**iá**r**io**

Encontros vocálicos

O encontro de vogais na mesma palavra é chamado de **encontro vocálico**.

1. Leia as palavras e circule as que apresentam encontro vocálico.

dinossauro	saúva	leoa
marreco	urso	jaguatirica
canguru	onça	papagaio
boi	jumento	galinha
iguana	cachorro	quati

2. Observe a separação silábica das palavras e veja como são classificados os encontros vocálicos.

Ilustra Cartoon/Arquivo da editora

compan**hei**ro
com-pa-n**hei**-ro
O encontro vocálico não se separou.
Chamamos esse encontro de **ditongo**.

Urug**uai**
U-ru-g**uai**
As três vogais permaneceram juntas.
Chamamos esse encontro de **tritongo**.

sand**uí**che
san-d**u**-**í**-che
O encontro vocálico se separou.
Chamamos esse encontro de **hiato**.

- Leia a frase e complete as informações a seguir.

A criançada ficou feliz com o sinal da saída.

a) Nas palavras ______________, ______________ e ______________ aparecem duas vogais seguidas formando um ______________ vocálico.

b) Nas palavras ______________ e ______________, as vogais aparecem em sílabas diferentes. Esse encontro vocálico é chamado de ______________.

c) Na palavra ______________ há o encontro de duas vogais na mesma sílaba. Esse encontro é chamado de ______________.

3. Circule os encontros vocálicos das palavras e separe as sílabas.

cidadão ______________

enxaguei ______________

sanduíche ______________

animais ______________

moeda ______________

higiene ______________

saguão ______________

Paraguai ______________

eleições ______________

autor ______________

toalha ______________

iguais ______________

biscoito ______________

violeta ______________

- Agora, organize essas palavras no quadro a seguir.

ditongo	hiato	tritongo
______________	______________	______________
______________	______________	______________
______________	______________	______________
______________	______________	______________
______________	______________	______________

ESCREVENDO CERTO

m ou n

1. Leia o poema.

Destino

De **um** lado está
A pipa,
De outro lado,
O menino,
Ligados por um só fio,
Atados a um só
Destino,

Que para **ambos** reserva
O mesmo papel:
Bailarino.
Enquanto a pipa
Dança,
Dança, **também**,
O menino.

O bailado: primeiros movimentos, de Hardy Guedes Alcoforado Filho. São Paulo: Scipione, 2008.

Ilustrações: Ilustra Cartoon/Arquivo da editora

a) Observe as palavras destacadas no poema e distribua-as nos respectivos quadros.

m antes de **p** e **b**	**n** antes de outras consoantes

m final

b) Complete a informação abaixo.

Usamos a consoante ________ antes de **p** e **b** e, quase sempre, no final das palavras.

Antes de outras consoantes, usamos **n**.

2. Complete as palavras com **m** ou **n**.

que______te	bo______beiro	i______dígena
nuve______	tre______zinho	bu______bo
jardi______	le______ço	te______po
ca______po	a______bulâ______cia	a______ta

3. Encontre no diagrama as palavras do quadro.

consumo
reciclagem
campanha
entidade
ambiente
criança

C	T	J	C	O	N	S	U	M	O	U	D	L	S	O	Q
C	A	M	P	A	N	H	A	X	D	S	I	L	G	S	V
H	T	F	A	M	B	I	E	N	T	E	S	P	U	D	A
P	V	X	A	P	T	R	E	C	I	C	L	A	G	E	M
E	N	T	I	D	A	D	E	L	Z	A	M	T	O	S	E
J	A	S	O	T	P	C	R	I	A	N	Ç	A	Q	O	I

4. Encontre no quadro as sílabas que completam as palavras.

pom pon tem ten sam san cam can

____	po	ral		____	po	nês
____	da			____	tor	
____	po	so		____	bar	
____	tei	ro		____	fo	na

Texto

2

Minhas férias, pula uma linha, parágrafo

Essa é a história de um garoto de onze anos de idade chamado Guilherme Pontes Pereira. Ele contará sobre seu primeiro dia de aula no 6º ano...

O primeiro dia de aula é o dia que eu mais gosto em segundo lugar. O que eu mais gosto em primeiro é o último, porque no dia seguinte chegam as férias.

Os dois são os melhores dias na escola porque a gente nem tem aula. No primeiro dia não dá para ter aula porque o nosso corpo está na escola, mas a nossa cabeça ainda está nas férias. E no último, também não dá para ter aula porque o nosso corpo está na escola, mas a nossa cabeça já está nas férias.

Era o primeiro dia e era para ser a aula de Português, mas não era porque todo mundo estava contando das férias. E como todo mundo queria contar mais do que ouvir, o barulho na classe estava mesmo ensurdecedor. O que explica o fato de ninguém ter escutado a professora gritando para a gente parar de gritar. Todo mundo estava bem surdo mesmo. Mas quando ela bateu com os livros em cima da mesa a nossa surdez passou e todo mundo olhou para ela.

Ela estava em pé, na frente do quadro-negro, e ficou em silêncio, com uma cara bem brava, olhando para a gente.

Quando um professor está em silêncio com uma cara bem brava olhando para você, é melhor também ficar em silêncio com uma cara de sem graça olhando para um ponto qualquer que não seja a cara brava do professor.

A professora puxou a cadeira dela e se sentou.

Atrás dela, no quadro-negro, eu vi decretado o fim das nossas férias e o fim do nosso primeiro dia de aula sem aula. Estava escrito:

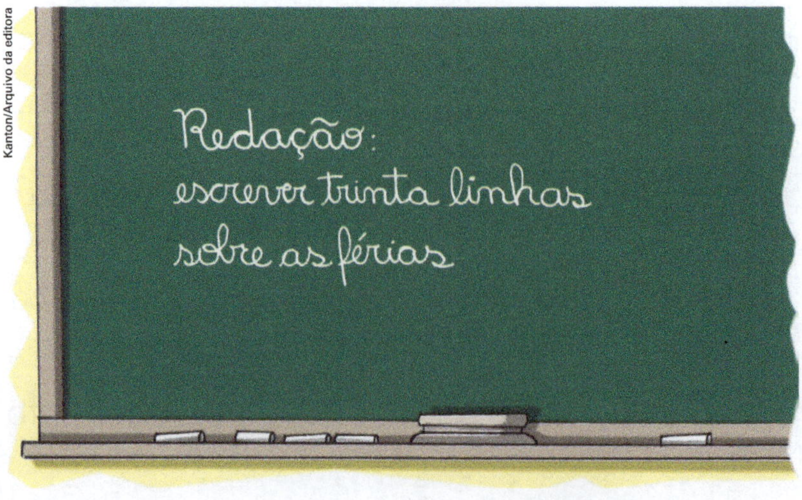

Kanton/Arquivo da editora

[...]

Peguei a caneta. Eu nem sabia mais segurar direito a caneta. Escrevi:

Mas a letra ficou péssima e eu resolvi arrancar a folha para começar bem o meu caderno. [...]

Troquei a caneta por um lápis, porque se a letra ficasse horrível era só apagar em vez de ter que arrancar outra folha.

Coloquei as minhas férias lá no alto e bem no meio da página. Pulei uma linha. Parágrafo.

Ilustrações: Kanton/Arquivo da editora

[...]

Começar as férias é a coisa mais fácil do mundo. Em compensação, começar uma redação sobre as férias é tão difícil quanto começar as aulas.

Fiquei me lembrando como é que eu tinha começado as minhas férias de verdade. Assim eu podia começar a redação do mesmo jeito. Mas eu comecei as minhas férias de verdade arrumando a mala para ir para a casa do meu avô. E agora só faltavam 12 minutos para terminar a aula. E em 12 minutos eu não ia conseguir arrumar a mala. Pelo menos não do jeito que a minha mãe gosta que eu arrume. Então decidi começar as férias da minha redação direto da casa do meu avô.

[...]

Minhas férias, pula uma linha, parágrafo, de Christiane Araújo Gribel. São Paulo: Salamandra, 1999. p. 7-8 e p. 12-13.

Reprodução/Editora Salamandra

ensurdecedor: que produz ruído alto e estrondoso.
decretado: estabelecido, determinado, ordenado.
parágrafo: divisão de um texto escrito, indicada pela mudança de linha.

POR DENTRO DO TEXTO

1. Em que lugar se passa a história?

2. Em que período do ano acontecem os fatos narrados?

3. O narrador da história é também personagem dela? Enumere os parágrafos do texto que justifiquem sua resposta.

4. Quais são os dias de aula preferidos de Guilherme?

   - Por que Guilherme acha esses dois dias os melhores?

5. O **conflito** é um problema que o personagem tem de resolver. Na história que você acabou de ler, qual é o principal conflito enfrentado por Guilherme?

6. Por que Guilherme preferiu escrever sua redação a lápis e não a caneta?

7. Numere os fatos narrados na ordem em que eles aconteceram.

- [ ] Guilherme só tinha 12 minutos para escrever a redação.
- [ ] Com a frase que escreveu no quadro, a professora decretou definitivamente o fim das férias.
- [ ] Todos queriam contar sobre suas férias.
- [ ] A professora bateu com os livros em cima da mesa.
- [ ] A professora puxou a cadeira e sentou-se.
- [ ] Guilherme pegou a caneta.
- [ ] Guilherme achou melhor escrever a redação a lápis.

8. Complete o quadro com os personagens que faltam e escreva os motivos que os levaram a praticar as ações apontadas.

personagem	ação	motivo
professora	bateu com os livros em cima da mesa	
	puxou a cadeira	
	arrancou a folha do caderno	

9. Imagine que você seja o professor de Língua Portuguesa da turma de Guilherme. Escreva no caderno um parágrafo contando o que você faria no primeiro dia de aula com seus alunos.

APRENDENDO GRAMÁTICA

Encontro consonantal

Kanton/Arquivo da editora

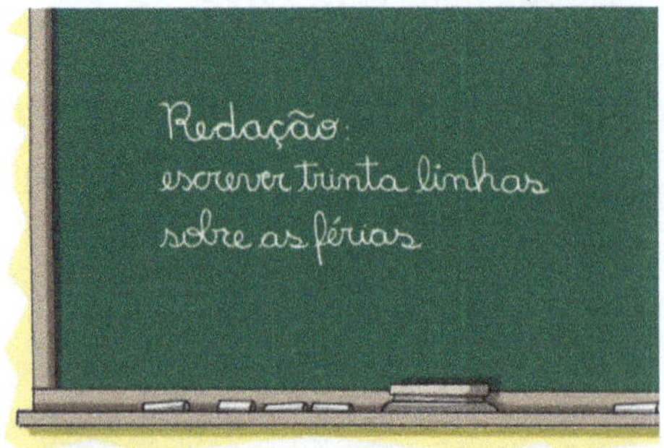

Leia a frase e observe as palavras destacadas.

Ela **escreveu** no **quadro-negro** e **decretou** o fim das férias.

O encontro de duas ou mais consoantes em uma palavra é chamado de **encontro consonantal**.

Veja estes encontros consonantais:

consoante + r		consoante + l	
br → **br**aço	**gr** → **gr**ilo	**bl** → **bl**usa	**pl** → **pl**anta
cr → **cr**eme	**pr** → **pr**ova	**cl** → **cl**ara	**tl** → a**tl**as
dr → vi**dr**o	**tr** → **tr**ave	**fl** → **fl**auta	**vl** → **Vl**adimir
fr → **fr**ango	**vr** → li**vr**o	**gl** → **gl**obo	

O encontro consonantal pode ocorrer:

na mesma sílaba	em sílaba separada
fruta → **fr**u-ta	ca**ct**o → ca**c**-**t**o
bloco → **bl**o-co	po**rt**a → po**r**-**t**a
a**tl**eta → a-**tl**e-ta	a**dv**ogado → a**d**-**v**o-ga-do
produto → **pr**o-du-to	e**sc**ola → e**s**-**c**o-la

Fique por dentro!

Quando indicarem nasalização da vogal, as consoantes **m** e **n** não formarão encontro consonantal. Exemplos:

campo → ca**m**-**p**o   santo → sa**n**-**t**o

1. Mude o **r** de lugar e forme novas palavras. Depois, separe as sílabas das palavras que você escreveu. Veja o exemplo.

garça _graça_ _gra-ça_

perto ______ ______

quarto ______ ______

parto ______ ______

- O encontro consonantal ficou na mesma sílaba? ______

2. Preencha o quadro.

palavra	separação silábica	encontro consonantal	encontro vocálico
agressão	_a-gres-são_	_gr_	_ão (ditongo)_
livraria			
brasileiro			

Dígrafo

Leia a frase abaixo e observe a palavra destacada.

Feche a torneira ao escovar os dentes.

Ilustra Cartoon/Arquivo da editora

Na palavra **feche**, as letras **ch** representam um único som.

O encontro de duas letras que representam um único som é chamado de **dígrafo**.

Veja alguns dígrafos:

ch → **ch**uva	**rr** → ca**rr**o	**gu** → á**gu**ia	**sc** → na**sc**er
lh → i**lh**a	**ss** → a**ss**ado	**qu** → **qu**iabo	**sç** → cre**sç**a
nh → ni**nh**o			**xc** → e**xc**eção

Fique por dentro!

- Os dígrafos **ch**, **lh**, **nh**, **gu** e **qu** não se separam. Exemplos: **cho**-veu, ga-**lho**, ba-**nho**, pa-**gue**, fi-**que**.
- **Gu** e **qu** só formam dígrafos quando a letra **u** não é pronunciada. Exemplos: **gu**eixa, **gu**itarra, **qu**eijo, **qu**itanda.
- Os dígrafos **rr**, **ss**, **sc**, **sç** e **xc** ficam sempre em sílabas separadas. Exemplos: gue**r**-**r**a, o**s**-**s**o, cre**s**-**c**e, na**s**-**ç**a, e**x**-**c**e-to.
- **Sc** só é dígrafo quando sua junção representa um único som. Isso acontece quando ele é seguido das vogais **e** ou **i**. Exemplos: de**sc**ender, pi**sc**ina, a**sc**endente, cre**sc**imento.

3. Assinale as palavras em que há dígrafo.

☐ quero	☐ água	☐ correção	☐ escuro
☐ guerra	☐ professora	☐ excluir	☐ frequente
☐ quarto	☐ esquilo	☐ manhã	☐ Guilherme
☐ descida	☐ escada	☐ aparelho	☐ nascer

4. Separe as sílabas das palavras abaixo.

a) abelha ______________________

b) cachorro ______________________

c) ninho ______________________

d) excelente ______________________

e) quero ______________________

f) missa ______________________

g) piscina ______________________

h) guirlanda ______________________

ESCREVENDO CERTO

f ou v; p ou b; d ou t

1. Complete as frases com as palavras indicadas.

a) fazia – vazia

A sala de aula estava ________________, por isso não entendi o que você ________________ lá.

b) Vera – fera

Eu tenho uma irmã chamada ____________. Ela fica uma ____________ quando trocam seu nome.

c) fila – vila

Na ______________ em que eu moro, a ______________ para pegar qualquer ônibus é enorme.

2. Complete as palavras com **p** ou **b**.

a) Entre, mas não ______ata a ______orta ao fechá-la.

b) O gato feriu a ______ata ao ______ular do telhado.

c) Os ______ois ______astaram o dia inteiro.

d) Como é ______elo o ______elo desse cachorro!

3. Complete as palavras com **d** ou **t**.

a) _____oma_____a

b) quin_____im

c) _____a_____a

d) mun_____o

e) cimen_____o

f) a_____enção

g) _____oma_____e

h) mon_____anha

i) _____úvi_____a

j) _____en_____is_____a

k) ci_____a_____e

l) _____e_____e_____ive

Texto 3

Juca Brasileiro

Ilustra Cartoon/Arquivo da editora

Olá. [...]

Eu sou o Juca Brasileiro e, sempre que posso, estou aqui com vocês, conversando sobre o nosso país, sobre suas riquezas, sobre a natureza, sobre o hino nacional brasileiro e muito mais. É que eu amo esta nossa pátria, A-D-O-R-O o Brasil... E eu gosto tanto, tanto, que vou até contar um segredinho a você: o meu maior sonho é que todos os meus amigos, todas as crianças, todos os jovens sejam como eu, brasileiros de nome e de coração.

Sabe, eu estou aqui sentado no banco desta pracinha esperando um primo meu, o Guto Alegria. Ele é o máximo, está sempre de bom humor, de bem com a vida. Para ele não tem tempo ruim, ele consegue ver os pontos positivos de qualquer situação.

Pois é, vocês já perceberam, ele é o meu ídolo!

Eu não vejo a hora de ele chegar, pois nós vamos a alguns lugares muito especiais hoje... Ah! Você ainda não conhece o Guto: ele tem 18 anos, é superesportista, campeão de surfe e jogador de vôlei... Mas, se você está pensando que vou pegar umas ondas com ele, errou! Errou porque hoje é sábado, e todas as manhãs de sábado o Guto tem um compromisso com a felicidade: ele é **voluntário**.

Ilustra Cartoon/Arquivo da editora

E você sabe o que é ser um voluntário? É trabalhar em alguma entidade social, escola ou instituição sem receber pagamento por isso. Bom, sem receber pagamento em dinheiro, salário, pois para os voluntários não há melhor pagamento do que o sorriso de uma criança, um abraço carinhoso ou um sincero aperto de mão.

Legal, não é? Todo sábado de manhã o Guto, meu primo surfista e jogador de vôlei, é o Dr. Papa Livros, um médico de cabelos compridos e nariz de palhaço que conhece mais de mil histórias divertidas... e sabe por quê? Porque ele já "papou" muitos e muitos livros!

Isso mesmo, todo sábado o Dr. Papa Livros visita os centros de pediatria de alguns hospitais da cidade, levando histórias animadas, sorrisos, risadas e gargalhadas de presente para as crianças que estão doentes.

Nesta altura do campeonato você deve estar se perguntando por que ele faz isso no sábado de manhã, justamente quando a gente pode dormir um pouquinho mais, pegar uma piscina ou uma praia legal, ou até mesmo jogar uma partida de futebol. Bom, é que o Guto, assim como você e eu, tem outras obrigações durante a semana: escola, lição de casa, aulas extras, treino de vôlei, etc., e como ele sabe que as crianças ficam ansiosas esperando o Dr. Papa Livros, com o coração preparado para suas histórias e brincadeiras, ele prefere escolher um dia no qual seu compromisso seja somente com as crianças! Demais, não é? Ah! Você quer saber quando é que ele treina surfe? Pois bem, depois de passar nos hospitais o Guto ainda tem a tarde de sábado e o dia inteirinho de domingo para pegar umas belas ondas! E agora, cá entre nós: é muito mais gostoso e gratificante ajudar alguém do que ficar dormindo até tarde, não é?

Juca Brasileiro: o voluntário fazendo acontecer,
de Patrícia Engel Secco. São Paulo: Melhoramentos, 2001.

Reprodução/Editora Melhoramentos

entidade social: organização voltada para atender determinadas necessidades das pessoas.

POR DENTRO DO TEXTO

1. O narrador da história **Juca Brasileiro** é:

☐ narrador-observador. ☐ narrador-personagem.

- O que caracteriza o tipo de narrador que você assinalou acima é a narrativa feita em ______________ pessoa.

2. Sobre o que Juca Brasileiro conversa com o leitor, sempre que pode?

____

____

____

3. Onde estava Juca Brasileiro?

____

4. O que ele fazia nesse local?

____

5. Em que dia da semana Guto trabalha como voluntário? Por que ele escolheu esse dia?

____

____

____

- Copie a frase do texto que comprova como esse é um dia feliz para Guto.

____

____

6. Assinale a opção em que o verbo **papar** é empregado com o mesmo significado que aparece nesta frase:

"ele já 'papou' muitos e muitos livros!"

- [ ] O bebê papou rapidinho todo o mingau.
- [ ] Aquele aluno já papou mais da metade dos prêmios de Matemática da escola.
- [ ] Vera papou boa parte dos gibis da biblioteca.

7. Releia este trecho.

"É que eu amo esta nossa pátria, A-D-O-R-O o Brasil..."

- Por que a palavra **adoro** foi escrita dessa forma?

____

____

8. Localize no texto a resposta para a pergunta "O que é ser um voluntário?" e copie-a abaixo.

____

____

____

9. Explique a relação que há entre o nome dos personagens e suas atitudes e modo de pensar.

Juca Brasileiro: ______________________________

____

Guto Alegria: ________________________________

____

APRENDENDO GRAMÁTICA

Sílabas e número de sílabas

Leia a frase e pronuncie as palavras destacadas em voz alta.

Ilustra Cartoon/Arquivo da editora

Juca **Brasileiro** ama o **Brasil de coração**.

Ao ser pronunciadas, as palavras são divididas em grupos de sons.

Cada som ou grupo de sons pronunciado de uma só vez é chamado de **sílaba**.

As palavras podem ser formadas por uma ou mais sílabas. Observe:

1 sílaba	2 sílabas	3 sílabas	4 sílabas
de	Bra-sil	co-ra-ção	Bra-si-lei-ro

De acordo com o número de sílabas, as palavras recebem a seguinte classificação:

número de sílabas	classificação
de → uma sílaba	monossílabo
Bra-sil → duas sílabas	dissílabo
co-ra-ção → três sílabas	trissílabo
Bra-si-lei-ro → quatro sílabas	polissílabo

Atenção! As palavras com quatro sílabas ou mais são chamadas de **polissílabas**.

Saber separar as sílabas das palavras é fundamental para não errarmos ao "dividir" uma palavra quando ela não couber na mesma linha. Veja:

infantil ⟶ in-fan-til

A partir da divisão silábica da palavra **infantil**, podemos separá-la ao final de uma linha de duas maneiras:

O cheiro desse sabonete in-
fantil é delicioso.

O cheiro desse sabonete infan-
til é delicioso.

- Complete o quadro, mas, antes, pronuncie com os colegas a divisão silábica de cada palavra.

palavra	divisão silábica	classificação
pássaros		
tinta		
bem		
computador		

Sílaba tônica

Leia as palavras em voz alta e observe a intensidade (a força) da sílaba destacada.

bra-si-**lei**-ro **sá**-ba-do

Ao dizer a palavra **brasileiro** e **sábado**, pronuncia-se uma das sílabas da palavra com mais força.

A sílaba pronunciada com mais força é chamada de **sílaba tônica**.

Para localizar a posição da sílaba tônica na palavra, contamos a partir da última sílaba escrita. Veja:

co-ra-**ção** ⟶ A sílaba tônica é a **última**.
sau-**dá**-vel ⟶ A sílaba tônica é a **penúltima**.
be-**lís**-si-ma ⟶ A sílaba tônica é a **antepenúltima**.

Analise a posição da sílaba tônica e a classificação das palavras no quadro a seguir.

palavra	posição da sílaba tônica	classificação
co-ra-**ção**	**última** sílaba	oxítona
sau-**dá**-vel	**penúltima** sílaba	paroxítona
be-**lís**-si-ma	**antepenúltima** sílaba	proparoxítona

1. Separe as sílabas, circule a mais forte, indique sua posição e classifique as palavras quanto à posição da sílaba tônica. Veja o exemplo.

difícil	di-fí-cil	penúltima	paroxítona
está			
remendado			
irmã			
mínimo			
futebol			

2. Assinale as palavras proparoxítonas.

- [ ] óculos
- [ ] biblioteca
- [ ] patins
- [ ] elétrico
- [ ] romântico
- [ ] último
- [ ] pêssego
- [ ] maneira
- [ ] próximo
- [ ] mágico
- [ ] terreno
- [ ] velocípede

ESCREVENDO CERTO

s, ss, ce, ci, ç

1. Releia este trecho do texto atentando para o som das letras **s**, **ss**, **ce**, **ci** e **ç** nas palavras destacadas. Depois, escreva na respectiva coluna as palavras destacadas.

"Eu sou o Juca Brasileiro e, sempre que posso, estou aqui com vocês, conversando sobre o nosso país, sobre suas riquezas, sobre a natureza, sobre o hino nacional brasileiro e muito mais. É que eu amo esta nossa pátria, A-D-O-R-O o Brasil... E eu gosto tanto, tanto, que vou até contar um segredinho a você: o meu maior sonho é que todos os meus amigos, todas as crianças, todos os jovens sejam como eu, brasileiros de nome e de coração."

palavras com **ce** ou **ci**	palavras com **ç**
______	______
______	______
______	______

palavras com **s**	palavras com **ss**
______	______
______	______
______	______

2. Complete as palavras com **s**, **ss**, **c** ou **ç**.

____idade	____o____ego	do____e
____umi____o	a____úcar	cabe____a
____ebola	palha____o	can____ado

Texto 4

Blog da Mila

Perfil

Mila

Oi, eu sou a Mila! Tenho muitos amigos e sou apaixonada por animais.

postado na segunda-feira

Valeu, amigos!

Todos vocês, que acompanham o meu *blog*, sabem que eu gosto muito de animais. [...] Acho que o primeiro presente que eu pedi aos meus pais, na vida, foi um cachorrinho. E, até hoje, nada de ganhar o bichinho!
Deixei pra lá e continuei pesquisando a vida animal e escrevendo meu *blog*, que vocês ajudam tanto a melhorar. [...] Se o meu *blog* ajudar a turma a gostar mais dos animais, vou ficar muito feliz. Quem sabe, um dia, meu *blog* até vira um livro? O que vocês acham?

quer comentar?

4 comentários

Duda: Se você quiser, eu tenho umas figurinhas de bichos do Brasil de que eu gosto muito. Quer que mande pra você?

Jotapê: Faz um desenho de cachorro pra mim? Um cachorrão com uma boca bem grande e rosnando GRRRRR!

Nina: Conte com a gente, amiga. Se depender da gente, seu *blog* vira livro, cinema, peça de teatro, tudo!

Juca: Mila, você realmente é a melhor de todas para escrever um livro sobre animais. Você tem muita experiência, tendo que conviver com o Jotapê! Rs rs rs...

Últimas postagens

segunda-feira
Valeu, amigos!

sexta-feira
O aniversário do Guto

quarta-feira
Festas dos Esportes na Escola

Blog Amigos

Duda

Jotapê

Juca

Nina

Você está visitando a página 3.

***Blog* da Mila**, de Miguel Mendes. São Paulo: Globo, 2009.

blog: diário pessoal mantido na internet e atualizado periodicamente, em que os usuários trocam experiências, comentários, etc. sobre determinada área de interesse.

POR DENTRO DO TEXTO

1. Em que dia da semana esta página do *blog* da Mila foi postada?

2. Sobre o que a menina comenta em seu *blog*?

3. Quem visitou esta página e fez comentários no mesmo dia?

4. O que Jotapê pede a Mila?

5. Quem pode ler o *blog* da Mila na internet?

6. Em relação aos leitores, compare o diário pessoal da Biloca e o *blog* da Mila e escreva no caderno qual é a diferença entre eles.

7. Veja o verbete abaixo.

> **perfil** (per.**fil**) *s. m.* **1.** Linha, contorno do rosto visto de lado (*De perfil, ela é muito parecida com a mãe, mas, de frente, é a cara do pai!*); **2.** Contorno, vista lateral (*perfil de uma construção*); **3.** Características, traços (*O perfil do público-alvo da pesquisa são jovens de 11 a 15 anos, que falam o português como língua materna, estão matriculados na escola e residem no Brasil*). *Pl.* perfis.
>
> **Saraiva Jovem: dicionário da língua portuguesa ilustrado**. São Paulo: Saraiva, 2010.

- Qual das definições apresentadas corresponde ao perfil exposto por Mila?

APRENDENDO GRAMÁTICA

Acento agudo e acento circunflexo

Ilustra Cartoon/Arquivo da editora

Observe as palavras destacadas nesta frase:

Jotapê visitou a página do *blog* de Mila.

Na palavra **página**, há acento **agudo** (´).

O **acento agudo** (´) é empregado sobre a vogal da sílaba tônica. Quando está sobre as vogais **e** e **o**, esse acento indica som aberto.

Na palavra **Jotapê**, há **acento circunflexo** (^).

O **acento circunflexo** (^) também é usado sobre a vogal da sílaba tônica. Quando está sobre as vogais **e** e **o**, esse acento indica som fechado.

1. O que é, o que é? Responda às adivinhas e coloque o nome do acento empregado nas palavras que você escrever.

a) Trajes femininos usados para banho de mar ou piscina.

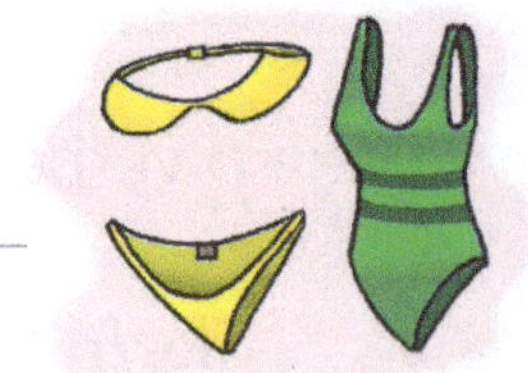

Ilustrações: Kanton/Arquivo da editora

____

____

b) Objeto que serve para iluminar.

____

____

c) Prendem a árvore à terra.

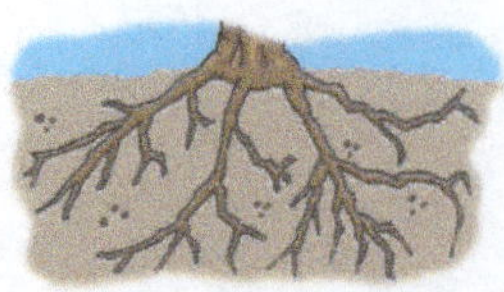

____

____

2. No título dos quadros, atente ao acento que deve ser usado. Leia as palavras e acentue a vogal da sílaba tônica.

acento agudo	
binoculo	medico
picole	saude

acento circunflexo	
portugues	metro
transito	ingles

3. Leia as palavras do quadro e use-as para completar as frases.

metro metrô	para Pará	bebe bebê	esta está

a) Meus tios vão viajar ____________ o ____________ na semana que vem.

b) Perdi o ____________ do meu pai no ____________.

c) ____________ mala ainda não ____________ cheia.

d) O ____________ ainda não ____________ leite no copinho.

4. Você acha que os acentos são importantes nas palavras? Por quê?

____

Acentuação gráfica: palavras monossílabas

Leia o poema e observe as palavras destacadas.

Paz

Na ponta dos pés
como bailarina pisando
em folhas e assombros,
costurar os dois lados da Lua,
a Terra no céu,
e no céu e na Terra
desenhar com o corpo inteiro
a palavra *paz*.

Todas as cores dentro do branco, de Roseana Murray. Rio de Janeiro: Nova Fronteira, 2004.

As palavras destacadas têm apenas uma sílaba, por isso são chamadas de **monossílabas**.

O monossílabo pode ser **átono** ou **tônico**.

O **monossílabo átono** é pronunciado com pouca intensidade e só tem significado na frase.

Exemplos: a, de, no.

O **monossílabo tônico** é pronunciado com mais intensidade, isto é, com mais força. Tem significado próprio, mesmo fora de frases.

Exemplos: paz, pés.

1. De acordo com as indicações, distribua as palavras destacadas no poema **Paz** no quadro abaixo.

monossílabos átonos	monossílabos tônicos

- Agora, leia em voz alta as palavras monossílabas que você escreveu no quadro e perceba como são pronunciadas.

Fique por dentro!

Acentuamos os monossílabos tônicos terminados em **a**(**as**), **e**(**es**), **o**(**os**).

2. Assinale o item em que todos os monossílabos tônicos devem ser acentuados.

- [ ] paz, tu, vez, voz
- [ ] gas, bis, nus, um
- [ ] po, tres, la, mes
- [ ] com, na, fe, ja

- Agora, copie de todos os itens os monossílabos tônicos nos quais falta o acento e acentue-os.

ESCREVENDO CERTO

Consoante não acompanhada de vogal

Leia estas palavras:

peneira	a**di**vinhar	obe**di**ente

Nas palavras acima, as letras destacadas são consoante e vogal; a consoante apoia-se na vogal.

1. Em voz alta, leia as palavras abaixo e observe as consoantes destacadas.

pneu	a**dm**irar	o**bj**eto

- Copie o encontro consonantal dessas palavras: ______

Essas consoantes são levemente pronunciadas nessas palavras.

2. Complete as palavras com as consoantes **b**, **c**, **d** ou **p**.

helicó___tero	a___tidão	a___surdo	rece___ção
a___jetivo	a___mirável	infe___ção	o___ção
confe___ção	impa___to	a___vogado	o___servar

- Reescreva as palavras acima, separando as sílabas.

______

______

______

______

______

De olho no dicionário

Usando o dicionário

1. Vamos rever algumas regras de como usar o dicionário? Observe a página de dicionário ao lado.

126

feijoeiro ferimento

feijoeiro (fei.jo.**ei**.ro) *sm* Planta leguminosa que produz o feijão.

feio (**fei**.o) *adj* **1.** Que não é bonito (*Feitosa perguntou a Fauze: você conhece a história do patinho feio?*); **2.** triste, grave (*O acidente foi feio.*); **3.** difícil, insuportável (*A situação ficou feia.*); *sm* **4.** pessoa ou coisa que não tem beleza (*Quem ama o feio, bonito lhe parece.*).

feira (**fei**.ra) *sf* **1.** Lugar público e geralmente descoberto onde são expostos e vendidos objetos (*No Nordeste há muitas feiras de arte.*); **2.** lugar público e descoberto onde se vendem principalmente verduras, legumes e frutas; feira livre (*Felipe foi à feira comprar frutas.*); **3.** acontecimento em que são expostos e oferecidos produtos e serviços (*A escola levou os alunos à Feira do Livro.*).

feirante (fei.**ran**.te) *s 2 gên* Pessoa que vende em feira (2).

feitiçaria (fei.ti.ça.**ri**.a) *sf* Obra de feitiço; bruxaria; magia (*A bruxa fez uma feitiçaria que transformou o príncipe em sapo.*).

feiticeiro (fei.ti.**cei**.ro) *sm* Indivíduo que faz feitiços; bruxo (*Merlin é um velho feiticeiro.*).

feitiço (fei.**ti**.ço) *sm* Bruxaria; magia; feitiçaria.

felicidade (fe.li.ci.**da**.de) *sf* Estado de satisfação (*Francis achava uma felicidade viajar com a família.*).

felicitar (fe.li.ci.**tar**) *vtd* Desejar felicidades, dar parabéns (*O perdedor felicitou o ganhador.*).

felino (fe.**li**.no) *adj* **1.** Relativo ao gato e a outros animais da mesma família; *sm* **2.** animal da família dos gatos (*Na África existem muitos felinos: onças, panteras, tigres e outros.*).

feliz (fe.**liz**) *adj 2 gên* **1.** Que sente alegria e satisfação; contente (*Ele está feliz com o novo trabalho.*); **2.** que teve bom resultado, bem-sucedido (*A briga teve um final feliz.*); **3.** bem lembrado (*Flavinha teve a feliz ideia de levar o guarda-chuva.*). *Antôn* **infeliz** e **triste**.

felizardo (fe.li.**zar**.do) *sm* Indivíduo muito feliz, de muita sorte (*Florindo foi o felizardo que ganhou na loteria.*).

fêmea (**fê**.mea) *sf* **1.** Qualquer animal do sexo feminino (*A égua é a fêmea do cavalo.*); **2.** ser humano do sexo feminino; mulher.

feminino (fe.mi.**ni**.no) *adj* Que se refere ou pertence à fêmea ou à mulher (*Era uma loja de roupas femininas.*).

fêmur (**fê**.mur) *sm* Osso único da coxa. *Pl* **fêmures**.

fenômeno (fe.**nô**.me.no) *sm* **1.** Qualquer fato ou acontecimento que ocorre na natureza (*A chuva é um fenômeno atmosférico.*); **2.** fato surpreendente ou raro (*A erupção do vulcão foi um fenômeno.*); *sobrecomum* **3.** pessoa que se destaca por algum talento extraordinário (*Ferdinando é um fenômeno ao piano.*).

fera (**fe**.ra) *sf epiceno* **1.** Animal feroz e que come carne; *sf sobrecomum* **2.** *fig* pessoa muito brava (*A mãe dele é uma fera.*); **3.** pessoa que é excelente no que faz (*Falcão é fera em matemática.*).

Fera

feriado (fe.ri.**a**.do) *adj* **1.** Dia em que há folga, em que se descansa (*Em dias feriados não se trabalha.*); *sm* **2.** dia em que o trabalho é suspenso (*Fidelino viajou no feriado.*).

férias (**fé**.rias) *sf pl* Período de descanso a que têm direito trabalhadores e estudantes.

ferida (fe.**ri**.da) *sf* **1.** Ferimento (*Francisco curou a ferida com um remédio indicado pelo médico.*); **2.** *fig* mágoa, dor (*A morte do pai ainda é uma ferida aberta.*).

ferido (fe.**ri**.do) *adj* **1.** Que se feriu (*O soldado voltou para casa ferido.*); **2.** magoado (*Quando foi chamado de mentiroso, ele sentiu-se ferido em sua honra.*); *sm* **3.** aquele que está ferido (*A ambulância transportou o ferido.*).

ferimento (fe.ri.**men**.to) *sm* Machucado provocado no corpo por golpe, choque, objeto cortante etc., geralmente acompanhado de dor; ferida.

Saraiva Júnior: dicionário da língua portuguesa. São Paulo: Saraiva, 2009.

a) Qual é a letra inicial das palavras dessa página? ☐

b) Por que a palavra **férias** vem depois da palavra **feriado**?

____

2. Quais são as palavras que estão escritas no topo da página? O que elas indicam?

____

____

Unidade

2

Histórias de fazer pensar

Andréia Vieira/Arquivo da editora

O QUE VOU ESTUDAR?

- Leitura e compreensão
- Sinais de pontuação
- Tipos de frase
- Artigo: definido e indefinido
- Substantivo: comum/próprio, coletivo, simples/composto, primitivo/derivado

Texto 1

Brinquedos

Kanton/Arquivo da editora

Minhas netas: Quando eu era menino eu brincava muito. Brincar é a coisa mais gostosa. Algumas pessoas grandes têm vergonha de brincar; acham que brincar é coisa de criança. O resultado é que elas ficam sérias, preocupadas, ranzinzas, amargas, implicantes, chatas, impacientes. Perdem a capacidade de rir e ninguém gosta da sua companhia. Quem brinca não fica velho. Pode ficar velho por fora, como eu. Mas por dentro continua criança, como eu...

Naquele tempo o jeito de as meninas e os meninos brincarem era muito diferente do jeito de hoje. Hoje, falou brincar, falou comprar brinquedo. E os brinquedos se encontram nas lojas e custam dinheiro. Mas lá na roça onde eu morava não havia lojas. E mesmo que houvesse, eu era um menino pobre. Não tinha dinheiro para comprar brinquedos.

Eu brincava. Brincava sem comprar brinquedos. Não precisava. Eu fazia meus brinquedos. Na verdade, fazer os brinquedos era a parte mais divertida do brincar.

Já lhes contei sobre o carrinho de lata de sardinha que tenho guardado entre meus brinquedos. Quando o vi, lembrei-me de mim mesmo, fazendo meus brinquedos. O menino que fez aquele carrinho era um menino pobre. E eu o vejo trabalhando para fazer o brinquedo que ele não podia comprar. E imagino o orgulho que ele sentiu quando o carrinho ficou pronto. "Fui eu que fiz!". Um amigo meu, o Vidal, me deu um caminhão que ele mesmo fez, como presente de Natal. É um caminhão-tanque. O tanque é feito com uma lata de óleo deitada. A cabine, com janelas e espelhos retrovisores, é feita com uma lata de azeite. As antenas e o cano de escapamento são feitos com pedaços de antenas velhas que ele encontrou em lojas onde se consertam rádios. E as rodas, ele as fez cortando, com um serrote, fatias de um cabo de enxada, iguais às fatias que se cortam de um salame.

Kanton/Arquivo da editora

Para fazer um brinquedo é preciso usar a imaginação. A imaginação é um poder mágico que existe na nossa cabeça. Magia é transformar uma coisa em outra pelo poder do pensamento. A bruxa fala: "Sapo" — e o lindo príncipe vira sapo... O menino que fez o carrinho com a lata de sardinha teve de usar sua imaginação mágica também. Ele olhou para a lata de sardinha abandonada e disse: "Carrinho". E foi esse carrinho que ele viu com o pensamento que fez com que ele trabalhasse para fazer seu carrinho de brinquedo.

A imaginação gosta de brincar. A brincadeira de que ela mais gosta é o faz de conta. É brincando de faz de conta que ela constrói brinquedos. Faz de conta que uma lata de sardinha é um carrinho. Faz de conta que o cachorrinho de pelúcia é um cachorrinho de verdade. Faz de conta que o travesseiro macio é uma pessoa de quem a gente gosta muito. [...]

Quando eu era menino, de Rubem Alves. Campinas: Papirus, 2003.

Reprodução/Editora Papirus

ranzinzas: mal-humoradas, rabugentas.

roça: a zona rural; o campo.

espelhos retrovisores: espelhos colocados nos veículos para dar visibilidade traseira ao motorista.

cano de escapamento: tubo pelo qual sai a fumaça de motor em veículos.

POR DENTRO DO TEXTO

1. Leia um trecho do texto de quarta capa do livro de onde foi retirada a crônica **Brinquedos**.

"Nesta edição especial, encontram-se reunidas crônicas de Rubem Alves em que, num tom de conversa mansa do avô com as netas, ele descortina paisagens de sua infância. [...]"

Trecho do texto de quarta capa do livro **Quando eu era menino**, de Rubem Alves. Campinas: Papirus, 2003.

- Segundo o texto acima, quem é o avô que conversa com suas netas?

____

2. Leia este trecho:

"Algumas pessoas grandes têm vergonha de brincar; acham que brincar é coisa de criança."

a) Quem são as "pessoas grandes"?

____

b) Alguma "pessoa grande" brinca com você? O que você pensa sobre isso?

____

____

____

c) Segundo o autor, o que acontece com as pessoas grandes que não brincam?

____

____

____

____

____

3. O que o autor quis dizer com a fala ao lado? Assinale a alternativa correta.

- [ ] Ele é uma pessoa jovem por fora, mas se sente como um velho.
- [ ] Quando ele ficar velho por fora, envelhecerá também por dentro.
- [ ] Ele é uma pessoa idosa, mas continua se sentindo como uma criança.

Kanton/Arquivo da editora

4. Segundo o autor, o que se fala atualmente quando o assunto é brincar?

5. Como o autor brincava sem comprar brinquedos?

6. Escreva no caderno o significado que o autor dá às palavras abaixo.

imaginação magia

7. Assinale a afirmativa correta.

- [ ] O menino fez uma mágica e o carrinho de lata de sardinha apareceu.
- [ ] O menino olhou para a lata de sardinha, pensou no carrinho pronto e o construiu.

8. A expressão destacada no trecho a seguir pode ser substituída por qual palavra sem perder o sentido?

"**Naquele tempo** o jeito de as meninas e os meninos brincarem era muito diferente do jeito de hoje."

APRENDENDO GRAMÁTICA

Sinais de pontuação

Os sinais de pontuação têm a função de organizar a escrita, orientar a leitura e possibilitar a compreensão do texto. Por isso é muito importante que saibamos usar os sinais de pontuação corretamente.

. Ponto-final

O **ponto-final** é usado no final de frases declarativas.

Para fazer um brinquedo é preciso usar a imaginação.

! Ponto de exclamação

O **ponto de exclamação** é usado depois de palavras, expressões e frases para indicar surpresa, espanto, admiração, medo e tristeza, por exemplo.

Nossa! Que confusão! (admiração)

Ah! Que susto! (espanto)

? Ponto de interrogação

O **ponto de interrogação** é utilizado no fim de uma pergunta direta.

Você gosta de brincar?

: Dois-pontos

Os **dois-pontos** são usados para indicar que um personagem vai falar e antes de uma enumeração ou uma citação.

Joana falou:

— Vou à papelaria comprar lápis, livro e caderno novos.

Na estante havia muitos livros: livro de poesias, livro de lendas, livro de pintura...

Na capa do livro havia uma advertência: "Para quem gosta de poesia".

— Travessão

O **travessão** é utilizado no início da fala de personagens, em um diálogo.

— Vocês já viram o carrinho que fiz?

— Sim, você foi muito criativo!

O travessão pode ser usado também para dar a explicação de determinada palavra, expressão ou trecho do texto.

A viagem que fiz no mês passado — uma das mais divertidas da minha vida — foi muito barata.

Kanton/Arquivo da editora

, Vírgula

A **vírgula** é empregada

- nas datas: Rio de Janeiro, 17 de maio de 2014.
- nos endereços: Rua das Flores, 109.
- para separar palavras e frases:

Eu gostaria de comprar um livro barato, bonito, interessante e bem colorido.

O poema apresenta rima, a lenda apresenta parágrafo.

; Ponto e vírgula

O **ponto e vírgula** é usado para indicar uma pausa maior que a da vírgula.

A menina chamou seu pai; depois chamou sua mãe.

... Reticências

As **reticências** são usadas para indicar uma pausa na frase, ou seja, para indicar que ela não foi concluída, que mais coisas poderiam ser escritas ou que há algo que não se quer revelar.

Puxa! Se eu pudesse viajar agora...

( ) Parênteses

Os **parênteses** são usados para separar palavras e expressões, para dar uma explicação ou para chamar a atenção.

A menina mais velha (e a mais responsável das irmãs) telefonou para casa.

" " Aspas

As **aspas** são utilizadas antes e depois de uma palavra, um trecho ou um texto indicando ser uma citação. Também são empregadas para realçar certas palavras ou expressões e para marcar a fala de personagens.

Na capa do livro havia uma advertência: "Para quem gosta de poesia".

A palavra bomba é "barulhenta"?

"Por favor, tragam os livros encapados", disse a professora.

1. Pontue as frases usando ponto-final, ponto de exclamação ou de interrogação.

a) A que hora você vai sair________

b) Oh________ Como o amanhecer é lindo________

c) Eu me chamo Daniela________ E você________

d) As crianças almoçaram bem________

2. Use a vírgula onde for necessário.

a) Dona Clara trouxe da feira laranja maçã uva abacate e banana.

b) Carlos você quer ir ao cinema hoje?

3. Leia o diálogo e use o sinal de pontuação adequado.

Luís perguntou a Flávio________

________ O que estava escrito no aviso________

Flávio respondeu________

________ Estava escrito ________Entre sem bater________.

Tipos de frase

Leia este diálogo:

O diálogo entre os personagens organiza-se em **frases**.

Frase é uma palavra ou conjunto de palavras com sentido completo.

Uma frase começa sempre com letra maiúscula e termina com algum sinal de pontuação.

A frase pode ser:

- **declarativa afirmativa** ⟶ Eu cuido do meu cãozinho.
- **declarativa negativa** ⟶ Talita não vai à casa de sua avó hoje.
- **interrogativa** ⟶ Por que você demorou?
- **exclamativa** ⟶ Fui eu que arrumei meu quarto!

A frase **exclamativa** apresenta admiração, espanto, surpresa, alegria, dor, etc.

- **imperativa** ⟶ Explique-me o que está acontecendo.

A frase **imperativa** apresenta uma ordem ou um pedido.

1. Responda às questões com frases declarativas negativas. Veja o exemplo:

Você sabe nadar? →	frase interrogativa
Não, eu não sei nadar. →	frase declarativa negativa

a) Você gosta de café? ______

b) Você sabe andar de bicicleta? ______

c) Mamãe já chegou? ______

d) Você encontrou o livro? ______

e) Você esteve na chácara? ______

2. Responda às perguntas com frases declarativas afirmativas ou negativas.

a) Você tem irmãos? ______

b) Você gosta de estudar? ______

c) Quantos anos você tem? ______

d) Você gosta de ir ao cinema? ______

3. Leia as seguintes frases com atenção.

1 Raquel passou de ano.

2 Raquel, passou de ano?

3 Raquel passou de ano!

a) Que sinais marcam a diferença de sentido entre as três frases?

______

______

b) Em qual das frases é apresentada uma surpresa?

______

ESCREVENDO CERTO

c, g, gu, qu

1. Escreva palavras com **qu** ou **gu** a partir das palavras listadas abaixo. Veja os exemplos.

foca	foquinha	lago	laguinho
banco	______	fogo	______
boneca	______	manga	______
coco	______	jogo	______
vaca	______	barriga	______

2. O que é, o que é?

a) mamífero; gosta de banana [ ] [ ] [C] [ ] [C] [ ]

b) instrumento musical de cordas [G] [U] [ ] [ ] [ ] [ ] [ ] [ ]

c) ave; imita a voz humana [ ] [ ] [ ] [ ] [G] [ ] [ ] [ ]

d) inseto [ ] [ ] [ ] [Q] [U] [ ] [ ] [ ]

3. Complete as palavras com **c**, **g**, **gu** ou **qu**.

a) Al______ém che______ou antes e ______omeu todo o ______eijo e a ______oiabada que estavam na ______eladeira.

b) A ______arotada ______orria, ia até a ______an______orra e ______ar______alhava feliz.

c) No pomar há man______eira, fi______eira e ______oiabeira.

d) O ______iabo ______ozinhou demais, ______ase virou sopa.

e) Na receita de ______indim de dona ______itéria não vai re______eijão.

Texto 2

O passeio de Caco

Caco foi dormir ansioso. Queria muito que a manhã seguinte chegasse logo. Estava morrendo de vontade de ir trabalhar com seu pai.

Nesta noite, Caco teve um sonho. Ele sonhou que era prefeito da cidade e tinha de cuidar de tudo para que as pessoas pudessem viver melhor.

De manhã, bem cedo, tia Zefa chegava da padaria:

— Atenção! Os pães estão quentinhos e o café já está servido.

Mas Carol estava triste:

— Por que o Caco vai trabalhar com o papai e eu não?

E o pai explicou:

— Porque o Caco não tem aula hoje. Outro dia eu levo você, tá?

Foomm... Era a perua do seu Zé que chegava para levar Carol para a escola.

Logo depois, Cecília, a mãe deles, saiu para dar aulas.

E tia Zefa, que é costureira, não saiu, pois trabalha em casa.

Caco já estava no carro com o pai quando apareceu o homem da Companhia de Luz:

— Espere um pouco, por favor, seu Toninho. Preciso medir o consumo no quadro de luz.

O funcionário fez suas anotações e entrou na casa do vizinho para continuar seu serviço. Toninho e Caco partiram em seguida.

No caminho...

— Caco, preste atenção no trajeto. Veja como é diferente dos caminhos que você conhece.

Realmente, tudo era novidade para Caco.

— No nosso bairro praticamente só existem casas.

Eles percorreram uma grande avenida cheia de bancos. Mas era cedo e os bancos ainda estavam fechados.

No entanto, o comércio começava a funcionar. Várias lojas abriam suas portas.

Logo adiante, os dois passaram por uma rua inundada, em obras. A água era tanta que atrapalhava o trânsito.

Ilustra Cartoon/Arquivo da editora

— Olhe, filho. Deve ter estourado algum cano.

— E quem cuida disso?

— É o departamento de águas e esgoto.

— Pai, o que é aquele prédio ali?

— É a Prefeitura. E o edifício ao lado é a Câmara dos Vereadores.

— Então é na Prefeitura que o prefeito trabalha?

— Exatamente... Por quê?

— Por nada, não.

Caco se lembrou do seu sonho e se imaginou trabalhando como prefeito, cuidando do município.

Mas, à medida que se afastavam do centro da cidade, a paisagem mudava completamente. Os serviços públicos eram bastante precários.

Caco pôde observar algumas favelas e muita gente nas ruas indo trabalhar.

— Pai, que cheiro ruim!

— É de esgoto, filho. Esta parte da cidade é muito pobre e malcuidada.

— E por que o prefeito não faz nada para melhorar?

— Boa pergunta, filho. Mas eu não sei a resposta.

E seguiram por entre ruas esburacadas.

Quando estavam chegando...

— Ugh!... Que cheiro! É de esgoto, pai?

— Não, é que esta área está cheia de fábricas. É uma zona com muita poluição.

— É ali, pai?

— Ali mesmo... Chegamos.

— É uma fábrica de tecidos, não é, pai?

— Exatamente! É uma indústria têxtil!

— Indústria têxtil?

— É assim que chamamos uma fábrica de tecidos.

[...]

A cidade e o trabalho do meu pai, de Rosaly Braga Chianca e Leonardo Chianca. São Paulo: Ática, 1999.

Reprodução/Editora Ática

trajeto: caminho.
precários: que estão em más condições.

POR DENTRO DO TEXTO

1. O narrador do texto **O passeio de Caco** participa como personagem da história? Justifique sua resposta.

2. Por que Caco foi dormir ansioso?

3. Quem é Carol? Por que ela estava triste?

4. O que o pai das crianças disse para explicar a Carol o porquê de Caco ir ao trabalho com ele e a menina não?

5. Conforme a ordem apresentada no texto, numere o que Caco viu a caminho do local de trabalho do pai e por onde foi passando.

- [ ] rua inundada
- [ ] favelas e gente nas ruas
- [ ] avenida cheia de bancos
- [ ] prédio da Prefeitura
- [ ] área cheia de fábricas

Ilustra Cartoon/Arquivo da editora

6. Qual é o sentimento expresso por "**Ugh**!..."?

____

7. Escreva o nome e a profissão dos seguintes personagens do texto:

a mãe de Caco ______________ ______________

a tia de Caco ______________ ______________

8. Em que tipo de indústria o pai de Caco trabalha?

____

____

9. Existe alguma indústria em sua cidade? Qual? Procure saber de onde vêm os produtos industrializados que você consome e conte para a classe o que você descobrir.

10. Leia o trecho abaixo.

"**Foomm**... Era a perua do seu Zé que chegava para levar Carol para a escola."

- O que a palavra destacada representa?

____

11. Releia o décimo terceiro parágrafo do texto. Qual é o significado atribuído à palavra **consumo**? Assinale a opção correta.

☐ ingestão ☐ compra ☐ gasto

12. Complete os espaços com as palavras a que se referem estes significados:

a) local no qual os vereadores se reúnem; assembleia. ☐

b) empresa; sociedade anônima. ☐

c) membro da Câmara dos Vereadores. ☐

APRENDENDO GRAMÁTICA

Artigo definido e artigo indefinido

Leia a frase e observe as palavras destacadas.

Tia Zefa disse que os pães estavam quentinhos e o café já estava servido.

As palavras destacadas ligam-se a um substantivo. Essas palavras são classificadas como **artigos**.

Os artigos podem ser **definidos** ou **indefinidos**.

O **artigo definido** indica um determinado substantivo — **a**, **as**, **o**, **os**.

O **artigo indefinido** indica um substantivo de modo geral — **uma**, **umas**, **um**, **uns**.

1. Leia este parágrafo, observe os substantivos destacados e circule os artigos.

Ilustra Cartoon/Arquivo da editora

Os **grãos** que os **agricultores** cultivam não são fonte de alimento exclusiva dos homens. Também exercem o **papel** de uma **despensa** bem guarnecida e de fácil acesso para uma enorme **variedade** de seres vivos, como por exemplo os **insetos-pragas**. Algumas dessas pragas podem devastar plantações, e o **homem** do campo trava verdadeira guerra contra elas.

As **armas** usadas são substâncias químicas que matam organismos vivos — os **agrotóxicos**.

Agricultura e meio ambiente, de Mark Lambert. São Paulo: Scipione, 1997.

2. Complete as frases com artigos definidos ou indefinidos.

a) Compramos ______________ sementes para plantar na pracinha.

b) ________ casa de nossos avós será reformada.

c) ________ agricultores plantaram feijão.

d) ________ temporal de ontem prejudicou a plantação de soja.

3. Complete o poema com artigos definidos.

Tecendo _____ teia _____ aranha
passa _____ tempo.
Sobe, desce, estica _____ fio.
À noite, na teia se enrola para se
proteger do frio.

Rimas dos bichos, de Flávio José Teixeira. Belo Horizonte: Lê, 1986.

4. Reescreva as frases substituindo os símbolos por um dos artigos, conforme a legenda.

▼ artigo definido	● artigo indefinido

a) Peguei ▼ folha de papel e fiz ▼ desenho.

____

b) Tirei ● carta daquela pilha e a li.

____

c) Tive de esperar tocar ▼ sinal para iniciar ▼ prova.

____

d) ● dia desses vou te visitar.

____

ESCREVENDO CERTO

j, g

1. Forme palavras com **g** ou **j** utilizando as letras do quadro e escreva-as na respectiva coluna.

b a r
m e
j o p
s n l
t d i
u g

g com som de j	**j**
____________	____________
____________	____________
____________	____________
____________	____________

2. Leia as palavras e copie as que apresentam o som indicado.

gigante	gente	viagem	canjica	agora
conseguir	agarrar	alguma	jeito	colégio

ge/gi ____________________

je/ji ____________________

- Complete a frase de acordo com as palavras copiadas.

  As consoantes ______ e ______ têm o mesmo som quando seguidas de ______ ou ______.

3. Agora, complete as frases com as palavras que o professor vai ditar.

a) O pedreiro já construiu a ______________ da casa.

b) O ______________ da matriz foi doado por ______________ japoneses.

c) Vou tirar a carne da ______________.

Texto 3

Uma lição inesperada

No último dia de férias, Lilico nem dormiu direito. Não via a hora de voltar à escola e rever os amigos. Acordou feliz da vida, tomou o café da manhã às pressas, pegou sua mochila e foi ao encontro deles. Abraçou-os à entrada da escola, mostrou o relógio que ganhara de Natal, contou sobre sua viagem ao litoral. Depois ouviu as histórias dos amigos e divertiu-se com eles, o coração latejando de alegria. Aos poucos, foi matando a saudade das descobertas que fazia ali, das meninas ruidosas, do azul e branco dos uniformes, daquele burburinho à beira do portão. Sentia-se como um peixe de volta ao mar.

Ilustra Cartoon/Arquivo da editora

Mas quando o sino anunciou o início das aulas, Lilico descobriu que caíra numa classe onde não havia nenhum de seus amigos. Encontrou lá só gente estranha, que o observava dos pés à cabeça, em silêncio. Viu-se perdido, e o sorriso que iluminava seu rosto se apagou. Antes de começar, a professora pediu a cada aluno que se apresentasse. Aborrecido, Lilico estudava seus novos companheiros. Tinha um japonês de cabelos espetados com jeito de *nerd*. Uma garota de olhos azuis, vinda do Sul, pareceu-lhe fria e arrogante. Um menino alto, que quase bateu no teto quando se ergueu, tinha toda a pinta de ser um bobo. E a menina que morava no sítio? A coitada comia palavras, olhava-os assustada, igual um bicho do mato. O mulato, filho de pescador, falava arrastado, estalando a língua com sotaque de malandro. E havia uns garotos com tatuagens, umas meninas usando óculos de lentes grossas, todos esquisitos aos olhos de Lilico. A professora? Tão diferente das que ele conhecera...

Logo que soou o sinal para o recreio, Lilico saiu a mil por hora, à procura de seus antigos colegas. Surpreendeu-se ao vê-los em roda, animados, junto aos estudantes que haviam conhecido hora antes. De volta à sala de aula, a professora passou uma tarefa em grupo. Lilico caiu com o japonês, a menina gaúcha, o mulato e o grandalhão. Começaram a conversar cheios de cautela, mas paulatinamente foram se soltando, a ponto de, ao fim do exercício, parecer que se conheciam há anos. Lilico descobriu que o japonês não era *nerd*, não: era ótimo em matemática, mas tinha dificuldade em português. A gaúcha, que lhe parecera tão metida, era gentil e o mirava ternamente com seus lindos olhos azuis. O mulato era um caiçara responsável, ajudava o pai desde criança e prometeu ensinar a todos os segredos de uma boa pescaria. O grandalhão não tinha nada de bobo. Raciocinava rapidamente e, com aquele tamanho, seria legal jogar basquete no time dele. Lilico descobriu inclusive que o haviam achado mal-humorado quando ele se apresentara, mas já não pensavam assim. Então, mirou a menina do sítio e pensou no quanto seria bom conhecê-la. Devia saber tudo de passarinhos. Sim, justamente porque eram diferentes, havia encanto nas pessoas.

Ilustra Cartoon/Arquivo da editora

Se ele descobrira aquilo no primeiro dia de aula, quantas descobertas não haveria de fazer no ano inteiro? E, como um lápis deslizando numa folha de papel, um sorriso se desenhou novamente no rosto de Lilico.

Histórias para sonhar acordado, de João Anzanello Carrascoza. São Paulo: Scipione, 2002.

Reprodução/Editora Scipione

nerd: inteligente, estudioso.
caiçara: pescador que vive na praia.

POR DENTRO DO TEXTO

1. Em que lugar se passa a história?

2. Em que dia Lilico não dormiu direito?

3. O texto trata principalmente:

- [ ] do último dia de férias de Lilico.
- [ ] do primeiro dia de aula de Lilico.
- [ ] do reencontro dos amigos de Lilico do ano anterior.

4. "Sentia-se como um peixe de volta ao mar." De acordo com o texto, nessa frase, Lilico demonstra:

- [ ] sua insatisfação.
- [ ] sua tristeza.
- [ ] sua satisfação.

5. "Viu-se perdido, e o sorriso que iluminava seu rosto se apagou." Segundo o texto, isso aconteceu porque:

- [ ] o sino anunciou o início das aulas.
- [ ] Lilico caiu em uma classe onde não havia nenhum de seus colegas do ano anterior.
- [ ] a professora pediu a ele que se apresentasse.

6. Na hora do recreio, Lilico procurou seus antigos colegas e surpreendeu-se porque eles estavam:

- [ ] desolados, em grupos separados.
- [ ] animados, junto aos colegas que haviam conhecido hora antes.
- [ ] alegres, junto aos antigos colegas.

7. Copie o trecho do texto que expressa claramente a lição inesperada.

____

____

8. Em sua opinião, a história que você leu teve um final feliz para Lilico? Por quê?

____

____

9. A expressão destacada em "Lilico saiu **a mil por hora**" significa que o menino saiu:

- [ ] atrasado.
- [ ] lentamente.
- [ ] rapidamente.

10. Releia este trecho:

> "Então, mirou a menina do sítio e pensou no quanto seria bom conhecê-la."

- A quem se refere a expressão **conhecê-la**?

____

____

APRENDENDO GRAMÁTICA

Substantivo comum e substantivo próprio

Leia o texto abaixo.

Lilico descobriu que os novos colegas eram interessantes e amáveis.

Kanton/Arquivo da editora

As palavras destacadas no texto são substantivos.

Substantivo é a palavra que dá nome aos seres, às pessoas, aos lugares, aos animais e aos objetos, por exemplo.

O substantivo pode ser **comum** ou **próprio**. Observe:

colega → Esta palavra indica qualquer colega.

Lilico → Esta palavra indica o nome próprio de uma pessoa específica.

O **substantivo comum** nomeia todos os seres da mesma espécie e é escrito com letra minúscula.

O **substantivo próprio** nomeia um determinado ser, indivíduo, país, cidade, etc. e inicia-se com letra maiúscula.

1. Escreva dois substantivos comuns indicativos de:

a) animal: ______________________ ______________________

b) brinquedo: ______________________ ______________________

c) sentimento: ______________________ ______________________

d) fruta: ______________________ ______________________

2. Escreva dois substantivos próprios indicativos de:

a) pessoa: ______________________ ______________________

b) cidade: ______________________ ______________________

c) livro: ______________________ ______________________

d) país: ______________________ ______________________

3. Complete o texto com os substantivos do quadro.

dia	concurso	cabeleireiro	fantasmas	Paris	carta
pano	inscrição	butique	desconto	roupa	

Tudo começou quando certo ______________, no ______________, li que em ______________ estavam organizando um ______________ de moda de bruxas e ______________.

Entusiasmada, mandei uma ______________ solicitando minha ______________ e fui comprar uns metros de ______________ numa ______________ muito fina, onde sempre me davam algum ______________.

Comecei a trabalhar imediatamente. Queria fazer uma ______________ simples, mas muito original, confortável e elegante. Eu mesma iria apresentá-la.

Tinha certeza de que iria ganhar.

[...]

Bruxa Onilda vai a Paris, de Enric Larreula e Roser Capdevila. São Paulo: Scipione, 2002.

Substantivo coletivo

A Biblioteca Nacional do Rio de Janeiro é considerada a oitava maior do mundo. Seu acervo inclui obras raras e obras atuais.

O substantivo **acervo** indica um conjunto de obras (livros, revistas e jornais, por exemplo).

A palavra **acervo** é classificada como **substantivo coletivo**.

Wilton Júnior/Agência Estado

Biblioteca Nacional do Rio de Janeiro.

Substantivo coletivo é aquele que está no singular e indica uma coleção ou um conjunto de seres da mesma espécie.

Conheça mais alguns coletivos:

aglomeração: de pessoas
álbum: de retratos, de selos
alcateia: de lobos
arquipélago: de ilhas
arvoredo: de árvores
banda: de músicos
bando: de aves
biblioteca: de livros
boiada: de bois
cacho: de bananas, de uvas
cardume: de peixes
classe: de alunos
colmeia: de abelhas
constelação: de estrelas
discoteca: de discos
elenco: de artistas
enxame: de abelhas
enxoval: de roupas
esquadra: de navios
esquadrilha: de aviões
fauna: de animais
feixe: de lenha
flora: de plantas
galeria: de quadros
manada: de elefantes, de bois
matilha: de cães
molho: de chaves
nuvem: de gafanhotos
penca: de bananas
pomar: de árvores frutíferas
quadrilha: de ladrões
ramalhete: de flores
rebanho: de ovelhas
réstia: de alhos, de cebolas
revoada: de aves
time: de jogadores
turma: de alunos
vara: de porcos

1. Reescreva as frases, substituindo as expressões destacadas por um substantivo coletivo. Modifique o que for necessário.

a) No quintal de casa há **muitas árvores frutíferas**.

____

b) Vi **muitas abelhas**.

____

c) **Os músicos** tocaram muito bem.

____

d) **Os ladrões** fugiram a pé.

____

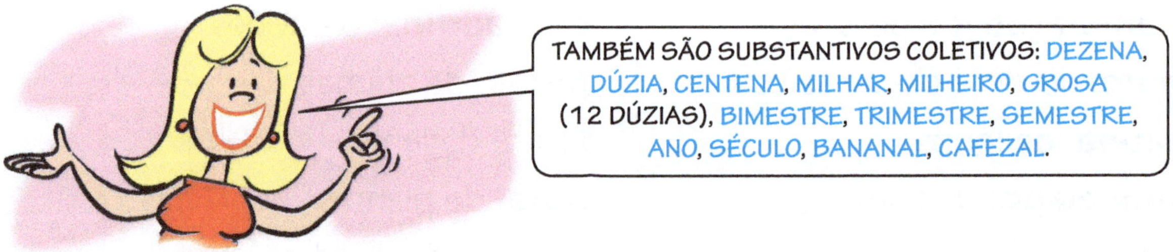

Ilustrações: Kanton/Arquivo da editora

2. Preencha a cruzadinha com substantivos coletivos.

ESCREVENDO CERTO

r, rr

1. Leia as palavras a seguir, observando como o **r** é pronunciado.

terra	Regina	natureza	carinhoso	rabisco	rico
guelra	jarra	caracol	corrida	Henrique	tenro

- Agora, escreva cada palavra no respectivo quadro.

r em início de palavra	**r** entre vogais

r depois de consoante	**rr**

2. Em cada grupo de palavras abaixo há uma em que a letra **r** não apresenta o mesmo som das demais. Escreva essa palavra.

rua	regime
farofa	relógio

riscar	enriquecer
rodopiar	carteira

partida	rádio
barco	martírio

Texto 4

Amigos para a vida inteira

Em um lugar perdido da floresta virgem vivia uma família de macacos gibões. Eram alegres, prestativos, e na aldeia todos gostavam deles. O filho mais moço tornou-se amigo de um sapo de sua idade, que morava num pântano ali perto. Ensinava-lhe a trepar nas árvores para admirar a beleza dos arredores, enquanto o outro lhe mostrava como mergulhar no lago para apanhar as frutas que caíam lá dentro. Juntos, divertiam-se muito. Um dia o sapo quis convidar o amigo para almoçar. Seus pais aceitaram, mas, quando o conheceram, ficaram muito decepcionados de ver o filho conviver com um macaco. O pai, engrossando a voz, dirigiu-se ao convidado:

Kanton/Arquivo da editora

— Na nossa casa não sentamos à mesa com as mãos sujas! Vá se lavar no rio!

O macaquinho, um pouco humilhado, obedeceu. Esfregou as mãos o melhor que pôde e voltou cheio de apetite. O pai sapo passou-lhe mais um carão:

— Você está surdo, menino! Suas mãos continuam pretas, esfregue-as melhor! Com areia!

Dessa vez o macaquinho esfregou as mãos até ficar com lágrimas nos olhos, sem que, no entanto, elas mudassem de cor. Ao voltar, o pai sapo pura e simplesmente o mandou embora:

— Não aceitamos crianças sujas aqui! Volte para casa e peça à sua mãe que embranqueça suas mãos!

O pobre gibão voltou aos prantos para junto dos seus. O pai, contendo a raiva, declarou:

— Esses sapos não sabem viver! Merecem uma lição! Convide o seu amigo para vir aqui amanhã, e vamos rir um bocado!

O jovem sapo ficou radiante com o convite, era prova de que seu amigo não estava zangado com ele. Assim que se sentou diante dos pratos saborosos que havia à mesa, começou a babar, como babam todos os sapos. Logo o pai macaco o interpelou:

— Você não sabe se comportar, meu amiguinho! Na nossa casa ninguém baba à mesa! Volte para casa e peça à sua mãe que lhe ensine boas maneiras!

Muito envergonhado, o sapo pegou o caminho de seu pântano natal. O macaquinho foi encontrá-lo, para consolar o amigo.

No caminho, cruzaram com o avô gibão que fazia seu passeio habitual. Depois de se inteirar das razões da tristeza dos dois, disse-lhes com ternura:

— Meus filhos, vocês são vítimas da ignorância! O pai deste jovem sapo é tão tolo quanto meu próprio filho! Nossas mãos são pretas porque é a cor natural delas! E os sapos babam para assimilar melhor os alimentos e se defenderem, caso necessário! O importante na vida é saber aceitar as diferenças.

Desde esse dia o macaco e o sapo são inseparáveis. E muitos outros habitantes da floresta os imitaram, escolhendo os amigos só com o coração, sem outra preocupação.

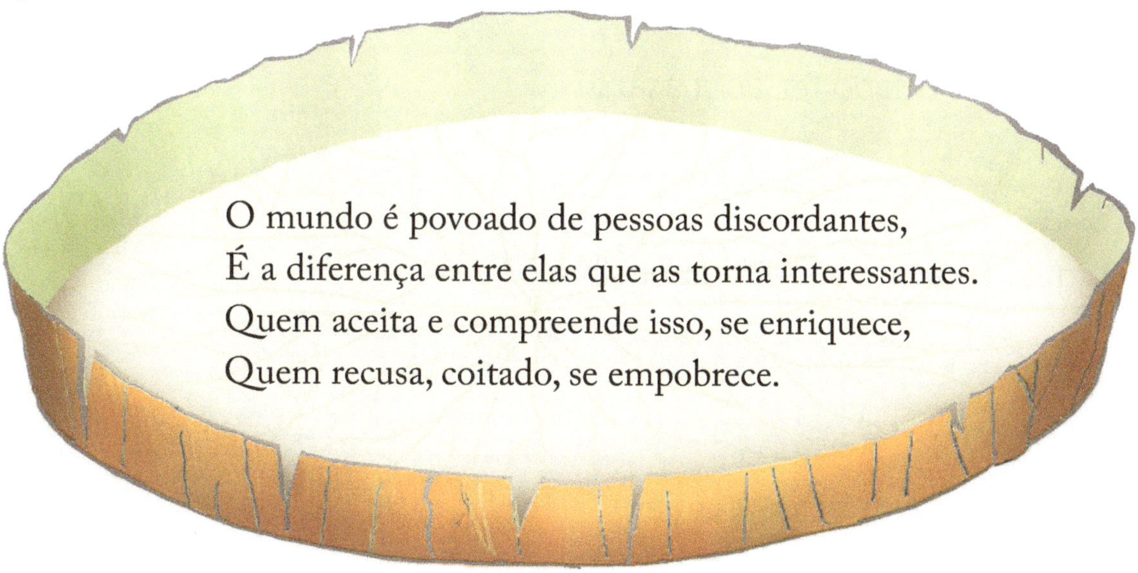

Kanton/Arquivo da editora

Pequenos contos para crescer: histórias tradicionais de muitos lugares, adaptados por Mario Urbanet. São Paulo: Companhia das Letrinhas, 2009.

Reprodução/Editora Companhia das Letrinhas

pântano: lugar cheio de lama e água, geralmente coberto de capim e plantas.
interpelou: dirigiu-se a alguém com pergunta ou pedido de explicação.

POR DENTRO DO TEXTO

1. O conto que você leu é uma história tradicional do Congo. A ideia central do texto é:

☐ amizade entre seres diferentes. ☐ amizade entre sapos e macacos.

2. O título do conto é **Amigos para a vida inteira**. Para você, o que é ser amigo? Converse com os colegas e o professor sobre isso.

3. Nesse conto, que animais são amigos? O que um ensinava ao outro?

____

____

____

____

4. Que convite o sapo fez ao macaco?

____

5. Por que o macaco se sentiu humilhado?

____

____

____

6. Releia este trecho:

"— Esses sapos não sabem viver! **Merecem uma lição!**"

a) Quem disse isso? _______________

b) A quem se refere a expressão destacada? _______________

7. De que forma o sapo se comportou à mesa da família do macaquinho?

8. Como o sapo se sentiu na casa do amigo?

9. O que fez o macaquinho quando o sapo voltava para casa?

10. O que o avô gibão quis dizer com "vocês são vítimas da ignorância!"?

11. O que os pais dos dois amigos desconheciam?

12. No final do conto há um ensinamento. Que relação ele tem com a história que foi contada?

13. Pesquise no dicionário os significados da palavra **lição**. Depois, escreva o sentido da palavra **lição** neste trecho do texto: "Merecem uma lição!".

APRENDENDO GRAMÁTICA

Substantivo simples e substantivo composto

Leia a frase e observe os substantivos.

O surfista queimou-se na água-viva.

O substantivo pode ser formado por uma palavra ou mais.

O substantivo formado por uma só palavra é chamado de **substantivo simples**.

A palavra **surfista** é um **substantivo simples**.

O substantivo formado por mais de uma palavra é chamado de **substantivo composto**.

A palavra **água-viva** é um **substantivo composto**.

1. Escreva o substantivo correspondente a cada figura.

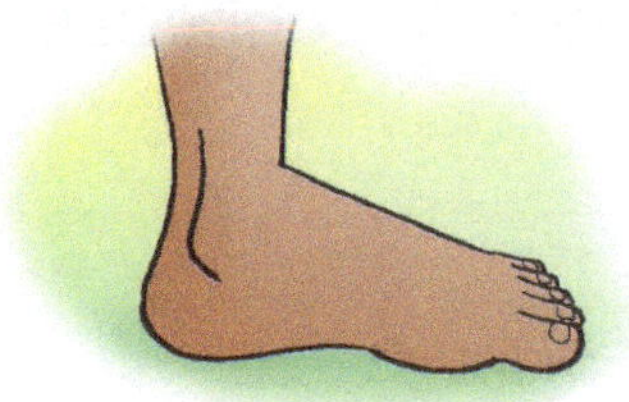

Ilustrações: Ilustra Cartoon/Arquivo da editora

- Agora, circule os substantivos compostos.

2. Escreva os substantivos abaixo no quadro correspondente.

menino	sombra	paraquedas
pão	pão de ló	pernilongo

substantivo simples	substantivo composto

3. Combine as palavras do quadro e forme substantivos compostos.

espinho	reco	couve	porco	flor	reco

Substantivo primitivo e substantivo derivado

Leia estes substantivos:

mar ⟶ marinheiro

flor ⟶ florista

As palavras **mar** e **flor** são **substantivos primitivos**.

O **substantivo primitivo** não é formado a partir de outra palavra; ele pode dar origem a outros substantivos.

Já as palavras **marinheiro** e **florista** são **substantivos derivados** porque se formaram, respectivamente, dos substantivos **mar** e **flor**.

O **substantivo derivado** forma-se a partir de outras palavras.

1. Circule o nome das flores citadas no poema a seguir.

Na loja de flores
orquídeas, margaridas,
cravos, rosas e camélias.
Azuis, vermelhas, amarelas,
varrem para longe
o tédio da tarde.

Ilustra Cartoon/Arquivo da editora

Artes e ofícios, de Roseana Murray. São Paulo: FTD, 2007.

- Os substantivos que você circulou são:

☐ compostos ☐ primitivos ☐ próprios

☐ simples ☐ derivados ☐ comuns

2. Escreva dois substantivos derivados de cada palavra.

terra ______ laranja ______

porta ______ jornal ______

pedra ______ carta ______

3. Sublinhe os substantivos e classifique-os. Veja o exemplo:
O dentista tratou aquele dente cariado.

dentista – substantivo comum, derivado
dente – substantivo comum, primitivo

a) Rapidamente o fogo se transformou num fogaréu.

______

______

b) Na lanchonete, comemos um lanche reforçado.

______

______

ESCREVENDO CERTO

Sons do **x**

Observe, nas palavras abaixo, a letra **x** representando diferentes sons:

x com som de ch	
xarope	xícara
rouxinol	bruxa

x com som de s	
excursão	texto
sexta-feira	explosão

x com som de cs	
táxi	oxigênio
reflexo	boxe

x com som de z	
existir	exército
exemplo	exame

x com som de ss	
máximo	próximo
auxiliar	trouxe

1. Numere os quadrinhos de acordo com o som do **x**.

1 som de **ch**
2 som de **z**
3 som de **cs**
4 som de **ss**
5 som de **s**

☐ exagerar	☐ bexiga	☐ experiência
☐ tórax	☐ texto	☐ auxílio
☐ trouxemos	☐ caixinha	☐ intoxicar

2. Cada grupo a seguir possui uma palavra cujo som da letra **x** é diferente do som das demais. Circule essas palavras.

a) auxílio, próximo, exemplar, trouxe

b) ameixa, faxina, enxada, exercício

c) lixa, taxímetro, anexo, axila

d) exame, caixote, êxito, exemplo

De olho no dicionário

meio, meia

1. Leia a frase.

O macaco foi embora para casa meio triste.

- Pesquise no dicionário o significado da palavra **meio** nessa frase e escreva abaixo.

2. Reescreva as frases substituindo a expressão **um pouco** por **meio**.

a) Júlio está **um pouco** nervoso por causa da prova.

b) Talita ficou **um pouco** zangada com sua prima.

3. Leia:

Luísa pediu meia xícara de leite para sua mãe.

Kanton/Arquivo da editora

- Assinale o quadrinho que corresponde ao significado da palavra **meia** nessa frase.

☐ Peça do vestuário para cobrir o pé e a perna, ou parte da perna.

☐ Metade.

4. Reescreva as frases substituindo a palavra **metade** por **meia**. Quando for necessário, faça as adaptações.

a) Mariana comeu a **metade** do sanduíche na hora do lanche.

b) Marisa quer só a **metade** de uma fatia da torta de morango.

Unidade

3

No mundo do faz de conta

Andréia Vieira/Arquivo da editora

O QUE VOU ESTUDAR?

- Leitura e compreensão
- Substantivo: número, gênero e grau
- Adjetivo e graus do adjetivo
- Pronome: pessoal do caso reto, pessoal do caso oblíquo e de tratamento
- Numeral

Texto 1

A roupa nova do rei

Ilustra Cartoon/Arquivo da editora

Era uma vez um rei.

Muito rico e muito prosa.

Um dia apareceram uns homens que vieram vender para ele um tecido para fazer roupa.

Mas, antes de mostrar o tecido, eles disseram que era um pano tão fantástico, que só as pessoas muito espertas conseguiam ver.

Então eles abriram uma mala e começaram a tirar o tecido.

Tirar o tecido? Que nada!

Eles fingiam que tiravam, mas não havia nada na mala.

Então as pessoas que estavam perto do rei começaram a fingir que estavam vendo o pano para não passarem por bobos.

E o rei?

O rei também não queria passar por bobo, então ele fingia que estava vendo o tecido:

— Que maravilha, que cores tão lindas! Que brilho!

E quanto mais o rei fingia que estava vendo alguma coisa, mais as pessoas também fingiam:

— É muito lindo!

— É fantástico!

— Nunca se viu um pano mais bonito!

Então o rei encomendou ao alfaiate que fizesse uma roupa muito linda para ele, que ficasse pronta para uma grande festa que ia haver.

O alfaiate fez como todo mundo. Também fingiu que estava vendo o tecido.

E fingiu que estava costurando pano, e fingiu que experimentou a roupa no rei e tudo.

E no dia da festa, o alfaiate ajudou o rei a vestir a roupa que não existia. O rei saiu para a rua nuzinho, nuzinho!

Ilustra Cartoon/Arquivo da editora

As pessoas bem que viram que ele não estava vestido, mas fingiam que estavam vendo a roupa para que não pensassem que elas eram idiotas.

Só que no meio do povo havia uma criança, que não estava nem ligando que achassem que ela era boba e que começou a gritar:

— Olha só! O rei está nu! O rei está nu!

As pessoas em volta diziam:

— Cala a boca, vão pensar que você é tola!

Mas a menina nem ligava:

— O rei está nu! Está nuzinho da silva!

E então todos perceberam que tinham sido enganados, que eles eram muito bobos por repetir o que os outros diziam.

E o rei também percebeu e saiu correndo para o palácio, muito envergonhado.

— Que bobo que eu sou! Se eu tivesse dito o que pensava não fazia papel de idiota!

Adaptação do conto de Hans Christian Andersen.
In: **Almanaque Ruth Rocha**, de Ruth Rocha. São Paulo: Ática, 2004.

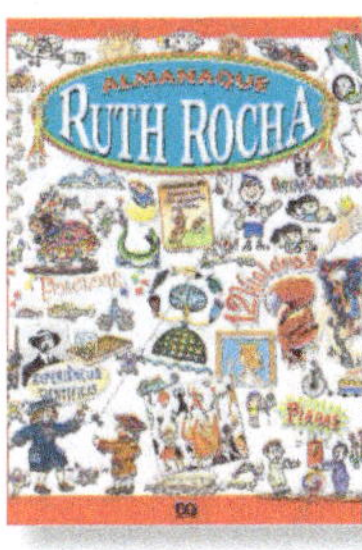

Reprodução/Editora Ática

prosa: vaidoso, convencido.
alfaiate: pessoa que faz roupas masculinas.

POR DENTRO DO TEXTO

1. Como se inicia a história que você leu?

2. Releia o terceiro parágrafo e responda se nele é indicado com precisão o momento em que a história aconteceu.

3. Que personagem é apresentado no início da história?

4. **A roupa nova do rei** é um conto. Assinale as características do conto.

- ☐ história de ficção
- ☐ tempo impreciso
- ☐ história real
- ☐ personagem fictício
- ☐ personagem real

5. O conto envolve os personagens em torno de um assunto. Qual é o assunto do conto?

6. Quem falou que o rei estava nu?

7. Por que, nesse momento, todos sentiram que a verdade estava sendo dita?

8. Substitua as expressões destacadas por apenas uma palavra. Veja o exemplo:

conto **muito tradicional** → conto tradicionalíssimo

rei **muito rico** → rei ______

pessoas **muito espertas** → pessoas ______

roupa **muito linda** → roupa ______

menina **muito inteligente** → menina ______

9. Releia este trecho, atentando à palavra destacada:

"não estava nem **ligando** que achassem que ela era boba"

- Assinale a alternativa em que o sentido da palavra **ligando** é diferente daquele que aparece no trecho acima.

☐ É melhor você não ficar **ligando** para o que falam de você.

☐ Fiquei **ligando** o dia inteiro, mas ele não atendeu.

10. Releia este trecho:

"O rei saiu para a rua nuzinho, nuzinho!"

- Por que a palavra **nuzinho** aparece duas vezes?

______

______

11. Você conhecia a expressão "Está nuzinho **da silva**!"? O que ela significa?

______

______

______

______

APRENDENDO GRAMÁTICA

Número do substantivo: singular e plural

Leia a frase abaixo e veja a diferença entre os substantivos destacados.

Aquele tecido era mais bonito que todos os outros tecidos da loja.

O substantivo **tecido** indica apenas um tecido (ele está no singular). Já o substantivo **tecidos** representa mais de um tecido (ele está no plural).

Um substantivo pode estar no **singular** ou no **plural**.

Quando falamos de um único ser ou objeto ou de um único conjunto de seres ou objetos, usamos o substantivo no **singular**.

Quando falamos de mais de um ser ou objeto, usamos o substantivo no **plural**.

Geralmente, formamos o plural acrescentando a letra **s** no final da palavra.

rei → reis

criança → crianças

festa → festas

Leia nos quadros a forma singular e a forma plural de alguns substantivos.

	singular	plural
1	tambor	tambores
	mês	meses
	cruz	cruzes
2	animal	animais
	pastel	pastéis
	lençol	lençóis

	singular	plural
3	homem	homens
	bombom	bombons
	garçom	garçons
4	irmão	irmãos
	botão	botões
	pão	pães

1. De acordo com o que você estudou na página anterior, complete.

a) No quadro **1**, os substantivos no singular terminam em ______, ______ ou ______. Para formar o plural, acrescentou-se ______.

b) No quadro **2**, os substantivos no singular terminam em ______, ______ e ______. Para formar o plural, o ______ foi substituído por ______.

c) No quadro **3**, os substantivos no singular terminam em ______. No plural, essa consoante foi substituída por ______.

d) No quadro **4**, os substantivos no singular terminam em ______. **Irmão** faz o plural com o acréscimo de ______; em **botão**, a terminação ______ é substituída por ______; e em ______, a terminação ______ é substituída por ______.

2. Escreva o plural dos substantivos representados pelas ilustrações.

____

____

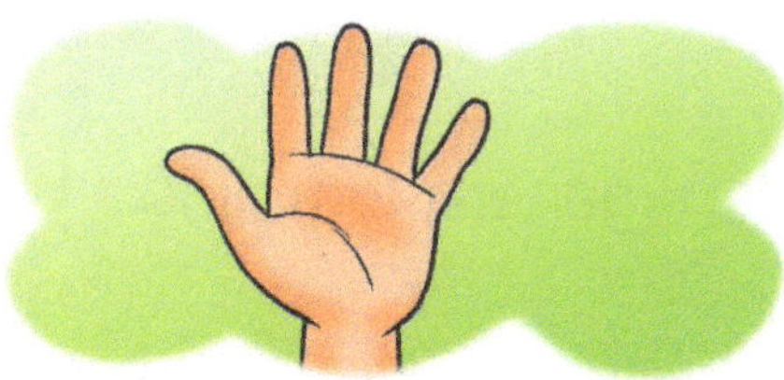

____

____

Ilustra Cartoon/Arquivo da editora

3. Escreva as palavras abaixo no singular.

capitães ______________________ maçãs ______________________

portões ______________________ órfãos ______________________

anzóis ______________________ atrizes ______________________

Gênero do substantivo: masculino e feminino

Leia a frase a seguir e observe os substantivos destacados.

Caio tem uma irmã e um irmão.

O substantivo pode ser do gênero **masculino** ou do gênero **feminino**.

irmão	**irmã**
↓	↓
gênero masculino	gênero feminino

Antes de **substantivo masculino**, podemos usar os artigos **o**, **os**, **um**, **uns**.

Antes de **substantivo feminino**, podemos usar os artigos **a**, **as**, **uma**, **umas**.

1. De acordo com o gênero do substantivo, escreva os artigos **a** ou **o** antes de cada palavra abaixo.

_____ professor _____ escritora _____ cadeira _____ fogão

_____ aluno _____ criança _____ casa _____ brinquedo

2. Complete os quadros com a forma masculina ou a forma feminina.

forma masculina	forma feminina
bode	
	gata
	cadela
	égua
carneiro	
	elefanta
leitão	
peru	

forma masculina	forma feminina
leão	
	rata/ratazana
macaco	
	tigresa
	vaca
zangão	
	mula
perdigão	

3. Reescreva as frases na forma feminina. Faça as adaptações necessárias.

a) O rei é um verdadeiro cavalheiro.

b) O homem comprou o CD daquele cantor famoso.

c) O doutor é compadre de meu patrão.

4. Reescreva as frases na forma masculina. Faça as adaptações necessárias.

a) Vovó e titia foram ao sítio buscar a ovelha e a vaca.

b) Minha sobrinha quer ser uma grande amazona.

c) Minha tia é embaixatriz.

ESCREVENDO CERTO

az, ez, iz, oz, uz

1. Leia as palavras do quadro e faça o que se pede.

talvez	paz	arroz	avestruz	atriz
feroz	rapidez	feliz	xadrez	raiz

a) O que essas palavras têm em comum? ______________________

b) Agora, escreva as palavras do quadro ao lado do significado correspondente.

Ilustra Cartoon/Arquivo da editora

antônimo de guerra → ______________________

quem anda rápido anda com... → ______________________

fixa a planta no solo → ______________________

grão usado na alimentação → ______________________

indica possibilidade ou dúvida → ______________________

certo jogo de tabuleiro → ______________________

muito contente → ______________________

feminino de ator → ______________________

a maior ave do mundo → ______________________

selvagem, bravo → ______________________

2. O professor vai ditar as frases abaixo. Complete-as.

a) Peguei o ______________ e escrevi na lousa a resposta correta.

b) Acendi a ______________ assim que cheguei.

c) O ______________ trouxe o ______________ que ele mesmo ______________.

Texto 2

O porta-lápis encantado

Vamos conhecer a história de Teo, um gnomo que certo dia se perdeu e foi parar no porta-lápis de Samuel, um homem que criava histórias para crianças.

[...] A escrivaninha dele [de Samuel] estava repleta de papéis, rabiscos, desenhos, enfim, uma bagunça deliciosa. Teo sentia vontade de pular ali e dançar, dançar, dançar muito, aprender um monte de coisas novas e...

Os pensamentos de Teo foram interrompidos por uma vozinha fina:

— Afinal de contas, quem é você, baixinho?

— Eu? Ora, eu sou o gnomo Teo, da Floresta dos Troncos Amarelos — respondeu ele para o Lápis Grafite.

— Um gnomo? Era só o que faltava — comentou a Borracha.

Ilustra Cartoon/Arquivo da editora

— Ora, cale-se! — falou a Régua, que implicava sempre com a Borracha.

A Borracha não se deu por vencida e continuou:

— Mas o que um gnomo pretende fazer por aqui? Roubar nossa casa?

— Nada disso! Eu... eu... eu estava pensando em aprender algumas coisas — respondeu Teo.

— Que coisas? — disparou a Caneta Azul.

— A língua dos homens — disse o gnomo.

— Aprender para quê? — perguntou o Apontador.

— Ora, para entender as conversas dos caçadores e, assim, ajudar meus amigos, ler as placas e, quem sabe, aprender umas piadas — respondeu Teo.

— Piadas? É só você, com essas enormes orelhas de abano, se olhar no espelho que nem precisa de piadas! — falou o Lápis Grafite.

A risada foi geral no porta-lápis. Só o Lápis Amarelo ficou sério.

— Calem-se — disse ele. — Vocês querem que o visitante pense que somos um bando de mal-educados?

— Nós só estávamos brincando — respondeu o Lápis Vermelho.

— Brincando ou não, é bom vocês se comportarem — disse o Lápis Amarelo.

Voltando-se na direção de Teo, falou:

— Senhor gnomo, como guardião oficial do porta-lápis, eu declaro que o senhor pode ficar.

— Oba! Oba! — Teo pulava de alegria.

— Espere, espere, há uma condição: depois que tiver aprendido tudo, você deverá partir, deixando a coisa mais valiosa que possuir — observou o Lápis Amarelo.

Teo balançou a cabeça duas vezes para a direita e três vezes para a esquerda, como costumava fazer sempre que precisava pensar seriamente sobre algum assunto. Então, disse:

Ilustra Cartoon/Arquivo da editora

— Está bem, eu concordo!

As aventuras de Teo começaram naquele momento. Pegando carona com os lápis e canetas que o escritor ia usando, ele, que era invisível para Seu Samuel, foi aprendendo as letras, as palavras, como se formavam as frases, depois as ideias e mensagens. Com o Lápis Azul, ele saía para colorir o céu e o mar. O Amarelo levava-o em viagens para dar vida ao sol, ao cabelo loirinho da garotinha e para pintar flores como o girassol. O Verde — muito em moda — levava Teo para colorir grama, lagos e árvores. Dessa forma, rapidamente o gnomo se tornou amigo de todos os lápis. Logo, seria também das canetas.

Agarradinho na Preta, ele percorria o papel, eufórico, pois era com ela que o escritor criava suas historinhas. A Vermelha, que no início era meio antipática, levava-o para sublinhar algumas palavras.

E foi assim que Teo acompanhou o nascimento de muitos livrinhos, logo que ele aprendeu a língua dos homens.

[...]

Reprodução/Editora Scipione

O porta-lápis encantado,
de Lúcia Tulchinski. São Paulo: Scipione, 2002.

POR DENTRO DO TEXTO

1. Quem é Teo? De onde ele veio?

2. Por que Teo queria aprender a língua dos homens?

3. Quem era o guardião oficial do porta-lápis? O que ele fez?

4. Que trejeito tinha o gnomo Teo?

5. Para você, qual é a coisa mais valiosa que alguém pode ter? Por quê?

6. Leia outro trecho do texto **O porta-lápis encantado**.

"No verão, Teo já sabia o alfabeto inteiro de A a Z, a hora certa de colocar o acento, quando era a vez do **c**, do **s** e do **z**. Sabia também por que se dizia 'Adeus', 'Muito prazer' e 'Parabéns'."

- Relacione as expressões sublinhadas acima às respectivas ilustrações.

Ilustrações: Kanton/Arquivo da editora

_______________ _______________ _______________

7. Leia as frases, veja as palavras destacadas e relacione-as a seus significados.

1	A Terra é o nosso **planeta**.	☐	excessivamente alegre
2	Ele chegou em casa **eufórico**.	☐	mansão luxuosa
3	A pulseira de rubis é **valiosa**.	☐	astro sem luz própria
4	Naquele belo **palácio** residia a rainha.	☐	de muito valor

8. Pesquise no dicionário os significados das palavras a seguir e escreva-os.

invisível: ______________________________

bando: ______________________________

antipática: ______________________________

gnomo: ______________________________

guardião: ______________________________

APRENDENDO GRAMÁTICA

Grau do substantivo: aumentativo e diminutivo

Observe as ilustrações e leia os substantivos:

tamanho neutro

Goncharuk Maksim/Shutterstock/Glow Images

peixe

tamanho pequeno

titov dmitriy/Shutterstock/Glow Images

peixinho

tamanho grande

Krzysztof Odziomek/Shutterstock/Glow Images

peixão

O substantivo **peixe** variou em função do tamanho de cada imagem.

A essa variação, de acordo com o tamanho, damos o nome de **grau**.

Os graus do substantivo são dois: **diminutivo** e **aumentativo**.

O **grau diminutivo** indica um tamanho menor que o neutro, ou normal.

O **grau aumentativo** indica um tamanho maior que o neutro, ou normal.

Leia os diminutivos e os aumentativos de algumas palavras:

neutro	diminutivo	aumentativo
animal	animalzinho, animalejo	animalão, animalaço
barca	barquinha	barcaça
boca	boquinha	bocarra, boqueirão
cão	cãozinho	canzarrão
chapéu	chapeuzinho	chapelão
casa	casinha	casarão, casão
copo	copinho	copázio
corpo	corpinho, corpúsculo	corpanzil, corpaço
fogo	foguinho	fogaréu
homem	homenzinho, hominho	homenzarrão, homão
muro	murinho, mureta	muralha
perna	perninha	pernaça, pernaço
voz	vozinha	vozeirão

O **grau diminutivo** e o **grau aumentativo** são também empregados para transmitir sentimentos, como carinho, admiração, ironia e desprezo. Exemplos:

filhinho (carinho) rapagão (admiração)

futebolzinho (ironia) gentalha (desprezo)

1. Reescreva as frases colocando os substantivos destacados no grau aumentativo e modificando o que for necessário.

a) O **fogo** tomou conta da **casa** inteira.

____

b) O **rapaz** abriu a **boca** e gritou.

____

c) O **cão** está atrás do **muro**.

____

2. Complete as frases com os substantivos do quadro.

riacho	chuvisco	saleta	olhinhos	palacete

a) O bebê fechou os _______________ e adormeceu.

b) Vi um sapo enorme na beira daquele _______________.

c) Caiu um _______________ durante toda a manhã.

d) A pintura da _______________ ficou linda!

e) Esta casa parece um _______________!

Ilustra Cartoon/Arquivo da editora

3. Escreva no grau **neutro** os substantivos abaixo.

bandeirola _______________ barquinha _______________

fornalha _______________ animalão _______________

rochedo _______________ corpanzil _______________

ESCREVENDO CERTO

s e **z** entre vogais

Pronuncie as palavras do quadro observando o som das sílabas destacadas.

me**sa**	nature**za**

Nessas sílabas, podemos perceber que um mesmo som pode ser representado por consoantes diferentes.

1. Escreva o nome das figuras.

Ilustrações: Iustra Cartoon/ Arquivo da editora

_______________ _______________ _______________

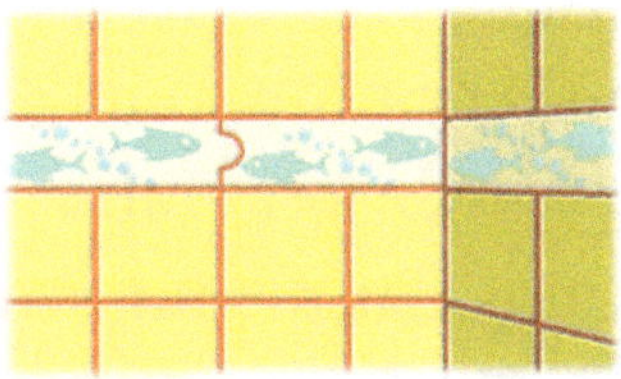

_______________ _______________ _______________

2. Forme palavras de acordo com o exemplo.

claro → clareza

pobre → _______________

belo → _______________

frio → _______________

mole → _______________

duro → _______________

limpo → _______________

certo → _______________

esperto → _______________

gentil → _______________

Texto 3

Mulian, o gavião

Ilustra Cartoon/Arquivo da editora

Há muitos e muitos anos, na primavera do universo, quando tudo o que existe na Terra era jovem, duas irmãs caminhavam pelos campos cobertos de belíssimas flores. Saciavam a fome com as deliciosas raízes que tiravam da terra.

Certa vez, ao anoitecer, uma das meninas abaixou-se para colher uma flor que chamou sua atenção por ser maior do que todas as outras. Ao observar as pétalas, viu estampada numa delas o rostinho de um bebê. A carinha era tão bonita que a menina arrancou um pedaço de casca de árvore e com ele fez uma caixinha, onde guardou a flor. Era como se a flor fosse seu grande tesouro e ela quisesse protegê-lo. Pôs a caixa num galho de árvore e, todas as tardes, depois do passeio, ia visitá-la. E não contou o segredo para a irmã. Acontece que lentamente a flor foi se transformando num garotinho que, a cada dia, ficava mais forte e saudável.

O verão terminou. Com a chegada do outono, as noites começaram a esfriar e a criança, a enfraquecer. Seu rostinho afinou. A menina encontrou uma coberta feita de pele de animal e agasalhou o bebê-flor.

Um dia ela contou à irmã sobre seu estranho filhinho. A irmã ficou muito feliz com a novidade. Juntas, cuidaram do garotinho com toda a dedicação. Conforme ele foi crescendo, as duas o ensinaram a falar, cantar, caçar e alimentar-se.

Quando se tornou um jovem, o menino se transformou em Mulian, o gavião, e partiu voando para os céus. Mas sempre regressava para visitar suas mães, as irmãs que o haviam colhido no campo florido. Ao sentir que já estava velhinho, converteu-se numa estrela do céu para continuar a iluminar as crianças que, como as duas mães-meninas, amam e protegem as flores da Terra.

(História da mitologia aborígine australiana.)

Ilustra Cartoon/Arquivo da editora

Reprodução/Editora Companhia das Letrinhas

Lá vem história outra vez: contos do folclore mundial, de Heloisa Prieto. São Paulo: Companhia das Letrinhas, 1997.

converteu-se: transformou-se.

Heloisa Prieto

Priscila Nemeth/Acervo pessoal

Heloisa Prieto

Nasceu em São Paulo em 1954. É editora, professora, roteirista e escritora premiada.

Suas especialidades são contos populares, mitos e folclore. "Desde pequena, ouço histórias maravilhosas de lugares diferentes", ela conta. Hoje, a autora tenta partilhar essa herança escrevendo obras que mantêm viva a tradição popular de contar histórias.

Entre os livros que publicou estão **Lá vem história** e **Lá vem história outra vez** (Companhia das Letrinhas), e a série **Mano**: **cidadão-aprendiz** (Ática), escrita em parceria com o jornalista Gilberto Dimenstein.

POR DENTRO DO TEXTO

1. Leia as informações do quadro.

> **Narrador-personagem** é aquele que narra e participa da história.
>
> **Narrador-observador** é aquele que conta a história sem participar dela.

- O narrador do texto **Mulian, o gavião** participa da história como personagem? Com base nas informações do quadro, escreva qual é o tipo de narrador do texto.

____

2. Em uma narrativa, há palavras que indicam as ações vividas pelos personagens. Leia o trecho a seguir:

"duas irmãs **caminhavam** pelos campos cobertos de belíssimas flores. **Saciavam** a fome com as deliciosas raízes que **tiravam** da terra."

- As palavras destacadas referem-se a ações:

☐ que vão acontecer.

☐ que estão acontecendo.

☐ que já aconteceram.

3. A história de Mulian é recente ou antiga? Escreva o trecho do texto que comprova sua resposta.

____

____

____

4. Numere as transformações da flor na ordem em que elas aparecem no texto.

☐ gavião ☐ garotinho ☐ estrela

5. Por que Mulian se converteu em uma estrela?

____

6. Releia este trecho:

"Há muitos e muitos anos, **na primavera do universo**, quando tudo o que existe na Terra era jovem, duas irmãs caminhavam pelos campos cobertos de belíssimas flores."

a) Assinale a alternativa que corresponde ao sentido da expressão destacada.

- [ ] estação do ano do Universo
- [ ] início do Universo

b) Escreva o trecho que justifica a resposta dada no item **a**.

____

7. Leia este trecho de **Mulian, o gavião**.

"**Saciavam** a fome com as deliciosas raízes que **tiravam** da terra."

a) Assinale a opção que apresenta os significados dos termos em destaque.

- [ ] semeavam e plantavam
- [ ] satisfaziam e extraíam

b) Dos alimentos abaixo, assinale os que são raízes.

- [ ] cenoura
- [ ] feijão
- [ ] arroz
- [ ] abóbora
- [ ] batata
- [ ] mandioca

8. Leia as frases abaixo.

"o menino se transformou em Mulian, o gavião, e **partiu** voando para os céus."

O aniversariante **partiu** o bolo e deu o primeiro pedaço para sua mãe.

- Qual é o significado de **partiu** na primeira frase? E na segunda?

____

____

APRENDENDO GRAMÁTICA

Adjetivo

Leia:

Ilustra Cartoon/Arquivo da editora

As irmãs saciavam a fome com as **deliciosas** raízes que tiravam da terra.

A palavra **deliciosas** representa uma característica das raízes. Ela é chamada **adjetivo**.

> **Adjetivo** é a palavra que indica uma característica do substantivo.

1. Escreva os substantivos e os adjetivos de cada expressão do quadro na respectiva coluna. Veja o exemplo:

flor cheirosa	bonito vestido	fantástica invenção
sapato novo	olhos azuis	roupa rasgada
campo florido	casa verde	poderosa descoberta

substantivo	adjetivo
flor	cheirosa

2. Leia o texto sobre o personagem Shrek.

> À primeira vista, Shrek pode parecer um ogro enorme, verde e assustador. Se você não saiu correndo, provavelmente continuará achando a mesma coisa depois! Mas as aparências enganam [...], no fundo, é um ogro gentil [...].
>
> **Shrek: curiosidades sobre o filme e personagens,** de Dorling Kindersley. São Paulo: Caramelo, 2004.

Dreamworks/Album/Album Cinema/Latinstock

a) Circule os adjetivos do texto acima.

b) A que substantivo se referem os adjetivos que você circulou?

____

____

3. Complete as frases com adjetivos.

a) Quem tem medo é ____________________.

b) Quem tem coragem é ____________________.

c) Quem tem bondade é ____________________.

d) Quem tem felicidade é ____________________.

4. Substitua as expressões destacadas pelo adjetivo correspondente. Veja o exemplo:

a) jardim **com flores** ⟶ jardim *florido*

b) prova **do mês** ⟶ prova ____________________

c) amor **de mãe** ⟶ amor ____________________

d) viagem **por mar** ⟶ viagem ____________________

e) bandeira **do Brasil** ⟶ bandeira ____________________

Graus do adjetivo

Leia a frase a seguir:

O coqueiro e o abacateiro são altos.

A palavra **altos** é um adjetivo.

Vamos comparar a altura do abacateiro, do coqueiro e da casa?

O coqueiro é tão alto quanto o abacateiro.

O coqueiro é mais alto que a casa.

A casa é menos alta que o abacateiro.

O adjetivo, nas frases acima, está no **grau comparativo**.

Usamos o **grau comparativo** para comparar as características dos seres e dos objetos em geral.

O grau comparativo pode ser:

- **de superioridade** → indicado pelas expressões **mais**... **que**... ou **mais**... **do que**...;
- **de inferioridade** → indicado pelas expressões **menos**... **que**... ou **menos**... **do que**...;
- **de igualdade** → indicado pela expressão **tão**... **quanto**...

Os adjetivos **bom**, **mau**, **grande** e **pequeno** possuem formas diferentes para o grau comparativo de superioridade. Veja:

adjetivo	comparativo de superioridade	exemplo
bom	melhor	Meu livro é **melhor que** o seu.
mau	pior	Esse doce é **pior que** aquele.
grande	maior	O seu lápis é **maior que** o meu.
pequeno	menor	João é **menor que** Sandro.

Leia a frase a seguir:

Os campos tinham flores muito belas, belíssimas.

Belas é o adjetivo neutro.

Muito belas e **belíssimas** estão no grau superlativo.

O **grau superlativo** indica que o adjetivo está sendo intensificado.

Veja alguns superlativos:

adjetivo	superlativo
ágil	agilíssimo
agradável	agradabilíssimo
amigo	amicíssimo
baixo	baixíssimo
bom	boníssimo
cheio	cheiíssimo
difícil	dificílimo

adjetivo	superlativo
feliz	felicíssimo
fraco	fraquíssimo
gordo	gordíssimo
inteligente	inteligentíssimo
novo	novíssimo
útil	utilíssimo
veloz	velocíssimo

1. Coloque o adjetivo **compreensiva** no grau comparativo solicitado.

a) Sônia é ________________________ Ângela. (inferioridade)

b) Ângela é ________________________ Sônia. (superioridade)

c) Sônia é ________________________ Ângela. (igualdade)

2. Reescreva as frases empregando o grau superlativo. Veja o exemplo:

Titia é agradável. Titia é muito agradável. Titia é agradabilíssima.

a) A prova está fácil.

____

b) Estou feliz.

____

ESCREVENDO CERTO

-sinho, -inho, -zinho

1. Releia um trecho do texto **Mulian, o gavião** e atente às palavras destacadas.

"Ao observar as pétalas, viu estampada numa delas o **rostinho** de um bebê. A **carinha** era tão bonita que a menina arrancou um pedaço de casca de árvore e com ele fez uma **caixinha**, onde guardou a flor."

- Em que grau estão as palavras destacadas?

____

____

2. Leia as informações abaixo e escreva as palavras no grau diminutivo.

Palavras que têm **s** na última sílaba fazem o diminutivo com terminação **-sinho** e **-sinha**.

Palavras que não têm **s** na última sílaba fazem o diminutivo com terminação **-zinho** e **-zinha** ou **-inho** e **-inha**.

a) irmã: ______________________

b) jornal: ______________________

c) mesa: ______________________

d) vaso: ______________________

e) pé: ______________________

f) mãe: ______________________

g) bolsa: ______________________

h) rato: ______________________

Ilustra Cartoon/Arquivo da editora

Texto
4

Curupira

Que apito estridente é esse?
Aqui não é caminho de trem!
Será o guardião da floresta
No seu louco vaivém?

Quem maltrata a natureza
Desperta toda ira
De uma criatura selvagem
Chamada Curupira!

Cabelo vermelho ao vento
Olhos ameaçadores
Dentes verdes pontiagudos
Pra assustar os caçadores!

Esse indiozinho esperto
Com os pés virados pra trás
Amedronta porque acha certo
Proteger os animais!

Correndo por toda a mata
Atrás de quem mata e destrói
Montado num porco-do-mato
É um verdadeiro herói!

Confunde seus perseguidores
Com a pegada invertida
Que acabam perdendo o rastro
E ficam loucos da vida!

Seu assobio agudo
Ecoa por toda a floresta
E a Mãe Natureza agradece
Em meio a uma grande festa!

Ilustra Cartoon/Arquivo da editora

Reprodução/Editora Paulinas

13 lendas brasileiras, de Mario Bag. São Paulo: Paulinas, 2005.

rastro: marca de pegada de animal ou de pessoa deixada no caminho.

POR DENTRO DO TEXTO

1. O texto que você leu é organizado em versos. Quantos são os versos? E as estrofes?

2. Em cada estrofe, há palavras que rimam. Sublinhe-as no texto.

3. Segundo o texto, quem é o guardião da floresta?

4. Como o Curupira é descrito no texto?

5. Releia estes versos:

   "Confunde seus perseguidores
   Com a pegada invertida".

   - Por que a pegada do Curupira é invertida?

6. Com suas palavras, explique por que os perseguidores perdem o rastro do Curupira.

APRENDENDO GRAMÁTICA

Pronome pessoal do caso reto

Leia as frases e observe o que foi alterado:

1

2

Ilustrações: Ilustra Cartoon/Arquivo da editora

O Curupira é o guardião da floresta. Ele protege os animais.

Na segunda frase, o substantivo **Curupira** foi substituído pela palavra **ele**.

Pronome pessoal é a palavra que substitui o substantivo. Os pronomes pessoais do caso reto indicam quem (ou o que) pratica a ação: **eu** danço, **ele** brinca, **nós** estudamos.

Conheça os pronomes pessoais do caso reto e as pessoas a que eles se referem:

pronomes pessoais do caso reto		
singular	**plural**	**refere-se à**
eu	nós	1ª pessoa (quem fala)
tu	vós	2ª pessoa (com quem se fala)
ele, ela	eles, elas	3ª pessoa (de quem se fala)

Fique por dentro!

Os pronomes **tu** e **vós** são pouco usados no Brasil. Em geral, utilizamos **você** e **vocês**.

1. Observe as ilustrações e complete os quadros. Veja o exemplo:

Ilustrações: Ilustra Cartoon/Arquivo da editora

eu → 1ª pessoa do singular.

______ → 1ª pessoa do plural.

______ → 2ª pessoa do singular.

______ → 2ª pessoa do plural.

______ → 3ª pessoa do singular.

______ → 3ª pessoa do plural.

2. Complete as frases com pronomes pessoais do caso reto.

a) Maria e Marcelo são irmãos. ______________ se parecem muito.

b) Carla saiu apressada. ______________ quase perdeu a hora da aula.

c) Bruno e eu fomos ao parque. ______________ nos divertimos demais.

3. Reescreva as frases substituindo as palavras destacadas por pronomes pessoais do caso reto.

a) Você sabia que a **Carla** é uma grande fã sua?

____

b) **Luísa e eu** iremos ao cinema amanhã.

____

c) **Tiago e Cláudia** são os melhores alunos da escola.

____

d) **Carol e Cíntia** são muito amigas, mas não têm a mesma opinião sobre **Pedro**.

____

____

e) **A biblioteca** só será reaberta quando acabar a reforma.

____

____

4. Complete o parágrafo com pronomes pessoais do caso reto.

______________ tenho uma grande amiga que mora em outro país, mas ______________ sempre vem ao Brasil nas férias. Este ano ______________ combinamos passar alguns dias na praia assim que ______________ chegar.

Pronome pessoal do caso oblíquo e pronome de tratamento

Leia este balão:

Ilustra Cartoon/Arquivo da editora

As palavras **me**, **você** e **comigo** também são **pronomes pessoais**.

Os pronomes **me** e **comigo** são classificados como **pronomes pessoais do caso oblíquo**. Veja o quadro:

	pronome pessoal	
	do caso reto	**do caso oblíquo**
1ª pessoa do singular	eu	me, mim, comigo
2ª pessoa do singular	tu	te, ti, contigo
3ª pessoa do singular	ele, ela	o, a, lhe, se, si, consigo
1ª pessoa do plural	nós	nos, conosco
2ª pessoa do plural	vós	vos, convosco
3ª pessoa do plural	eles, elas	os, as, lhes, se, si, consigo

1. Circule os pronomes pessoais oblíquos.

a) Ajudaram-me a construir uma nova casa.

b) Mando-lhe um carinhoso abraço.

c) Bem que Rui te avisou.

d) A diretora quer conversar conosco.

e) Ele trouxe o livro para mim.

Ilustra Cartoon/Arquivo da editora

2. Os pronomes oblíquos **o**, **a**, **os**, **as** têm também as formas **lo**, **la**, **los**, **las**, **no**, **na**, **nos**, **nas**. Faça como nos exemplos:

amar + **o** → am**á-lo**
amar + **a** → am**á-la**

leva**m** + **o** → levam-**no**
leva**m** + **a** → levam-**na**

amassar + a ______________________ pegar + os ______________________

pegam + a ______________________ levantam + a ______________________

entregar + as ______________________ entregam + os ______________________

3. Leia as frases e escreva a quem ou a que os pronomes pessoais oblíquos se referem. Veja o exemplo:

a) Comprei um rádio, mas **o** devolvi.

o – refere-se a rádio.

b) Fiz uma torta de maçã. Dei-**a** para minha mãe.

____

c) O cão estava perdido. Encontraram-**no** na outra rua.

____

d) Aqui estão os nossos lanches. Vamos reparti-**los**?

____

e) Apesar de minha bicicleta ser nova, não consegui vendê-**la**.

____

Além dos pronomes pessoais dos casos reto e oblíquo, há os **pronomes pessoais de tratamento**, palavras ou expressões com que nos dirigimos a alguém, de maneira formal ou informal.

A palavra **você** é um pronome pessoal de tratamento.

Observe no quadro alguns pronomes de tratamento e suas abreviações:

Você (v.) – usado para colegas, amigos, conhecidos.
Senhor (Sr.) – usado para homens, geralmente mais velhos.
Senhora (Sr.ª) – usado para mulheres mais velhas, geralmente casadas.
Senhorita (Srta.) – usado para moças solteiras.
Vossa Senhoria (V. S.ª) – usado para pessoas que ocupam cargos importantes.
Vossa Excelência (V. Ex.ª) – usado para autoridades.
Vossa Majestade (V. M.) – usado para reis, rainhas, imperadores.
Vossa Santidade (V. S.) – usado para o papa.
Vossa Alteza (V. A.) – usado para príncipes e duques.

4. Circule os pronomes pessoais de tratamento.

a) Vovô, o senhor não vem conosco?

b) Flávio, você já almoçou?

c) Deseja alguma coisa, senhorita?

d) As senhoras aceitam mais chá?

5. Numere as frases de acordo com a legenda.

1 pronome pessoal do caso reto

2 pronome pessoal do caso oblíquo

3 pronome pessoal de tratamento

☐ Dei-**lhe** uma flor.

☐ **Vossa Excelência** quer café?

☐ **Elas** não chegaram ainda.

☐ **Vocês** já se conhecem?

☐ **Nós** sairemos cedinho.

☐ Falou-**nos** sobre o acidente.

☐ Venha **comigo**.

☐ Hoje ainda não **os** vi.

☐ Chamem-**na** assim que chegar.

☐ Quem **os** atendeu?

☐ **Vossa Senhoria** me conhece?

☐ A **senhora** tem hora marcada?

☐ **Eu** não quero falar sobre isso.

☐ **Sua Alteza** assinará o decreto?

ESCREVENDO CERTO

ns

1. Reescreva as frases passando as palavras destacadas para o plural. Faça as adaptações necessárias.

a) A **viagem** pelo Sul do Brasil é sempre muito agradável.

____

b) Comemos o **pudim** e o **amendoim** que estavam sobre a mesa.

____

c) Havia uma área só de **jasmim** naquele **jardim**.

____

- Agora, complete a frase:

As palavras terminadas em **m**, quando vão para o **plural**, mudam sua terminação para _______.

2. Complete as frases com as palavras do quadro.

co**ns**truir	demo**ns**tração	tra**ns**plante
i**ns**tantâneo	tra**ns**ferido	viage**ns**

a) Vou _______ uma casa na praia.

b) Aquele remédio fez efeito _______.

c) Foi um sucesso o _______ de coração.

d) Vamos nos mudar porque meu pai foi _______ para outra cidade.

e) Os alunos fizeram uma bela _______ de ginástica olímpica.

f) Já fiz três _______ este mês.

Texto 5

A Onça e o Gato

A Onça encontrou o Gato e pediu:

— Mestre Gato, me ensine a dar saltos como você!

— Como não, amiga Onça?

Treinaram bastante.

Depois, foram a um riacho beber água.

— Quero ver quem pula mais longe! — disse a Onça.

— Miau, miau! — concordou o Gato.

Mais adiante, um lagarto tomava sol.

— Vamos ver quem consegue pegar o lagarto com um só pulo? — propôs a Onça.

O Gato concordou novamente.

— Vá primeiro — rugiu a felina.

O bichano deu um pulo e caiu em cima do lagarto.

A Onça retesou as patas e pulou para cima do Gato, que saltou para o lado e escapou.

Desapontada, a Onça reclamou:

— Mestre Gato, esse pulo você não me ensinou!

O Gato sorriu, brincando com os bigodes.

— O bom mestre nem sempre ensina tudo aos seus aprendizes!

Ilustra Cartoon/Arquivo da editora

Lendas e fábulas do folclore brasileiro, recontadas por Walcyr Carrasco. Barueri: Manole, 2009. v. 1.

Reprodução/Editora Manole

felina: animal da família dos felídeos (mamíferos carnívoros, adaptados para saltar; exemplos: gato, onça-pintada, leão).

retesou: esticou.

POR DENTRO DO TEXTO

1. Que pedido a Onça fez ao Gato?

2. Esse pedido era algum plano da Onça? Explique sua resposta.

3. Em sua opinião, por que o Gato não ensinou todos os pulos para a Onça?

4. Releia este trecho:

"**Desapontada,** a Onça reclamou"

a) Veja neste verbete de dicionário os significados da palavra **desapontado**.

> **desapontado** *adj.* **1.** Decepcionado; desiludido. **2.** Envergonhado; acanhado.
>
> **Minidicionário Luft**, de Lya Luft. São Paulo: Ática, 2009. p. 224.

b) Reescreva o trecho citado substituindo a palavra **desapontada** por um sinônimo.

APRENDENDO GRAMÁTICA

Numeral

Leia as frases e observe as palavras destacadas.

A criança completou **um** ano.

A palavra **um** indica número, transmite a ideia de quantidade.

O termo **um** é classificado como **numeral cardinal**.

Ilustrações: Ilustra Cartoon/Arquivo da editora

Era a **primeira** da fila.

A palavra **primeira** indica ordem. Ela é classificada como **numeral ordinal**.

Os atletas percorreram o **dobro** da distância de ontem.

A palavra **dobro** indica que a distância percorrida pelos atletas foi multiplicada por dois. O termo é classificado como **numeral multiplicativo**.

Os convidados comeram apenas a **metade** do bolo.

A palavra **metade** indica que o bolo foi dividido ao meio e apenas uma das partes (uma fração do bolo) foi consumida. O termo metade é classificado como **numeral fracionário**.

Numeral é a palavra que indica quantidade, ordem, multiplicação e fração.

numeral			
cardinal	**ordinal**	**multiplicativo**	**fracionário**
um	primeiro	—	—
dois	segundo	duplo ou dobro	meio
três	terceiro	triplo	terço
quatro	quarto	quádruplo	quarto
cinco	quinto	quíntuplo	quinto
seis	sexto	sêxtuplo	sexto
sete	sétimo	sétuplo	sétimo
oito	oitavo	óctuplo	oitavo
nove	nono	nônuplo	nono
dez	décimo	décuplo	décimo
onze	décimo primeiro		
doze	décimo segundo		
treze	décimo terceiro		
catorze	décimo quarto		
quinze	décimo quinto		
dezesseis	décimo sexto		
dezessete	décimo sétimo		
dezoito	décimo oitavo		
dezenove	décimo nono		
vinte	vigésimo		
trinta	trigésimo		
quarenta	quadragésimo		
cinquenta	quinquagésimo		
sessenta	sexagésimo		
setenta	septuagésimo		
oitenta	octogésimo		
noventa	nonagésimo		
cem	centésimo		

Ilustrações: Kanton/Arquivo da editora

1. Numere as frases de acordo com a legenda.

1	cardinal	2	ordinal	3	multiplicativo	4	fracionário

a) João comeu **um quarto** do meu chocolate. ☐

b) Pedro ficou em **terceiro** lugar no campeonato de xadrez da escola. ☐

c) A Independência do Brasil foi proclamada em **mil oitocentos e vinte e dois**. ☐

d) Tenho 25 lápis coloridos e Marta tem o **dobro**. ☐

e) Meu irmão mais novo tem **oito** anos. ☐

f) Aninha é a **décima primeira** na lista de chamada da sua sala de aula. ☐

2. Complete o quadro a seguir.

numeral	cardinal	ordinal
16		
100		
13		
34		
12		
43		
72		
9		
14		
26		
55		
87		
78		

ESCREVENDO CERTO

lh, li

1. Complete as palavras com **lh** ou **li**.

a) Esqueci de fazer o cabeça_____o em meu caderno.

b) Ontem comi mi_____o assado na festa da escola.

c) Com o prêmio, ele ficou mi_____onário.

d) A tira da minha sandá_____a arrebentou.

Mario Pita/Arquivo da editora

2. Complete as palavras com **l** ou **lh** e copie-as. Veja o exemplo:

l	
te_l_a	tela
ga_____o	
bo_____a	
fi_____a	
mo_____a	
ve_____a	

lh	
te_lh_a	telha
ga_____o	
bo_____a	
fi_____a	
mo_____a	
ve_____a	

a) Releia as palavras dos quadros acima em voz alta prestando atenção na diferença de som e sentido. Converse com o professor e os colegas sobre o significado de cada uma delas.

b) Escolha duas palavras de cada quadro e, no caderno, faça frases com elas.

3. Escreva as palavras que o professor vai ditar.

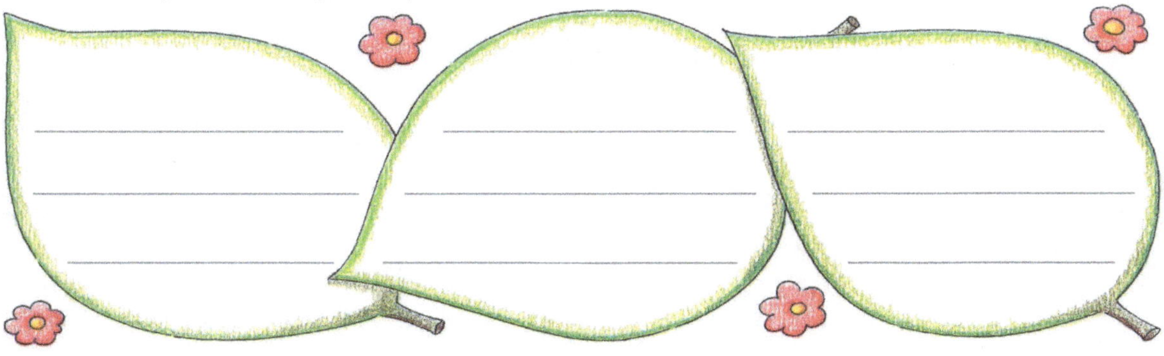

Camila de Godoy/Arquivo da editora

De olho no dicionário

onde, aonde

1. Procure no dicionário o significado das palavras **onde** e **aonde** e escreva-os ao lado dos respectivos termos.

onde: ______________________________

____

aonde: ______________________________

____

2. Agora, analise a cena a seguir e complete os balões com **onde** e **aonde**.

Ilustra Cartoon/Arquivo da editora

Onde significa **em que lugar**. Indica o lugar em que algum fato ocorre ou em que alguém está, ou seja, indica permanência.

Aonde significa **para que lugar, a que lugar**. Indica ideia de movimento, de direção. Por isso, é usado com verbos de movimento: ir, chegar, levar, conduzir, etc.

3. Complete as frases com **onde** ou **aonde**.

a) _______ você mora?

b) _______ você vai depois que sai da escola?

c) _______ essas brigas nos levarão?

d) _______ passaremos as férias?

Unidade

4

Por um mundo melhor

Andréia Vieira/Arquivo da editora

O QUE VOU ESTUDAR?

- Leitura e compreensão
- Verbo: tempos e conjugações verbais
- Preposição
- Interjeição
- Sujeito e predicado
- Advérbio

Texto 1

Cuidados com o seu cão

Pessoas e cães têm convivido por mais de 10 mil anos. Cães são usados para companhia, guarda, pastoreio e também como cães-guias para pessoas com dificuldades visuais, auditivas ou físicas.

Como cuidar do seu cão

Para ser saudável e feliz, seu cão precisa:

• de dieta balanceada • de cuidados veterinários • de exercício • de cama com cobertor limpo • ser tosado regularmente, principalmente se tiver pelo longo • ser adestrado • ser registrado, se possível • de cuidados quando você sair de férias • de companhia — cães são sociáveis e ficarão infelizes se deixados sozinhos por muito tempo.

[...]

Alimentação e água

• Um cão precisa de uma dieta balanceada. Restos de comida não são suficientes para um peso saudável e músculos fortes.

• Ossos pontiagudos podem ser perigosos, pois podem entalar na garganta ou causar problemas se engolidos.

• Água fresca deve sempre estar acessível em uma tigela limpa.

Ilustrações: Kanton/Arquivo da editora

Exercício

• Um cão não deve ficar permanentemente preso: cães precisam de exercício regular para evitar enfado, obesidade e unhas hipertrofiadas.

• Um passeio diário e talvez uma brincadeira com bola ou graveto ajudam a manter seu cão alerta e ativo.

• Um cão enfadado pode latir excessivamente, perturbando os vizinhos.

Higiene

• Um cão mantido em más condições de higiene pode ser infestado por vermes, carrapatos, pulgas ou piolhos. Peça orientação ao seu veterinário.

• Mantenha limpos o seu cão e o local em que ele fica.

Vacinação

• Cães são vulneráveis a muitas doenças (como a raiva), que também podem ser perigosas para os humanos.

• A vacinação ajuda a prevenir doenças e reduz o risco de infecção para outros cães.

• Cães precisam ser vermifugados regularmente.

Tosa

• A escovação regular ajuda a manter o pelo de seu cão limpo e desembaraçado e é uma oportunidade para detectar parasitas.

• A tosa ajuda o seu cão a se acostumar a ser manipulado.

Ilustrações: Kanton/Arquivo da editora

Procriação

• Todos os anos, centenas de milhares de cães são sacrificados por não haver lares adequados em número suficiente.

• A cada ano, fêmeas podem produzir muitos filhotes. Em seis anos, um casal e suas crias podem produzir 67 mil filhotes. [...]

• Para evitar filhotes, esterilize seu cão (cirurgia feita por um veterinário). [...]

Consulte um veterinário

Lembre que o veterinário pode aconselhá-lo quanto:

• ao tipo de cão mais adequado a seu estilo de vida e suas expectativas • à dieta • ao adestramento do seu cão • ao tratamento contra parasitas • à vacinação • à esterilização • a quaisquer outras questões de saúde.

Cuidados com o seu cão. Rio de Janeiro: WSPA – Sociedade Mundial de Proteção Animal, [s.d.]. Texto adaptado.

WSPA - Sociedade Mundial de Proteção Animal

adestrado: ensinado.

enfado: tédio.

hipertrofiadas: demasiadamente grandes, crescidas.

tosa: operação de escovar, desembaraçar e aparar o pelo do animal.

POR DENTRO DO TEXTO

1. Converse com seus colegas sobre a utilidade do folheto apresentado. Depois, escreva a conclusão a que vocês chegaram.

____

____

____

2. Na sua opinião, é importante que as pessoas leiam esse folheto? Por quê?

____

____

____

3. Complete com as orientações dadas pelo folheto.

a) Para manter o cão alerta e ativo: ______________________

____.

b) Para manter o pelo do cão limpo e desembaraçado: ______________

____.

4. Esse texto tem o objetivo de:

- [ ] nos divertir e fazer rir.
- [ ] nos instruir a como agir em relação a determinada questão.

- Explique sua resposta.

____

____

5. No caderno, crie mais um tópico para esse folheto. Inclua também um desenho ou uma imagem recortada de alguma revista para ilustrá-lo.

APRENDENDO GRAMÁTICA

Verbos e tempos verbais

Leia a história em quadrinhos a seguir.

Ziraldo Alves Pinto/Acervo do cartunista

As palavras destacadas nos balões de fala são **verbos**.

Verbo é a palavra usada para indicar ação, fato, acontecimento, estado ou fenômeno da natureza.

Veja os verbos destacados nos balões de fala abaixo. Eles indicam estado ou fenômeno da natureza.

- Agora, complete.

a) Na cena **A**, o verbo ________________ indica estado.

b) Na fala da cena **B**, o verbo ________________ indica mudança de estado, ou seja, alteração no comportamento.

c) Já no balão **C**, o verbo ________________ indica fenômeno da natureza.

O verbo pode se apresentar em três tempos:

Ilustrações: Ilustra Cartoon/Arquivo da editora

1. Reescreva as frases, colocando os verbos no futuro.

a) A professora começou a aula mais cedo.

____

b) Renato ganhou uma bicicleta nova.

____

c) A menina cortou seus longos cabelos.

____

d) Eles não vêm?

____

Agora, leia estas orações:

Meu amigo chegou. ⟶ Meus amigos chegaram.

Ao usarmos a palavra **amigo** no plural (**amigos**), o verbo também se modificou, concordando com a nova quantidade de pessoas mencionada na oração.

2. Siga o exemplo e transforme as frases a seguir fazendo as modificações necessárias.

O menino gosta de passear.

O menino e a menina gostam de passear.

a) **O ônibus** partiu com atraso. _______________

b) **O gato** brinca com a bola. _______________

3. Releia este trecho do folheto **Cuidados com o seu cão**.

"A vacinação ajuda a prevenir doenças e reduz o risco de infecção para outros cães."

a) Em que tempo estão os verbos destacados?

____

b) Escreva os verbos destacados no futuro e no pretérito/passado.

____

ESCREVENDO CERTO

h

1. Leia as palavras do quadro.

humor	hospital	higiene	horizonte	Himalaia	homem

a) O que elas têm em comum?

____

b) Você conseguiu ouvir o som da letra que é comum a todas as palavras do quadro? Por quê?

____

____

2. Encontre no diagrama outras palavras que começam com a letra **h**.

H	O	M	E	N	A	G	E	M	A	G
E	R	H	Á	B	I	T	O	T	U	Y
F	E	R	T	H	J	K	L	H	S	N
H	E	L	I	C	Ó	P	T	E	R	O
A	L	H	I	E	N	A	X	R	A	H
R	H	É	L	I	C	E	B	Ó	S	I
P	P	G	H	I	S	T	R	I	H	A
A	H	I	S	T	Ó	R	I	A	D	T
T	H	R	N	I	O	E	V	B	M	O

- Agora, escolha duas dessas palavras e forme frases com elas.

____

____

Texto 2

O que é consumo consciente?

Kanton/Arquivo da editora

A ideia básica do **consumo consciente é transformar o ato de consumo em uma prática permanente de cidadania**. O objetivo de consumo, quando consciente, extrapola o atendimento de necessidades individuais. Leva em conta também seus reflexos na sociedade, economia e meio ambiente.

E os reflexos podem ser positivos ou negativos. Ao comprar produtos de uma empresa que utiliza trabalho escravo, por exemplo, o consumidor financia essa prática abominável. Por outro lado, se comprar alimentos orgânicos ou de comércio justo, contribuirá com um setor da economia que não utiliza substâncias tóxicas em sua produção e que não agride o meio ambiente.

Aquela velha prática de "lavar as mãos", de encontrar um culpado pelas mazelas do mundo, é inválida no consumo consciente. Se algo está errado, todos têm uma parcela de responsabilidade.

A escassez de recursos naturais, nesse sentido, não pode ser atribuída somente às empresas, pois foram os consumidores que financiaram sua exploração.

Por isso, é fundamental estar bem informado sobre os produtos e serviços que serão adquiridos ou contratados. O poder de transformação social está nas mãos dos consumidores, e cabe a eles escolher como fornecedoras empresas éticas, que respeitam os direitos humanos e os limites naturais do planeta.

Os 12 princípios do consumo consciente

O Instituto Akatu, procurando orientar consumidores, publicou uma cartilha contendo os 12 princípios do consumo consciente. Veja abaixo.

1. Planeje suas compras. Compre menos e melhor.
2. Avalie os impactos de seu consumo no meio ambiente e na sociedade.
3. Consuma só o necessário. Reflita sobre suas reais necessidades e tente viver com menos.
4. Reutilize produtos. Não compre outra vez o que você pode consertar e transformar.
5. Separe seu lixo. Reciclar ajuda a economizar recursos naturais e a gerar empregos.
6. Use crédito com responsabilidade. Pense bem se você poderá pagar as prestações.
7. Informe-se e valorize as práticas de responsabilidade social das empresas.
8. Não compre produtos piratas. Assim você contribui para gerar empregos e combater o crime organizado.
9. Contribua para a melhoria dos produtos e serviços. Envie às empresas sugestões e críticas construtivas.
10. Divulgue o consumo consciente. Levante essa bandeira para amigos e familiares.
11. Cobre dos políticos. Exija ações que viabilizem a prática do consumo consciente.
12. Reflita sobre seus valores. Avalie os princípios que guiam suas escolhas e hábitos de consumo.

Fonte: Instituto Akatu.

Kanton/Arquivo da editora

Antes e depois da compra

Ilustrações: Kanton/Arquivo da editora

O consumo consciente não se preocupa apenas com o momento que antecede a compra, de escolha de produtos e serviços. O consumidor tem também a responsabilidade de utilizar muito bem os produtos que comprou.

Na iminência da escassez de recursos naturais no planeta, desperdício e excesso tornam-se os piores pecados. O consumo consciente propõe que os consumidores mudem seus hábitos e consumam somente o essencial.

Pensando nisso, criou-se a chamada teoria dos "3 R's", com o objetivo de minimizar o desperdício e aproveitar ao máximo os produtos que comparamos.

Teoria dos "3 R's"

1. **Reduzir:** implica reduzir nosso patamar de consumo, deixar de consumir tudo o que não é realmente necessário. Se, por exemplo, uma tecla do seu telefone celular se quebrar, por que não consertá-la, em vez de comprar um aparelho novo? Ou se o modelo não é o mais recente, mas o aparelho ainda funciona, por que trocá-lo?

2. **Reutilizar:** implica utilizar um mesmo produto de várias maneiras, em vez de descartá-lo. O exemplo mais comum é utilizar frascos de vidro de requeijão como copos em casa, ou imprimir documentos pessoais no verso de folhas de papel utilizado no escritório.

3. **Reciclar:** a reciclagem é uma prática essencial para a redução do volume de materiais inutilizados, que irão se acumular em lixões ou aterros sanitários.

Como funciona o consumo consciente, de Celso Monteiro. Disponível em: <http://ambiente.hsw.uol.com.br/consumo-consciente.htm/printable>. Acesso em: 22 out. 2013.

ideia básica: ideia fundamental, mais importante.
prática: hábito, costume.
abominável: detestável, terrível.
mazelas: falhas, problemas.
iminência: ameaça.

POR DENTRO DO TEXTO

1. Segundo o texto, qual é a ideia básica do consumo consciente?

____

____

2. Consumo consciente é:

- [ ] aquele que atende às necessidades de cada um.
- [ ] aquele que satisfaz as necessidades de todos e se preocupa com a preservação do meio ambiente.
- [ ] aquele que preserva os recursos naturais.

3. Segundo o texto, o consumidor consciente não se preocupa apenas com o momento que antecede a compra. Qual é a responsabilidade do consumidor após a compra?

____

4. Quem são os responsáveis pela escassez dos recursos naturais do planeta?

____

5. Releia este trecho:

> "Aquela velha prática de 'lavar as mãos', de encontrar um culpado pelas mazelas do mundo, é inválida no consumo consciente."

- O que significa a expressão "lavar as mãos"?

____

____

6. No caderno, explique com suas palavras o que é a teoria dos "3 R's".

7. Você e sua família se consideram consumidores conscientes? Escreva no caderno o que vocês costumam fazer para preservar os recursos naturais e em que podem melhorar.

APRENDENDO GRAMÁTICA

Verbo no infinitivo — conjugações verbais

Leia o texto a seguir e observe os verbos destacados.

Antes de comprar qualquer produto, é preciso refletir sobre nossas verdadeiras necessidades. Ter responsabilidade em nossas compras é consumir com consciência.

Os verbos **comprar**, **refletir**, **ter** e **consumir** não estão conjugados, isto é, não indicam tempo nem pessoa. Esses verbos estão no **infinitivo**.

1. Circule os verbos de cada frase e escreva-os no infinitivo. Veja o exemplo:

a) João encontrou Daniela na festa. encontrar

b) Os meninos dividiram as figurinhas. ______

c) Os alunos da minha classe conhecem o planetário da cidade. ______

d) Marcelo apresentará seu trabalho de Ciências amanhã. ______

e) Todos ouviram a explicação do professor. ______

f) Aquele atleta corre 20 quilômetros todos os dias. ______

- Agora, distribua no quadro os verbos no infinitivo, de acordo com a terminação. Veja o exemplo:

verbos terminados em		
ar	er	ir
encontrar	______	______
______	______	______

2. Complete a afirmação a seguir:

Os verbos no infinitivo podem terminar em ______, ______ ou ______.

Há, portanto, três conjugações para os verbos:

primeira conjugação → verbos terminados em **ar**
segunda conjugação → verbos terminados em **er**
terceira conjugação → verbos terminados em **ir**

Verbo — primeira conjugação

Veja a conjugação do verbo **cantar**. Nela verificamos a flexão (variação) do verbo em **pessoa** e **número**.

	cantar		
	presente	pretérito	futuro
singular	Eu cant**o**	Eu cant**ei**	Eu cant**arei**
	Tu cant**as**	Tu cant**astes**	Tu cant**arás**
	Ele cant**a**	Ele cant**ou**	Ele cant**ará**
plural	Nós cant**amos**	Nós cant**amos**	Nós cant**aremos**
	Vós cant**ais**	Vós cant**astes**	Vós cant**areis**
	Eles cant**am**	Eles cant**aram**	Eles cant**arão**

1. Analisando as terminações do verbo **cantar**, conjugue, agora, o verbo **falar**.

falar		
presente	pretérito	futuro

2. Escreva a **pessoa** e o **número** dos verbos destacados. Veja o exemplo.

a) Os alunos **cumprimentaram** a professora.

Os alunos → eles: 3ª pessoa do plural

b) André **levou** seu irmão à escola.

c) Eu, Pedro e Alice **jogamos** basquete.

Verbo — segunda conjugação

Leia esta frase:

Devemos rever nossas práticas de consumo e escolher os produtos com critério.

Os verbos **rever** e **escolher** pertencem à **segunda conjugação**, ou seja, terminam em **er**.

Observe outro verbo da segunda conjugação:

defender		
presente	pretérito	futuro
Eu defend**o**	Eu defend**i**	Eu defend**erei**
Tu defend**es**	Tu defend**este**	Tu defend**erás**
Ele defend**e**	Ele defend**eu**	Ele defend**erá**
Nós defend**emos**	Nós defend**emos**	Nós defend**eremos**
Vós defend**eis**	Vós defend**estes**	Vós defend**ereis**
Eles defend**em**	Eles defend**eram**	Eles defend**erão**

1. Analisando as terminações do verbo **defender**, conjugue também os verbos **escrever** e **entender**.

escrever		
presente	pretérito	futuro

entender		
presente	pretérito	futuro

2. Complete as frases com os verbos nos tempos indicados.

a) O cachorro _______________ o rosto de Carlinhos. (lamber – pretérito)

b) Amanhã eu _______________ a caneta ao meu amigo. (devolver – futuro)

c) Todos os dias ele _______________ um lápis na escola. (perder – presente)

Verbo — terceira conjugação

1. Veja a cena e complete as frases a seguir.

Sai indica o presente do verbo **sair**. **Pediram** indica o pretérito do verbo _______________. O infinitivo desses verbos termina em _______________.

Os verbos **sair** e **pedir** pertencem, portanto, à _______ conjugação.

2. Circule os verbos do diálogo a seguir e escreva a qual das três conjugações cada verbo pertence.

— Já arrumaram as malas, crianças? Não esqueçam as blusas!

____

— Já, sim. E pedimos os lanches. Levaremos também um jogo para nos distrairmos durante a viagem.

____

— Partiremos daqui a pouco!

____

3. Observe, agora, a conjugação do verbo **dormir**:

dormir		
presente	pretérito	futuro
Eu durm**o**	Eu dorm**i**	Eu dorm**irei**
Tu dorm**es**	Tu dorm**iste**	Tu dorm**irás**
Ele dorm**e**	Ele dorm**iu**	Ele dorm**irá**
Nós dorm**imos**	Nós dorm**imos**	Nós dorm**iremos**
Vós dor**mis**	Vós dorm**istes**	Vós dorm**ireis**
Eles dorm**em**	Eles dorm**iram**	Eles dorm**irão**

Analisando as terminações do verbo **dormir**, conjugue também os verbos **partir** e **dividir**.

partir		
presente	pretérito	futuro

dividir		
presente	pretérito	futuro
______	______	______
______	______	______
______	______	______
______	______	______
______	______	______
______	______	______

4. Complete as frases com os verbos nos tempos indicados.

a) Mamãe ______ a porta para mim quando chego. (abrir – presente)

b) Tu ______ as balas com teu irmão? (dividir – pretérito)

c) Nós ______ sua palestra até o fim. (ouvir – futuro)

5. Complete os textos com a conjugação correta dos verbos entre parênteses.

Por que nosso coração bate mais forte quando temos medo?

O coração ______ (bater) o tempo todo, mas ______ (perceber) melhor quando ele bate mais rápido ou mais forte. Quando ______ (estar) com medo, todo o corpo se ______ (preparar) para que possamos fugir a toda velocidade. É por isso que o coração começa a bater rápido.

Por que sai sangue quando nos machucamos?

O sangue ______ (circular) por todo o corpo no interior de tubos mais grossos ou menos grossos: as artérias, as veias e os capilares. Os capilares ______ (ser) os tubos mais finos e eles ______ (distribuir) o oxigênio do sangue a cada célula do corpo. Quando nos machucamos, normalmente é o sangue dos pequenos capilares da pele que escapa.

Meu 1º Larousse dos porquês. Tradução de Ricardo Lísias. São Paulo: Larousse do Brasil, 2004.

ESCREVENDO CERTO

o, u, ou

1. Leia as palavras do quadro em voz alta, prestando atenção à letra **o** final.

ouro	sonho	quarto	médico	inseto

- Quando você pronunciou a vogal **o** final, que som foi ouvido?

____

2. Complete as palavras com **o** ou **u**. Em caso de dúvida, consulte o dicionário.

a) Sei toda a tab_____ada do nove.

b) Um cam_____ndong_____ passou correndo no corredor!

c) O b_____eiro em frente da escola está ent_____pido.

d) O f_____cinh_____ do meu cachorro é marrom.

3. Escreva os verbos abaixo no tempo passado, acrescentando a terminação **ou**. Veja o exemplo.

aplicar aplicou

chamar _______________

chegar _______________

plantar _______________

quebrar _______________

escorregar _______________

4. Complete as frases com as palavras que seu professor vai ditar.

a) O _______________ terminou a consulta às _______________ horas.

b) Li aquele _______________ no jornal e à noite o locutor _______________ sobre ele na televisão.

c) Paulo _______________ de ler o _______________.

Texto 3

Tempos de paz

[...]
Viver em companhia de outras pessoas significa
que nem sempre se pode ter, na ocasião desejada,
exatamente aquilo que se quer ou se precisa.
Significa que, às vezes, nosso sentimento de paz
pode sofrer uma interrupção.
De menor ou de maior importância.

Algumas pessoas tentaram viver isoladas
para que sua paz fosse completa.
Mas isso quase nunca dá certo.
Elas se sentem solitárias —
e na solidão não há paz.

Que fazer quando as necessidades ou desejos das
pessoas parecem não se harmonizar?

Pode haver discussões, palavras irritadas, silêncios
— ou até mesmo brigas.
Isso pode durar muito tempo ou pouco tempo.
Até um dos lados ganhar.
Até conseguir o que quer ou precisa
e o outro lado desistir.

Aí, a paz se interrompe.

Mas pode acontecer algo completamente diferente.
Um outro tipo de discussão
em que ambos os lados explicam o que querem ou
precisam e por que razão...
Em que um escuta o que o outro tem a dizer.

Kanton/Arquivo da editora

Em que trabalham juntos na solução do problema,
de modo que ambos os lados possam ter aquilo
que querem ou precisam —
pelo menos em parte...

Às vezes, pessoas alheias ao problema
podem ajudar a resolvê-lo.
Dizer se um dos lados está sendo injusto
ou infringindo as regras do debate.

Podem sugerir maneiras de resolver o problema
de modo que a paz não se interrompa.

E às vezes, entre dois caminhos inconciliáveis,
pode-se encontrar um terceiro caminho.
Diferente do que a princípio se queria ou precisava.
Mas bom para ambos os lados.

O terceiro caminho talvez até seja melhor para
todos! E o conflito pode ser o começo
de algo novo, bom.
[...]

Kanton/Arquivo da editora

Tempos de paz, de Katherine Scholes.
Tradução de José Paulo Paes. São Paulo: Global, 2000.

Reprodução/Editora Global

harmonizar: estar em harmonia, em acordo.
infringindo: desrespeitando determinada regra.
inconciliáveis: que não se conciliam, não estão em acordo; incompatíveis.

POR DENTRO DO TEXTO

1. Segundo o texto, o que pode acontecer entre as pessoas quando suas necessidades ou seus desejos não se harmonizam?

2. E o que pode ajudar a solucionar um conflito?

3. O texto afirma que, "entre dois caminhos inconciliáveis, pode-se encontrar um terceiro caminho". Qual seria esse caminho?

4. Em sua opinião, que mensagem esse texto transmite?

5. Releia este trecho:

   "Às vezes, pessoas **alheias** ao problema
   podem ajudar a resolvê-lo."

   - Procure no dicionário o significado da palavra destacada e explique esse trecho com suas palavras.

6. Escreva as palavras do quadro abaixo ao lado das suas definições.

inconciliáveis	solitárias	conflito	infringir

a) Pessoas que vivem sozinhas, afastadas de todos. ____________

b) Desobedecer normas. ____________

c) Que não se podem harmonizar. ____________

d) Discordância de pensamento. ____________

7. Pesquise no dicionário o significado das palavras a seguir e escreva-o ao lado delas.

justo: ____________

____

injusto: ____________

____

a) O prefixo **in-** modificou o sentido da palavra **justo**. Que ideia ele acrescentou a essa palavra?

____

____

b) Escreva outras palavras com o prefixo **in-** (**im-**) e, antes delas, as palavras correspondentes sem o prefixo. Indique o significado de ambas. Veja o exemplo.

conciliável: que é possível conciliar.

inconciliável: que não é possível conciliar.

____

____

____

____

APRENDENDO GRAMÁTICA

Preposição

Leia a frase a seguir atentando às palavras destacadas.

Ilustra Cartoon/Arquivo da editora

Eles não gostam **de** brigar, por isso resolvem os problemas **com** uma conversa.

As palavras destacadas são chamadas **preposições**.

Preposição é uma palavra invariável que liga dois elementos de uma frase, estabelecendo uma relação entre eles.

Veja como uma preposição pode mudar o sentido de uma oração:

Esta é uma festa **de** crianças.

Esta é uma festa **sem** crianças.

Esta é uma festa **com** crianças.

Esta é uma festa **para** crianças.

Kanton/Arquivo da editora

Estas são as principais preposições:

a	até	com	de	em	para	sem	sobre
ante	após	contra	desde	entre	por	sob	trás

1. Complete as frases com preposição.

a) Fui ________________ a casa ________________ titia.

b) Comprei um casaco ________________ Carlinhos.

c) Pensei ________________ você.

d) Começa a haver muita união ________________ os grupos.

2. Você já aprendeu que o **a** é artigo quando acompanha um substantivo feminino. Leia as frases e a indicação entre parênteses e assinale a opção correta.

a) Chiquinho recebeu **a** bola. (**bola** ⟶ substantivo feminino)

☐ **a** é preposição ☐ **a** é artigo

b) O menino começou **a** chorar. (**chorar** ⟶ verbo)

☐ **a** é preposição ☐ **a** é artigo

Interjeição

Leia o texto a seguir.

"E se acabasse a água do planeta inteiro?

Ninguém mais poderia tomar banho. A gente ia ficar imundo.

A maioria dos animais ia ficar muito triste também!

Oh, não! Isso seria terrível!"

"Por que economizar água?": aprendendo sobre uso racional da água,
de Jen Green e Mike Gordon. São Paulo: Scipione, 2004.

Oh, não! expressa sentimento de insatisfação.

Oh, não! é uma **interjeição**.

Interjeições são palavras ou locuções que expressam sentimentos, emoções, sensações, etc., como: alegria, susto, dor.

Veja algumas interjeições no quadro abaixo.

interjeição	o que expressa
Oba!, Eba!, Upa!, Legal!, Ah!, Uau!	alegria, satisfação
Ai!, Ui!	dor
Oi!, Olá!, Alô!, Salve!	saudação
Tchau!, Adeus!	despedida
Socorro!	medo
Ufa!	alívio
Oh!, Opa!, Epa!, Ué!, Ah!	susto, surpresa
Parabéns!, Bravo!, Viva!, Muito bem!	estímulo, aplauso, apoio
Droga!, Xiii!, Nossa!, Credo!	insatisfação, desagrado
Psiu!, Silêncio!	silêncio
Tomara!, Oxalá!	desejo

1. Circule as interjeições e escreva o que elas expressam.

a) Eba! Minha avó fez brigadeiro! ______________________

b) Psiu! Não faça barulho! ______________________

2. Encontre no diagrama cinco interjeições e complete as frases com elas.

P	A	R	A	B	É	N	S	A	Q	P	T	R	X
A	X	C	V	Q	H	M	G	J	Y	O	B	A	E
R	U	S	O	C	O	R	R	O	D	K	N	O	G
U	F	A	W	Z	T	U	H	J	T	C	H	A	U

a) ______________________! Um feliz aniversário, Luana!

b) ______________________! Caí no buraco!

c) ______________________! Vou ganhar uma bicicleta no meu aniversário!

d) ______________________! Consegui terminar a tarefa!

e) ______________________, Patrícia! Amanhã nos veremos.

ESCREVENDO CERTO

pôr, por

Leia e observe as palavras destacadas.

Cristina vai **pôr** a torta de chocolate na mesa para comer com as amigas.

A torta foi feita **por** sua avó Estela.

A palavra **pôr**, com acento, tem o sentido de "colocar". **Pôr** é um **verbo**.

A palavra **por**, sem acento, é uma preposição.

1. Reescreva as frases a seguir substituindo o verbo **colocar** pelo verbo **pôr**.

a) Eu e minha irmã vamos colocar as cartas no correio hoje.

____

____

b) Celso quer colocar os poemas que escreveu em uma pasta.

____

____

2. Complete as frases com **por** ou **pôr**.

a) Daniel resolveu __________ seus brinquedos em uma caixa azul.

b) Mauro viajou com seus pais __________ uma semana.

c) Vou __________ um vestido novo na festa do meu aniversário.

d) Os brinquedos feitos de sucata foram construídos __________ um grupo de crianças.

e) Preciso __________ todo o material escolar na mochila.

f) Heloísa vai __________ a agenda escolar __________ cima do caderno para não esquecer de levar para a aula.

Texto 4

Arca do tesouro

Os recursos naturais são incrivelmente valiosos. Eles são o ar, a água, a luz do Sol, a terra, as plantas e os animais, e estão ao nosso redor todo o tempo.

Os recursos são importantes para nós

A vida na Terra depende dos recursos naturais. Então, um recurso é algo útil para nós. Quanto mais recursos naturais há em um país, mais rico ele pode ser. Os recursos podem ser classificados como renováveis e não renováveis.

Ilustrações: Kanton/Arquivo da editora

As florestas tropicais, como a mata Atlântica, são a arca do tesouro dos recursos naturais.

ECOfato

Recursos renováveis devem ter um tempo para se renovar. As florestas estão sendo cortadas tão rapidamente que os estudiosos temem por seu desaparecimento. Usar os recursos cuidadosamente é chamado "uso sustentável".

Recursos renováveis

Qualquer coisa que possa se renovar é chamada recurso renovável. Animais, insetos, árvores e plantas são recursos renováveis. Mas nem todos são seres vivos. A luz do Sol, o vento e as marés são chamados recursos renováveis "de fluxo", pois eles são contínuos. Apesar de a água ser um recurso renovável, apenas 3% do total da água do mundo é utilizável. O resto está congelado ou é muito salgado para se usar.

Recursos não renováveis

Qualquer coisa que leve muito tempo para se formar novamente é um recurso natural não renovável. O carvão e o petróleo são recursos não renováveis. Isso porque eles levam milhões de anos para se formar. Outros recursos naturais não renováveis são: gás natural; minerais como os diamantes; metais como o ferro, [...] o cobre, o ouro e a prata.

A quantidade de um recurso que está disponível, o tempo que leva para se renovar e seu uso é o que se considera para estabelecer o valor ou o preço de cada recurso natural.

Kanton/Arquivo da editora

Recursos renováveis como o vento estão sendo usados para produzir eletricidade.

Ilustra Cartoon/Arquivo da editora

O carvão é um dos recursos naturais não renováveis mais utilizados.

Planeta em crise, publicado por Robert Frederick. São Paulo: Ciranda Cultural, 2009. Texto adaptado.

Reprodução/Editora Ciranda Cultural

disponível: que está à disposição.
renovar: surgir de novo, repor.

POR DENTRO DO TEXTO

1. O título do texto é **Arca do tesouro**. Na sua opinião, qual é a relação entre o título e o assunto do texto? A que tesouro o texto se refere?

2. Releia este trecho:

"Os recursos naturais são incrivelmente valiosos. Eles são o ar, a água, a luz do Sol, a terra, as plantas e os animais, e estão ao nosso redor **todo o tempo**."

- Explique, com suas palavras, o que significa a expressão destacada.

3. Por que, segundo o texto, a vida na Terra depende dos recursos naturais?

4. Complete a tabela com as palavras do quadro a seguir.

plantas minerais água petróleo animais carvão

recursos renováveis	recursos não renováveis

5. Leia o texto a seguir. Ele faz parte do livro **Carta da Terra**.

Terra, nosso lar

A humanidade é parte de um vasto universo em evolução. A Terra, nosso lar, está viva como uma comunidade de vida única. As forças da natureza fazem da existência uma aventura exigente e incerta, mas a Terra providenciou as condições essenciais para a evolução da vida. A capacidade de recuperação da comunidade da vida e o bem-estar da humanidade dependem da preservação de uma biosfera saudável com todos seus sistemas ecológicos, uma rica variedade de plantas e animais, solos férteis, águas puras e ar limpo.

Kanton/Arquivo da editora

O meio ambiente global com seus recursos finitos é uma preocupação comum de todas as pessoas. A proteção da validade, diversidade e beleza da Terra é um dever sagrado.

Carta da Terra, de Earth Charter Internacional. São Paulo: Gaia, 2010.

a) Veja abaixo o significado da palavra **biosfera** no dicionário.

> **Biosfera** *s.f.* Ecol. O conjunto de todas as regiões da Terra habitadas por seres vivos; ecosfera.
>
> **Miniaurélio: o minidicionário da língua portuguesa**, de Aurélio Buarque de Holanda Ferreira. Curitiba: Positivo, 2008.

b) Agora, responda: Por que o bem-estar da humanidade depende da preservação de uma biosfera saudável?

APRENDENDO GRAMÁTICA

Sujeito e predicado

Leia esta frase:

Ilustrações: Ilustra Cartoon/Arquivo da editora

Paulo levou seu cachorro ao parque.

A frase acima constitui uma oração.

Oração é a frase que se organiza em torno de um verbo.

Agora, leia:

Paulo encontrou seus amigos no parque.

↓ sujeito (Paulo) — ↓ predicado (encontrou seus amigos no parque.)

A oração apresenta dois elementos principais: o sujeito e o predicado.

O ser (pessoa, objeto, animal, ideia, lugar) sobre o qual se informa algo constitui o **sujeito** da oração.

Tudo aquilo que se fala sobre o sujeito é chamado **predicado**.

1. Circule o sujeito das orações.

a) Meu irmão foi ao teatro.

b) Terça-feira os meus avós passaram em casa.

c) Minha casa tem um quintal cheio de árvores.

d) Sueli e Paulo saíram mais cedo da aula.

e) Meu primo está sempre de bom humor.

f) Desde ontem as crianças estão ansiosas.

g) Nós vamos juntas ao orfanato.

2. Complete as orações com um sujeito. Atenção: o verbo sempre deve concordar com o sujeito.

a) ______________________ chegaram antes da hora.

b) ______________________ avançou o sinal vermelho.

c) ______________________ fez o almoço.

d) ______________________ ando de bicicleta todos os dias.

3. Escreva predicados para os sujeitos abaixo. Não se esqueça de acrescentar verbos.

a) A professora ______________________________________.

b) Gato e cachorro ___________________________________.

c) Meus colegas ______________________________________.

d) A jovem ____.

4. Circule os verbos e separe o sujeito e o predicado das orações.

a) Meus tios farão uma longa viagem.

sujeito: ____

predicado: ____

b) O elevador parou na cobertura do prédio.

sujeito: ____

predicado: ____

c) Brasília é a capital do Brasil.

sujeito: ____

predicado: ____

d) Naquela mesma hora chegaram os turistas.

sujeito: ____

predicado: ____

ESCREVENDO CERTO

-am, -ão

Leia esta frase atentando aos verbos destacados:

Ontem os meninos **jogaram** bola na praia e amanhã **jogarão** novamente.

jogaram → pretérito; jogarão → futuro

Compare a diferença de som e grafia lendo os verbos do quadro abaixo.

ontem	amanhã
jogar**am**	jogar**ão**
resolver**am**	resolver**ão**
acordar**am**	acordar**ão**

No pretérito, os verbos na terceira pessoa do plural (eles, elas) terminam em **-am**; no futuro, terminam em **-ão**.

1. Complete as frases com os verbos do quadro.

ouviram   saíram   ouvirão   sairão

a) Ontem os jurados ________________ os candidatos cantarem. Amanhã os candidatos ________________ as notas.

b) Todos ________________ cedo amanhã. Na semana passada, os alunos ________________ tarde da aula.

2. Complete as palavras com **-am** ou **-ão**, de acordo com o tempo verbal indicado.

pretérito: falar______ abraçar______ viajar______ descansar______

futuro: cansar______ arrumar______ ler______ vender______

há, a

Leia as frases e observe as palavras destacadas.

Ilustrações: Kanton/Arquivo da editora

Há duas horas estou esperando.

→ Indica o tempo que passou.

Daqui **a** uma hora terei de ir embora.

→ Sem indicação de tempo passado. É uma preposição.

Para indicar tempo passado, usamos **há**. Ele tem o mesmo sentido de **faz**. Nos outros casos, usamos **a**.

1. Complete as frases com **há**. Depois, reescreva-as substituindo **há** por **faz**. Faça as alterações necessárias.

a) ________ um ano não o vejo. ________________________________

b) Chegou ________ duas horas. ________________________________

c) Estudo nessa escola ________ quatro anos. ________________________

2. Agora, complete as frases com **a**.

a) Daqui ________ uma semana voltarei.

b) Iremos ao clube daqui ________ pouco.

c) Estamos ________ três dias da inauguração do parque da cidade.

3. Complete as frases empregando corretamente **há** ou **a**.

a) Visitamos Curitiba ________ muitos anos.

b) ________ três meses eles viajaram e só daqui ________ um mês voltarão.

c) Passei por aquela cidade ________ alguns dias e daqui ________ algum tempo retornarei para lá.

d) De hoje ________ dois meses todas as lojas desta rua estarão fechadas.

Texto 5

Férias frustradas

Ilustrações: Kanton/Arquivo da editora

Júlia e Fábio sempre iam às montanhas nas férias. Mas, no último ano, após a décima caminhada de cinco horas em trilhas nas alturas, eles reclamaram tanto que dessa vez seus pais resolveram que iriam passar duas semanas na praia.

Dez dias antes da viagem, o pai estava vendo as notícias na TV, quando, de repente, todos ouviram um berro. Assustados, correram à sala.

— Que aconteceu? — perguntou a mãe.

— Nossas férias se foram! Aconteceu uma catástrofe — respondeu o pai.

— O quê? Não vamos mais à praia? — gritou Júlia. — Por quê?

— Houve um acidente com um petroleiro bem na praia aonde a gente ia. Em poucos dias, a água vai estar preta por causa do óleo, e a areia vai ficar coberta de piche. Levará meses para limpar tudo...

— Uma maré negra, bem no lugar onde a gente ia passar as férias! Não acredito — lamentou a mãe.

— O que é uma maré negra? — perguntou Fábio, assustado por ver os pais tão alarmados.

O petróleo escorre para o mar em vez de ficar nos depósitos do navio. Flutua na água e se espalha pelas pedras e pelas praias.

O que Fábio e Júlia ainda não sabem é que, além das férias frustradas, há algo mais grave: o acidente vai causar a morte de milhares de peixes, aves, estrelas-do-mar, caranguejos, mariscos...

[...]

Um só planeta... muitos países

Após a investigação, ficamos sabendo que as férias de Júlia e Fábio não deram certo por causa de um navio que vinha de um país muito distante, bem longe da praia que ficou toda preta. Para não gastar dinheiro, o proprietário do navio não cuidou bem de sua manutenção.

Carregada demais, a embarcação se acidentou.

— É revoltante — diz Júlia. — O navio não devia ter sido autorizado a deixar seu país. E a gente, que não tinha nada com isso, é que acaba sofrendo com essa tragédia.

Kanton/Arquivo da editora

É verdade. Algum outro país talvez tivesse inspecionado o navio, obrigando o dono a consertá-lo ou substituí-lo. Mas as leis e os regulamentos não são os mesmos em toda parte. [...]

Natureza e poluição, de Brigitte Labbé e Michel Puech. São Paulo: Scipione, 2006.

Reprodução/Editora Scipione

catástrofe: calamidade; grande desgraça.

petroleiro: navio que transporta petróleo.

piche: substância negra e muito pegajosa.

POR DENTRO DO TEXTO

1. Por que o título do texto é **Férias frustradas**?

2. Assinale a imagem que mostra onde a família passou as férias no último ano.

Kanton/Arquivo da editora

3. Releia este trecho.

   "— Nossas férias se foram! Aconteceu uma catástrofe — respondeu o pai."

   a) Qual é a catástrofe?

   b) Onde o pai viu essa notícia?

   c) Em qual sentido a expressão "se foram" foi usada?

4. Na sua opinião, o pai exagerou ou este é realmente um problema grave? Por quê?

5. Segundo o texto, o que há de mais grave do que as férias frustradas da família?

6. A segunda parte do texto tem o subtítulo **Um só planeta... muitos países**. Como você explicaria esse subtítulo?

7. Quem foi o responsável pelo acidente com o petroleiro na praia em que a família ia passar as férias? Por quê?

8. Esse acidente poderia ter sido evitado? Converse com seus colegas e depois escreva a conclusão a que vocês chegaram.

APRENDENDO GRAMÁTICA

Advérbio

1. Leia o parágrafo, observando as palavras destacadas.

A professora avisou toda a classe ontem que amanhã, provavelmente, iremos ao Jardim Zoológico. Agora estamos aqui, na sala de aula, esperando ansiosamente que o provavelmente se transforme em certamente!

- Distribua as palavras destacadas nos itens abaixo de acordo com a ideia que elas transmitem.

tempo → ____________, ____________ e ____________

lugar → ____________ dúvida → ____________

afirmação → ____________ modo → ____________

As palavras que você escreveu são **advérbios**.

Advérbio é a palavra que modifica o sentido do verbo, do adjetivo ou de outro advérbio, dando ideia de lugar, tempo, modo, afirmação, negação, intensidade e dúvida.

O advérbio é invariável, ou seja, não apresenta flexão de gênero (masculino e feminino) e número (singular e plural).

Conheça alguns advérbios e o que eles indicam.

advérbio	exemplos
lugar	aqui, ali, lá, atrás, perto, longe, acima, abaixo, dentro, fora.
tempo	já, agora, hoje, ontem, amanhã, depois, sempre, cedo, tarde, nunca, jamais.
modo	depressa, devagar, assim, bem, mal, pior, e a maior parte das palavras terminadas em -mente, como ansiosamente, alegremente, rapidamente, etc.
afirmação	sim, certamente, realmente.
negação	não, tampouco.
dúvida	talvez, acaso, provavelmente.
intensidade	muito, pouco, bastante, mais, menos, tão, tanto, quase, demais.

2. Complete as frases com advérbios de tempo.

a) ______________ estou assistindo ao jogo.

b) ______________ será o meu primeiro dia de aula.

c) ______________ fomos à praia.

d) A aula de ginástica começa muito ______________.

3. Escreva frases empregando os seguintes advérbios de tempo e de modo.

a) hoje – depressa

____

b) amanhã – calmamente

____

c) agora – mal

____

d) sempre – alegremente

____

4. Complete as frases com advérbios do tipo indicado nos parênteses.

a) Os jogadores chegaram ______________ (tempo) de viagem. Estavam se sentindo ______________ (modo) por causa da derrota que sofreram.

b) Todos esperavam que a noiva dissesse ______________ (afirmação).

c) Tiago procurou seu tênis ______________ (lugar) da cama e ______________ (lugar) da geladeira, mas ______________ (negação) o encontrou.

d) Muitas pessoas foram visitá-lo, apesar de ele ter pedido que ninguém fosse até ______________ (lugar).

e) ______________ (dúvida) teremos um novo professor.

ESCREVENDO CERTO

por que, porque, por quê, porquê

Leia os balões e observe as palavras destacadas.

Ilustra Cartoon/Arquivo da editora

No texto dos balões, você pôde perceber que:

- se escreve **por que** (separado) quando se faz uma pergunta:

  Por que você não foi à apresentação ontem?

- se escreve **porque** (junto) quando se responde a uma pergunta:

  Não fui porque perdi a hora.

- se escreve **por quê** (separado e com acento) no final de uma pergunta:

  Você perdeu a hora por quê?

- se escreve **porquê** (junto e com acento) quando ele assume a forma de substantivo, podendo ser substituído por "razão", "motivo", "causa":

  Não sei o porquê de tanta preocupação...

1. Complete o diálogo empregando corretamente **por quê**, **por que** ou **porque.**

2. Crie uma pergunta e uma resposta para as frases a seguir, como no exemplo.

a) A menina está feliz porque ganhou um gatinho.

Por que a menina está feliz?

Porque ganhou um gatinho.

b) As pessoas viajam frequentemente porque desejam conhecer novos lugares.

______

______

c) O professor saiu mais cedo porque não estava se sentindo bem.

______

______

d) Maria Eduarda não foi ao passeio porque perdeu a hora.

______

______

De olho no dicionário

mal, mau

1. Pesquise no dicionário o significado de **mal** e **mau** e faça a correspondência abaixo.

mal	É um adjetivo. Seu antônimo é **bom**.
mau	É um advérbio. Seu antônimo é **bem**.

2. Use **mal** e **mau** para completar o balão.

Ilustra Cartoon/Arquivo da editora

3. Complete as frases empregando **mal** ou **mau**.

a) Márcio não é um menino ______________.

b) Você se comportou muito ______________ hoje.

c) Ele não era ______________ aluno, só estava ______________ em algumas matérias.

d) Cristiano sentiu-se ______________ durante o passeio.

Livros

Reprodução/Editora Scipione

As Trigêmeas e o comprar por comprar, de Ricardo Alcântara, Scipione.

Para as férias com sua família, as Trigêmeas foram ao *shopping* comprar tudo de que precisavam para a viagem e gastaram muito mais do que podiam. Porém, depois de passar dias maravilhosos na praia, todos perceberam que não era necessário comprar tantas coisas para aproveitar a viagem.

Reprodução/Editora Ática

Convivendo com a ecologia, de Gwenaëlle Boulet, Laure Saint-Marc e Nathalie Tordjman, Ática.

O livro mostra que cuidar do meio ambiente e preservar a qualidade do ar são algumas responsabilidades que todos devemos ter.

Reprodução/Editora Grão

Férias na Antártica, de Laura, Tamara e Marininha Klink, Grão Editora.

Filhas do navegador Amyr Klink, as três irmãs, Laura, Tamara e Marininha, relatam lembranças de cinco expedições em família ao continente antártico, onde focas, pinguins, baleias e muitos outros animais passam o verão. Elas mostram nesse relato de viagem que o planeta precisa de cuidados e que as atitudes das pessoas podem ser refletidas em lugares distantes.

Reprodução/Ziraldo/Editora Globo

Lúcio e os livros, de Ziraldo, Globo.

Você conhece alguém apaixonado por livros? Se não conhece, vai conhecer! Lúcio adora livros e, entre uma história e outra, vai explicar como surgiram as palavras e apresentar grandes autores da literatura.

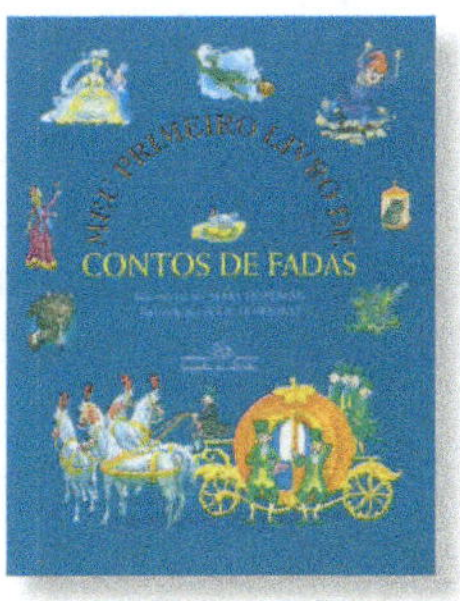

Reprodução/Companhia das Letrinhas

Meu primeiro livro de contos de fadas, recontados por Mary Hoffman, Companhia das Letrinhas.

Você já leu os contos **Cinderela**, **A Bela e a Fera**, **João e o pé de feijão** ou **Rapunzel**? Esses e mais dez contos clássicos, com príncipes, princesas e bruxas estão reunidos neste livro e recontados em linguagem simples e poética.

O meu, o seu, o nosso,
de Michele Iacocca, Ática.

Este livro ajuda você a ampliar seus próprios horizontes a partir da reflexão sobre o espaço que ocupa no mundo. A viagem parte do quarto e segue em uma complexidade crescente: casa, rua, bairro, cidade, estado, país, continente e planeta. Apresenta também um breve histórico, em forma de linha do tempo, dos movimentos e transformações empreendidos pelo ser humano para o aparecimento dos centros urbanos e demais espaços de convivência.

Poesia pela cidadania,
de Odete Rodrigues Baraúna, Scipione.

Cidadania não é coisa só de adulto. Conhecer e respeitar direitos e obrigações também é direito e dever das crianças. Neste livro, de linguagem poética e acessível, o pequeno leitor aprenderá noções básicas de conduta sobre meio ambiente, relações pessoais, regras de trânsito, entre outras coisas.

Viagem pelo Brasil em 52 histórias,
de Silvana Salerno, Companhia das Letrinhas.

Neste livro estão reunidas 52 histórias do folclore brasileiro. São histórias cheias de encantamento de todas as regiões do Brasil para você ler e se deliciar.

Sites

Meu planetinha
<http://planetasustentavel.abril.com.br/planetinha/>

Traz informações, brincadeiras, testes, vídeos, dicas e muito mais sobre o meio ambiente e a preservação do planeta.

***Blog* da Julieta**
<www.blogdajulieta.com.br>

Blog da personagem de Ziraldo, Julieta, em que ela posta dicas, sugestões de livros, brincadeiras, curiosidades, receitas e ainda conversa com o leitor.

Unidade 1

Números naturais e suas operações

Andréia Vieira/Arquivo da editora

O QUE VOU ESTUDAR?

- Números naturais
- Sistema de numeração decimal
- Sistema monetário brasileiro
- Operações com números naturais (adição e subtração)

1

Números naturais

Conheça um pouco da história dos números

Você já aprendeu que a ideia de número surgiu há muito tempo, quando as pessoas sentiram necessidade de contar e comparar quantidades.

Vários povos inventaram seus próprios sistemas de contagem, com símbolos e regras para representar os números. Veja:

Os egípcios

Os egípcios inventaram símbolos que eram repetidos até nove vezes para escrever os números.

Ilustrações: Ilustra Cartoon/Arquivo da editora

Os maias

Os maias criaram uma escrita numérica na qual usavam bolinhas e traços.

Os romanos

Os romanos escreviam todos os números usando apenas sete símbolos, representados por letras maiúsculas do alfabeto latino.

Veja os símbolos usados pelos antigos romanos:

- Os símbolos romanos I, X, C e M só podem ser repetidos até três vezes em cada número.

I = 1	X = 10	C = 100	M = 1 000
II = 2	XX = 20	CC = 200	MM = 2 000
III = 3	XXX = 30	CCC = 300	MMM = 3 000

- Os símbolos V, L e D não podem ser repetidos.
- Ao escrever I, X e C à direita dos símbolos que representam números maiores, deve-se fazer uma adição.

VI = 5 + 1 = 6	CXI = 100 + 10 + 1 = 111
XII = 10 + 2 = 12	DC = 500 + 100 = 600
LXX = 50 + 20 = 70	MCCC = 1 000 + 300 = 1 300

- Ao escrever I, X e C à esquerda dos símbolos que representam números maiores, deve-se fazer uma subtração.

IV = 5 − 1 = 4	XC = 100 − 10 = 90
IX = 10 − 1 = 9	CD = 500 − 100 = 400
XL = 50 − 10 = 40	CM = 1 000 − 100 = 900

1. No sistema de representação romano, a posição dos símbolos é muito importante. Observe o quadro ao lado e responda:

IV	V	VI
XL	L	LX
CD	D	DC

a) Em IV, há I à esquerda de V. O valor de V aumentou ou diminuiu? Quanto? __________________

b) Em XL, há X à esquerda de L. O valor de L aumentou ou diminuiu? Quanto? __________________

c) Em DC, há C à direita de D. O valor de D aumentou ou diminuiu? Quanto? __________________

2. O livro que Mateus está lendo está dividido em capítulos. Ele vai começar o capítulo X.

a) Quantos capítulos ele já leu? __________________

b) Se a história acaba no capítulo XVII, quantos capítulos faltam para Mateus terminar o livro? __________________

3. Escreva os números romanos que faltam.

I		III		V
	VII		IX	
XI			XIV	XV
XVI	XVII	XVIII		XX
		XXIII	XXIV	
XXVI		XXVIII		XXX
	XXXII		XXXIV	
XXXVI		XXXVIII		XL
	XLII	XLIII		XLV
XLVI		XLVIII		L

4. Escreva no sistema de numeração romano o ano de invenção dos brinquedos:

Giuseppe R./Shutterstock/Glow Images

1790 → ______

SSPL/Getty Images

1972 → ______

Rogério Reis/Pulsar Imagens

1930 → ______

Roberto Assunção/Folhapress

1956 → ______

Luso Images/Shutterstock/Glow Images

1863 → ______

Mike Flippo/Shutterstock/Glow Images

1973 → ______

5. Escreva por extenso os séculos em que ocorreram os fatos.

a) As histórias em quadrinhos surgiram no século XIX. ______

b) A chegada dos portugueses ao Brasil aconteceu no século XV. ______

c) O primeiro computador inteiramente eletrônico foi construído no século XX. ______

d) O para-raios foi inventado no século XVII. ______

Comparação de números naturais

Observe a quantidade de livros que está sobre a mesa de cada criança.

Ilustra Cartoon/Arquivo da editora

Analisando essas quantidades, podemos chegar a algumas conclusões:

- O número de livros de Patrícia (5) é igual ao número de livros de Maria (5).

Indica-se $5 = 5$

- O número de livros de Guto (7) é diferente do número de livros de Caio (6).

Indica-se $7 \neq 6$

- O número de livros de Patrícia (5) é menor que o número de livros de Guto (7).

Indica-se $5 < 7$

- O número de livros de Caio (6) é maior que o número de livros de Maria (5).

Indica-se $6 > 5$

Os símbolos $<$ e $>$ devem estar abertos para o lado que tiver maior valor. Por exemplo:

$9 < 15$ ⟶ 9 é menor que 15 ou
$15 > 9$ ⟶ 15 é maior que 9

1. Compare o tempo médio de vida dos animais usando os símbolos **>**, **<** ou **=**.

leão		coelho
25	____	12
arara		jabuti
63	____	80
galinha		canguru
7	____	7

cavalo		coruja
30	____	24
coelho		cachorro
12	____	12
leão		tigre
25	____	25

2. Resolva as operações e escreva qual deve ser o sinal, como no exemplo.

$100 \div 2$ [<] $32 \times 2 \longrightarrow 50 < 64$

a) $1\,000 - 13$ [ ] $897 + 90 \longrightarrow$ ____________

b) $400 \div 2$ [ ] $58 + 789 \longrightarrow$ ____________

c) $33 - 2$ [ ] $7 \times 2 \longrightarrow$ ____________

3. Complete com os símbolos **>** ou **<**.

a) 7 ____ 9

b) 11 ____ 6

c) $21 \div 3$ ____ 7×2

d) $20 + 5$ ____ 5×4

e) 6×2 ____ 3×7

f) $32 \div 4$ ____ 3×2

4. Coloque **V** (verdadeiro) ou **F** (falso).

a) $3 \times 4 \neq 4 \times 3$ [ ]

b) $8 + 3 = 13 - 2$ [ ]

c) $7 - 3 \neq 2 \times 2$ [ ]

d) $7 \times 5 > 8 \times 4$ [ ]

e) $2 \times 9 > 21 - 2$ [ ]

f) $21 \div 3 < 18 \div 2$ [ ]

Ordenação de números naturais

Você já sabe que:

- Todo número natural possui um sucessor.

O sucessor de 0 é 1 ⟶ $0 + 1 = 1$

O sucessor de 99 é 100 ⟶ $99 + 1 = 100$

Para descobrir o sucessor de um número, basta somar 1 a ele (+ 1).

- Todo número natural, exceto o zero, possui um antecessor.

O antecessor de 5 é 4 ⟶ $5 - 1 = 4$

O antecessor de 300 é 299 ⟶ $300 - 1 = 299$

Para descobrir o antecessor de um número, basta subtrair 1 dele (– 1).

1. Observe a situação seguinte e tente responder.
Amanda e Fernando estão brincando de acertar o alvo.

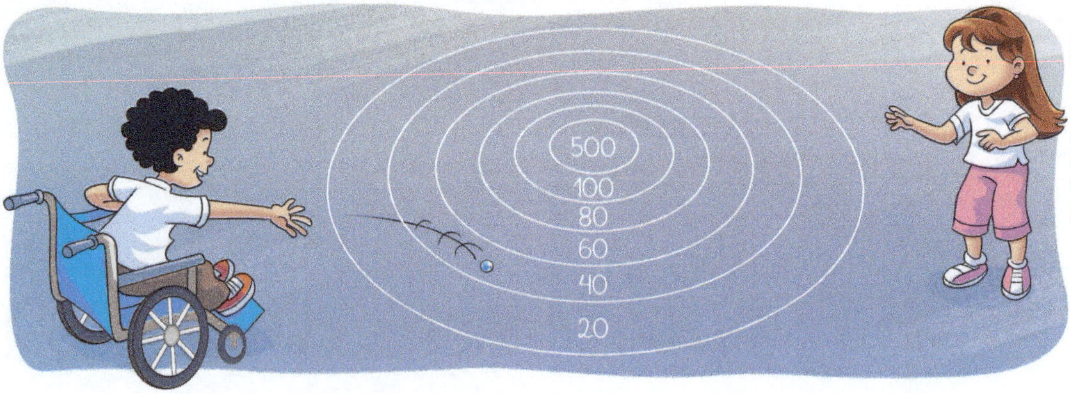

Ilustra Cartoon/Arquivo da editora

a) Anote no quadro os pontos marcados.

Amanda acertou o
sucessor de 19: ______
antecessor de 81: ______
sucessor de 59: ______

Fernando acertou o
sucessor de 39: ______
antecessor de 41: ______
sucessor de 99: ______

b) Quem venceu a partida? ______________________

2. Complete cada sequência numérica.

			98			101
511		513	514			
	101	102				106
207		209				

3. Para sair do labirinto, Marília precisará caminhar pela trilha dos sucessores pares. Indique a trilha certa pintando-a de verde.

Ilustra Cartoon/Arquivo da editora

Entrada	6	8	10	12	14	18	20	24	26	
	8	14	12	14	11	14	12	10	8	
	10	12	13	16	18	20	18	22	24	
	12	15	15	21	24	22	24	26	28	
	14	17	17	23	21	25	27	28	32	
	16	19	19	25	23	25	27	30	34	
	18	21	21	28	25	27	29	32	36	
	20	24	24	14	28	30	36	34	38	
	22	18	18	16	14	12	38	42	40	
	24	20	20	18	16	14	40	42	46	
	26	22	22	20	18	16	14	44	46	
	28	31	32	34	36	38	40	42	48	**Saída**

- Agora escreva em ordem decrescente os números encontrados no caminho. Use o símbolo **>**.

2

Sistema de numeração decimal

De todos os sistemas de numeração criados, o que permitiu escrever os números e fazer cálculos de forma mais simples foi o sistema de numeração indo-arábico, hoje usado praticamente em todo o mundo.

Inicialmente os algarismos tinham os seguintes símbolos:

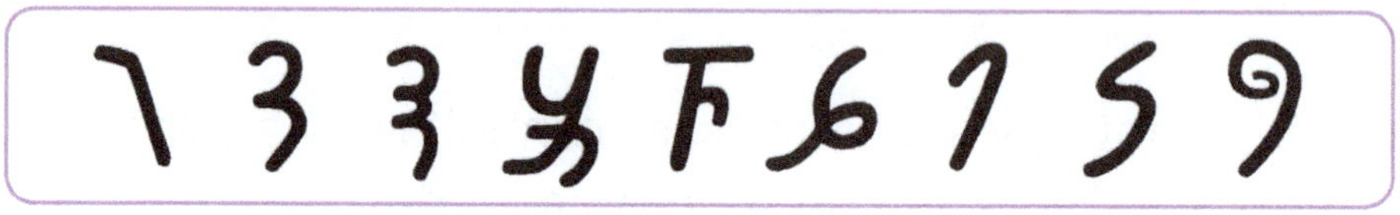

Os árabes aperfeiçoaram e difundiram o sistema na Europa. Por isso, esses símbolos ficaram conhecidos como algarismos indo-arábicos.

1	2	3	4	5	6	7	8	9	0
um	dois	três	quatro	cinco	seis	sete	oito	nove	zero

Nosso sistema de numeração é **decimal**. Ou seja, os agrupamentos são feitos de dez em dez.

1 unidade

10 unidades formam 1 dezena

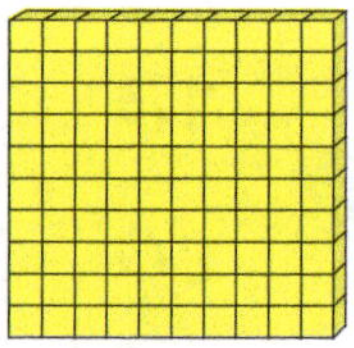
10 dezenas formam 1 centena

Nosso sistema de numeração é **posicional**, ou seja, o mesmo símbolo representa valores diferentes de acordo com sua posição no número.

Assim, com os algarismos 0, 1, 2, 3, 4, 5, 6, 7, 8 e 9 é possível escrever qualquer número.

132

No número 132, o algarismo 3 vale 30.

C	D	U
1	3	2

321

No número 321, o algarismo 3 vale 300.

C	D	U
3	2	1

1. Indique o número representado e decomponha-o.

D	U

_____ dezenas + _____ unidades.

2. Circule o maior número de dois algarismos diferentes: 97 98 99

- Qual é a decomposição desse número? ____________

3. Edu fez 10 grupos de 10 figurinhas para guardar em saquinhos.

MW Editora Ilustrações Ltda./Arquivo da editora

a) Quantos selos Edu tem? ____________

b) Agora escreva esse número no quadro.

C	D	U

c) Edu tem _____ centena de selos, que é igual a _____.

d) Quantas dezenas de selos Edu tem? ____________

e) Quantas unidades? ____________

4. Observe o quadro a seguir.

	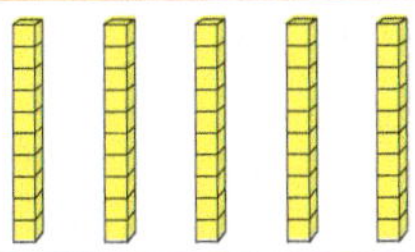	
100	50	4

a) Indique o número do quadro: _____.

b) Represente esse número com símbolos numéricos na forma:

- decomposta: ____________.
- por extenso: ____________.

Noção de ordens

Cada algarismo que forma o número ocupa uma ordem.

As ordens são contadas da direita para a esquerda.

Observe:

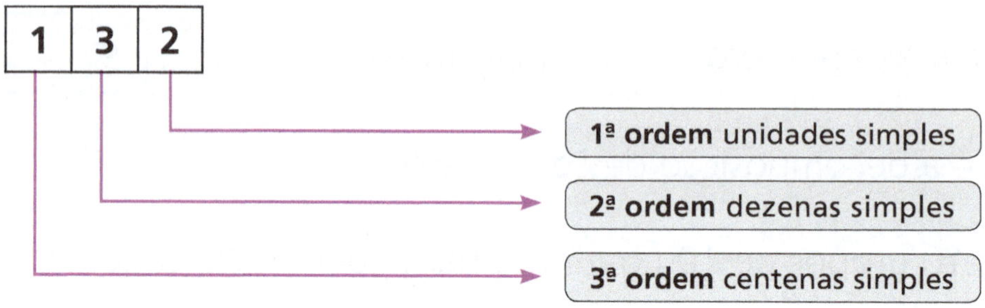

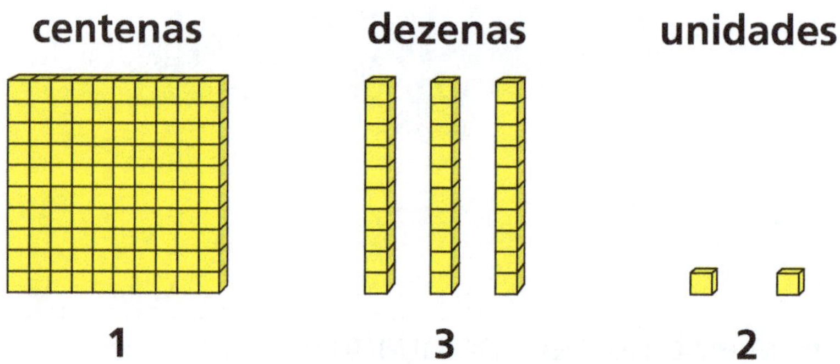

C	D	U
1	3	2

Escreve-se: 132.

Lê-se: cento e trinta e dois.

O valor de um algarismo muda de acordo com a posição que ele ocupa no número.

A **1ª ordem** é ocupada por um algarismo que indica as quantidades que não formam dez.

A **2ª ordem** é ocupada por um algarismo que indica quantos grupos de dez se formaram.

A **3ª ordem** é ocupada por um algarismo que indica quantos grupos de dez dezenas se formaram.

Zero

O **zero** é indispensável na numeração, pois ele representa as ordens vazias.

centenas	**dezenas**	**unidades**
1	**0**	**3**

C	D	U
1	0	3

Escreve-se: 103.

Lê-se: cento e três.

Valor absoluto e valor relativo

Em um número, todo algarismo tem dois valores: o absoluto e o relativo.

valor absoluto	Valor do próprio algarismo, independentemente de sua posição no número.
valor relativo	Valor do algarismo de acordo com a posição que ocupa no número.

Ilustra Cartoon/Arquivo da editora

1. Complete.

a) O número 327 tem _____ ordens.

b) O 7 ocupa a 1ª ordem, chamada _______________.

c) O 2 ocupa a 2ª ordem, chamada _______________.

d) O 3 ocupa a 3ª ordem, chamada _______________.

2. Veja alguns números representados nos ábacos.

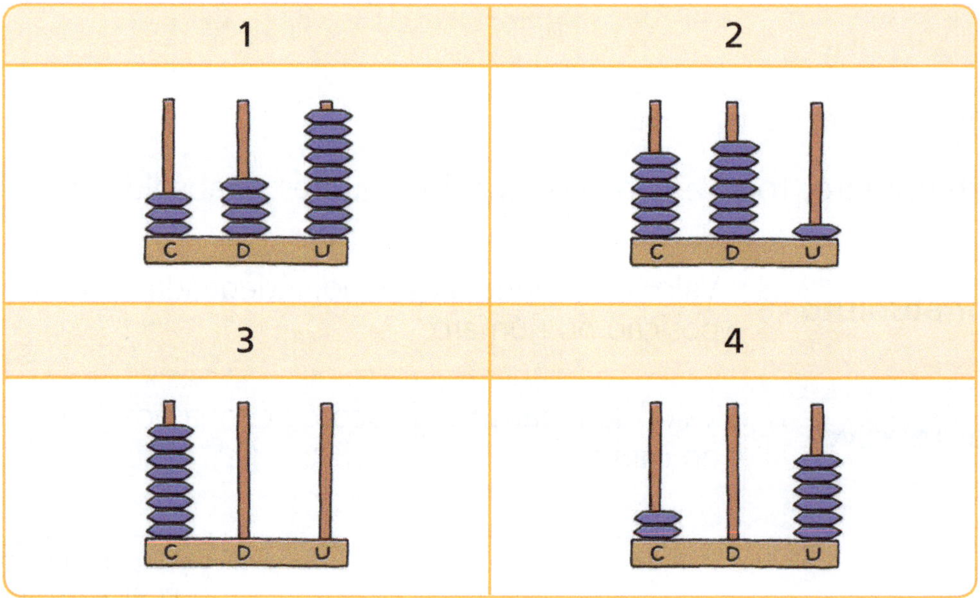

MW Editora Ilustrações Ltda./Arquivo da editora

a) Que número está representado em cada ábaco?

1	2	3	4

b) Qual deles é o maior? _______

c) Qual deles é o menor? _______

d) Escreva esses números do menor para o maior e, depois, do maior para o menor. Use o sinal adequado: **<** ou **>**.

____

____

3. Dê o valor absoluto (VA) e o valor relativo (VR) dos algarismos destacados.

a) 5 9 8

VA ______ VR ______ (9)

VA ______ VR ______ (5)

b) 8 9 7

VA ______ VR ______ (7)

VA ______ VR ______ (8)

4. Siga as pistas e descubra o tempo médio de vida de cada animal.

PhotoDisc/Arquivo da editora

______ anos

Fabio Colombini/Acervo do fotógrafo

______ anos

PhotoDisc/Arquivo da editora

______ anos

MartinMaritz/Shutterstock/Glow Images

______ anos

a) O tempo médio de vida do hipopótamo corresponde ao valor relativo do algarismo 4 no número 746.

____

b) O tempo de vida do golfinho é formado pela soma do valor absoluto do algarismo 5 com o valor relativo do algarismo 6 no número 568.

____

c) O tempo médio de vida do esquilo corresponde ao resultado da adição dos valores absoluto e relativo do algarismo 1 no número 413.

____

d) O tempo médio de vida da coruja corresponde ao resultado da seguinte adição: o dobro do valor relativo do algarismo 1 mais o dobro do valor absoluto do algarismo 2 no número 217.

____

Noção de classes

10 cubinhos ⟶ 1 barra | dezena 

10 barras ⟶ 1 placa | centena 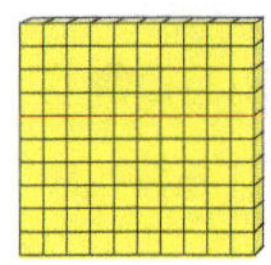

10 placas ⟶ 1 cubo | milhar 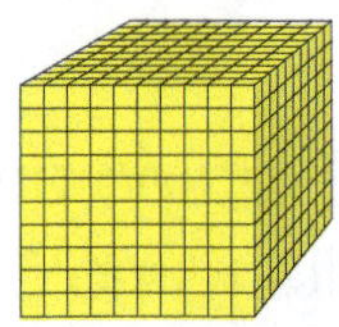

milhares	unidades simples		
4ª ordem	3ª ordem	2ª ordem	1ª ordem
UM	C	D	U
1	0	0	0

Ilustrações: Ilustra Cartoon/Arquivo da editora

1. Escreva os números indicados no material dourado.

a) 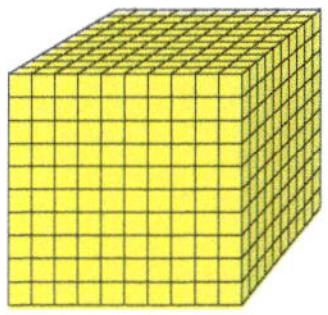

b) 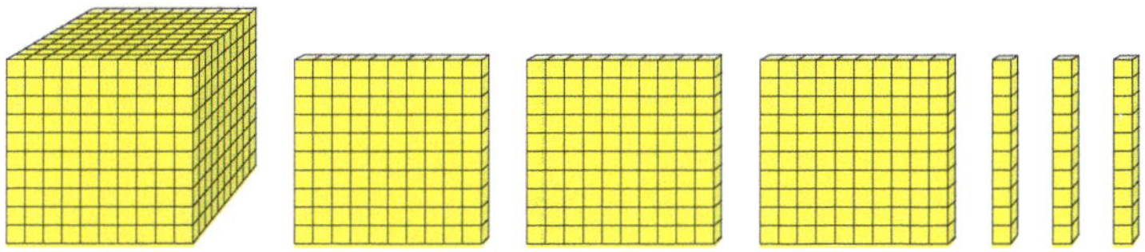

c) 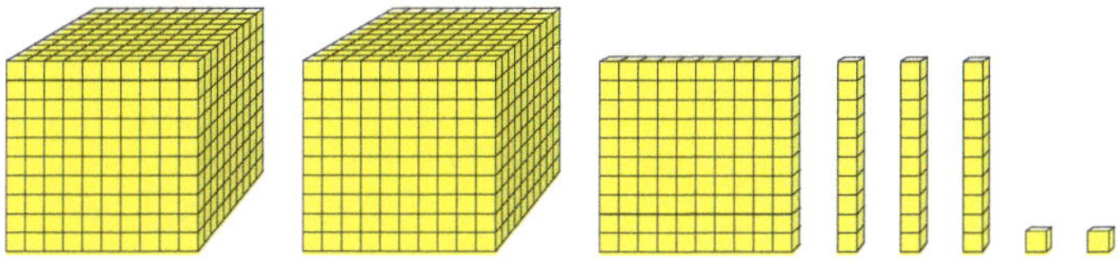

d) 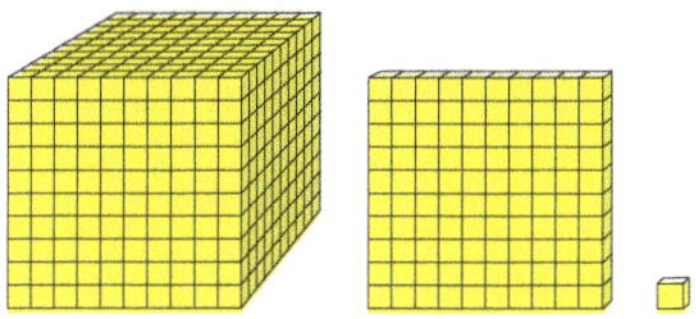

2. Decomponha os números nas diferentes ordens.

a) 1 736 → ______________________________

____

b) 2 086 → ______________________________

____

c) 5 000 → ______________________________

____

3. Decomponha os números conforme o exemplo.

1 735 = 1 000 + 700 + 30 + 5

a) 3 952 = ______________________________

b) 4 875 = ______________________________

c) 5 561 = ______________________________

Dezenas de milhar

Ilustrações: Ilustra Cartoon/Arquivo da editora

O sucessor de 9999 é 10000. (Lê-se: dez mil.)

- Agora observe a seguinte situação e teste seus conhecimentos sobre as dezenas de milhar:

  a) Ana escreveu no caderno o antecessor de 10000. Que número ela escreveu? ____________

  b) Simone escreveu o sucessor de 10521. Que número ela escreveu? ____________

  c) O antecessor de um número é 25635 e o sucessor é 25637. Que número é esse? ____________

  d) Qual é o sucessor par de 10420? ____________

Centenas de milhar

Ilustra Cartoon/Arquivo da editora

Para ler um número natural:

- Divide-se o número em classes, da direita para a esquerda:

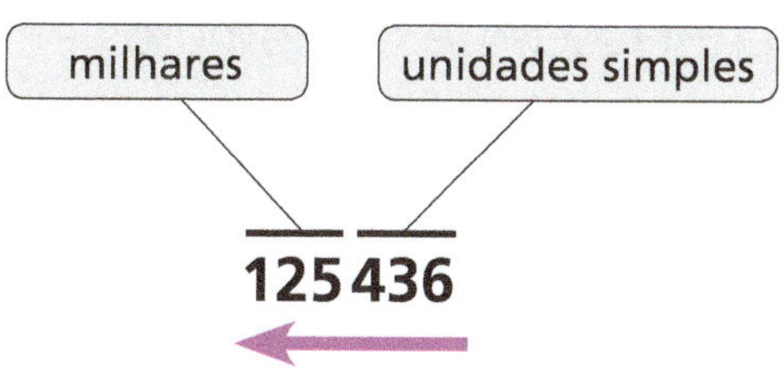

- Lê-se o número da esquerda para a direita:

125 436 → Cento e vinte e cinco mil, quatrocentos e trinta e seis.

1. Escreva o maior número que se pode representar com os algarismos.

a) 1, 5, 7, 8, 4 [ ]

b) 2, 6, 5, 1, 3 [ ]

c) 0, 8, 2, 1, 5 [ ]

2. Escreva o que se pede.

- Em 35 276, qual é o algarismo que:

a) ocupa a 4ª ordem? ______

b) tem o menor valor absoluto? ______

c) tem o maior valor relativo? ______

d) ocupa a ordem das dezenas de milhar? ______

e) tem o maior valor absoluto? ______

f) tem o menor valor relativo? ______

- Em 59 324, qual é o algarismo que:

a) ocupa a 3ª ordem? ______

b) tem o menor valor absoluto? ______

c) tem o maior valor relativo? ______

d) ocupa a ordem das dezenas de milhar? ______

e) tem o maior valor absoluto? ______

f) tem o menor valor relativo? ______

3. Pensei em um número entre 100 000 e 100 050. Ele é menor que 100 030 e maior que 100 020. Escreva em ordem crescente os números em que eu posso ter pensado.

____

____

4. Observe o número representado no ábaco.

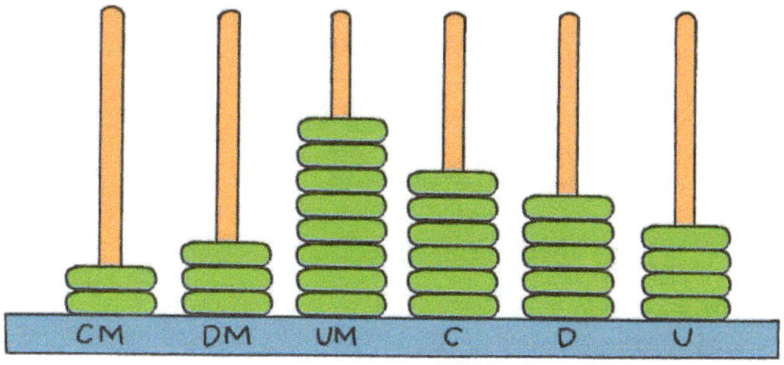

MW Editora Ilustrações Ltda./Arquivo da editora

a) Escreva esse número em algarismos. ______________

b) Agora escreva por extenso.

____

c) Quais são o antecessor e o sucessor desse número?

____

5. A tabela apresenta dados sobre a população de cada estado da região Sul.

estado	população aproximada (estimativa IBGE 2010)
Paraná	10 444 526
Santa Catarina	6 248 436
Rio Grande do Sul	10 693 929

Fonte: <www.ibge.gov.br/estadosat/>. Acesso em: 23 set. 2013.

a) Qual é o estado com maior população? ______________

b) Qual é o estado com menor população? ______________

c) Qual é a população estimada de toda a região Sul? ______________

d) Escreva por extenso o número que indica o total da população estimada da região Sul.

____

____

Números pares e números ímpares

Marta, que é tia de Valéria, faz brigadeiros para vender na porta da faculdade. Ela embala os docinhos aos pares, em um saquinho. Depois, para comercializar, ela acomoda 5 desses saquinhos em uma caixa.

Ilustrações: Ilustra Cartoon/Arquivo da editora

10 é par, porque 10 ÷ 2 = 5 e o resto é zero.

Quando tia Marta foi vender uma caixinha com brigadeiros, viu que faltava uma unidade... Ela deve ter se enganado na hora de embalar.

9 é impar, porque 9 ÷ 2 = 4 e o resto é 1.

Para saber se um número é par ou ímpar, basta analisar a ordem das unidades simples.

1. Paulo e Talita disputam um jogo de par ou ímpar. Há diversas fichas numeradas e cada um sorteia seis. Vence quem tiver mais números ímpares.

Veja na tabela os números que cada um tirou.

Paulo	131	93	49	78	26	104
Talita	94	107	93	931	806	429

a) Quem venceu o jogo? Quantos números ímpares ele tirou?

____

b) Quantos números pares Paulo tirou?

____

2. Contorne os números pares.

421 634 1 378 63 790 441 196 408

3. Risque os números ímpares.

103 245 1 574 2 088 325 484 1 235 1 007

4. Pense e responda:

a) Quanto se deve adicionar a qualquer número ímpar para torná-lo par?

____

b) Você consegue escrever quatro números ímpares distintos que, ao serem somados, resultam em 20?

____

c) Qual é o menor número par de três algarismos distintos?

____

Numeração ordinal

Os números também são usados para indicar ordem.

Eduardo Knapp/Folhapress

Em 2013, o queniano Edwin Kipsang vence pela segunda vez a Corrida Internacional de São Silvestre, que acontece todos os anos em São Paulo.

Observe a representação de alguns números ordinais:

1º → primeiro	10º → décimo	20º → vigésimo
2º → segundo	11º → décimo primeiro	30º → trigésimo
3º → terceiro	12º → décimo segundo	40º → quadragésimo
4º → quarto	13º → décimo terceiro	50º → quinquagésimo
5º → quinto	14º → décimo quarto	60º → sexagésimo
6º → sexto	15º → décimo quinto	70º → setuagésimo
7º → sétimo	16º → décimo sexto	80º → octogésimo
8º → oitavo	17º → décimo sétimo	90º → nonagésimo
9º → nono	18º → décimo oitavo	100º → centésimo
	19º → décimo nono	

Numeração cardinal

Mesmo sem saber da nomenclatura, você já sabe como utilizá-los: estamos falando dos números cardinais.

Os números cardinais servem para representar quantidade, que pode ser de pessoas, animais, objetos, qualquer coisa.

Por exemplo:

MW Editora Ilustrações Ltda./Arquivo da editora

5 é um número cardinal.

1. Complete corretamente as afirmações, escrevendo por extenso o número ordinal.

Participavam de uma corrida 100 corredores.

a) Marcelo foi o último colocado, chegando em ____________________ lugar.

b) Eduardo foi o campeão; ele chegou em ____________________ lugar.

c) Dezenove chegaram na frente da corredora Sandra. Ela foi a ______________ colocada.

d) Renata chegou logo após o sexagésimo nono colocado. Ela chegou em

____________________ lugar.

e) Taís chegou logo após o octogésimo nono colocado. Ela chegou em

____________________ lugar.

2. A empresa Jubiara tem 30 vagas para serem preenchidas. Trabalhadores prestaram um concurso e obtiveram a seguinte classificação:

nome	colocação
Paulo	15º
Guilherme	26º
Jonas	32º
Carla	5º
Júlia	39º

Responda:

a) Quem não conseguiu vaga? Por quê?

____

____

b) Entre os que aparecem na tabela, quem obteve a melhor classificação?

____

3

Sistema monetário brasileiro

Unidade monetária: o real

O dinheiro que usamos atualmente é o **real**, que foi adotado em julho de 1994. Seu símbolo é **R$**.

Um real é dividido em cem partes iguais. Cada uma dessas partes chama-se **centavo**.

1 real → 100 centavos

Sérgio Dotta Jr./Casa da Moeda do Brasil/Ministério da Fazenda

símbolo | número de reais | vírgula | número de centavos

R$ 570,50

Quinhentos e setenta reais e cinquenta centavos.

Nosso dinheiro apresenta-se na forma de cédulas e moedas.

Cédulas

R$ 2,00 → dois reais

R$ 5,00 → cinco reais

R$ 10,00 → dez reais

R$ 20,00 → vinte reais

R$ 50,00 → cinquenta reais

R$ 100,00 → cem reais

Fotos: Reprodução/Casa da Moeda do Brasil/Ministério da Fazenda

Moedas

R$ 0,01
um centavo

R$ 0,05
cinco centavos

R$ 0,10
dez centavos

R$ 0,25
vinte e cinco centavos

R$ 0,50
cinquenta centavos

R$ 1,00
um real

1. Pedro colocou no cofre estas moedas. Escreva essa quantia usando R$.

Fotos: Reprodução/Casa da Moeda do Brasil/Ministério da Fazenda

____

2. Para trocar  pelo maior número de moedas do cofre, quais Pedro deverá tirar? Desenhe.

3. Usando R$ e algarismos, represente os seguintes valores:

a) cinquenta reais: ______________

b) cem reais: ______________

c) quarenta e cinco reais: ______________

d) dois mil e quinhentos reais: ______________

e) duzentos e cinco reais e cinquenta centavos: ______________

4. Faça como no exemplo.

R$ 2,45 = 245 centavos

a) R$ 1,25 = ______________

b) R$ 3,40 = ______________

c) R$ 7,55 = ______________

5. Lucas precisa de R$ 8,00 para comprar uma revista. Ele abriu seu cofrinho e contou 7 moedas de R$ 0,50, 10 moedas de R$ 0,25 e 12 moedas de R$ 0,10.

- Quanto dinheiro Lucas tem? Ele já pode comprar a revista?

____

Compra e venda

A mãe de Marcos é comerciante. Nas férias escolares, o menino gosta de ajudá-la na papelaria e observa tudo. Ele ouve sua mãe falar em lucro, custo, prejuízo...

Marcos tratou logo de pesquisar e descobriu que:

- o **preço pago** por uma mercadoria é o **custo**. **Custo** também pode ser o preço pago por um **serviço**;
- quando uma mercadoria é vendida por um **preço maior** que o custo, temos **lucro**;
- quando uma mercadoria é vendida por um **preço menor** que o custo, temos **prejuízo**.

1. Observe os preços de custo e de venda de alguns produtos da papelaria:

produto	preço de custo	preço de venda
caneta	R$ 1,50	R$ 2,00
lápis	R$ 0,20	R$ 0,30
caderno	R$ 2,50	R$ 4,00
borracha	R$ 0,15	R$ 0,10
lapiseira	R$ 3,00	R$ 2,00

a) Na venda de quais produtos há prejuízo? Qual é o prejuízo por unidade?

b) Ontem foram vendidas 15 lapiseiras. Houve lucro ou prejuízo? De quanto?

c) Na venda de 50 cadernos, haverá lucro ou prejuízo? De quanto?

2. Observe os dados e complete a tabela da Loja Compreaki.

mercadoria	custo	venda	lucro	prejuízo
televisor	R$ 700,00	R$ 999,00		—
guarda-roupa	R$ 790,00		—	R$ 90,00
micro-ondas	R$ 300,00		R$ 288,00	—
geladeira	R$ 800,00	R$ 740,00	—	
aquecedor		R$ 240,00	R$ 90,00	—

3. Marcos ganhará um *videogame* em seu aniversário. Seu pai pediu a ele que pesquisasse os preços em anúncios nos jornais para encontrar a melhor oferta. Veja os resultados da pesquisa:

Ilustra Cartoon/ Arquivo da editora

Loja Beleza

À vista: R$ 450,00

A prazo: Entrada R$ 50,00 + 4 prestações de R$ 120,00

Fotos: Ricardo Correa/Editora Abril

Loja Alegria

À vista: R$ 498,00

A prazo: Sem entrada + 4 prestações de R$ 130,00

Loja Criança

À vista: R$ 460,00

A prazo: Entrada R$ 50,00 + 5 prestações de R$ 90,00

a) Que loja oferece a melhor oferta de pagamento:

- à vista? ______________
- a prazo? ______________

b) Qual é o preço do *videogame* a prazo na Loja Criança?

____

c) O pai de Marcos resolveu comprar o *videogame* à vista na Loja Beleza. Quanto ele economizou por não ter comprado a prazo na Loja Criança?

____

4

Operações com números naturais

Adição

Ideia de juntar

Observe na tabela o número de atletas brasileiros que participaram da Olimpíada de Londres, em 2012.

participação de atletas brasileiros na Olimpíada de 2012	
sexo feminino	123
sexo masculino	136

Quantos atletas brasileiros participaram da Olimpíada de Londres?

$$\begin{array}{r} 1\ 2\ 3 \\ +\ 1\ 3\ 6 \\ \hline 2\ 5\ 9 \end{array}$$

1 2 3 — parcela
1 3 6 — parcela
2 5 9 — soma ou total

Participaram da Olimpíada de Londres 259 atletas brasileiros.

Operação: adição
Sinal da operação: + (mais)
Termos: parcela
Resultado: soma ou total

Ideia de acrescentar

Para gravar a Olimpíada, Ronaldo comprou um gravador de DVD que custava R$ 550,00. Como comprou a prazo, o preço foi acrescido de R$ 35,00. Quanto ele pagou pelo aparelho?

$$550 + 35 = 585$$

$$\begin{array}{r} 5\ 5\ 0 \\ +\ \ \ 3\ 5 \\ \hline 5\ 8\ 5 \end{array}$$

Ronaldo pagou R$ 585,00 pelo gravador de DVD.

1. Observe o gráfico que mostra a quantidade de homens e de mulheres nas equipes brasileiras em Olimpíadas.

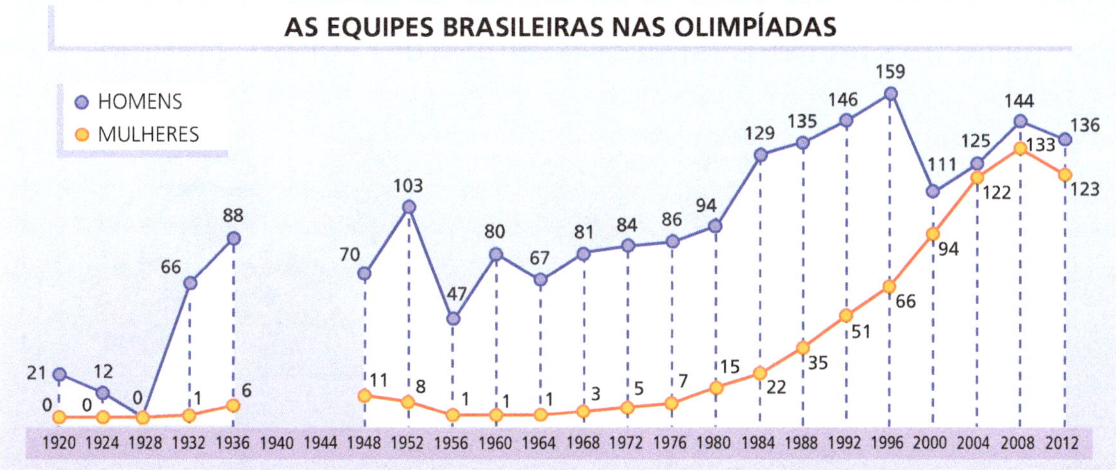

Extraído de: <www.cob.org.br>. Acesso em: 23 set. 2013.

- Agora responda:

a) Quantas mulheres participaram da Olimpíada em 1956? E quantos homens? ______

b) Qual o total de participantes em 1980? ______

c) Quantos homens participaram a mais que as mulheres na Olimpíada de 1980? ______

d) Qual o total de participantes na Olimpíada de 2004? ______

e) Quantas pessoas havia a menos na equipe feminina do que na masculina na Olimpíada de 2012? ______

2. A brincadeira é passar pela trilha fazendo uma contagem. Descubra os próximos números para completar a trilha.

Ilustra Cartoon/Arquivo da editora

Propriedades de adição

Fechamento

A soma de dois números naturais é sempre um número natural.

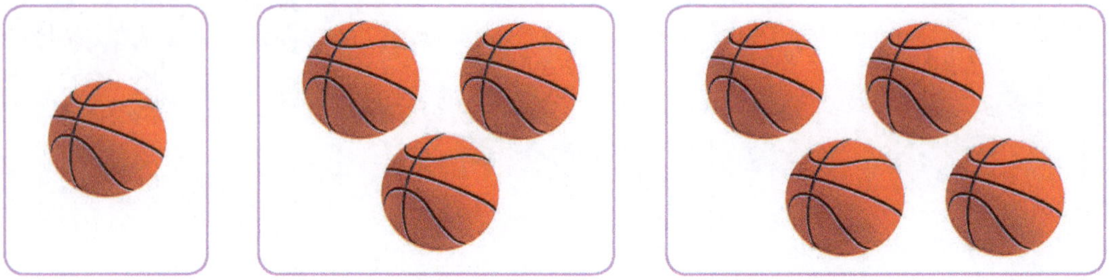

Carlos Caetano/Shutterstock/Glow Images

$$1 + 3 = 4$$

1 e 3: **números naturais**; 4: **número natural**

Comutativa

Trocando-se a ordem das parcelas, a soma continua a mesma.

450	parcela	
+ 285	parcela	
735	soma	

285	parcela	
+ 450	parcela	
735	soma	

As somas são iguais.

Associativa

Para obter a soma de três parcelas, podem-se associar (juntar) duas parcelas quaisquer e depois adicionar o resultado à terceira.

$$15 + 9 + 25 = 24 + 25 = 49$$

Elemento neutro – número zero

Numa adição, se uma das parcelas é igual a zero, a soma total é igual à soma das outras parcelas.

O zero é o elemento neutro da adição.

$$6 + 0 + 5 = 11 + 0 = 11$$

1. Aplique a propriedade comutativa nas adições.

a) $4 + 8 = 8 +$ ________

b) $4 + 5 =$ ________ $+ 4$

c) $5 + 7 =$ ________ $+ 5$

d) $14 + 15 =$ ________ $+$ ________

2. Aplique a propriedade associativa nas adições.

a) $5 + 8 + 7 = (5 +$ ________ $) +$ ________ $= 5 + ($ ________ $+$ ________ $)$

b) $3 + 5 + 4 = (3 +$ ________ $) +$ ________ $= 3 + ($ ________ $+$ ________ $)$

c) $12 + 5 + 3 = 12 + ($ ________ $+$ ________ $) = (12 +$ ________ $) +$ ________

3. Escreva a propriedade aplicada.

a) $5 + 7 = 12$ → ________________________________

b) $0 + 7 = 7 + 0 = 7$ → ________________________________

c) $11 + 17 = 17 + 11$ → ________________________________

d) $(15 + 12) + 9 = 15 + (12 + 9)$ → ________________________________

4. Nas operações abaixo, substitua cada ▲ pelo número adequado.

a) $18 + 3 =$ ▲ $+ 18$ → ▲ = ________

b) $7 + (12 + 1) = ($▲ $+ 12) + 1$ → ▲ = ________

c) $8 + 62 = 62 +$ ▲ → ▲ = ________

5. Associe as parcelas e calcule as somas mentalmente.

Ilustra Cartoon/Arquivo da editora

a) $2 + 10 + 9 =$ ________

b) $5 + 27 + 3 =$ ________

c) $500 + 200 + 800 =$ ________

d) $200 + 80 + 20 =$ ________

e) $50 + 20 + 80 =$ ________

f) $120 + 4 + 6 =$ ________

Subtração

Imagine estas situações:

1ª Um teatro possui 348 lugares. Há 126 poltronas ocupadas. Quantos assentos estão vagos?

Para saber quantos lugares vagos há no teatro, é preciso tirar do total de lugares o número de poltronas ocupadas.

$$\begin{array}{r} 3\ 4\ 8 \\ -\ 1\ 2\ 6 \\ \hline 2\ 2\ 2 \end{array}$$

348 — minuendo
126 — subtraendo
222 — resto ou diferença

O número de lugares vagos é 222.

2ª Edu tem 15 carrinhos e Juca, 27. Edu precisa de quantos carrinhos a mais para ter o mesmo número de carrinhos que Juca?

Ilustra Cartoon/Arquivo da editora

Para calcular de quantos carrinhos a mais Edu precisa, efetua-se uma subtração.

$$\begin{array}{r} 2\ 7 \\ -\ 1\ 5 \\ \hline 1\ 2 \end{array}$$

27 — minuendo
15 — subtraendo
12 — resto ou diferença

Edu precisa de 12 carrinhos.

Operação: subtração

Sinal da operação: – (menos)

Termos: minuendo e subtraendo

Resultado: resto ou diferença

1. Veja o exemplo e, depois, calcule.

4 385 − 2 272 = 4385 − 2000 − 200 − 70 − 2

2385 − 200 − 70 − 2

2185 − 70 − 2

2115 − 2

2113

57 453 − 16 250 = ______

2. Observe a operação a seguir e complete as lacunas.

58 − 16 = 42

a) A operação efetuada é uma ______.

b) O primeiro termo recebe o nome de ______.

c) O segundo termo recebe o nome de ______.

d) O resultado dessa operação recebe o nome de ______.

3. Complete o quadro e calcule.

minuendo	subtraendo	operação	resto ou diferença
74	33		
283	190		

Prova real da adição e da subtração

Pode-se usar a adição para conferir se uma subtração está correta.

		UM	C	D	U
minuendo		8	7	6	4
subtraendo	−	5	6	9	5
resto ou diferença		3	0	6	9

	UM	C	D	U	
	5	6	9	5	parcela
+	3	0	6	9	parcela
	8	7	6	4	soma

A adição e a subtração são **operações inversas**. Isto é, o que uma faz a outra desfaz.

Por isso também se pode usar a subtração para verificar se uma adição está correta. Observe:

Ilustra Cartoon/Arquivo da editora

Veja outro exemplo: 97 − 65 = 32

$$\begin{array}{r} 97 \\ -\ 65 \\ \hline 32 \end{array} \qquad \begin{array}{r} 65 \\ +\ 32 \\ \hline 97 \end{array}$$

1. Efetue as adições e verifique se estão corretas aplicando a operação inversa.

a)
$$\begin{array}{r} 326 \\ +\quad 8 \\ \hline \end{array}$$

b)
$$\begin{array}{r} 45830 \\ +\quad 735 \\ \hline \end{array}$$

c)
$$\begin{array}{r} 249 \\ +\quad 49 \\ \hline \end{array}$$

d)
$$\begin{array}{r} 327 \\ +\ 432 \\ 25 \\ \hline \end{array}$$

2. Efetue as subtrações e verifique se estão corretas aplicando a operação inversa.

a)
$$\begin{array}{r} 97 \\ -\ 65 \\ \hline \end{array}$$

b)
$$\begin{array}{r} 180 \\ -\quad 77 \\ \hline \end{array}$$

c)
$$\begin{array}{r} 7133 \\ -\ 2316 \\ \hline \end{array}$$

d)
$$\begin{array}{r} 4875 \\ -\ 2894 \\ \hline \end{array}$$

3. Continue fazendo as subtrações e as adições. Depois confira os resultados usando a operação inversa.

a) 384 − 26 = ______

b) 326 + 49 = ______

c) 4 598 − 3 921 = ______

d) 652 + 397 + 42 = ______

Expressões numéricas: adição e subtração

Carina ganhou 4 balas de mel e 5 de morango. Deu 2 a sua prima. Com quantas balas Carina ficou?

Ilustra Cartoon/Arquivo da editora

$$4 + 5 - 2 =$$

$$9 - 2 = 7$$

Carina ficou com 7 balas.

Nessa situação-problema, temos uma expressão numérica. Observe:

$$4 + 5 - 2$$

> **Expressão numérica** é uma sequência de números ligados por sinais de operação.

A expressão numérica representa uma única ideia de quantidade, e há várias formas de obtê-la.

Em uma expressão numérica na qual há apenas adição e subtração, podemos resolver essas operações na ordem em que aparecem na expressão.

1. Veja o exemplo e efetue as demais expressões numéricas.

$25 + 3 - 7 =$

$28 - 7 = 21$

$48 - 5 + 10 =$

$\quad + \quad =$

$386 - 41 - 11 + 75 =$

$\quad - 11 + 75 =$

$\quad + \quad =$

- Agora observe:

$8 - (2 + 1) =$

$8 - \quad =$

$(8 + 5) - (10 + 2) + 3 =$

$\quad - \quad + 3 =$

$\quad + \quad =$

2. Continue efetuando.

a) $23 + 4 - 5 =$

________ $- 5 =$ ________

b) $406 + 24 - 28 + 50 =$

________ $- 28 + 150 =$

________ $+ 150 =$ ________

c) $216 - 43 + 62 =$

________ $+ 62 =$ ________

d) $97 - 18 - 25 + 13 =$

________ $- 25 + 13 =$

________ $+ 13 =$ ________

De olho na resolução de problemas

Faça em seu caderno

1. Renata ganhou um livro de histórias. Já leu 135 páginas e ainda faltam 86 para terminar o livro. Quantas páginas tem o livro?

2. Carlos comprou uma geladeira por R$ 956,00 e um fogão por R$ 356,00. Deu R$ 300,00 no dia da compra e o valor restante pagou com um cheque para 30 dias. Qual é o valor do cheque?

3. Antônio comprou um livro de 64 páginas. No sábado leu 19 e no domingo leu 5 a mais do que no sábado. Quantas páginas ainda faltam para ele terminar o livro?

4. Um teatro tem capacidade para 250 pessoas. Já foram vendidos 195 ingressos para a apresentação de sábado. Quantos ingressos ainda estão à venda?

5. Beto fez uma lista com o nome dos colegas que iria convocar para os jogos organizados pela escola. Ele chamou 59 alunos. Bia sugeriu mais 16. Desse total, 23 não compareceram e 3 dos que foram não puderam jogar. Porém vieram 8 que não estavam na lista. Quantas crianças participaram dos jogos?

6. No carrinho de sorvetes de seu João, havia 38 picolés de chocolate, 25 de coco e 16 de maracujá. Foram vendidos 47 picolés ao todo. Quantos restaram?

Unidade
2

Operações com números naturais

Andréia Vieira/Arquivo da editora

O QUE VOU ESTUDAR?

- Operações com números naturais (multiplicação e divisão)

5

Operações com números naturais

Multiplicação

Adição de parcelas iguais

Observe o estacionamento de um supermercado. Quantos carros há no total?

Ilustrações: Ilustra Cartoon/Arquivo da editora

São 4 filas de carros e há 5 carros em cada fila. Podemos calcular o total de carros assim:

$$5 + 5 + 5 + 5 = 20$$

Ou fazendo uma multiplicação: $4 \times 5 = 20$

Organização retangular

Com a mesma quantidade de moedas, foram formados dois grupos. Em qual dos grupos é mais fácil calcular o total de moedas?

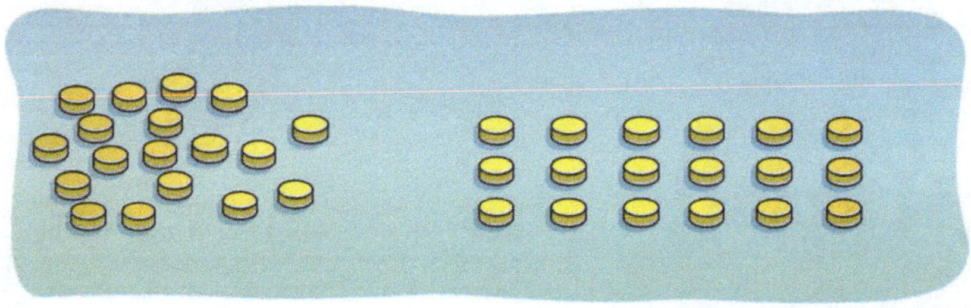

$$\underbrace{6}_{\text{colunas}} \times \underbrace{3}_{\text{moedas por coluna}} = 18$$

As fileiras podem ser chamadas de linhas ou colunas.

Veja como podemos indicar a adição de parcelas iguais:

$$\underbrace{6}_{\text{fator}} \times \underbrace{3}_{\text{fator}} = \underbrace{18}_{\text{produto}}$$

$$\begin{array}{r} 3 \\ \times \quad 6 \\ \hline 1\ 8 \end{array}$$

3 ⟶ fator (multiplicando)
× 6 ⟶ fator (multiplicador)
18 ⟶ produto

Operação: multiplicação

Sinal da operação: × (vezes)

Termos: fatores (multiplicando e multiplicador)

Resultado: produto

1. Responda fazendo multiplicações.

a) Quantos lápis há ao todo?

d) Quantas garrafas de suco há na caixa?

b) Quantas flores há ao todo?

e) Quantos pés de couve há na horta?

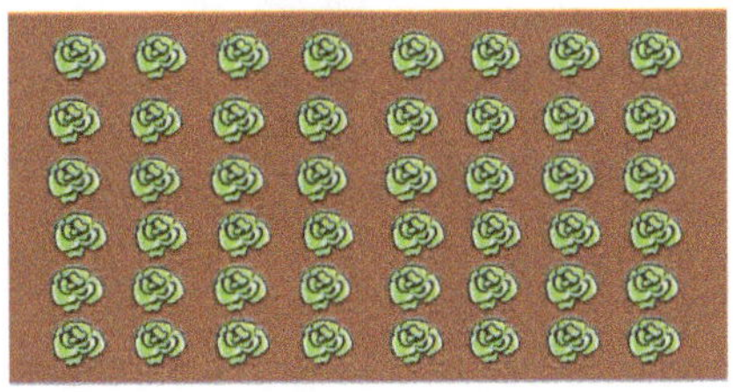

c) Quantos doces há na caixa?

f) Quantas carteiras há na sala?

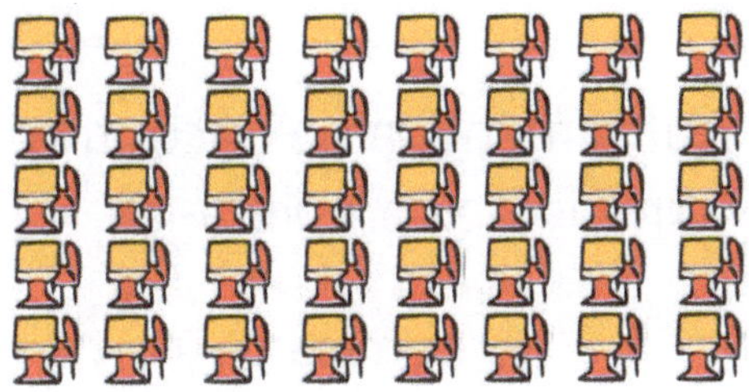

Ilustrações: Avalone/Arquivo da Editora

2. Efetue.

	UM	C	D	U
	2	1	9	4
×				3

	UM	C	D	U
	2	3	4	0
×				4

	UM	C	D	U
		8	4	5
×				9

Multiplicação: combinações possíveis

Rodrigo tem 3 calças, uma preta, uma verde e outra azul; e 5 camisas, nas cores branco, azul, amarelo, vermelho e verde. De quantas maneiras ele pode se vestir?

Para saber a resposta, basta usar a multiplicação. Como tem 3 calças e 5 camisas de cores diferentes, ele pode se vestir de $3 \times 5 = 15$ maneiras.

Também podemos ajudar Rodrigo a encontrar as combinações usando uma **árvore de possibilidades**.

Ilustra Cartoon/Arquivo da editora

- Outra maneira de encontrar as combinações possíveis é usando uma **tabela**. Termine de completá-la.

	camisa branca	camisa azul	camisa amarela	camisa vermelha	camisa verde
calça verde	calça verde e camisa branca	calça verde e camisa azul			
calça azul	calça azul e camisa branca	calça azul e camisa azul			
calça preta					

1. Um time de futebol tem 2 calções (um preto e um azul) e 3 camisas (uma branca, uma amarela e uma azul). Construa a árvore de possibilidades. De quantas maneiras o time poderá se apresentar?

Resposta: ______________________________

2. Observe o cartaz da lanchonete e responda às questões.

Ilustra Cartoon/Arquivo da editora

a) Renata decidiu comer um misto-quente com suco de uva, mas ainda não escolheu o picolé. Quais são as combinações que ela pode fazer?

____

____

b) Marcela já escolheu hambúrguer e picolé de morango. Quais as combinações possíveis?

____

____

c) Quantas são as combinações possíveis oferecidas pela lanchonete?

____

Propriedades da multiplicação

COMUTATIVA

Em uma multiplicação a ordem dos fatores não altera o produto.

$$3 + 3 = 2 + 2 + 2$$

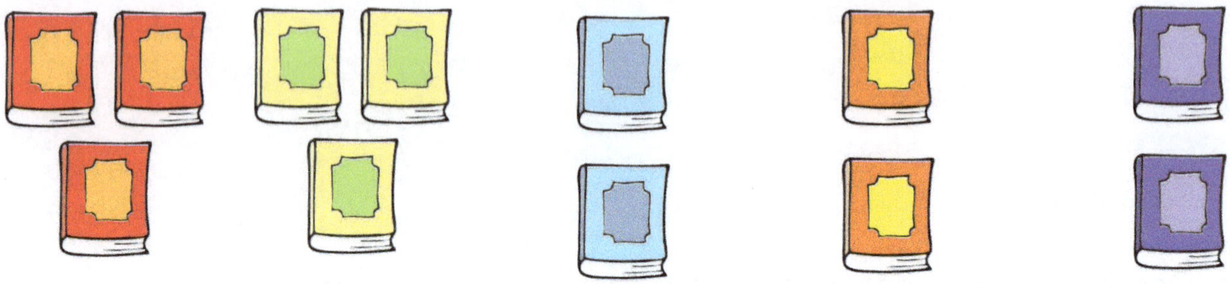

Avalone/Arquivo da editora

$2 \times 3 = 6$ $\qquad$ $3 \times 2 = 6$

ASSOCIATIVA

Em uma multiplicação com três fatores é possível associá-los de maneiras diferentes e o resultado será o mesmo.

$2 \times 5 \times 3$

ou

$(2 \times 5) \times 3 =$
$10 \times 3 = 30$

$2 \times (5 \times 3) =$
$2 \times 15 = 30$

ELEMENTO NEUTRO – NÚMERO 1

Multiplicando um número natural por 1 obtém-se o próprio número.

$7 \times 1 = 7$
$1 \times 7 = 7$

$5 \times 1 = 5$
$1 \times 5 = 5$

1. Efetue as multiplicações usando a propriedade comutativa.

a) $2 \times 5 =$ ______

$5 \times 2 =$ ______

b) $5 \times 7 =$ ______

______

c) $3 \times 4 =$ ______

______

d) $3 \times 9 =$ ______

______

e) $5 \times 8 =$ ______

______

f) $6 \times 9 =$ ______

______

2. Efetue as multiplicações usando a propriedade associativa, como no exemplo.

$(2 \times 3) \times 4 =$

$6 \times 4 = 24$

← $2 \times 3 \times 4$ →

$2 \times (3 \times 4) =$

$2 \times 12 = 24$

a) $3 \times 5 \times 4 =$

______

______

b) $2 \times 4 \times 5 =$

______

______

c) $3 \times 2 \times 6 =$

______

______

d) $2 \times 7 \times 5 =$

______

______

3. Escreva a propriedade aplicada em cada caso.

a) $3 \times (4 \times 2) = (3 \times 4) \times 2$ → ______

b) $7 \times 8 = 8 \times 7$ → ______

c) $6 \times 1 = 1 \times 6 = 6$ → ______

d) $3 \times 6 = 6 \times 3$ → ______

MULTIPLICAÇÃO COM DOIS ALGARISMOS NO MULTIPLICADOR

Observe o problema que Carolina tinha para resolver:

- Em uma escola, há 14 turmas com 35 alunos em cada uma. Quantos alunos há na escola?

$14 \times 35 = \square$

$$\begin{array}{r} 3\ 5 \\ \times\ 1\ 4 \\ \hline \square \end{array}$$

Veja que multiplicar por 14 é o mesmo que multiplicar por 10 + 4.

Então, fazemos:

$$\begin{array}{rl} {}^{2}3\ 5 & \\ \times\quad 1\ 4 & \\ \hline 1\ 4\ 0 & \text{— multiplicamos 4 por 35} \\ +\ 3\ 5\ 0 & \text{— multiplicamos 10 por 35} \\ \hline 4\ 9\ 0 & \text{— somamos os produtos e obtemos } 14 \times 35 \end{array}$$

Ilustra Cartoon/Arquivo da editora

$$\begin{array}{rl} {}^{2}3\ 5 & \\ \times\quad 1\ 4 & \\ \hline 1\ 4\ 0 & \text{— } 4\text{ U} \times 35 = 140\text{ U} \\ +\ 3\ 5\ & \text{— } 1\text{ D} \times 35 = 35\text{ D} \\ \hline 4\ 9\ 0 & \end{array}$$

1. Resolva as multiplicações.

a) $\begin{array}{r} 47 \\ \times \quad 13 \\ \hline \end{array}$

b) $\begin{array}{r} 23 \\ \times \quad 36 \\ \hline \end{array}$

c) $\begin{array}{r} 75 \\ \times \quad 47 \\ \hline \end{array}$

d) $\begin{array}{r} 250 \\ \times \quad 15 \\ \hline \end{array}$

2. Calcule do jeito que preferir.

a) 18 × 12 = ____________

b) 135 × 25 = ____________

c) 25 × 15 = ____________

d) 214 × 34 = ____________

3. Arme e efetue.

a) 748 × 22 = ____________

c) 1 008 × 34 = ____________

b) 328 × 53 = ____________

d) 2 300 × 78 = ____________

Multiplicação por 10, 100 e 1000

Multiplicação por 10

Ilustra Cartoon/Arquivo da editora

$$\begin{array}{r} 10 \\ 10 \\ 10 \\ +\ 10 \\ \hline 40 \end{array} \quad \text{ou} \quad 4 \times 10 = 40$$

Multiplicação por 100

$100 + 100 + 100 = 300$ ou $3 \times 100 = 300$

Para multiplicar um número natural por 100, basta acrescentar dois zeros à direita desse número.

Multiplicação por 1000

$1000 + 1000 + 1000 + 1000 = 4000$ ou $4 \times 1000 = 4000$

Para multiplicar um número natural por 1000, basta acrescentar três zeros à direita desse número.

Multiplicação com números terminados em zero no multiplicador

$$\begin{array}{r} 32 \\ \times\ 20 \\ \hline 640 \end{array}$$

Multiplicar por 20 é o mesmo que multiplicar por **2 × 10**. Isto é, multiplicamos por 2 e, ao acrescentar um zero à direita do número, multiplicamos por 10.

$$\begin{array}{r} \overset{1}{3}5 \\ \times\ 300 \\ \hline 10500 \end{array}$$

Multiplicar por 300 é o mesmo que multiplicar por **3 × 100**; por 400 → **4 × 100**; por 500 → **5 × 100**, e assim sucessivamente.

$$\begin{array}{r} \overset{1}{3}7 \\ \times\ 2000 \\ \hline 74000 \end{array}$$

Multiplicar por 2000 é o mesmo que multiplicar por **2 × 1000**; por 3000 → **3 × 1000**; por 4000 → **4 × 1000**, e assim por diante.

1. Calcule.

a) $3 \times 10 =$ ____________

b) $8 \times 10 =$ ____________

c) $4 \times 100 =$ ____________

d) $9 \times 1\,000 =$ ____________

e) $7 \times 1\,000 =$ ____________

f) $12 \times 100 =$ ____________

g) $36 \times 100 =$ ____________

h) $137 \times 10 =$ ____________

i) $85 \times 10 =$ ____________

j) $81 \times 1\,000 =$ ____________

k) $267 \times 100 =$ ____________

l) $612 \times 100 =$ ____________

2. Faça a decomposição dos números. Veja o exemplo.

UM	C	D	U
3	5	6	9

$3 \times 1\,000 + 5 \times 100 + 6 \times 10 + 9$

$3\,000 + 500 + 60 + 9 = 3\,569$

UM	C	D	U
5	7	3	6

UM	C	D	U
2	4	8	3

3. Efetue.

a) 36×30

c) 81×80

e) 183×30

g) $427 \times 3\,000$

b) 45×40

d) 63×90

f) 326×800

h) $248 \times 5\,000$

Múltiplos de um número natural

O número 8 pode ser obtido pela multiplicação do 4 pelo 2 ou do 2 pelo 4:

$4 \times 2 = 8$ $\qquad$ $2 \times 4 = 8$

Então, também se pode escrever que:

8 é múltiplo de (2) — 8 é 4 × 2

8 é múltiplo de (4) — 8 é 2 × 4

O múltiplo de um número natural é o produto desse número por um número natural qualquer.

A sequência dos múltiplos de um número natural

Ilustra Cartoon/Arquivo da editora

Obtemos, assim, a sequência dos múltiplos de 4: 0, 4, 8, 12, 16, 20, 24, 28, 32, 36, e assim por diante.

Para obter a sequência dos múltiplos de um número natural qualquer, basta multiplicá-lo sucessivamente por 0, 1, 2, 3, 4, 5, 6, 7, 8, 9...

Agora observe:

$0 \times 3 = 0$ $\qquad$ $0 \times 4 = 0$ $\qquad$ $0 \times 5 = 0$ $\qquad$ $0 \times 6 = 0$

O **zero** é múltiplo de todos os números naturais.

$1 \times 3 = 3$ $\qquad$ $1 \times 4 = 4$ $\qquad$ $1 \times 5 = 5$ $\qquad$ $1 \times 6 = 6$

Todo número natural é múltiplo de si mesmo.

1. Observe as tabelas de multiplicação e responda.

$6 \times 0 = 0$	$7 \times 0 = 0$	$8 \times 0 = 0$	$9 \times 0 = 0$
$6 \times 1 = 6$	$7 \times 1 = 7$	$8 \times 1 = 8$	$9 \times 1 = 9$
$6 \times 2 = 12$	$7 \times 2 = 14$	$8 \times 2 = 16$	$9 \times 2 = 18$
$6 \times 3 = 18$	$7 \times 3 = 21$	$8 \times 3 = 24$	$9 \times 3 = 27$
$6 \times 4 = 24$	$7 \times 4 = 28$	$8 \times 4 = 32$	$9 \times 4 = 36$
$6 \times 5 = 30$	$7 \times 5 = 35$	$8 \times 5 = 40$	$9 \times 5 = 45$
$6 \times 6 = 36$	$7 \times 6 = 42$	$8 \times 6 = 48$	$9 \times 6 = 54$
$6 \times 7 = 42$	$7 \times 7 = 49$	$8 \times 7 = 56$	$9 \times 7 = 63$
$6 \times 8 = 48$	$7 \times 8 = 56$	$8 \times 8 = 64$	$9 \times 8 = 72$
$6 \times 9 = 54$	$7 \times 9 = 63$	$8 \times 9 = 72$	$9 \times 9 = 81$

a) Quais são os 5 primeiros múltiplos de:

6? ______________________ 7? ______________________

8? ______________________ 9? ______________________

b) Qual número é múltiplo de qualquer número? ______________________

2. Faça um X na afirmativa verdadeira e reescreva as outras, para torná-las corretas.

a) O múltiplo de um número natural é a soma desse número com um número natural qualquer. ☐

b) O zero é múltiplo de todos os números naturais. ☐

c) A sequência dos múltiplos de um número natural é finita. ☐

____

____

____

____

____

____

Divisão

Repartir igualmente

Na bandeja há 18 brigadeiros, que serão distribuídos em quantidades iguais entre 3 convidados. Quantos brigadeiros cada convidado receberá?

Ilustrações: Ilustra Cartoon/Arquivo da editora

$18 \div 3 = 6$ Cada convidado receberá 6 brigadeiros.

Ideia de quantas vezes cabe

Dona Olga fez 72 empadas e vai arrumá-las em caixas para serem entregues em uma lanchonete. Em cada caixa cabem 9 empadas. De quantas caixas dona Olga vai precisar para embalar todas as empadas?

$72 \div 9 = 8$ Dona Olga vai precisar de 8 caixas.

Leia, pense e resolva.

1. Sueli comprou uma caixa com 24 bombons para distribuir igualmente entre 4 amigas.

a) Quantos bombons receberá cada amiga?

b) Na hora, Sueli resolveu dar os bombons para mais 2 amigas. Quantos bombons cada uma recebeu?

2. Rodrigo e mais 6 amigos deram a mesma quantia para comprar uma bola de futebol que custava R$ 35,00. Quantos reais cada um deu para comprar a bola?

3. As crianças estão esperando na fila para brincar no carrossel. Observe o desenho e calcule quantas rodadas serão necessárias para que todos da fila consigam brincar.

Ilustra Cartoon/Arquivo da editora

Divisão exata e divisão inexata

Quantas embalagens de 6 ovos serão necessárias para embalar 18 ovos?

Ilustrações: MW Editora Ilustrações Ltda./Arquivo da editora

```
dividendo —— 1 8 | 6 —— divisor
               0   3 —— quociente
               |
             resto
```

Serão necessárias 3 embalagens.

Essa divisão é exata porque serão utilizadas 3 embalagens e não sobrará nenhum ovo.

E para embalar 27 ovos, quantas embalagens de 6 ovos serão necessárias?

```
dividendo —— 2 7 | 6 —— divisor
               3   4 —— quociente
               |
             resto
```

Serão necessárias 4 embalagens.

Essa divisão é inexata porque serão utilizadas 4 embalagens e sobrarão 3 ovos.

Ilustra Cartoon/Arquivo da editora

1. Calcule mentalmente e assinale com um X as divisões exatas.

$45 \div 5$ ☐	$19 \div 3$ ☐
$25 \div 4$ ☐	$36 \div 3$ ☐
$40 \div 8$ ☐	$81 \div 9$ ☐
$27 \div 8$ ☐	$63 \div 8$ ☐

2. Os números do retângulo são os dividendos e os do triângulo, os divisores. Arme todas as divisões possíveis e efetue-as.

Retângulo: 28, 35

Triângulo: 4, 5, 7

- Quantas divisões efetuadas são inexatas? ______

Divisor com 1 algarismo

Vamos relembrar como efetuar as divisões.

DIVIDENDO COM 2 ALGARISMOS E DIVISOR COM 1 ALGARISMO.

método longo

```
 D U
 4 5 | 3
-3   |____
      1 5
 ---  D U
 1 5
-1 5
 ---
 0 0
```

método breve

```
 D U
 4 5 | 3
     |____
 1 5   1 5
   0   D U
```

Ilustrações: Ilustra Cartoon/Arquivo da editora

- Efetue.

```
3 6 | 2        7 2 | 3        9 7 | 3
    |____          |____          |____
```

```
3 8 | 3     9 4 | 5     8 5 | 3     5 4 | 3     6 8 | 4
    |____       |____       |____       |____       |____
```

DIVIDENDO COM 3 ALGARISMOS E DIVISOR COM 1 ALGARISMO

método longo

```
 C D U
 2 7 8 | 2
-2     |______
 -----   1 3 9
 0 7     C D U
-  6
 -----
   1 8
-  1 8
 -----
   0 0
```

método breve

```
 C D U
 2 7 8 | 2
       |______
 0 7     1 3 9
   1 8   C D U
     0
```

- Efetue.

369 ⌊ 3	238 ⌊ 2	284 ⌊ 2
638 ⌊ 3	756 ⌊ 4	935 ⌊ 5

Agora observe como fazer uma divisão quando o primeiro algarismo do dividendo é menor que o divisor.

164 ÷ 3

<table>
<tr><th>método longo</th><th>método breve</th></tr>
<tr><td>C D U
1 6 4 ⌊ 3
− 1 5   5 4
0 1 4   D U
− 1 2
0 2</td><td>C D U
1 6 4 ⌊ 3
0 1 4   5 4
2   D U</td></tr>
</table>

Ilustra Cartoon/Arquivo da editora

Então, fazemos a divisão: 16 ÷ 3 = 5 dezenas.

Resta 1 dezena, que trocamos por 10 unidades. Juntando com as 4 unidades, passamos a ter 14 unidades: 14 ÷ 3 = 4 unidades. Restam 2 unidades.

- Efetue.

175 ⌊ 5	248 ⌊ 4	326 ⌊ 5
438 ⌊ 6	729 ⌊ 8	819 ⌊ 9

Veja agora o que fazer quando o dividendo tiver 3 algarismos e o divisor tiver 1 algarismo e houver um zero intermediário no quociente.

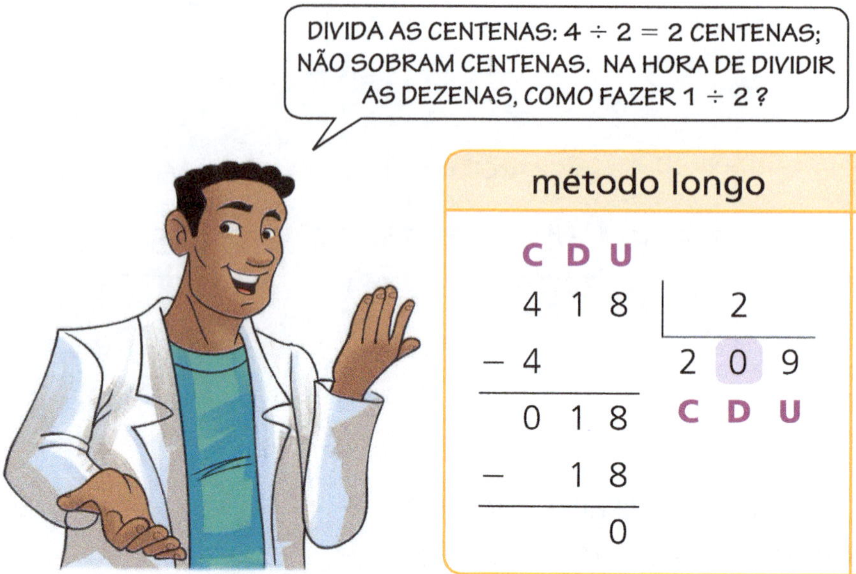

Ilustra Cartoon/Arquivo da editora

método longo	método breve
C D U 4 1 8 | 2 – 4 2 0 9 0 1 8 C D U – 1 8 0	C D U 4 1 8 | 2 0 1 8 2 0 9 0 C D U

Como não é possível dividir uma dezena por 2 para obter uma dezena, coloca-se 0 no quociente (0 dezena).

Troca-se então 1 dezena por 10 unidades. Juntando com as 8 unidades, temos 18 unidades. Dividem-se as unidades: 18 ÷ 2 = 9 unidades. Não resta nada.

- Efetue.

4 1 6 | 2	2 1 6 | 2	6 3 5 | 6
8 3 6 | 4	4 2 5 | 4	9 4 5 | 9

Divisão por 10, 100 e 1000

Para dividir um número por 10, cortamos um zero final do número.

Ilustrações: Ilustra Cartoon/Arquivo da editora

Para dividir um número por 100, cortamos dois zeros finais do número.

Para dividir um número por 1 000, cortamos três zeros finais do número.

1. Agora é a sua vez de calcular mentalmente os quocientes abaixo.

a) 8 700 ÷ 100 = ______

b) 2 700 ÷ 10 = ______

c) 25 000 ÷ 1 000 = ______

d) 15 000 ÷ 100 = ______

e) 3 100 ÷ 100 = ______

f) 16 000 ÷ 1 000 = ______

2. Que tal dividirmos os números abaixo por 100 e depois dividir por 10 o quociente obtido?

a) 9 000

÷ 100 = ______ ÷ 10 = ______

b) 45 000

÷ 100 = ______ ÷ 10 = ______

c) 72 000

÷ 100 = ______ ÷ 10 = ______

d) 100 000

÷ 100 = ______ ÷ 10 = ______

Divisor com 2 algarismos

DIVISÃO EXATA

método longo

```
  6 0 |1 5
- 6 0   4
  0 0
```

cálculos auxiliares

$60 \div 15 = ?$
$1 \times 15 = 15$
$2 \times 15 = 30$
$3 \times 15 = 45$
$4 \times 15 = 60$ ← quociente procurado
$60 - 60 = 0$

método breve

```
6 0 |1 5
0 0   4
```

mentalmente

$60 \div 15 = ?$
$1 \times 15 = 15$
$2 \times 15 = 30$
$3 \times 15 = 45$
$4 \times 15 = 60$ ← quociente procurado

60 para 60 não falta nada

DIVISÃO INEXATA

Ilustrações: Ilustra Cartoon/Arquivo da editora

método longo

```
  1 4 5 |2 5
- 1 2 5   5
  0 2 0
```

cálculos auxiliares

$145 \div 25 = ?$
$1 \times 25 = 25$
$2 \times 25 = 50$
$3 \times 25 = 75$
$4 \times 25 = 100$
$5 \times 25 = 125$ ← quociente procurado
$6 \times 25 = 150$ (superou)
$145 \div 25 = 5$
$145 - 125 = 20$

método breve

```
1 4 5 |2 5
0 2 0   5
```

mentalmente

$145 \div 25 = ?$
$1 \times 25 = 25$
$2 \times 25 = 50$
$3 \times 25 = 75$
$4 \times 25 = 100$
$5 \times 25 = 125$ ← quociente procurado
$6 \times 25 = 150$ (superou)
$145 \div 25 = 5$
$145 - 125 = 20$

1. Veja como Lucas encontrou o quociente e o resto da divisão.

189 ÷ 30 30 × 4 = 120 30 × 5 = 150 30 × 6 = 180	$\begin{array}{r\|l} 1\ 8\ 9 & 3\ 0 \\ \hline -\ 1\ 8\ 0 & 6 \\ \hline 9 & \end{array}$

Agora é sua vez. Efetue as divisões no caderno, determinando o quociente e o resto.

a) 570 ÷ 30 = ______

b) 318 ÷ 12 = ______

c) 845 ÷ 36 = ______

d) 264 ÷ 15 = ______

e) 819 ÷ 19 = ______

f) 578 ÷ 18 = ______

2. Efetue.

a) $84 \,\underline{|\,16}$

b) $82 \,\underline{|\,41}$

c) $126 \,\underline{|\,21}$

d) $137 \,\underline{|\,32}$

e) $114 \,\underline{|\,19}$

f) $161 \,\underline{|\,23}$

g) $186 \,\underline{|\,93}$

h) $54 \,\underline{|\,21}$

i) $92 \,\underline{|\,45}$

j) $150 \,\underline{|\,23}$

DIVISÃO COM ZERO INTERMEDIÁRIO NO QUOCIENTE

método longo	cálculos auxiliares
3 4 1 4 | 3 3 − 3 3 1 0 1	$34 \div 33 = ?$ $1 \times 33 = 33$ — quociente procurado $34 - 33 = 1$
3 4 1 4 | 3 3 − 3 3 1 0 1 1	Para continuarmos o cálculo, abaixamos o algarismo 1 do número 3 414.
3 4 1 4 | 3 3 − 3 3 1 0 0 1 1 4	Como 11 é menor que 33, não podemos efetuar a divisão. Então, acrescentamos 0 ao quociente para podermos abaixar o algarismo 4 do número 3 414.
3 4 1 4 | 3 3 − 3 3 1 0 3 0 1 1 4 − 9 9 1 5	Assim, podemos terminar os cálculos: $114 \div 33 = ?$ $1 \times 33 = 33$ $2 \times 33 = 66$ $3 \times 33 = 99$ — quociente procurado $4 \times 33 = 132$ — superou $114 \div 33 = 3$ $114 - 99 = 15$

método breve	
3 4 1 4 | 3 3 1 1 4 1 0 3 1 5	Seguimos o raciocínio do método longo, mas fazemos os cálculos mentalmente.

1. Efetue.

a) 3 6 1 8 | 3 4

d) 2 7 2 4 | 2 5

g) 8 5 2 7 | 8 2

b) 1 8 6 3 | 2 3

e) 1 1 2 3 5 | 8 5

h) 4 3 3 8 | 4 1

c) 5 2 7 4 | 4 9

f) 8 7 2 | 7 5

i) 4 8 3 4 | 4 3

2. Arme e efetue as operações no caderno. Depois escreva os resultados.

a) $328 \div 8 =$ ______

b) $390 \div 26 =$ ______

c) $936 \div 9 =$ ______

d) $5656 \div 28 =$ ______

e) $842 \div 14 =$ ______

f) $1902 \div 15 =$ ______

3. Calcule mentalmente e escreva os resultados.

a) $6000 \div 3000 =$ ______

b) $1200 \div 40 =$ ______

c) $500 \div 50 =$ ______

d) $8000 \div 20 =$ ______

e) $450 \div 90 =$ ______

f) $45000 \div 500 =$ ______

Ilustra Cartoon/Arquivo da editora

PROVA REAL DA MULTIPLICAÇÃO E DA DIVISÃO

Para verificar se a operação de multiplicação está correta, basta fazer a operação inversa, ou seja, a divisão.

$$42 \div 7 = 6 \leftarrow \boxed{6 \times 7 = 42} \rightarrow 42 \div 6 = 7$$

- Dividindo o produto pelo multiplicando, encontramos o multiplicador.
- Dividindo o produto pelo multiplicador, encontramos o multiplicando.

Para verificarmos tanto se a divisão exata como a inexata estão corretas, aplicamos a **multiplicação**, que é a **operação inversa da divisão**.

Divisão exata

Multiplicamos o quociente pelo divisor e encontramos o dividendo. Assim:

Dividendo = quociente × divisor.

```
dividendo — 2 1 | 3 — divisor
resto     —   0   7 — quociente

    3 — divisor
×   7 — quociente
-----
  2 1 — dividendo
```

Divisão inexata

```
dividendo — 2 5 | 3 — divisor
resto     —   1   8 — quociente

    3 — divisor          2 4
×   8 — quociente      +   1 — resto
-----                  -----
  2 4                    2 5 — dividendo
```

Multiplicamos o quociente pelo divisor e somamos o resto; o resultado é igual ao dividendo.

Dividendo = quociente × divisor + resto.

1. Efetue e tire a prova real.

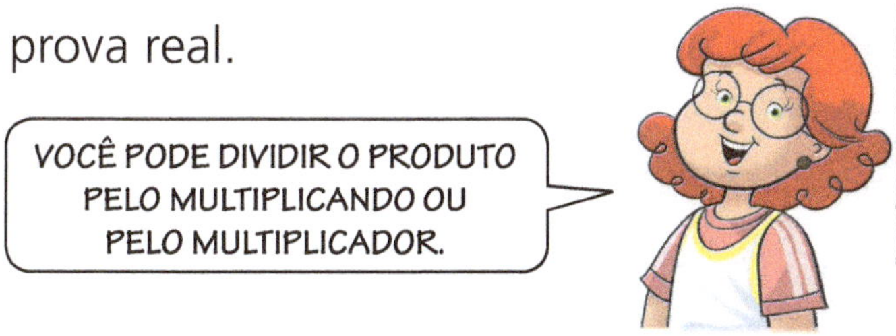

Ilustra Cartoon/Arquivo da editora

a)
$$\begin{array}{r} 8 \\ \times \quad 9 \\ \hline \end{array}$$

d)
$$\begin{array}{r} 172 \\ \times \quad 6 \\ \hline \end{array}$$

b)
$$\begin{array}{r} 15 \\ \times \quad 3 \\ \hline \end{array}$$

e)
$$\begin{array}{r} 136 \\ \times \quad 5 \\ \hline \end{array}$$

c)
$$\begin{array}{r} 212 \\ \times \quad 4 \\ \hline \end{array}$$

f)
$$\begin{array}{r} 320 \\ \times \quad 7 \\ \hline \end{array}$$

2. Continue a efetuar. Depois tire a prova real.

a) $427 \,\underline{|\, 7 \quad}$

c) $74 \,\underline{|\, 6 \quad}$

b) $85 \,\underline{|\, 4 \quad}$

d) $729 \,\underline{|\, 8 \quad}$

Divisores de um número natural

Ilustra Cartoon/Arquivo da editora

Somente os números 1, 2, 4 e 8 dividem exatamente o número 8.

Portanto, 1, 2, 4 e 8 são **divisores** de 8. Também se pode dizer que 8 é **múltiplo** desses números.

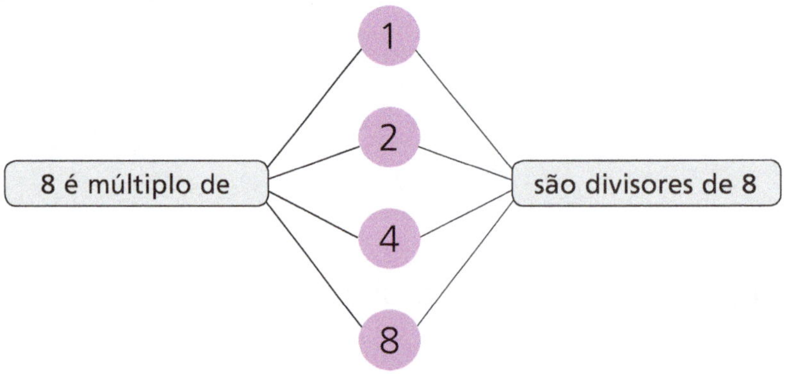

1, 2, 4 e 8 formam a sequência dos divisores de 8.

A sequência dos divisores de um número é finita.

O número 1 é o menor divisor de qualquer número natural.

O maior divisor de um número natural é ele mesmo.

1. Observe as seguintes tabelas de divisão e faça o que se pede.

$2 \div 1 = 2$ $2 \div 2 = 1$	$3 \div 1 = 3$ $3 \div 3 = 1$	$4 \div 1 = 4$ $4 \div 2 = 2$ $4 \div 4 = 1$	$5 \div 1 = 5$ $5 \div 5 = 1$

$6 \div 1 = 6$ $6 \div 2 = 3$ $6 \div 3 = 2$ $6 \div 6 = 1$	$7 \div 1 = 7$ $7 \div 7 = 1$	$8 \div 1 = 8$ $8 \div 2 = 4$ $8 \div 4 = 2$ $8 \div 8 = 1$	$9 \div 1 = 9$ $9 \div 3 = 3$ $9 \div 9 = 1$

a) Que número é divisor de todos os números? ______

b) Escreva todos os divisores dos números abaixo.

número	divisores
9	
6	
5	
2	

número	divisores
3	
7	
4	
8	

2. Engraçado! Ao tentar atingir o alvo, Marcelo acertou somente nos divisores de 30. Que números ele acertou?

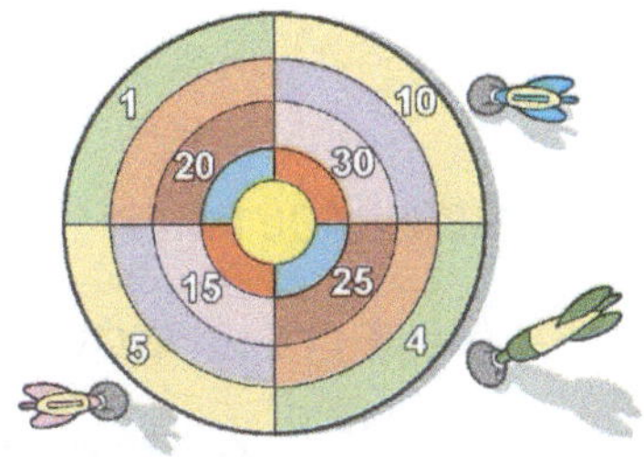

____

3. Desafio! Leonardo pediu uma *pizza*, um suco de laranja e uma tortinha. Em quais produtos ele obteve desconto? Quanto pagou no total?

____

____

____

____

____

Ilustrações: Sérgio Cântara/Arquivo da editora

Divisibilidade

Para verificar se um número é divisível por outro, efetuamos a divisão:

$\begin{array}{r\|l} 486 & 2 \\ \hline 08 & 243 \\ 06 & \\ 0 & \end{array}$ 486 é divisível por 2, porque a divisão é exata.	$\begin{array}{r\|l} 312 & 3 \\ \hline 012 & 104 \\ 0 & \end{array}$ 312 é divisível por 3, porque a divisão é exata.

Agora veja como é possível saber se um número é ou não divisível por outro, sem efetuar a divisão.

DIVISIBILIDADE POR 2

Observe a sequência dos múltiplos de 2:

0, 2, 4, 6, 8, 10, 12, 14, 16, 18, 20, 22, 24, 26, 28, 30...

Todos os múltiplos de 2 são divisíveis por 2 e todos são números pares.

> Um número é divisível por 2 quando é par.

DIVISIBILIDADE POR 3

Observe a sequência dos múltiplos de 3:

0, 3, 6, 9, 12, 15, 18, 21, 24, 27, 30, 33, 36, 39, 42...

Note que todos os múltiplos de 3 são divisíveis por 3 e, em todos, a soma dos valores absolutos de seus algarismos resulta num múltiplo de 3.

18 é múltiplo de 3 → $1 + 8 = 9$ → 9 é múltiplo de 3

42 é múltiplo de 3 → $4 + 2 = 6$ → 6 é múltiplo de 3

> Um número é divisível por 3 quando a soma dos valores absolutos de seus algarismos é um múltiplo de 3.

DIVISIBILIDADE POR 5

Observe a sequência dos múltiplos de 5:

0, 5, 10, 15, 20, 25, 30, 35, 40, 45, 50, 55, 60...

Note que todos os múltiplos de 5 são divisíveis por 5 e que, em todos, o algarismo da unidade é 0 ou 5.

Um número é divisível por 5 quando termina em 0 ou em 5.

DIVISIBILIDADE POR 9

Veja a sequência dos múltiplos de 9:

Ilustra Cartoon/Arquivo da editora

Um número é divisível por 9 quando a soma dos valores absolutos de seus algarismos é um número múltiplo de 9.

DIVISIBILIDADE POR 10

Observe a sequência dos múltiplos de 10:

0, 10, 20, 30, 40, 50, 60, 70, 80, 90, 100, 110...

Todos os múltiplos de 10 são divisíveis por 10 e, em todos, o algarismo da unidade é 0.

Um número é divisível por 10 quando termina em 0.

1. Pinte os números divisíveis por 2.

1307 75 86 150 203

501 2904 600 708

2. Ligue ao 5 os números divisíveis por ele.

36 73

45 5 90

47 205

60 509

3. Circule os números divisíveis por 10.

23 35 40 100 135 150 190 305 400

4. Indique com um X se o número é divisível por 2, 3, 5 ou 10.

	2	3	5	10
315				
540				
906				

5. Observe os números e responda.

21	40	20	12	99
4	50	54	2	16
13	63	3	14	10

a) Que números são divisíveis por 9?

____

b) Qual a soma dos números divisíveis por 3?

____

____

c) Qual a soma dos números divisíveis por 2?

____

____

6. Sem efetuar a divisão, verifique se os números abaixo são divisíveis por 9.

a) 189 → _______________

b) 241 → _______________

c) 386 → _______________

d) 9 198 → _______________

7. Justifique as afirmações.

a) 184 é divisível por 2 → _______________

b) 85 é divisível por 5 → _______________

c) 550 é divisível por 5 e 10 → _______________

d) 45 é divisível por 3 → _______________

____

6

Expressões numéricas

As quatro operações

Quando, em uma expressão numérica, aparecem as quatro operações, fazemos os cálculos na seguinte ordem:

1º A multiplicação e a divisão, na ordem em que aparecem.

2º A adição e a subtração, na ordem em que aparecem.

$8 + (24 \div 3) + 6 \times 3 - 7 =$ — efetuamos a divisão

$8 + 8 + (6 \times 3) - 7 =$ — efetuamos a multiplicação

$(8 + 8 + 18) - 7 =$ — efetuamos as adições

$(34 - 7) =$ — efetuamos a subtração

(27) — resultado da expressão

Uso de parênteses, colchetes e chaves

Usamos os parênteses quando queremos agrupar uma ou mais operações dentro de uma expressão. Observe o exemplo:

Uma loja tinha em estoque 615 tapetes. Durante uma promoção, foram vendidos 438. O restante será distribuído igualmente pela loja em 3 balcões. Quantos tapetes deverão ser colocados em cada balcão?

$(615 - 438) \div 3 =$

$177 \div 3 = 59$

Resposta: Deverão ser colocados 59 tapetes em cada balcão.

Além dos parênteses existem outros sinais de associação:

[ ] colchetes { } chaves

Quando eles aparecem nas expressões, procedemos da seguinte maneira:

1º Efetuamos as operações que estão dentro dos parênteses.

2º Efetuamos as operações que estão dentro dos colchetes.

3º Efetuamos as operações que estão dentro das chaves.

A ordem das operações você já viu anteriormente.

1. Calcule algumas expressões numéricas.

a) $24 \div 6 + 3 \times 7 - 5 =$

d) $25 \times 12 - 360 \div 24 =$

b) $185 \div 5 + 16 \times 3 - 17 =$

e) $12 + 48 \div 6 - 3 \times 5 =$

c) $7 \times 9 - 25 \div 5 + 6 =$

f) $45 - 4 \times 7 + 36 \div 12 =$

2. Resolva as expressões numéricas.

a) $25 \div (8 \div 2 + 1) - 2 =$

d) $(36 \div 6 + 12) \div 9 =$

b) $(16 \div 4 + 5) + (12 \div 3 \times 3) =$

e) $18 + (6 \times 5 + 2) \div 4 =$

c) $(30 - 2 \times 5) \div (4 \times 3 - 2) + 7 =$

f) $(4 \times 9 - 4) \div 8 =$

De olho na resolução de problemas

Faça em seu caderno

1. Em uma estante, há 12 prateleiras com 27 livros cada uma. Quantos livros há na estante?

2. Para a gincana da escola, a turma de Roberta arrecadou 127 quilos de alimentos não perecíveis para serem doados. A turma de Flávia arrecadou 5 vezes mais. Quantos quilos de alimentos a turma de Flávia arrecadou a mais que a turma de Roberta?

3. Um ônibus transporta 42 passageiros em cada viagem. Quantas viagens serão necessárias para transportar 210 passageiros?

4. Um comerciante vendeu 1 024 casacos durante o inverno. Ele ainda tem em estoque 10 caixas com 169 casacos cada uma. Quantos casacos ele tinha ao todo para vender?

5. Maria tinha R$ 30,00. Gastou R$ 24,00 em uma livraria e com o restante comprou 2 caixas de bombons. Quanto custou cada caixa de bombons?

6. Ígor tinha algumas figurinhas. Ganhou 41 e ficou com 86. Quantas figurinhas ele tinha?

Unidade

3

Geometria, números fracionários e medidas de tempo

Andreia Vieira/Arquivo da editora

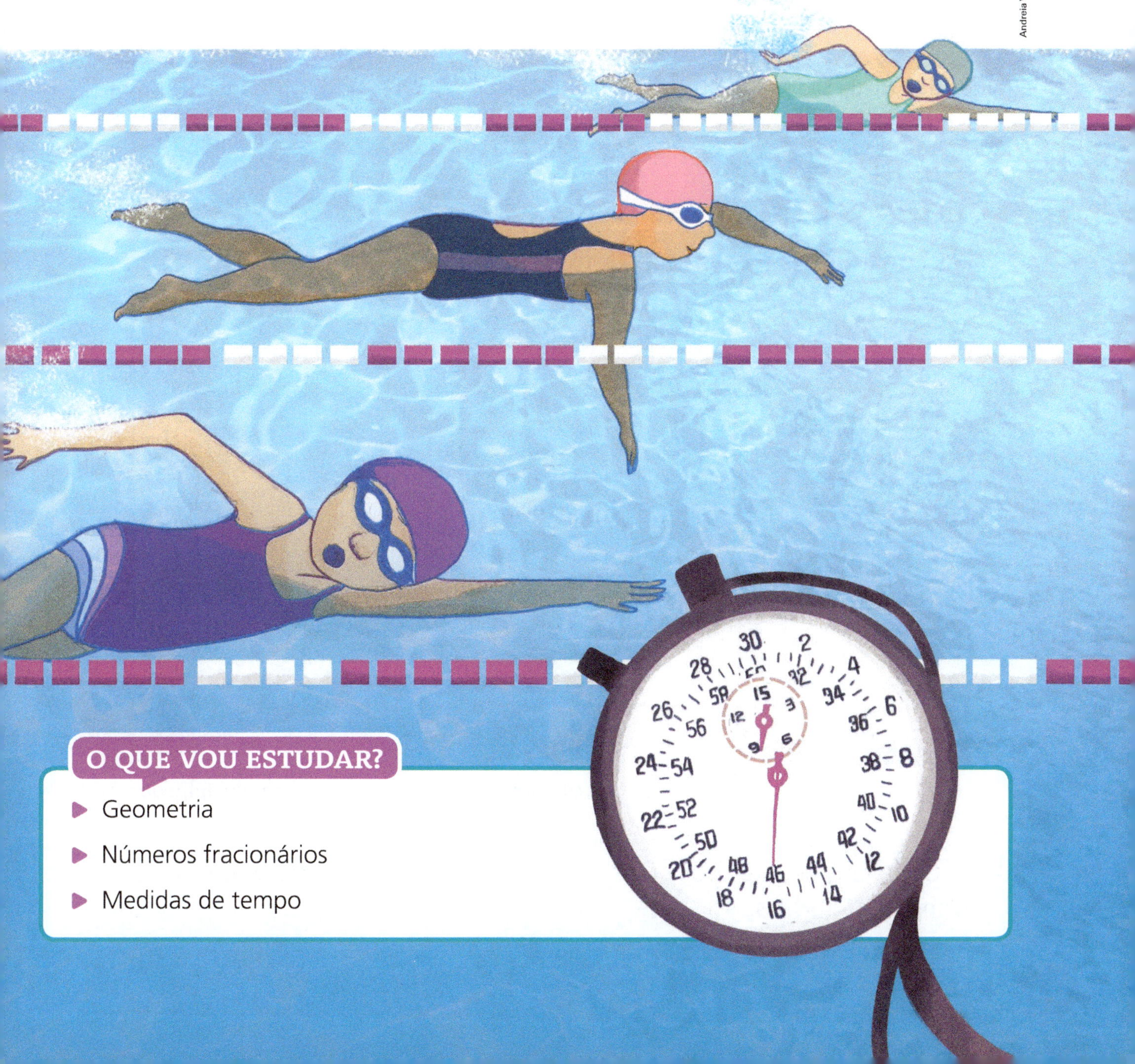

O QUE VOU ESTUDAR?

- Geometria
- Números fracionários
- Medidas de tempo

7

Geometria

Assim como os números, as formas geométricas fazem parte de nosso dia a dia.

Delfim Martins/Pulsar Imagens

Museu de Arte de São Paulo (Masp), São Paulo (SP).

WitR/Shutterstock/Glow Images

Pirâmides de Quéops, Quéfren e Miquerinos, Egito.

Sergio Ranalli/Pulsar Imagens

Catedral de Nossa Senhora da Glória, Maringá (PR).

Sólidos geométricos

As construções e os objetos têm diferentes formas:

PhotoDisc/Arquivo da editora

esfera

Dynamic Graphics/ Arquivo da editora

cubo

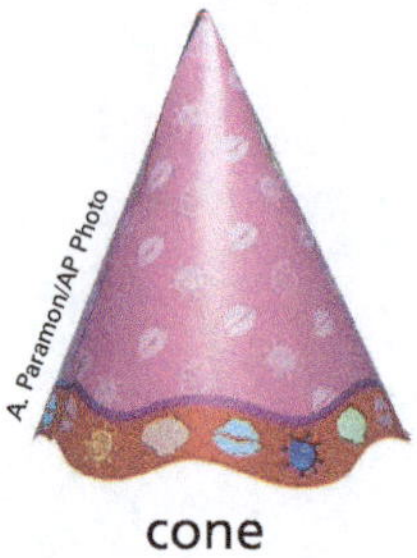

A. Paramon/AP Photo

cone

Fanfo/Shutterstock/Glow Images

pirâmide

PhotoDisc/Arquivo da editora

cilindro

Sérgio Dotta Jr./The Next

paralelepípedo

Os sólidos geométricos que rolam são chamados de **redondos** e os que não rolam, de **poliedros**.

1. Escreva se os objetos abaixo rolam ou não rolam.

Monica Vendramini/Acervo da fotógrafa

Maurício Nahas/Arquivo da editora

Reprodução/Arquivo da editora

Madlen/Shutterstock/Glow Images

Reprodução/Arquivo da editora

Reprodução/Arquivo da editora

2. Marque **(1)** no que é poliedro e **(2)** no que é redondo.

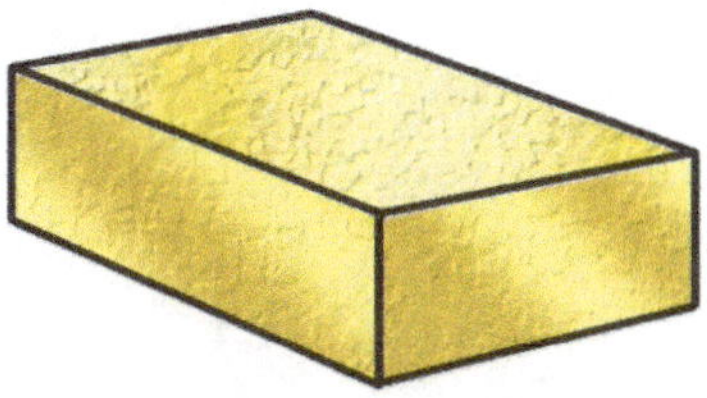

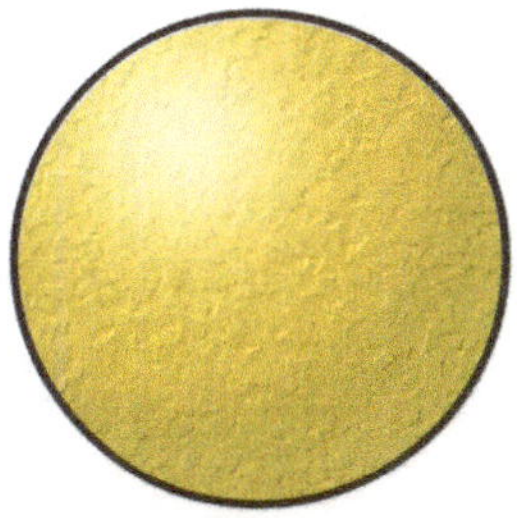

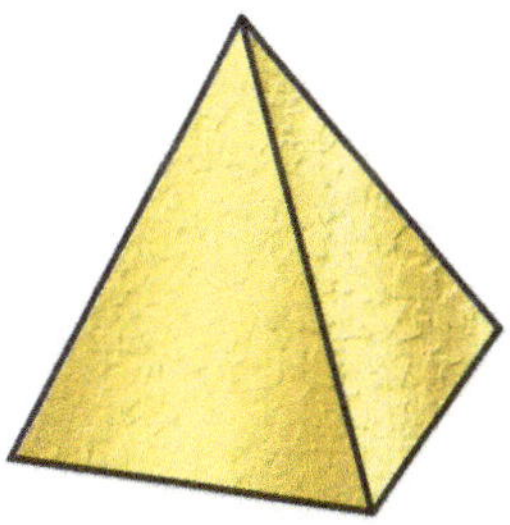

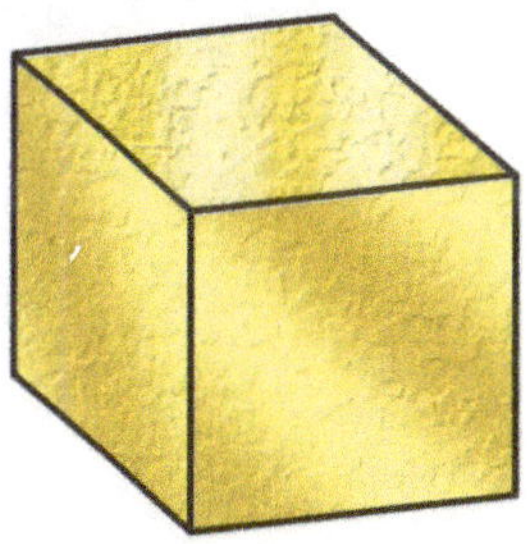

Faces, vértices e arestas

Observe o paralelepípedo:

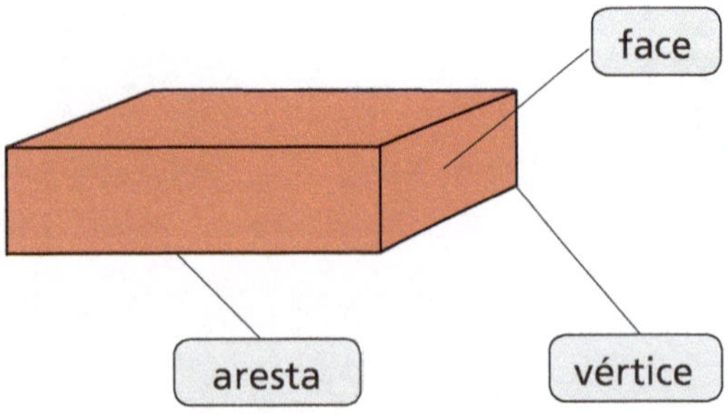

A superfície desse sólido é formada por partes planas, as faces.

O encontro de duas faces é chamado aresta.

O encontro de três arestas determina um vértice.

O paralelepípedo tem 6 faces, 12 arestas e 8 vértices.

Ideia de ângulo

Os ângulos podem ser observados na natureza e em diversos objetos criados pelo ser humano.

Sérgio Dotta Jr./The Next

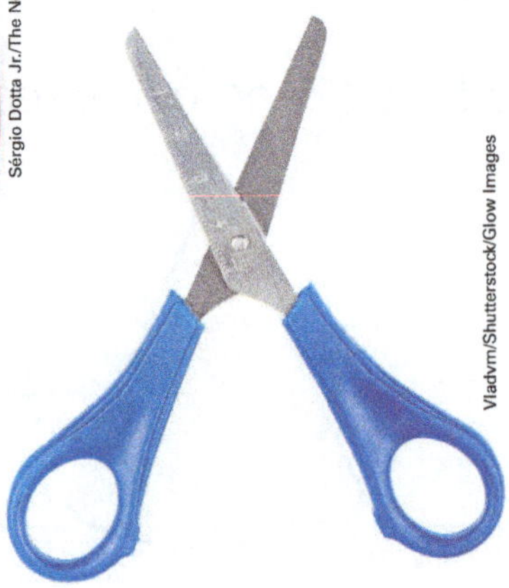

Vladvm/Shutterstock/Glow Images

Luciana Whitaker/Pulsar Imagens

Os candangos, de Bruno Giorgi, Brasília (DF).

PhotoDisc/Arquivo da editora

Ângulo é a figura geométrica formada por duas semirretas que têm a mesma origem.

- Observe os poliedros e complete a tabela.

forma geométrica	número de faces (F)	número de vértices (V)	número de arestas (A)	número de faces + número de vértices (F + V)	número de arestas + 2 (A + 2)
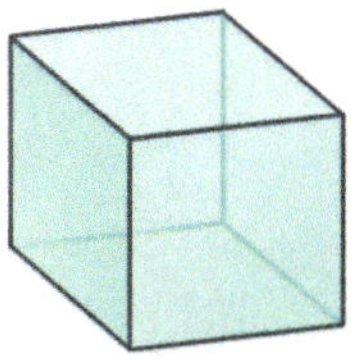					
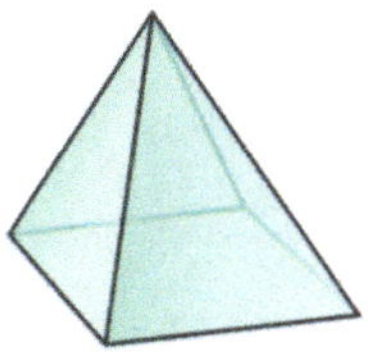					
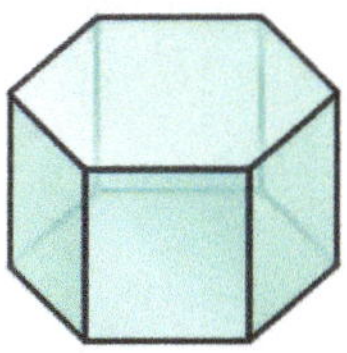					
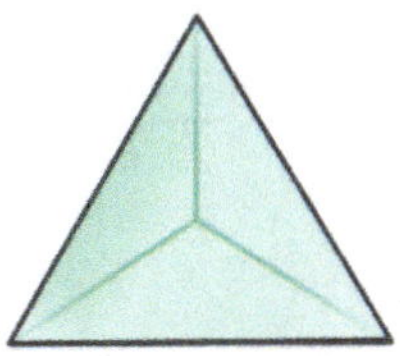					
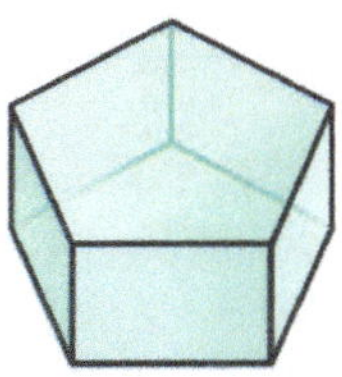					

Agora observe as duas últimas colunas da tabela e complete a afirmação:

Em todo poliedro o número de faces mais o número de ______________________
é igual ao número de ______________________ mais dois.

Medida de ângulo

Para medir um ângulo, medimos sua abertura.

A unidade de medida do ângulo é o **grau**.

O instrumento usado para medir um ângulo é o **transferidor**.

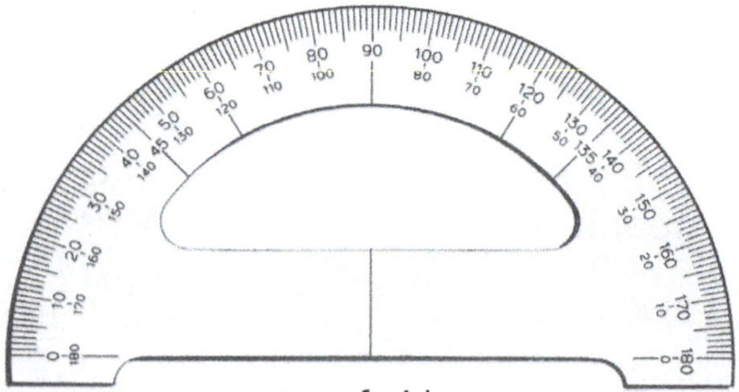

transferidor

Reprodução/Arquivo da editora

O transferidor

Ilustrações: Sérgio Cântara/Arquivo da editora

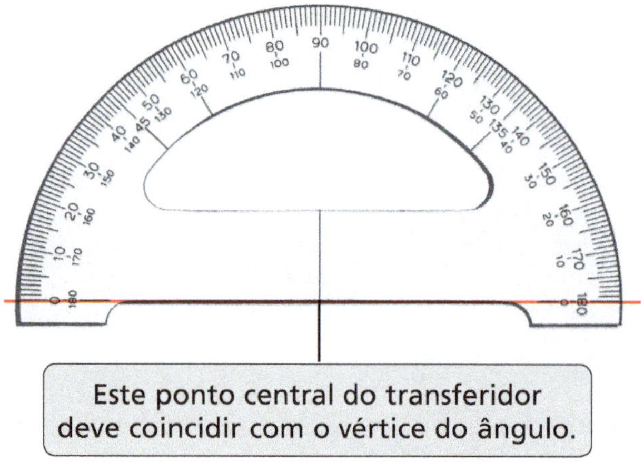

Veja como medir este ângulo:

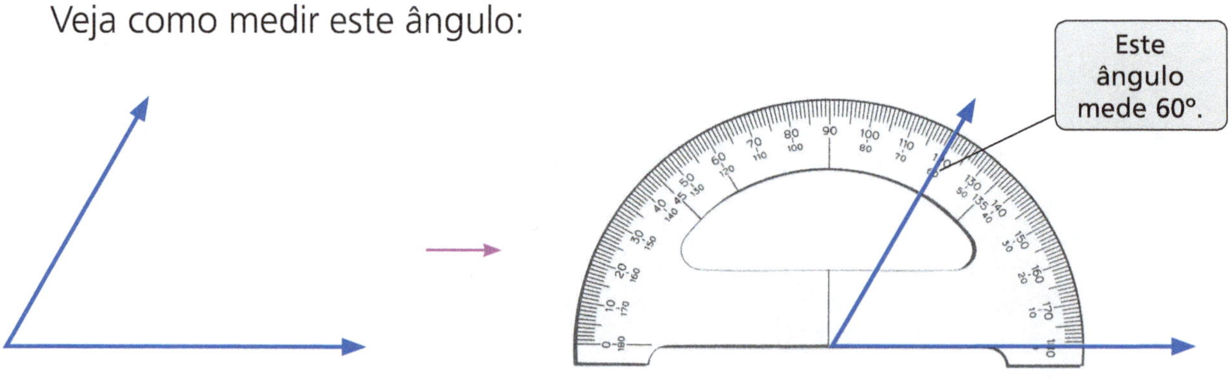

Tipos de ângulo

Os ângulos são classificados de acordo com as medidas:

Ilustrações: Reprodução/Arquivo da editora

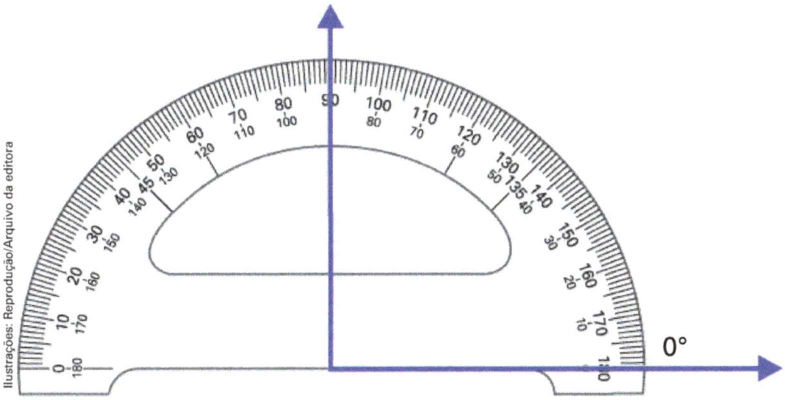

Este é o **ângulo reto**, porque tem a medida de 90°.

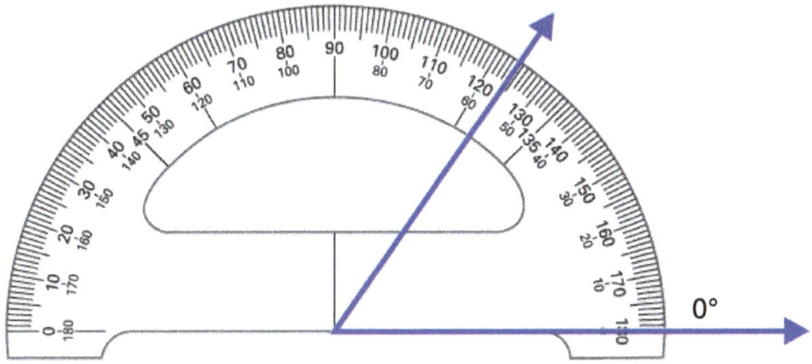

Este é o **ângulo agudo**, porque tem menos de 90°. Ele é menor que o ângulo reto.

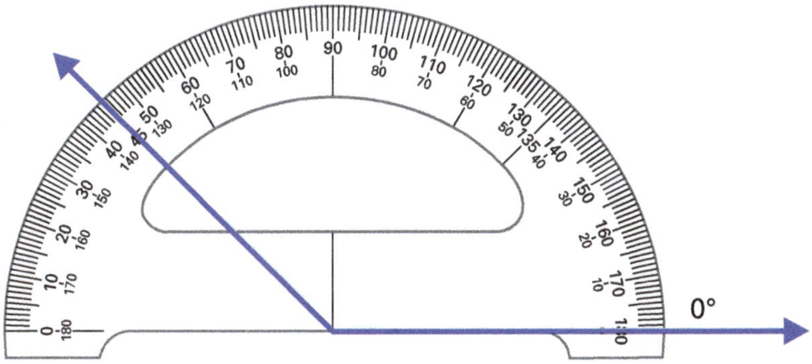

Este é o **ângulo obtuso**, porque tem mais de 90°. Ele é maior que o ângulo reto.

Agora observe a abertura dos ângulos:

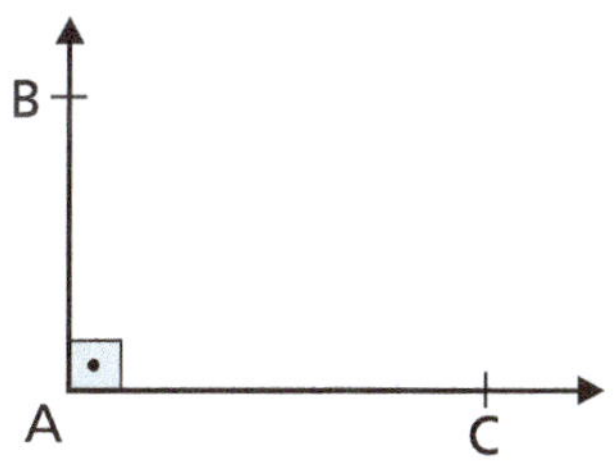

ângulo reto = 90°

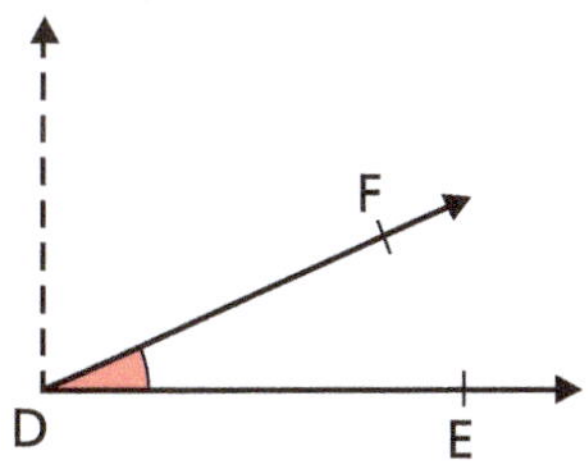

ângulo agudo < 90°

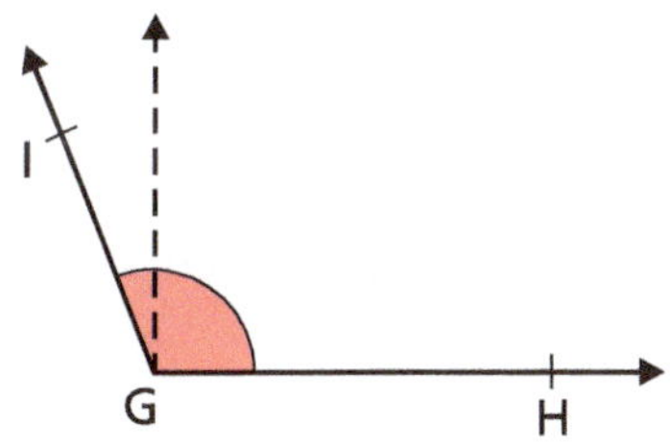

ângulo obtuso > 90°

1. Observe as figuras e classifique os ângulos destacados em reto, agudo ou obtuso.

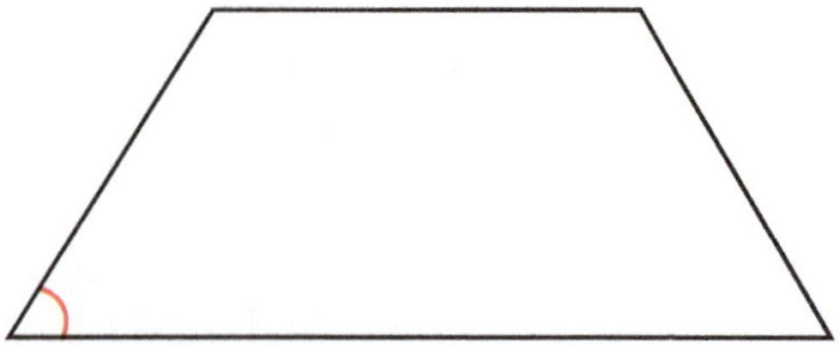

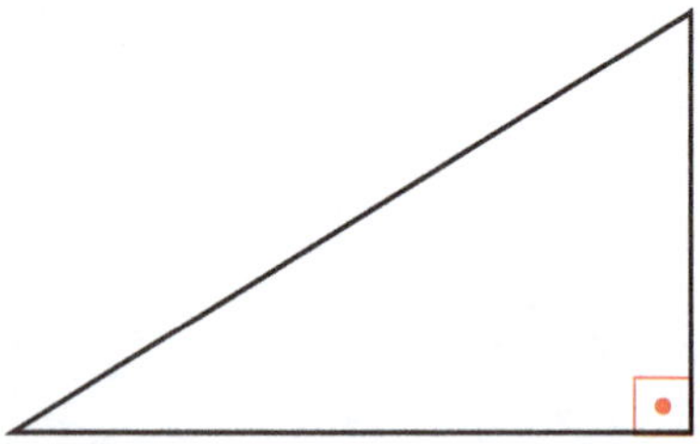

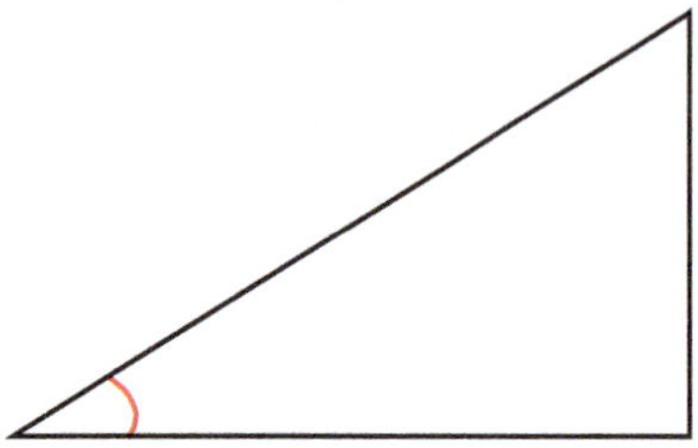

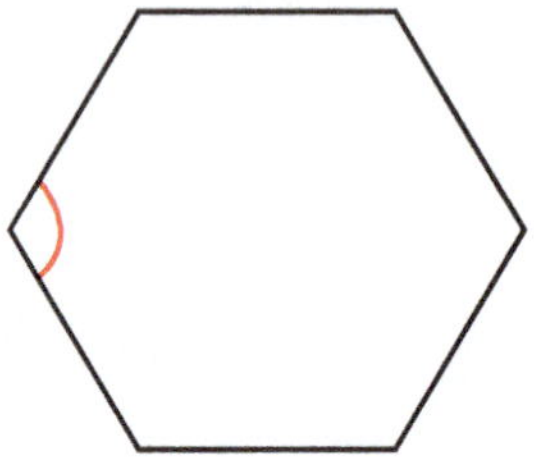

2. Classifique os ângulos em reto, agudo ou obtuso.

Ilustrações: Ilustra Cartoon/Arquivo da editora

3. Pinte de acordo com a legenda.

Figuras que possuem ângulos retos.

Figuras que possuem ângulos agudos.

Figuras que possuem ângulos obtusos.

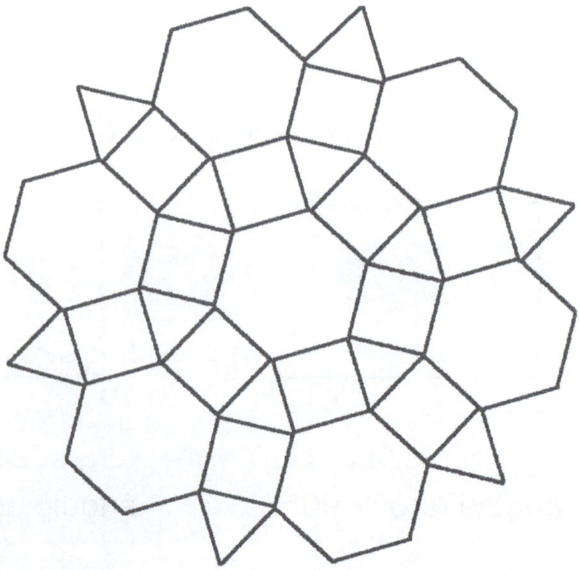

4. Observe o caminho que Flávia fez para chegar ao parque aquático.

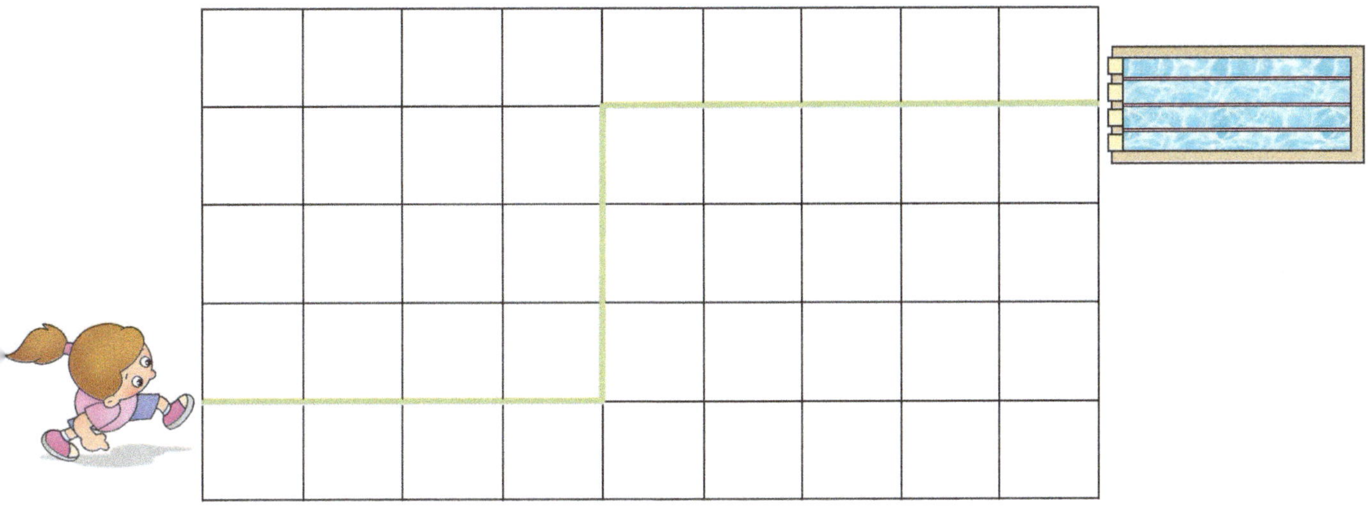

Flávia deu 4 passos, girou 90° à esquerda, deu 3 passos, girou 90° à direita e deu 5 passos. Cada passo é um lado do quadradinho.

- Agora trace o caminho que Ricardo fez para chegar até a escola.

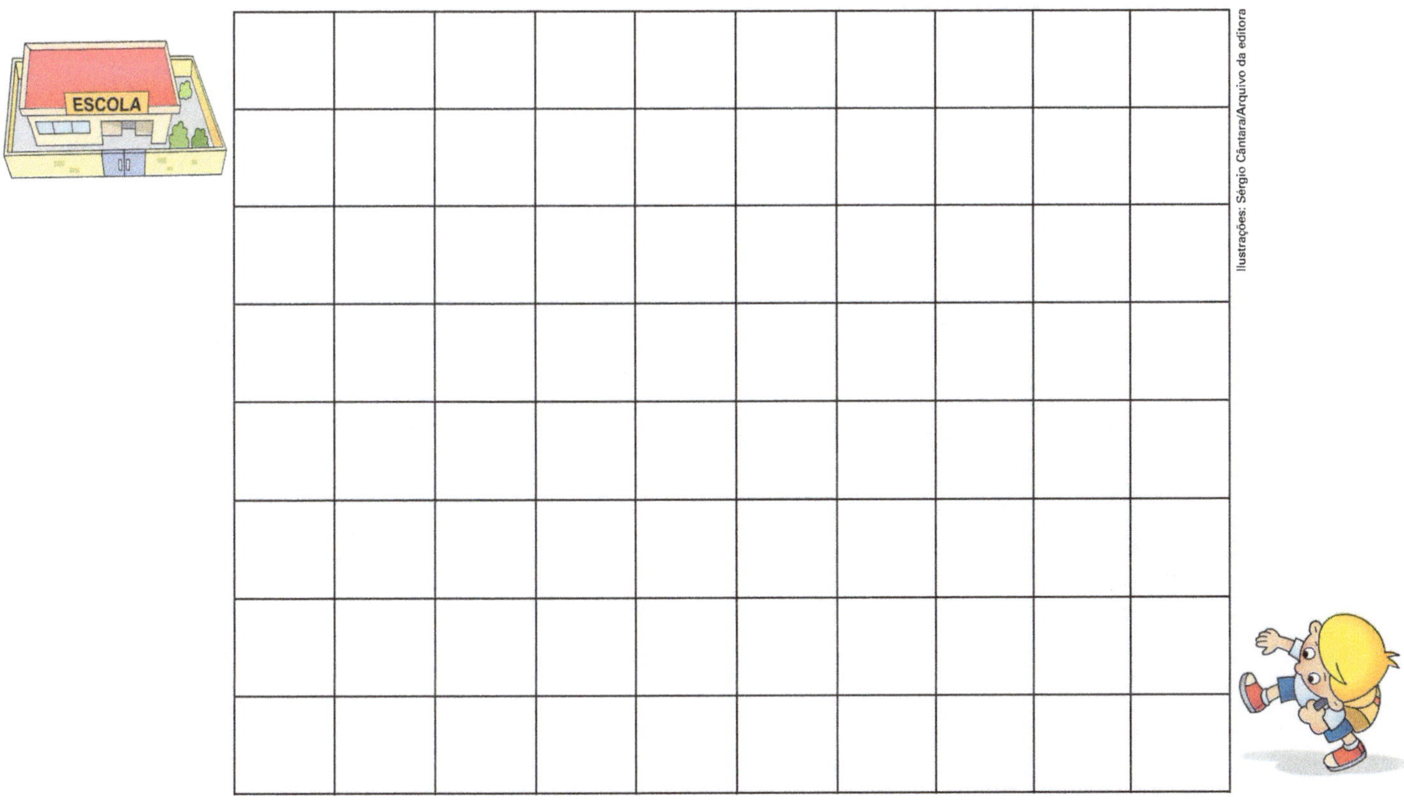

Ilustrações: Sérgio Cântara/Arquivo da editora

Ele deu 3 passos, girou 90° à direita, deu 4 passos, girou 90° à esquerda, deu 6 passos, girou 90° à direita, deu 2 passos, girou 90° à esquerda e deu 1 passo.

Retas paralelas e retas perpendiculares

As retas que nunca se cruzam são chamadas de retas **paralelas**.

Quando duas retas se cruzam e formam quatro ângulos retos, elas são chamadas de **perpendiculares**.

Observe o traçado destas ruas:

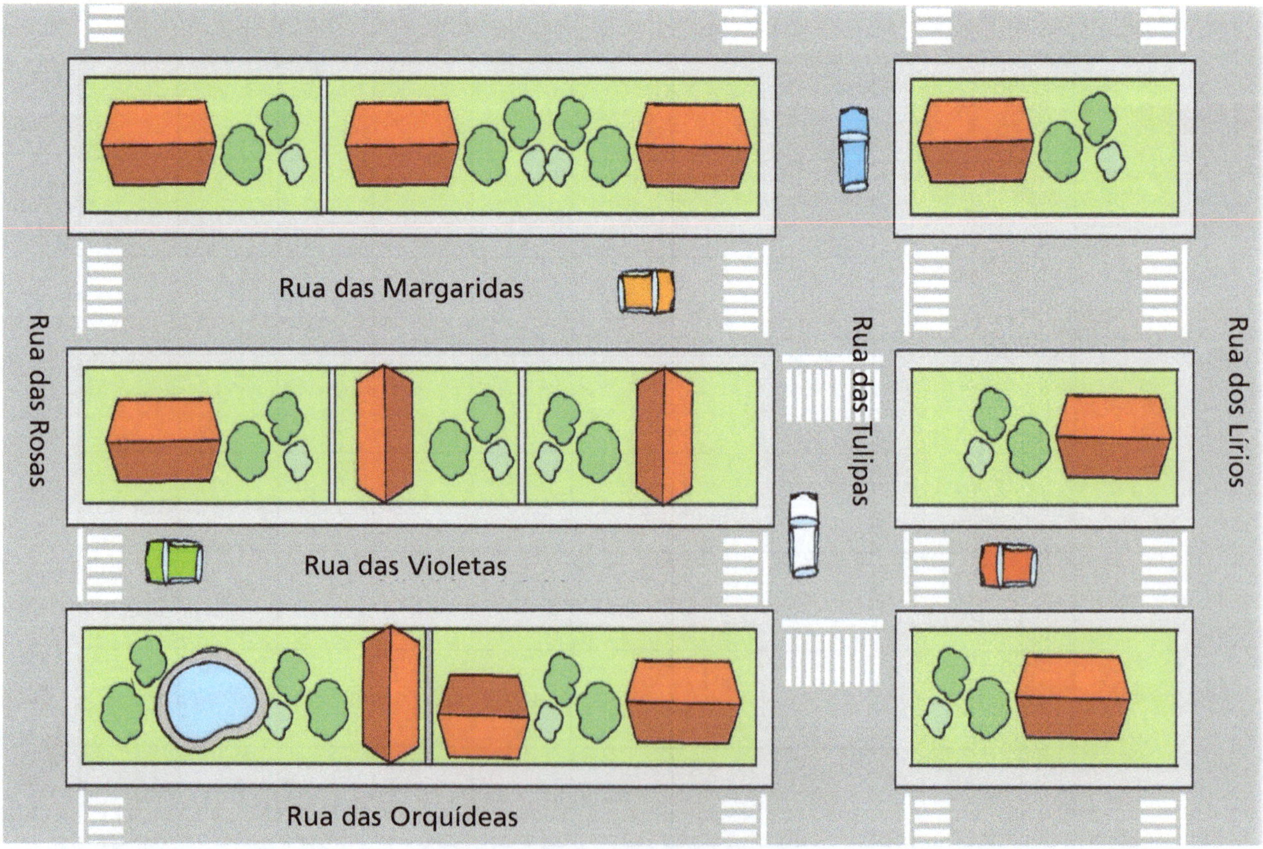

Ilustra Cartoon/Arquivo da editora

A rua das Margaridas e a rua das Violetas são paralelas, pois não se cruzam. A rua das Violetas e a rua das Tulipas são perpendiculares, pois ao se cruzarem formam ângulos retos.

1. Quais são os pares de retas paralelas?

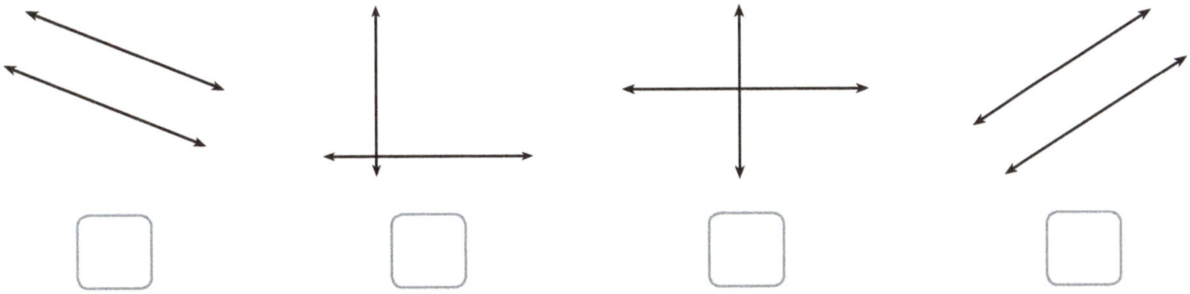

2. Quais são os pares de retas perpendiculares?

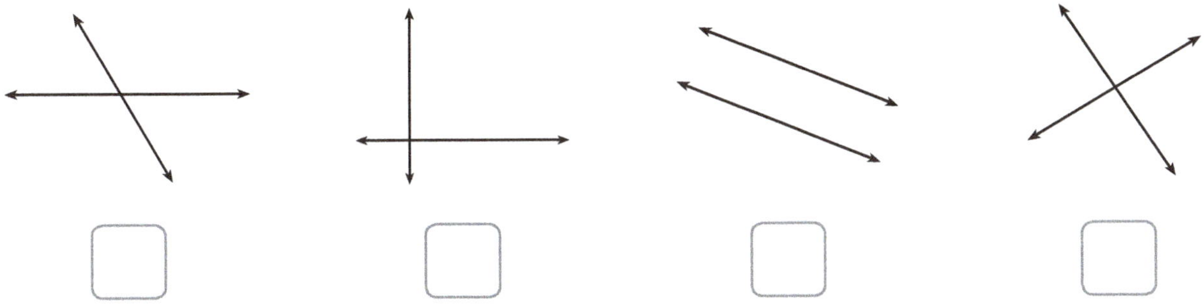

3. Observe a posição das ruas nesta planta e complete as frases.

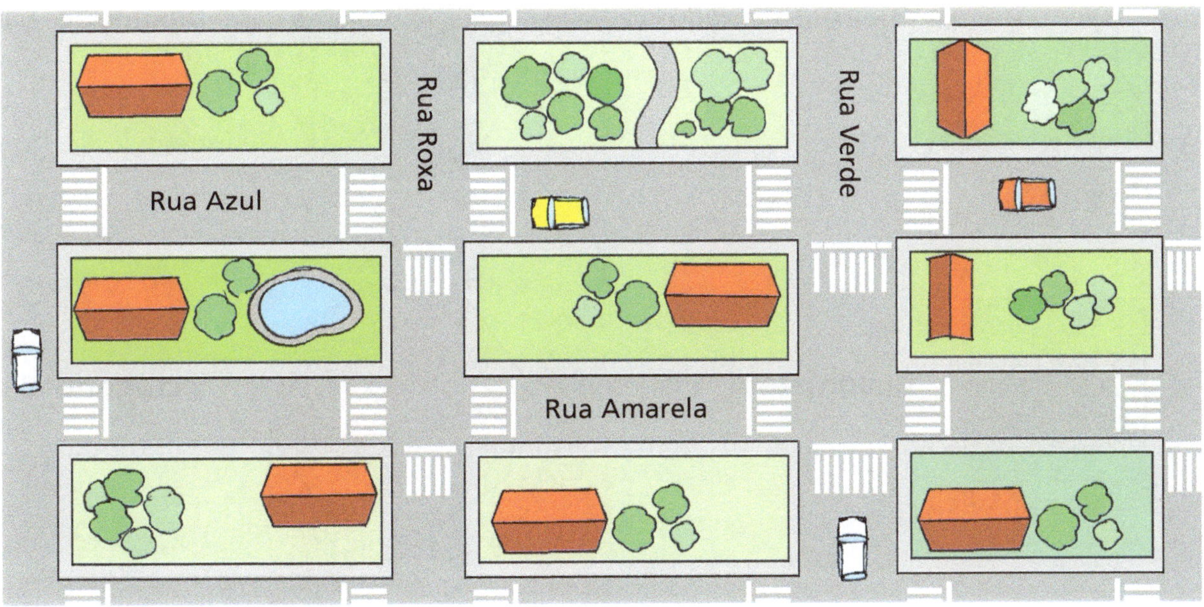

Ilustra Cartoon/Arquivo da editora

a) A rua Azul e a rua Amarela são ______________________.

b) A rua Roxa e a rua Amarela são ______________________.

c) A rua Amarela e a Rua Verde são ______________________.

d) A rua Verde e a rua Roxa são ______________________.

Noção de polígono

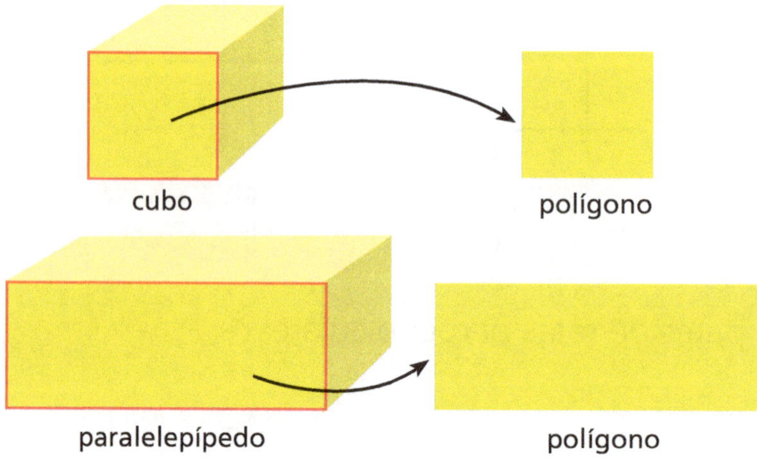

As faces do cubo e do paralelepípedo são exemplos de figuras geométricas chamadas **polígonos**.

Cada segmento de reta forma um lado do **polígono**.

De acordo com o número de lados, os polígonos recebem nomes diferentes:

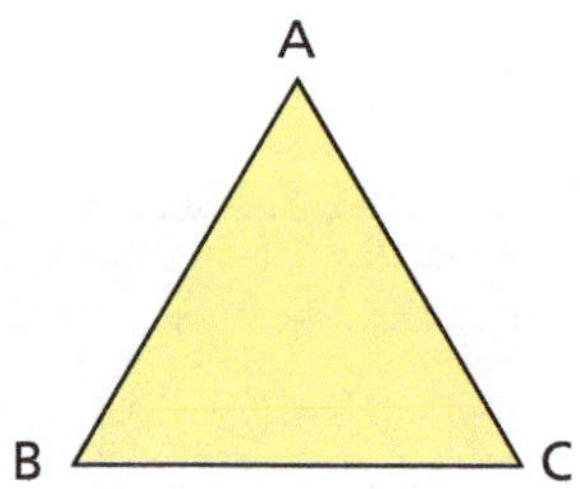

triângulo: 3 lados

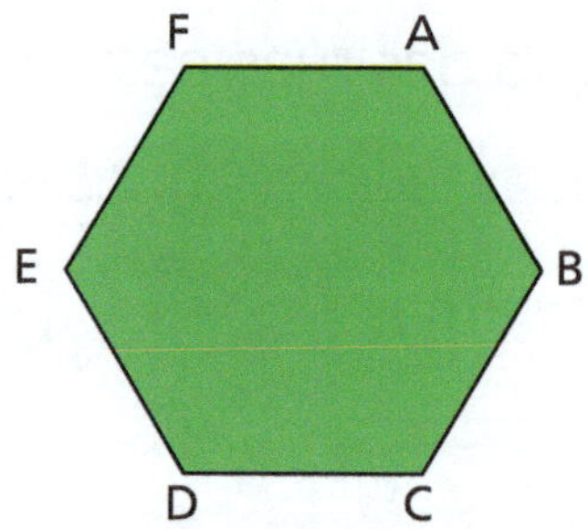

hexágono: 6 lados

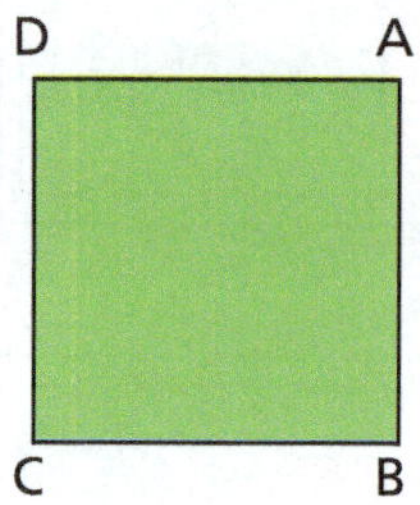

quadrilátero: 4 lados

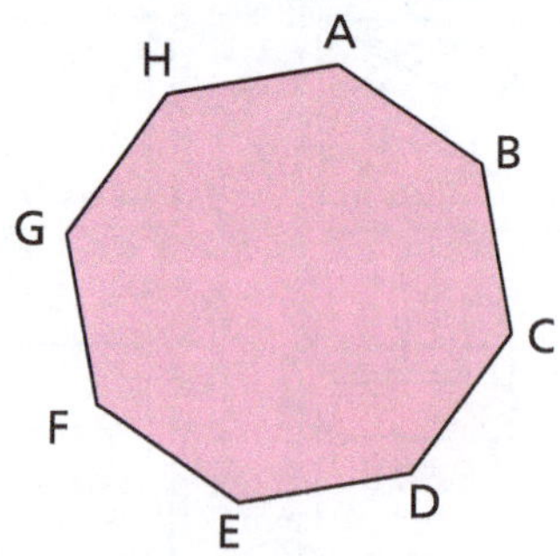

octógono: 8 lados

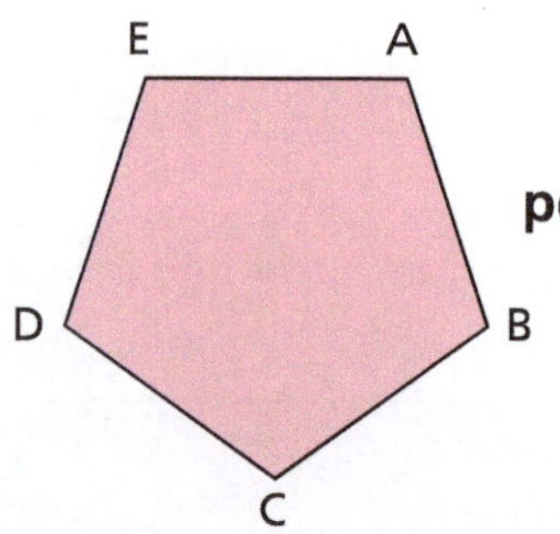

pentágono: 5 lados

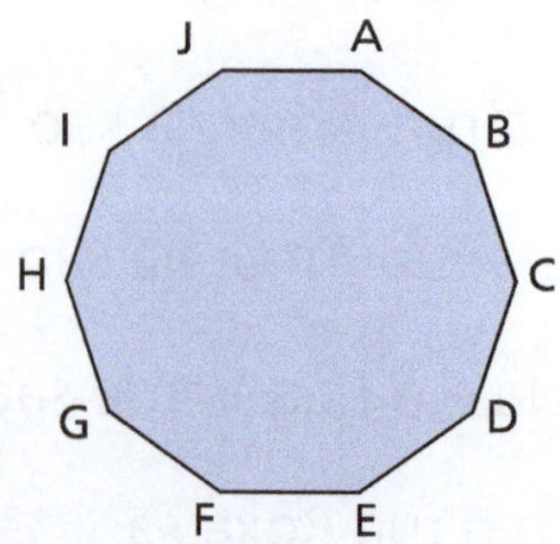

decágono: 10 lados

1. Complete.

a) ______________ são linhas fechadas simples formadas por segmentos de reta.

b) Os polígonos recebem nomes diferentes de acordo com o número de ______________.

2. Quantos lados e ângulos há nesses polígonos?

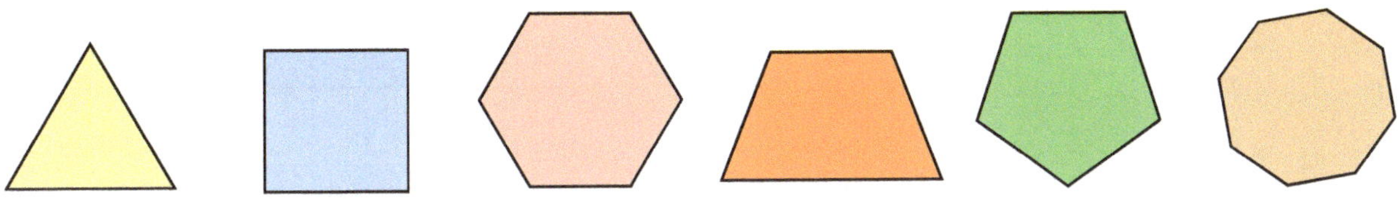

______ ______ ______ ______ ______ ______

______ ______ ______ ______ ______ ______

3. Vamos desenhar polígonos?

Observe que em (2, E) há um pentágono. Desenhe em:

(3, C) um triângulo (4, D) um hexágono (5, B) um quadrado

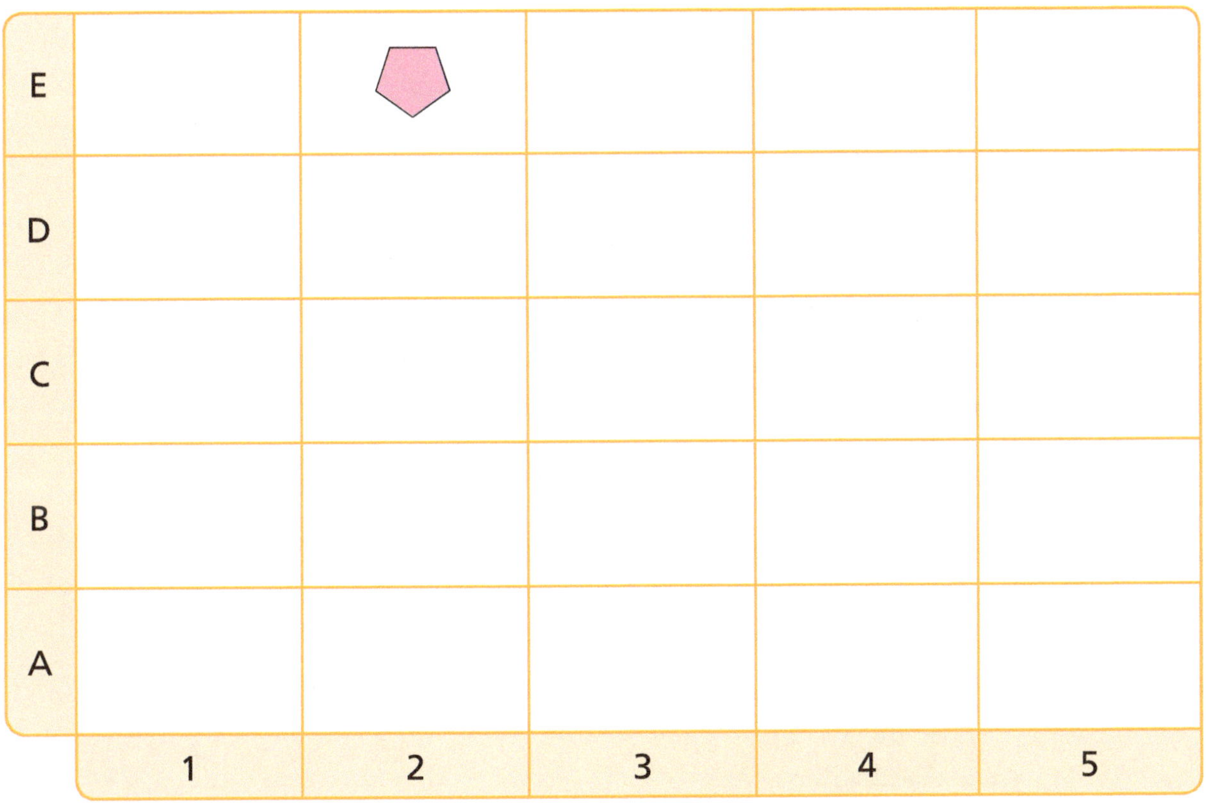

Triângulos

Triângulos são polígonos de três lados.

Os triângulos têm três lados, três ângulos e três vértices:

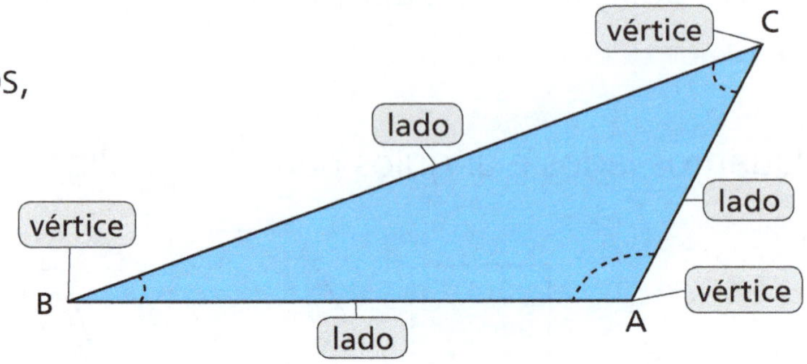

Os triângulos podem ser classificados quanto à medida dos lados.

Triângulo escaleno

Tem três lados de medidas diferentes:

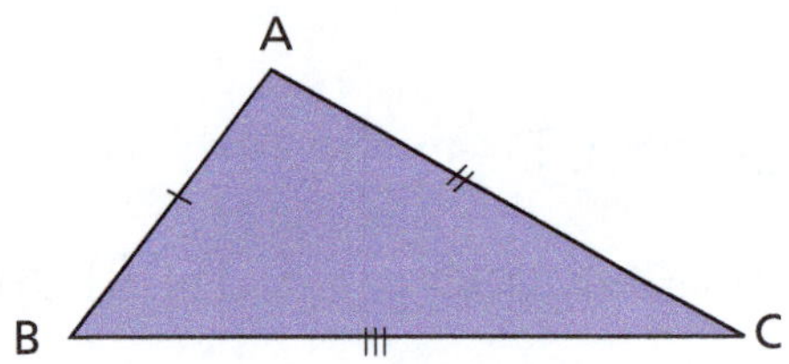

$\overline{AB} \neq \overline{BC}$

$\overline{AB} \neq \overline{AC}$

$\overline{AC} \neq \overline{BC}$

Triângulo isósceles

Tem dois lados com a mesma medida:

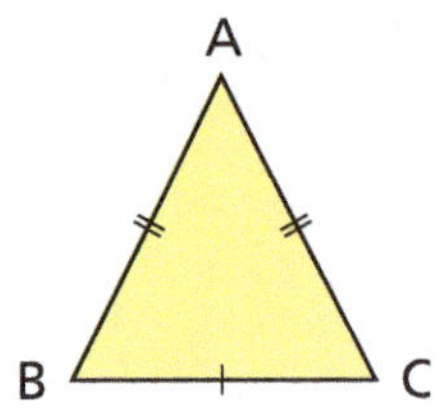

$\overline{AB} = \overline{AC}$

Triângulo equilátero

Três lados com a mesma medida:

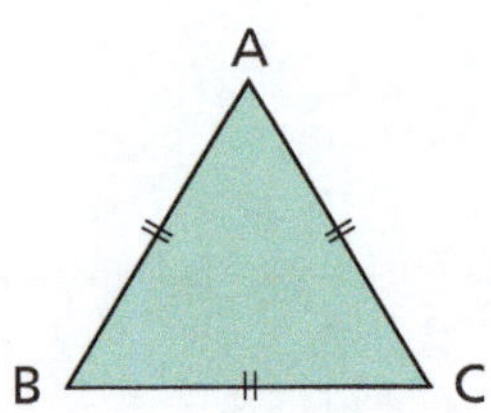

$\overline{CA}$ ou $\overline{AC}$, tanto faz

$\overline{AB} = \overline{BC} = \overline{CA}$

Quadriláteros

Quadriláteros são polígonos de quatro lados.

Há dois tipos importantes de quadrilátero: os paralelogramos e os trapézios.

Paralelogramos

São todos os quadriláteros que possuem os lados opostos paralelos.

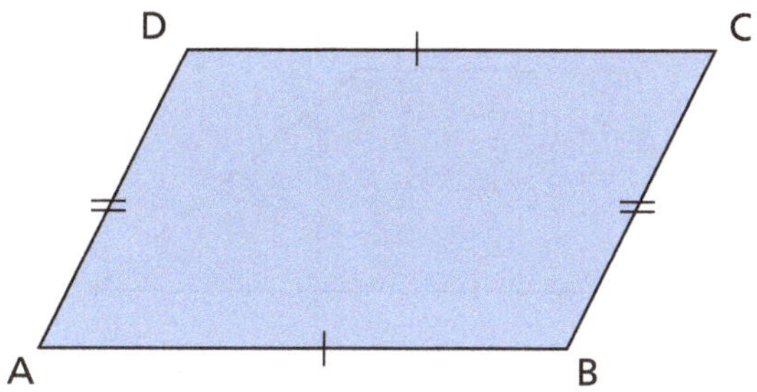

$\overline{AB}$ e $\overline{CD}$ são lados opostos.

$\overline{AD}$ e $\overline{BC}$ são lados opostos.

$\overline{AB}$ // $\overline{CD}$ e $\overline{AD}$ // $\overline{BC}$

// significa paralelo

Em todo paralelogramo, os lados opostos possuem a mesma medida. Alguns paralelogramos recebem nomes especiais:

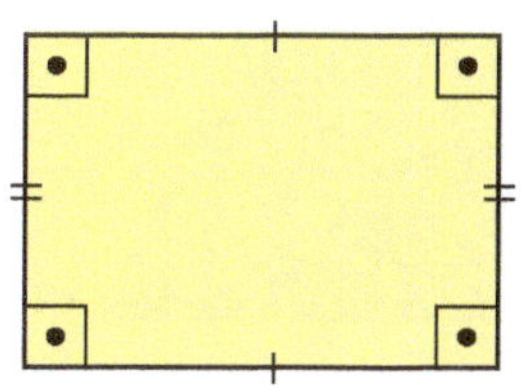

retângulo → lados opostos com medidas iguais; quatro ângulos retos

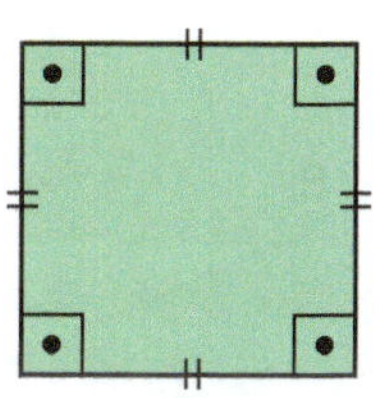

quadrado → quatro lados com medidas iguais; quatro ângulos retos

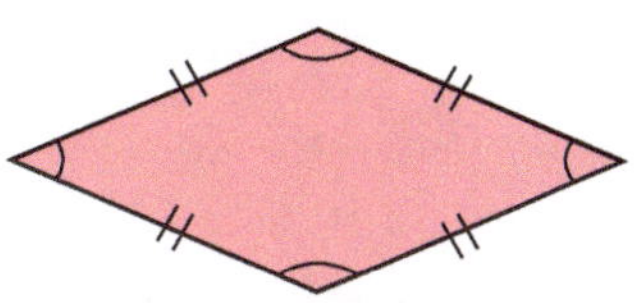

losango → quatro lados com medidas iguais

Trapézios

São todos os quadriláteros que possuem apenas dois lados opostos paralelos.

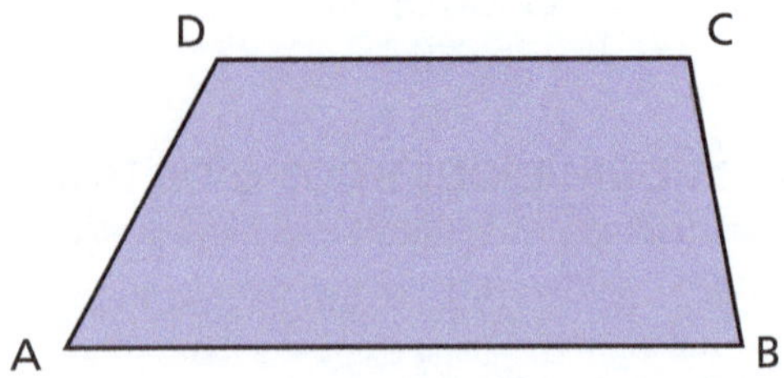

$\overline{AB} // \overline{CD}$

$\overline{AD}$ e $\overline{BC}$ não são paralelos.

Observe outros quadriláteros que são trapézios:

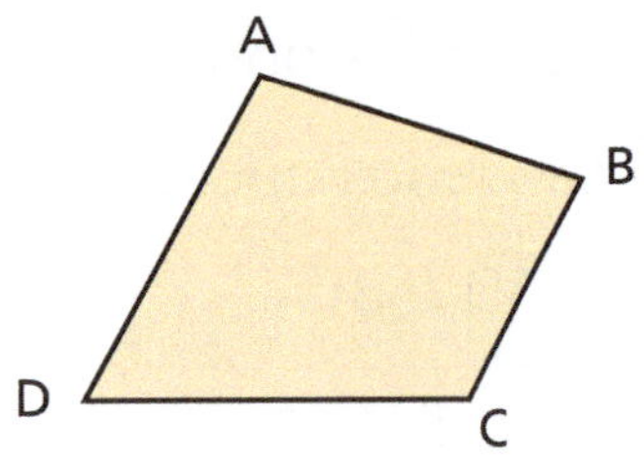

$\overline{AD} // \overline{BC}$

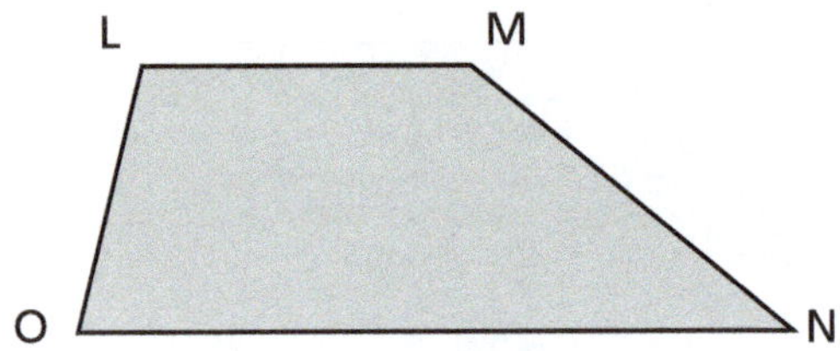

$\overline{LM} // \overline{NO}$

Agora escreva o nome dos quadriláteros e indique os lados paralelos:

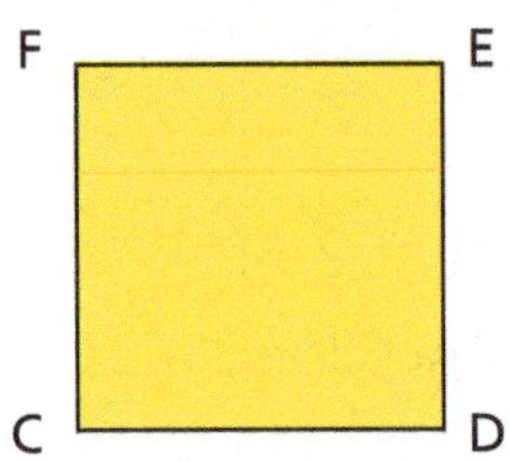

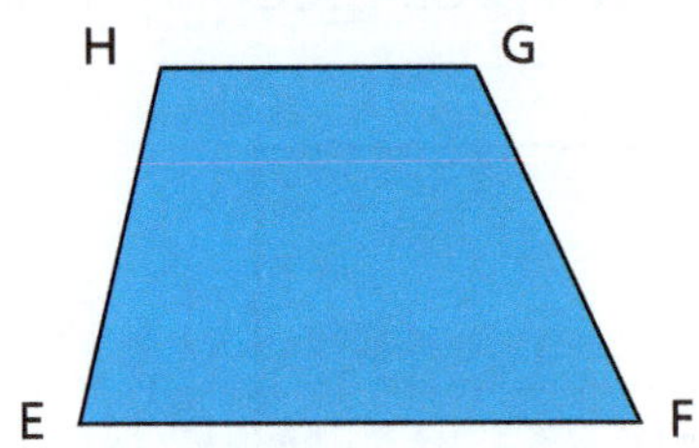

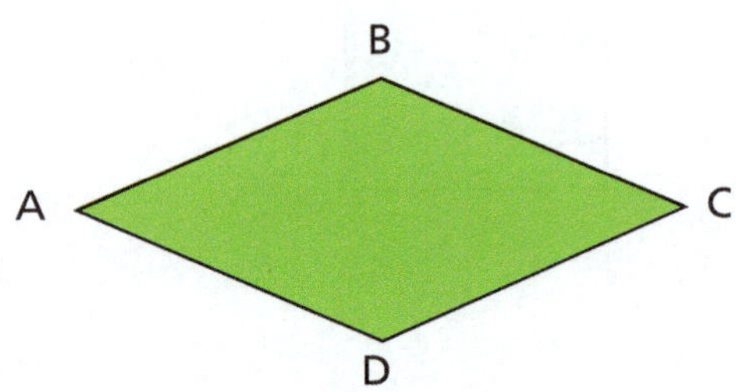

1. Ligue corretamente.

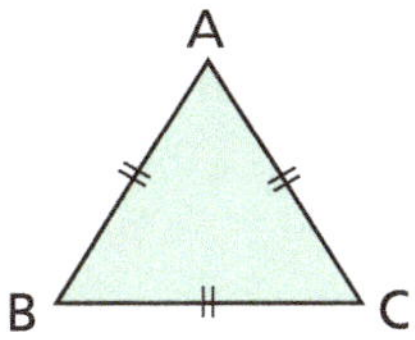

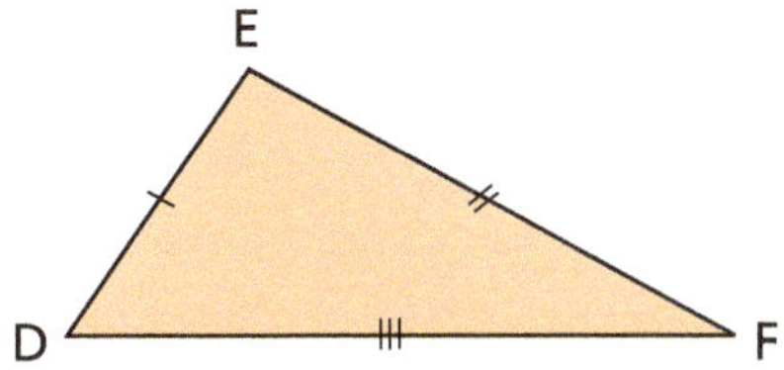

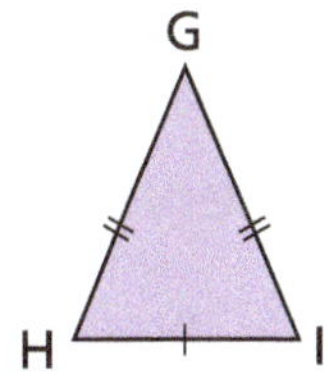

isósceles | equilátero | escaleno

2. O que é, o que é?

a) Triângulos que possuem dois lados com a mesma medida.

____

b) Quadriláteros que possuem lados opostos paralelos.

____

c) Triângulos que possuem todos os lados iguais.

____

d) Quadriláteros que possuem apenas dois lados opostos paralelos.

____

3. Observe o triângulo, meça seus lados com uma régua e classifique-o.

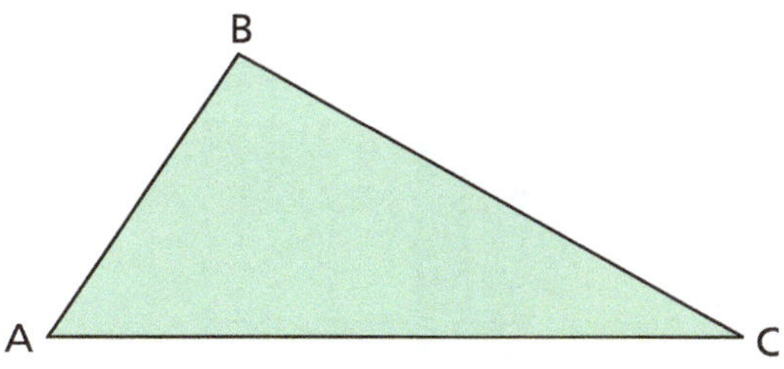

AB = ______ centímetros

BC = ______ centímetros

AC = ______ centímetros

Esse é um triângulo ______________.

4. Escreva **P** para paralelogramo e **T** para trapézio.

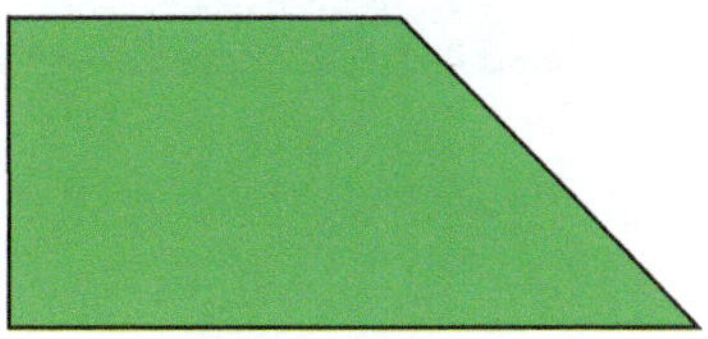

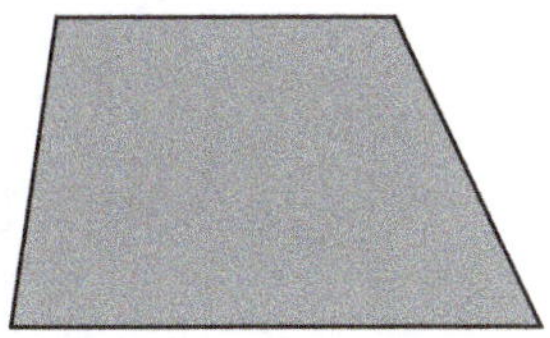

☐ ☐ ☐ ☐

Simetria

Existem muitos países no mundo. Cada um tem a sua bandeira.

Observe a bandeira de alguns países.

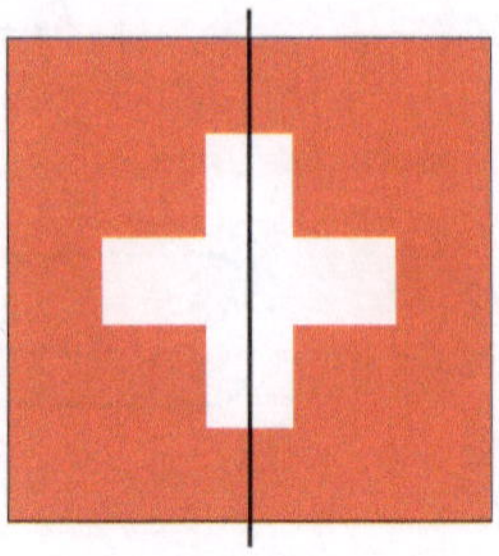

Suíça

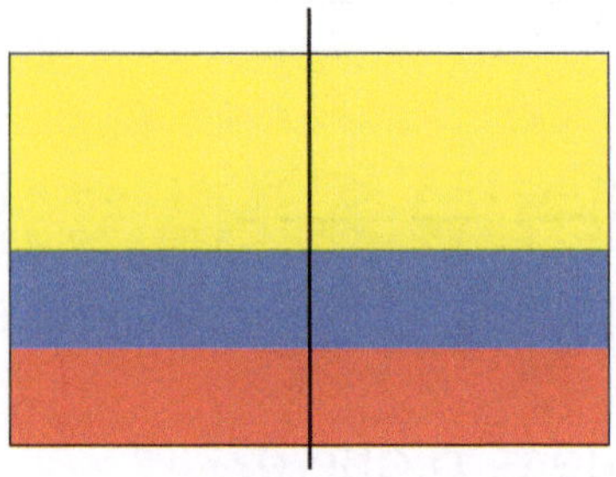

Colômbia

Fonte das bandeiras: ONU

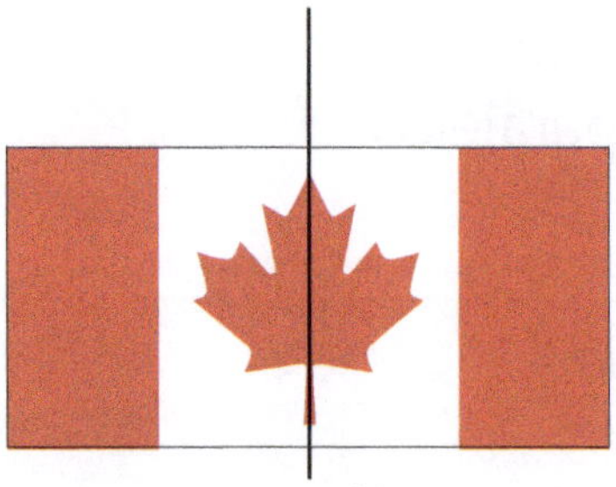

Canadá

Bolívia

Note a simetria nessas bandeiras. Se dobrarmos a figura pelo eixo de simetria, as duas partes coincidem.

Agora observe a bandeira do Brasil:

Fonte: IBGE

- Ela é simétrica? Por quê?

____

____

1. Veja as bandeiras de alguns estados brasileiros. Assinale com um **X** as simétricas.

Fonte das bandeiras: ONU

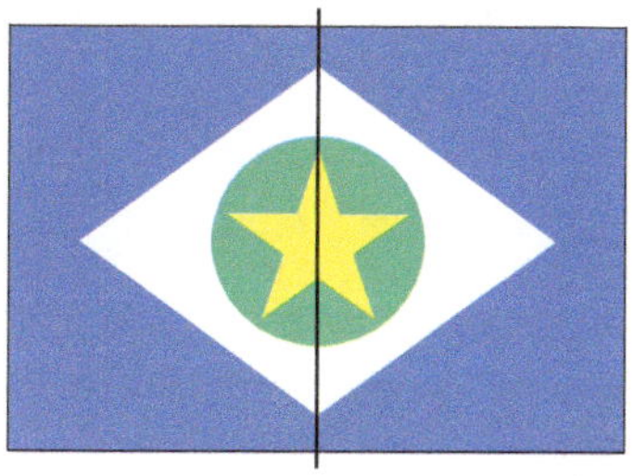

Mato Grosso

Piauí

Rondônia

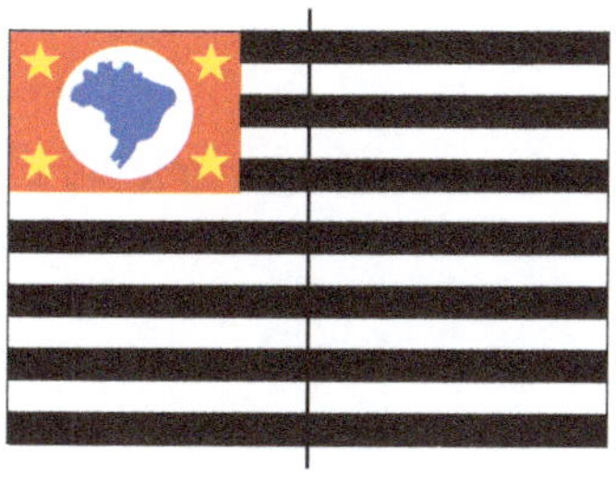

São Paulo

Pernambuco

Bahia

2. Continue a pintar o quadro usando as cores adequadas para que ele fique simétrico.

8

Números fracionários

Ideia de fração

Observe esta *pizza*:

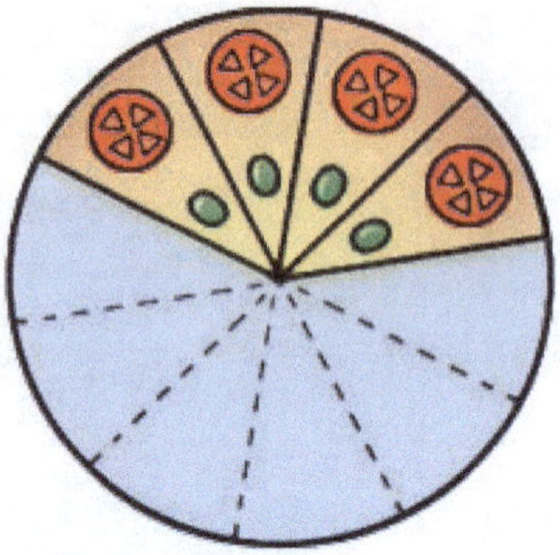

Ela foi dividida igualmente em 10 pedaços, e 6 já foram consumidos. Cada uma dessas partes representa uma fração.

$\frac{10}{10} = 1 \longrightarrow$ *pizza* inteira

$6 \longrightarrow$ número de pedaços consumidos
$10 \longrightarrow$ número de pedaços em que a *pizza* foi dividida

Representação fracionária

Ilustrações: Sérgio Cântara/Arquivo da editora

O queijo todo é a unidade. Ele foi dividido em duas partes iguais. Cada uma das partes é $\frac{1}{2}$ ou metade do queijo.

Em $\frac{1}{2}$, o número 2 é o denominador e indica em quantas partes o todo foi dividido. O número 1 é o numerador e indica quantas partes do todo foram consideradas.

1. Represente, sob a forma de fração, a parte colorida de cada figura.

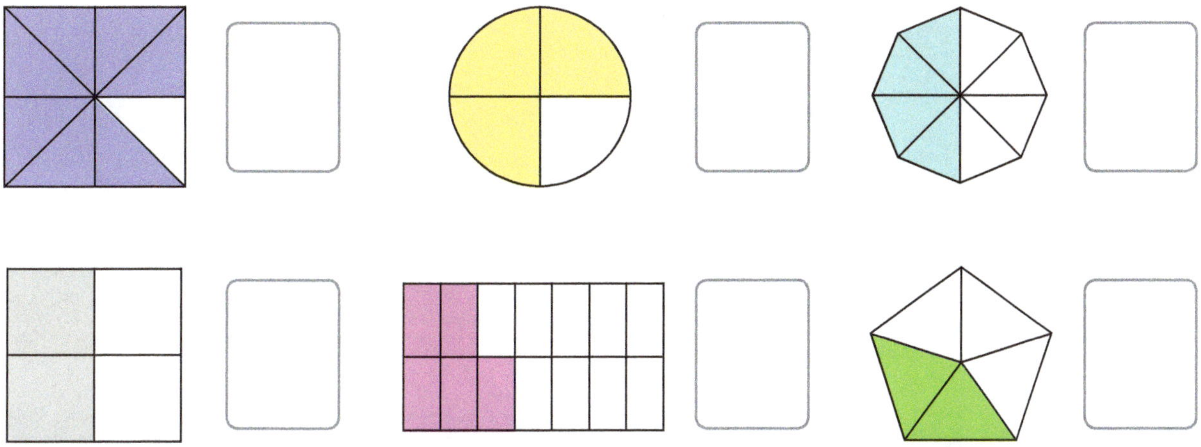

2. Pinte, em cada figura, a fração indicada.

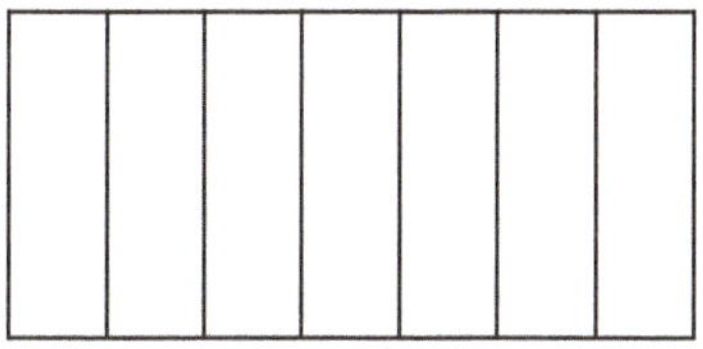

$\frac{4}{7}$

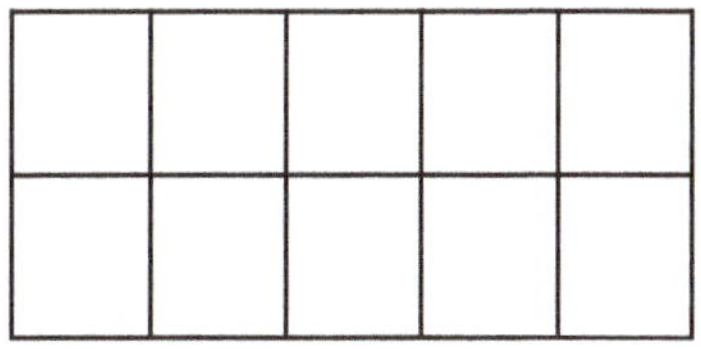

$\frac{7}{10}$

3. Represente as frações por meio de figuras, conforme o exemplo.

$\frac{3}{4}$ →

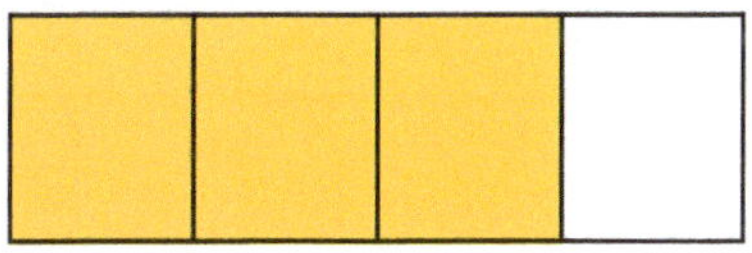

a) $\frac{2}{3}$ →

b) $\frac{1}{9}$ →

c) $\frac{5}{6}$ →

d) $\frac{4}{8}$ →

Leitura de uma fração

MW Editora Ilustrações Ltda./Arquivo da editora

Quando o **denominador** de uma fração for **2**, **3**, **4**, **5**, **6**, **7**, **8**, **9** ou **10**, lemos o numerador acompanhado, respectivamente, das palavras, **meio**, **terço**, **quarto**, **quinto**, **sexto**, **sétimo**, **oitavo**, **nono** e **décimo**.

A partir de **11**, lemos o **numerador** e, depois, o número do **denominador** acompanhado da palavra **avos**.

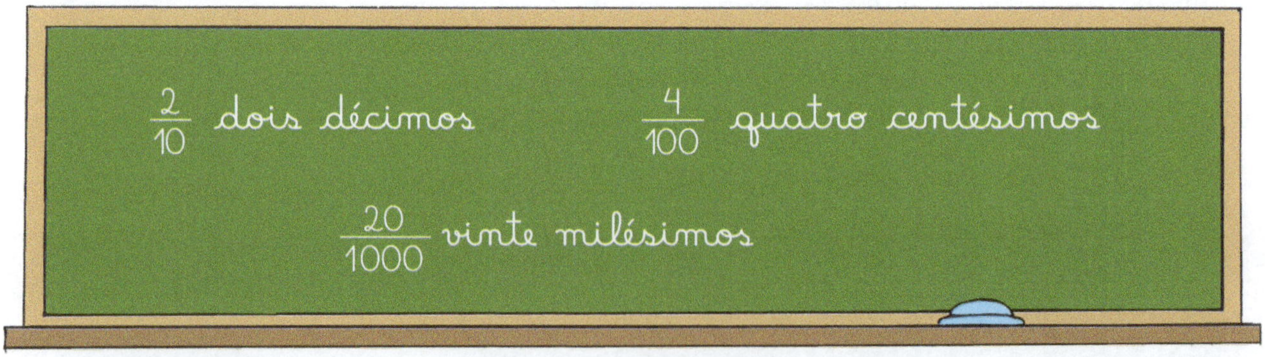

Quando o **denominador** for **10**, **100**, **1 000**... lemos o **numerador** acompanhado respectivamente das palavras **décimo**, **centésimo**, **milésimo**...

1. Escreva a fração que representa a parte destacada de cada figura. Escreva também como ela é lida:

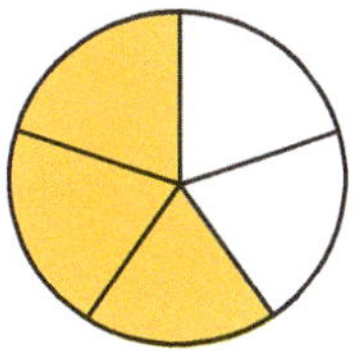

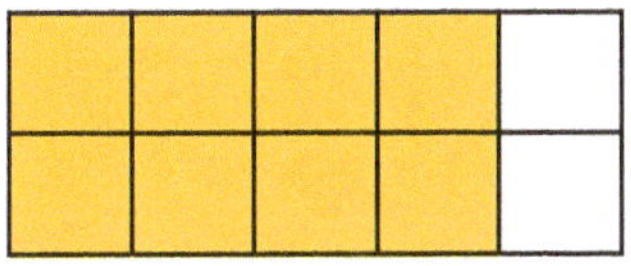

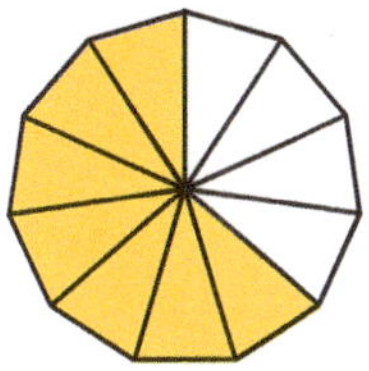

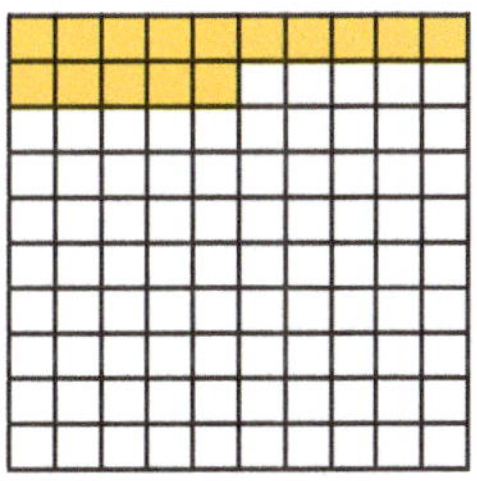

2. Represente as bananas pintadas com uma fração. Depois escreva como se lê essa fração.

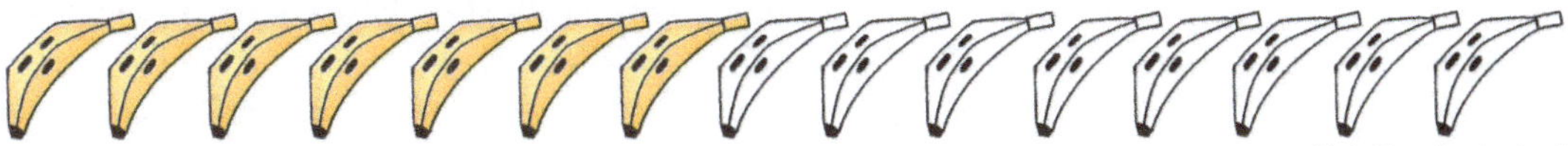

Sérgio Cântara/Arquivo da editora

3. Use as figuras para representar as frações indicadas.

a) $\frac{5}{8}$

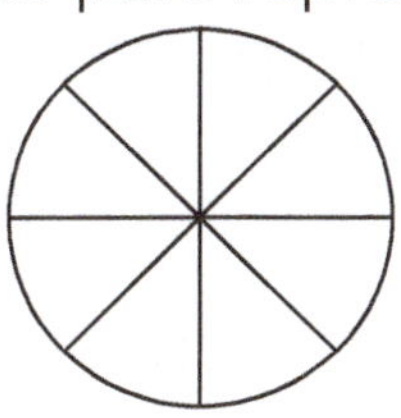

b) $\frac{7}{10}$

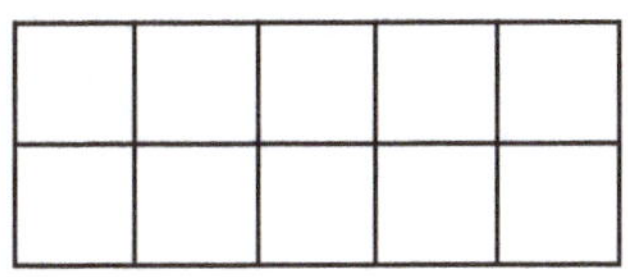

Fração de uma quantidade

Carina ganhou 12 balas. Ela separou as guloseimas em 3 saquinhos, colocando o mesmo número de balas em cada um, ou seja, colocou $\frac{1}{3}$ de balas em cada saquinho.

Ilustrações: Sérgio Cântara/Arquivo da editora

Assim, Carina formou 3 grupos de 4 balas cada um.

$\frac{1}{3}$ de 12 balas corresponde a 4 balas.

$\frac{2}{3}$ de 12 balas correspondem a 8 balas.

$\frac{3}{3}$ de 12 balas correspondem a 12 balas.

Veja outro exemplo, em que 8 estrelas foram separadas em 4 grupos.

$\frac{1}{4}$ de 8 estrelas corresponde a 2 estrelas.

$\frac{2}{4}$ de 8 estrelas correspondem a 4 estrelas.

$\frac{3}{4}$ de 8 estrelas correspondem a 6 estrelas.

$\frac{4}{4}$ de 8 estrelas correspondem a 8 estrelas.

1. Complete as frases e pinte a quantidade correspondente a cada fração.

$\frac{1}{3}$ de 18 laranjas são ______ laranjas.

Ilustrações: Sérgio Cântara/Arquivo da editora

$\frac{1}{4}$ de 12 petecas são ______ petecas.

$\frac{1}{10}$ de 20 tulipas são ______ tulipas.

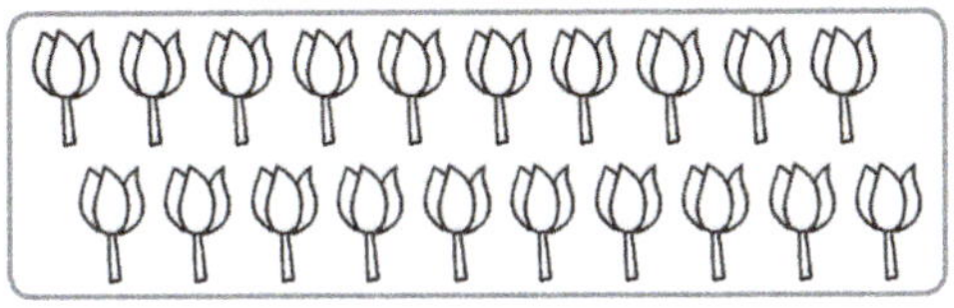

$\frac{1}{2}$ de 16 triângulos são ______ triângulos.

2. Calcule mentalmente e escreva os resultados.

a) $\frac{1}{2}$ de 28 = ______

b) $\frac{1}{3}$ de 36 = ______

c) $\frac{1}{8}$ de 16 = ______

d) $\frac{1}{4}$ de 32 = ______

3. Responda:

a) Com uma barra de chocolate, faço 18 bombons. Com $\frac{1}{3}$ da barra, quantos bombons posso fazer?

____

b) Com um pote de 1 litro de sorvete, um sorveteiro monta 20 casquinhas de uma bola. Com $\frac{1}{4}$ do pote, quantas casquinhas ele consegue montar?

____

Calculando a fração de uma quantidade

Sueli apontou $\frac{2}{4}$ dos 24 lápis de cor da caixa. Quantos lápis Sueli apontou?

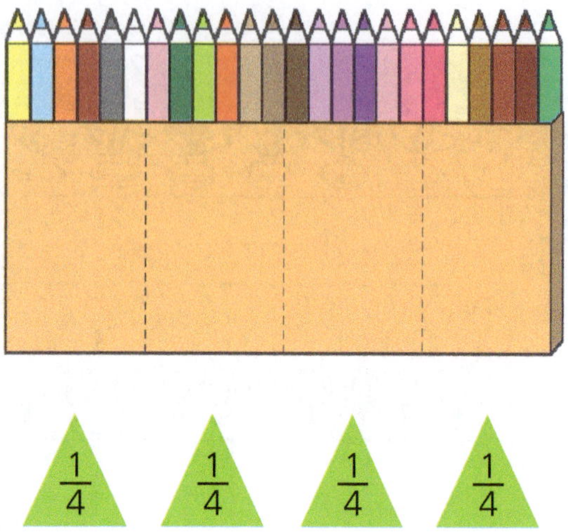

Avalone/Arquivo da editora

$\frac{4}{4}$ correspondem ao total, ou seja, 24 lápis.

$\frac{2}{4}$ de 24 correspondem a duas partes de 24 ÷ 4.

$$24 \div 4 \times 2 = 6 \times 2 = 12$$

Sueli apontou 12 lápis.

Para calcular a fração de uma quantidade, basta dividi-la pelo denominador e multiplicar o resultado pelo numerador.

Veja outros exemplos:

$\frac{3}{5}$ de 20 ⟶ $20 \div 5 \times 3 = 4 \times 3 = 12$

$\frac{3}{5}$ de 20 ⟶ 12

$\frac{2}{8}$ de 16 ⟶ $16 \div 8 \times 2 = 2 \times 2 = 4$

$\frac{2}{8}$ de 16 ⟶ 4

1. Complete.

Sérgio Cântara/Arquivo da editora

$\frac{1}{4}$ de 20 = _____

$\frac{2}{4}$ de 20 = _____

$\frac{3}{4}$ de 20 = _____

$\frac{4}{4}$ de 20 = _____

2. Calcule.

a) $\frac{2}{3}$ de 18 canetas → ______________________ = _____

b) $\frac{4}{7}$ de 14 borrachas → ______________________ = _____

c) $\frac{3}{8}$ de 24 cadernos → ______________________ = _____

d) $\frac{5}{9}$ de 63 livros → ______________________ = _____

e) $\frac{6}{4}$ de 32 apontadores → ______________________ = _____

f) $\frac{2}{6}$ de 18 réguas → ______________________ = _____

g) $\frac{3}{5}$ de 40 lápis → ______________________ = _____

3. Pense e complete.

a) Numa caixa há $\frac{1}{9}$ de 72 bombons. Nessa caixa há _____ bombons.

b) Tadeu precisa comprar um livro que custa R$ 40,00. Ele só tem $\frac{2}{5}$ dessa quantia. Tadeu tem R$ _____,00.

Tipos de fração

Frações próprias

Dona Matilde fez 3 pães para o lanche de suas netas Renata, Roberta e Fátima.

Depois, cada criança dividiu seu pão em partes iguais:

Sérgio Cântara/Arquivo da editora

Nenhuma criança comeu o pão inteiro.

$\frac{2}{3} < 1$ $\frac{4}{8} < 1$ $\frac{2}{6} < 1$

$\frac{2}{3}$, $\frac{4}{8}$ e $\frac{2}{6}$ são frações próprias.

Frações próprias são frações menores que o inteiro. Elas têm o numerador menor que o denominador.

Frações impróprias

Anderson tem 2 barras de chocolate e Helena tem 3.

As barras de Anderson estão divididas em 4 partes iguais e as de Helena, em 3 partes iguais.

Sérgio Cântara/Arquivo da editora

Observe a quantidade que Anderson já comeu, representada abaixo.

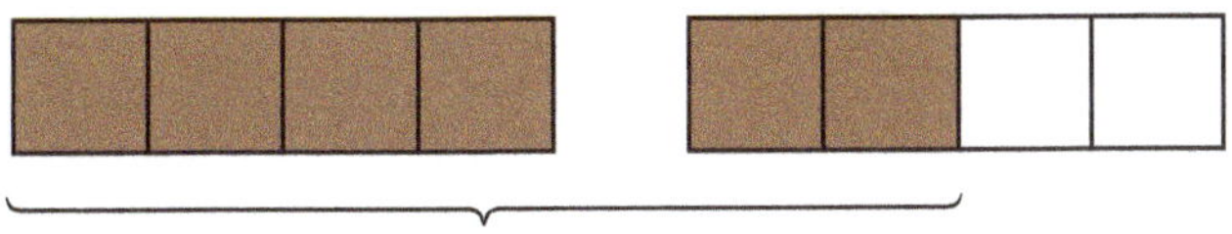

$$\frac{6}{4}$$

E a quantidade que Helena já comeu é:

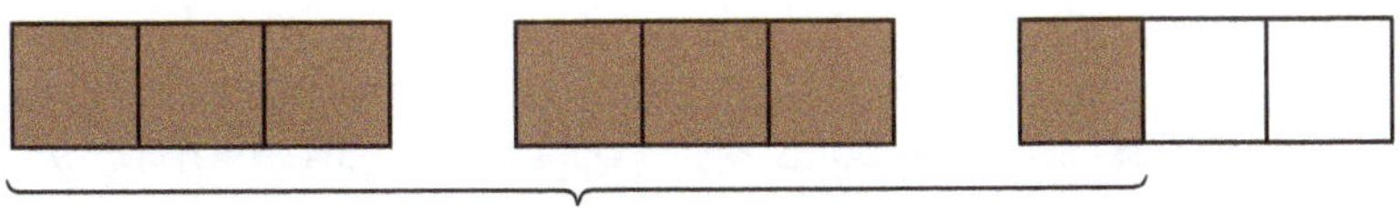

$$\frac{7}{3}$$

Os dois comeram mais do que uma barra de chocolate.

$\frac{6}{4} > 1$ $\frac{7}{3} > 1$

$\frac{6}{4}$ e $\frac{7}{3}$ são frações impróprias.

Frações impróprias são frações maiores que o inteiro. Elas têm o numerador maior que o denominador.

Frações aparentes

Roberto fez 3 deliciosas tortas e dividiu cada uma em 3 partes iguais.

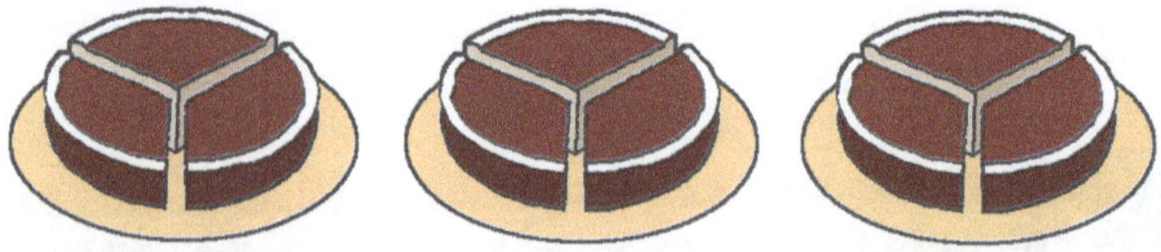

Avalone/Arquivo da editora

1 torta inteira corresponde a $\frac{3}{3}$ →

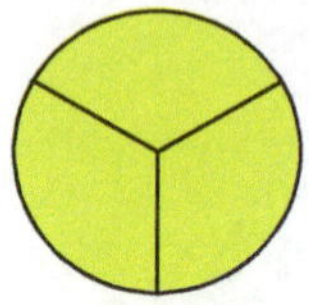

2 tortas inteiras correspondem a $\frac{6}{3}$ →

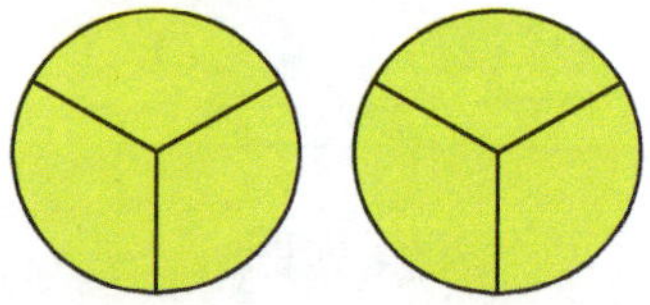

3 tortas inteiras correspondem a $\frac{9}{3}$ →

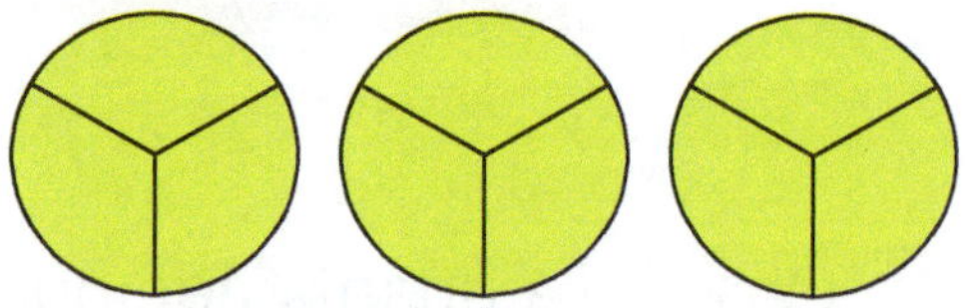

Veja o que estas frações representam:

$\frac{3}{3} = 1$ $\frac{6}{3} = 2$ $\frac{9}{3} = 3$

Essas frações são **aparentes**.

Frações aparentes são frações que representam números naturais. Nelas o numerador é igual ao denominador ou a um múltiplo dele.

PhotoDisc/Arquivo da editora

DESCOBRI!
UMA FRAÇÃO EQUIVALE AO INTEIRO:

- QUANDO O NUMERADOR FOR IGUAL AO DENOMINADOR.
  EXEMPLO: $\frac{3}{3}$.
- QUANDO O NUMERADOR FOR MÚLTIPLO DO DENOMINADOR.
  EXEMPLOS: $\frac{6}{3}$, $\frac{9}{3}$.

1. Escreva a fração correspondente às figuras.

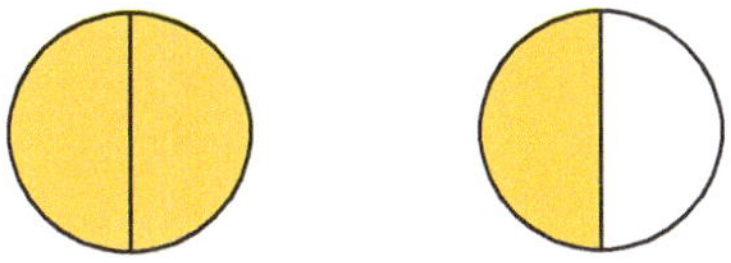

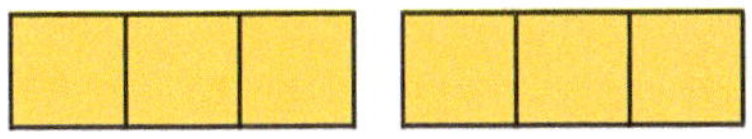

2. Observe as barras de chocolate e escreva que fração representam.

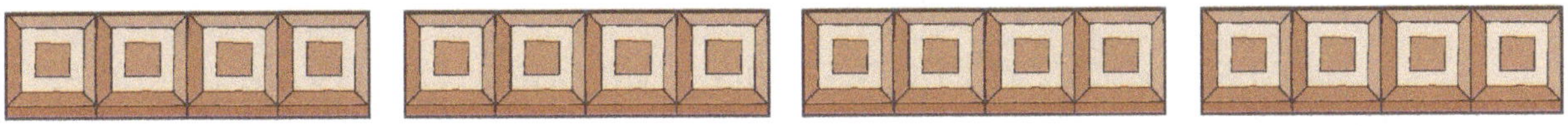

a) 1 pedaço da barra →

c) 1 barra inteira →

b) 3 barras inteiras →

d) 4 barras inteiras →

3. Compare os números a seguir utilizando os símbolos >, < ou =.

a) $\frac{4}{4}$ ______ 1

d) $\frac{12}{7}$ ______ 1

b) $\frac{2}{8}$ ______ 1

e) $\frac{7}{6}$ ______ 1

c) $\frac{3}{5}$ ______ 1

f) $\frac{9}{9}$ ______ 1

Números mistos

Para o aniversário de Gabriela, a mãe dela fez 3 *pizzas*.

Veja o que foi consumido:

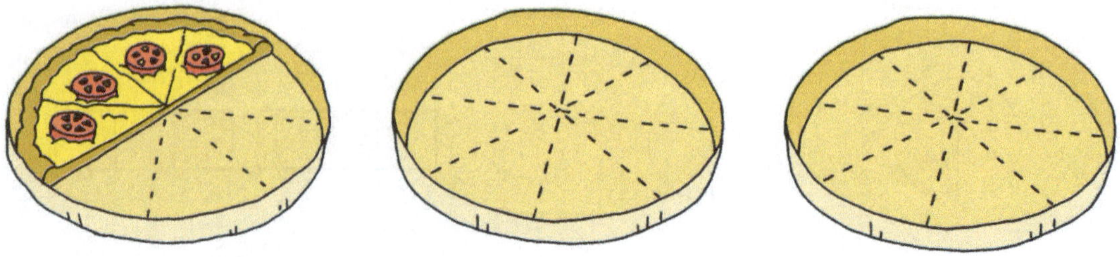

MW Editora Ilustrações Ltda./Arquivo da editora

Os convidados comeram $\frac{20}{8}$ de *pizza*.

$\frac{20}{8}$ de *pizza* são 2 *pizzas* inteiras mais $\frac{4}{8}$ de outra. Por isso, a fração $\frac{20}{8}$ pode ser escrita assim: $2\frac{4}{8}$.

Os números que apresentam uma parte inteira e outra fracionária são chamados de **números mistos**.

$2\frac{4}{8}$ é um número misto.

Lê-se: dois inteiros e quatro oitavos.

O número misto $2\frac{4}{8}$ pode ser escrito em forma de fração imprópria:

$$2\frac{4}{8} = \frac{20}{8}$$

Observe como fazemos, na prática, para transformar um número misto em fração imprópria:

$$2\frac{4}{8} = \frac{2 \times 8 + 4}{8} = \frac{16 + 4}{8} = \frac{20}{8}$$

E para transformar uma fração imprópria em número misto:

$$\frac{9}{4} \longrightarrow 9 \,\underline{|\,4\,}\quad 1 \quad 2 \longrightarrow 2\frac{1}{4}$$

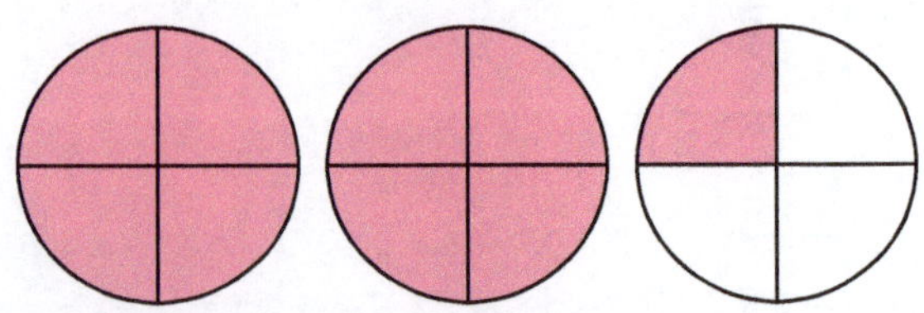

$\frac{9}{4}$ ou $2\frac{1}{4}$

1. Observe as figuras e escreva os números mistos correspondentes a cada uma delas.

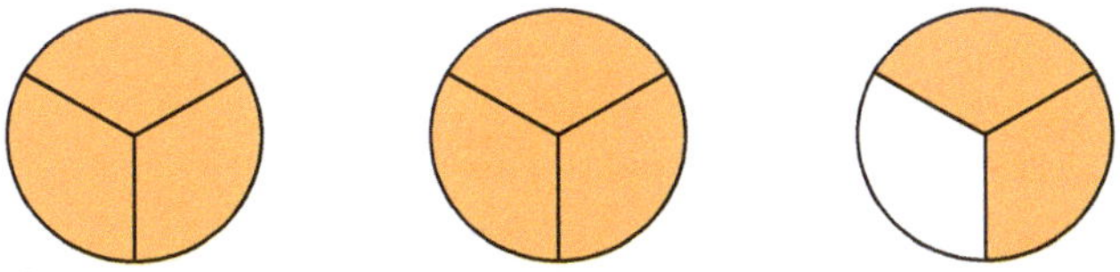

→ ☐

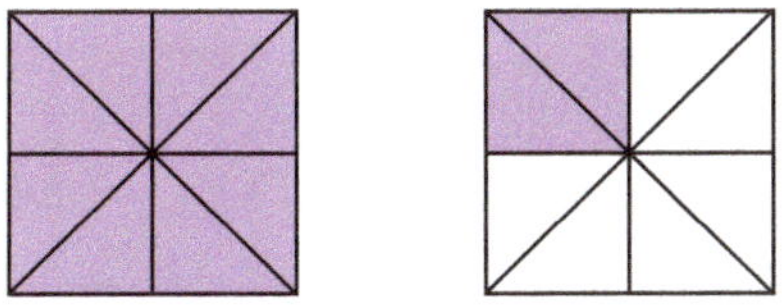

→ ☐

2. Represente com figuras as frações impróprias. Veja o exemplo.

$\frac{4}{3}$ → 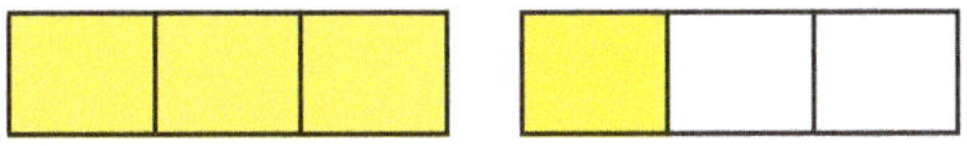

a) $\frac{6}{4}$ →

b) $\frac{8}{5}$ →

3. Transforme as frações impróprias em números mistos.

a) $\frac{4}{3} =$ ☐

c) $\frac{15}{2} =$ ☐

e) $\frac{18}{7} =$ ☐

b) $\frac{16}{5} =$ ☐

d) $\frac{8}{3} =$ ☐

f) $\frac{9}{4} =$ ☐

4. Agora transforme os números mistos em frações impróprias.

a) $1\frac{4}{3} =$ ☐

c) $1\frac{7}{8} =$ ☐

e) $1\frac{1}{4} =$ ☐

b) $3\frac{3}{5} =$ ☐

d) $2\frac{2}{5} =$ ☐

f) $1\frac{4}{9} =$ ☐

Comparações de frações

A mãe de Daniela comprou 2 bolos iguais para suas 2 filhas. Dividiu cada um em 6 partes iguais.

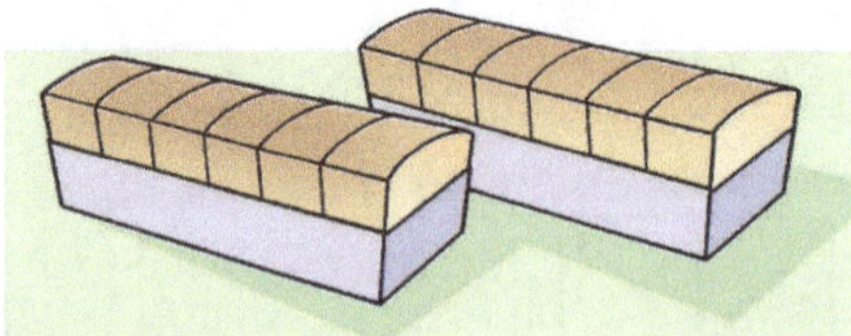

Veja quanto cada uma comeu:

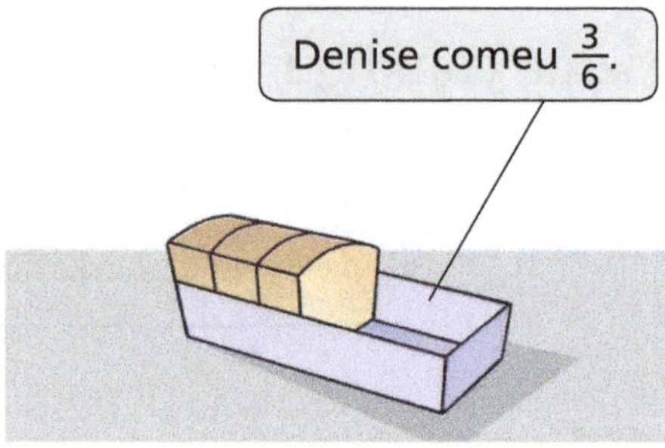

Ilustrações: Sérgio Cântara/Arquivo da editora

Daniela comeu mais do que Denise.

Então, $\frac{4}{6}$ é maior que $\frac{3}{6}$. $\frac{4}{6} > \frac{3}{6}$

Quando duas frações têm o mesmo denominador, a maior é aquela que tem o maior numerador.

Observe estas frações:

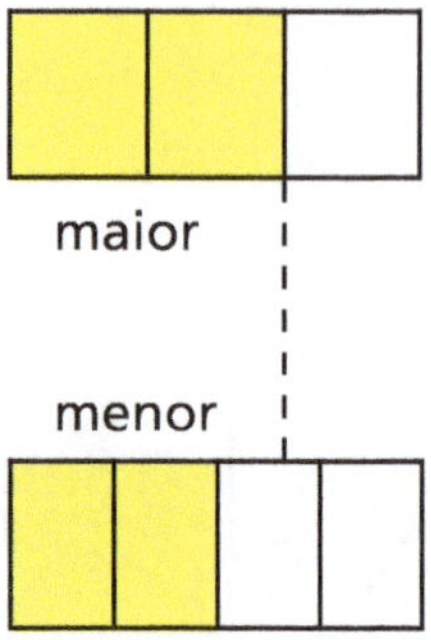

$\frac{2}{3}$

$\frac{2}{4}$

$\frac{2}{3}$ é maior que $\frac{2}{4}$ $\frac{2}{3} > \frac{2}{4}$

Quando duas frações têm o mesmo numerador, a maior é a que tem o menor denominador.

1. Compare as frações usando os símbolos > ou <.

a) $\frac{2}{3}$ ______ $\frac{2}{8}$

b) $\frac{4}{9}$ ______ $\frac{3}{9}$

c) $\frac{6}{6}$ ______ $\frac{3}{6}$

d) $\frac{9}{5}$ ______ $\frac{9}{6}$

e) $\frac{3}{5}$ ______ $\frac{3}{4}$

f) $\frac{3}{8}$ ______ $\frac{5}{8}$

2. Coloque as frações na ordem crescente, usando o símbolo <.

$\frac{3}{7}$ $\frac{3}{6}$ $\frac{3}{9}$ $\frac{3}{4}$ $\frac{3}{8}$ $\frac{3}{5}$ $\frac{3}{3}$

3. Num jogo de futebol, Paulo chutou 8 bolas e acertou 5. Daniel chutou 10 e acertou 5.

a) Represente, por meio de fração, os acertos de Paulo.

b) Represente, por meio de fração, os acertos de Daniel.

c) Qual dos meninos teve a maior fração de acertos? ______

4. Observe:

- Quem comeu mais? ______

Frações equivalentes

Como você pode observar, Cláudia e Rodrigo pintaram a mesma parte das faixas, que são do mesmo tamanho.

Isso quer dizer que as frações $\frac{2}{4}$ e $\frac{4}{8}$ representam a mesma parte do inteiro. São, portanto, frações equivalentes.

Frações equivalentes são aquelas que representam a mesma parte do inteiro.

Para encontrarmos frações equivalentes, podemos proceder de duas formas:

- Multiplicamos o numerador e o denominador por um mesmo número diferente de zero.

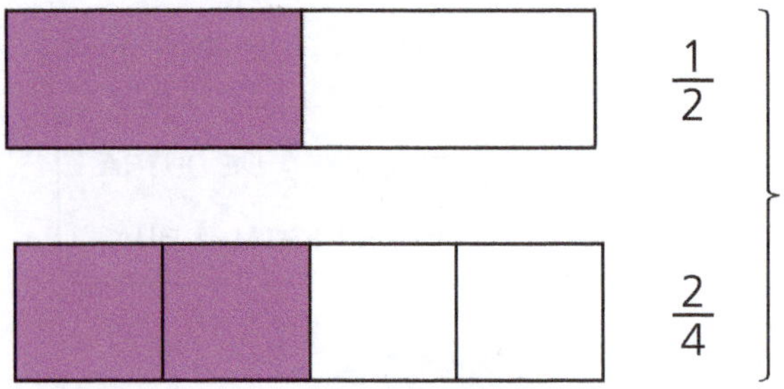

$$\frac{1}{2} \overset{\times 2}{=} \frac{2}{4}$$

$$\frac{1}{2} = \frac{2}{4}$$

- Dividimos o numerador e o denominador por um mesmo número diferente de zero.

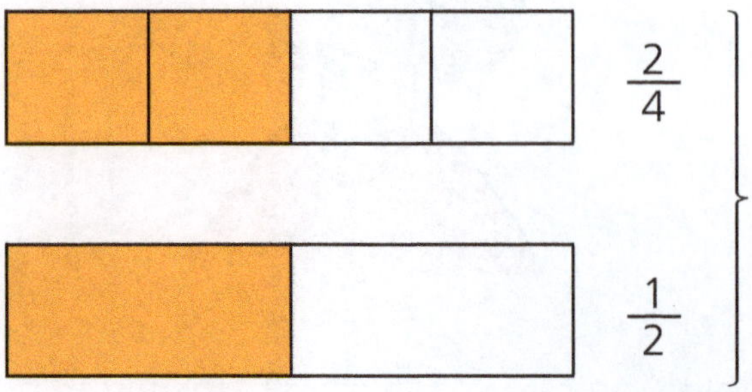

$$\frac{2}{4} \overset{\div 2}{=} \frac{1}{2}$$

$$\frac{2}{4} = \frac{1}{2}$$

1. Veja a fração de torta que cada criança comeu.

Sofia: $\frac{1}{2}$

Marcos: $\frac{3}{6}$

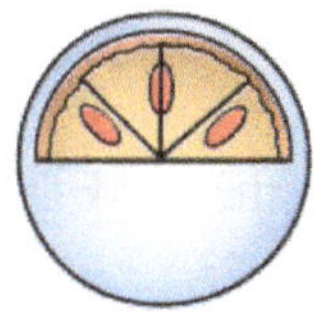

Henrique: $\frac{4}{8}$

Sérgio Cântara/Arquivo da editora

a) Quem comeu a maior parte? ______________________________

____

b) As frações, $\frac{1}{2}$, $\frac{3}{6}$, e $\frac{4}{8}$ representam ______________________ do inteiro. Elas são chamadas de frações equivalentes.

2. Circule as frações equivalentes às frações em destaque.

$\frac{3}{5}$	$\frac{3}{10}$	$\frac{6}{10}$	$\frac{3}{15}$	$\frac{9}{15}$	$\frac{12}{15}$	$\frac{12}{20}$	$\frac{8}{20}$
$\frac{4}{8}$	$\frac{8}{12}$	$\frac{2}{4}$	$\frac{8}{16}$	$\frac{1}{2}$	$\frac{1}{4}$	$\frac{6}{16}$	$\frac{16}{20}$

3. Complete as frações para que se tornem equivalentes.

a) $\frac{4}{8} = \frac{\quad}{4}$ b) $\frac{2}{6} = \frac{\quad}{18}$ c) $\frac{4}{5} = \frac{8}{\quad}$

4. Escreva as frações solicitadas.

a) Fração equivalente a $\frac{4}{5}$, de denominador 25. ☐

b) Fração equivalente a $\frac{3}{8}$, de numerador 12. ☐

c) Fração equivalente a $\frac{6}{7}$, de numerador 12. ☐

Operações com frações

Adição de frações com o mesmo denominador

Veja o tablete de chocolate:

Sérgio Cântara/Arquivo da editora

Desse chocolate, Fúlvio pegou $\frac{2}{5}$ e Renata $\frac{1}{5}$.

Que fração do chocolate eles pegaram ao todo?

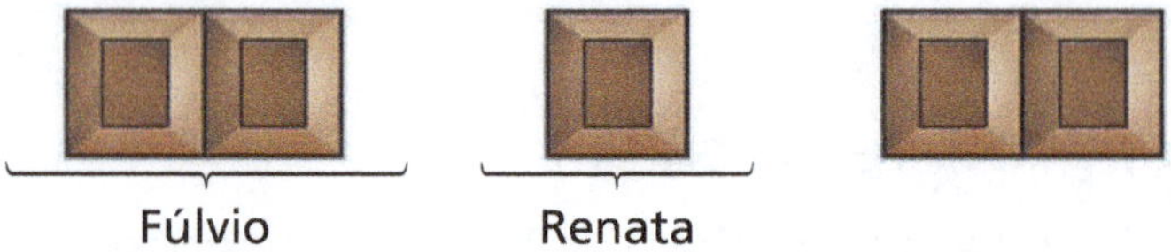

$$\frac{2}{5} + \frac{1}{5} = \frac{2+1}{5} = \frac{3}{5}$$

Eles pegaram ao todo $\frac{3}{5}$ do chocolate.

Fizemos uma **adição**. Somamos os numeradores e conservamos o denominador.

Subtração de frações com o mesmo denominador

Carolina comeu $\frac{1}{4}$ de um cuscuz.

Que fração do cuscuz sobrou?

Sérgio Cântara/Arquivo da editora

$$\frac{4}{4} - \frac{1}{4} = \frac{4-1}{4} = \frac{3}{4}$$

Sobraram $\frac{3}{4}$ do cuscuz.

Fizemos uma **subtração**. Subtraímos os numeradores e conservamos o denominador.

1. Represente a soma:

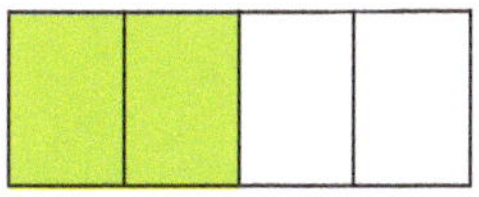 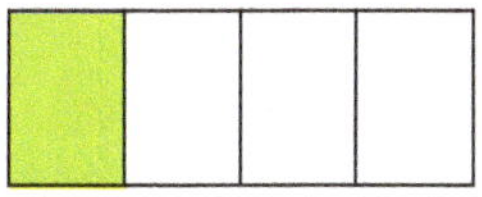 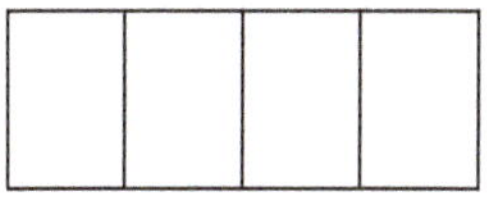

$\frac{2}{4} + \frac{1}{4} = \square$

2. Efetue.

a) $\frac{2}{5} + \frac{1}{5} = \square$

b) $\frac{5}{9} + \frac{2}{9} + \frac{1}{9} = \square$

c) $\frac{3}{8} + \frac{2}{8} = \square$

d) $\frac{5}{21} + \frac{7}{21} + \frac{4}{21} = \square$

3. Complete as adições.

a) $\frac{5}{8} + \frac{\quad}{8} = \frac{7}{8}$

b) $\frac{1}{3} + \frac{\quad}{3} = \frac{6}{3}$

c) $\frac{2}{3} + \frac{4}{3} + \frac{\quad}{3} = \frac{13}{3}$

4. Complete as subtrações.

a) $\frac{5}{8} - \frac{\quad}{8} = \frac{3}{8}$

b) $\frac{\quad}{15} - \frac{8}{15} = \frac{4}{15}$

c) $\frac{8}{6} - \frac{\quad}{6} = \frac{5}{6}$

d) $\frac{5}{7} - \frac{\quad}{7} = \frac{3}{7}$

e) $\frac{\quad}{9} - \frac{2}{9} = \frac{2}{9}$

f) $\frac{9}{3} - \frac{\quad}{3} = \frac{7}{3}$

5. Efetue as subtrações.

a) $\frac{3}{8} - \frac{1}{8} = \square$

b) $\frac{5}{7} - \frac{2}{7} = \square$

c) $\frac{9}{8} - \frac{5}{8} = \square$

d) $\frac{5}{5} - \frac{2}{5} = \square$

e) $\frac{5}{9} - \frac{2}{9} = \square$

f) $\frac{9}{12} - \frac{4}{12} = \square$

9

Medidas de tempo

Em 29 de setembro de 2013, na cidade de Recife, a atleta Jane Jelagat Seurey venceu a 4ª Maratona Internacional Maurício de Nassau, na categoria Atletas Elite Feminina. Ela percorreu os 42 quilômetros da prova em 2 horas, 45 minutos e 16 segundos.

A segunda posição, com o tempo de 2 horas, 52 minutos e 8 segundos, foi conquistada pela atleta Jackeline Rionoripo.

Já a terceira posição, com o tempo de 2 horas, 55 minutos e 18 segundos, foi de Tabitha Kibet.

Unidade fundamental: o segundo

O dia tem 24 horas. Esse é o tempo que a Terra leva para dar uma volta ao redor de si mesma.

Há intervalos de tempo menores que o dia: a **hora**, o **minuto** e o **segundo**. O relógio é o instrumento mais usado para medir esses intervalos.

Sérgio Dotta Jr./The Next

O ponteiro pequeno marca as **horas**.

O ponteiro grande marca os **minutos**.

O ponteiro fininho marca os **segundos**.

MARIA TERESA • MARIA ELISABETE • ARMANDO COELHO

MARCHA CRIANÇA 4º ANO

INTEGRADO

LÍNGUA PORTUGUESA • MATEMÁTICA • HISTÓRIA
GEOGRAFIA • CIÊNCIAS • INGLÊS • ARTE

Caderno de atividades

editora scipione

- O **dia** se divide em **24 partes iguais**. Cada parte corresponde a **1 hora**.
- A **hora** se divide em **60 partes iguais**. Cada parte vale **1 minuto**.
- O **minuto** se divide em **60 partes iguais**. Cada parte tem **1 segundo**.

O **segundo** é a unidade fundamental das medidas de tempo. Seu símbolo é **s**.

30 s — Lê-se: trinta segundos.

1 minuto (min) ⟶ 60 segundos
(1 min; 60 s)

1 hora (h) ⟶ 60 minutos ou 3 600 segundos
(1 h; 60 min; 60 × 60 s)

1 dia ⟶ 24 horas
(24 h)

As medidas de tempo não são decimais. Por isso, não use a vírgula para representá-las.

2 horas e 30 minutos ⟶ 2 h e 30 min

5 horas, 40 minutos e 8 segundos ⟶ 5 h 40 min e 8 s

Saiba mais

O cronômetro

Nas provas de atletismo, é muito importante medir, com a maior exatidão possível, o tempo obtido pelos atletas.

Nas provas curtas, como as corridas de 800 metros, o tempo é medido em minutos, segundos e décimos (ou centésimos) de segundo. Por exemplo: na Olimpíada de Atenas, em 2004, o ouro feminino dos 800 metros foi conquistado em 1 min 56 s e 38.

(38: trinta e oito centésimos de segundo)

Maxstockphoto/Shutterstock/Glow Images

Outras medidas de tempo

O tempo não é registrado somente em horas, minutos e segundos. Veja outras medidas de tempo:

Semana: 7 dias	Bimestre: 2 meses	Biênio: 2 anos
Quinzena: 15 dias	Trimestre: 3 meses	Década: 10 anos
Mês: 30 ou 31 dias	Semestre: 6 meses	Século: 100 anos

Ano comum ⟶ 12 meses ou 365 dias

Esse é o tempo que a Terra leva para dar uma volta ao redor do Sol. No ano comum, o mês de fevereiro tem 28 dias.

Ano bissexto ⟶ 12 meses ou 366 dias

No ano bissexto, o mês de fevereiro tem 29 dias.

- Meses de 30 dias: abril, junho, setembro e novembro.
- Meses de 31 dias: janeiro, março, maio, julho, agosto, outubro e dezembro.

Sérgio Cântara/Arquivo da editora

Veja agora algumas partes fracionárias das medidas de tempo:

$\frac{1}{4}$ de hora ⟶ $60 \div 4$ ⟶ 15 minutos

$\frac{1}{2}$ hora ⟶ $60 \div 2$ ⟶ 30 minutos

$\frac{3}{4}$ de hora ⟶ $(60 \div 4) \times 3$ ⟶ 45 minutos

$\frac{1}{2}$ mês ⟶ $30 \div 2$ ⟶ 15 dias

$\frac{1}{4}$ de ano ⟶ $12 \div 4$ ⟶ 3 meses

$\frac{1}{2}$ ano ⟶ $12 \div 2$ ⟶ 6 meses

1. Observe no relógio a hora em que Sueli chegou ao cinema com seus filhos.

Sérgio Cântara/Arquivo da editora

- Agora responda.

a) Para assistir ao filme *Super-homem* na sessão das 18 horas, eles estavam adiantados ou atrasados? Quantos minutos?

____

____

b) Para sair do cinema antes das 21 horas, que filme deveriam escolher? Por quê?

____

____

2. Os relógios digitais são práticos e precisos. Observe e escreva as horas que estes relógios estão marcando.

Fotos: Monica Vendramini/ Acervo da fotógrafa

______________ ______________ ______________

______________ ______________ ______________

De olho na resolução de problemas

Faça em seu caderno

1. Eduardo dividiu uma maçã em 4 partes iguais e comeu 3 partes.

a) Que fração representa cada uma dessas partes? ______

b) Que fração representa a parte que ele comeu? ______

c) Que fração da maçã ainda resta? ______

2. Paulo resolveu $\frac{4}{5}$ das 50 questões de uma prova. Quantas questões faltam para ele terminar a prova?

____

3. Em uma plantação, foram colhidas 1 584 espigas de milho e $\frac{5}{8}$ já foram vendidas. Quantas espigas foram vendidas?

____

4. Mariana comprou um livro com 240 páginas. Ela já leu $\frac{1}{4}$ do livro. Quantas páginas faltam para ela terminar de ler o livro?

____

5. Numa competição, Isabela percorreu, de *skate*, $\frac{5}{8}$ de uma estrada e, de patins, $\frac{1}{8}$. Que fração da estrada Isabela percorreu?

____

6. Uma costureira comprou um corte de tecido. Com $\frac{3}{9}$ fez uma saia, com $\frac{4}{9}$ fez uma calça e com o restante fez uma blusa. Que fração representa a parte do tecido usada na blusa?

____

Unidade

4

Números decimais e sistemas de medida

Andreia Vieira/Arquivo da editora

O QUE VOU ESTUDAR?

- Números decimais
- Medidas de comprimento
- Medidas de massa
- Medidas de capacidade

10

Números decimais

Noção de décimo

Observe a figura.

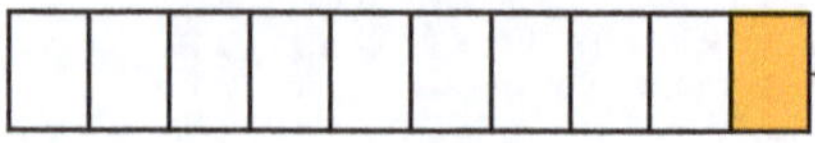

Nesta figura temos $\frac{1}{10}$ ou 1 décimo.
1 décimo pode ser escrito como número decimal: 0,1.

fração decimal → $\frac{1}{10}$ número decimal → 0,1 $\frac{1}{10} = 0,1$

O **décimo** ocupa a **primeira ordem decimal** depois da vírgula.

inteiros	décimos
0,	1

Veja o esquema a seguir.

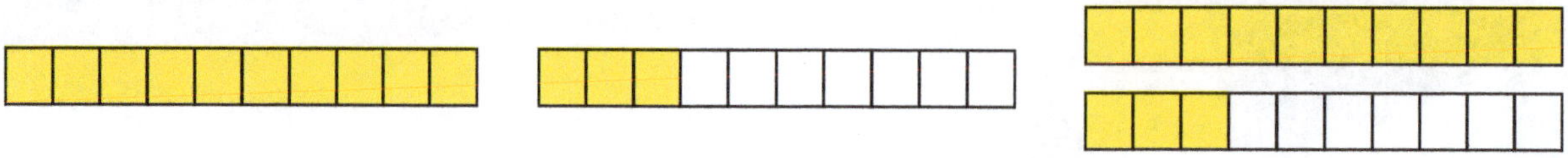

$$\frac{10}{10} + \frac{3}{10} = \frac{13}{10} \quad \left(1\frac{3}{10}\right)$$

↓ ↓ ↓

$$1 + 0,3 = 1,3$$

1 inteiro — 3 décimos — 1 inteiro e 3 décimos

A vírgula separa a parte inteira da parte decimal.

inteiros	décimos
1,	3

1. Observe as figuras e complete escrevendo as frações e os números decimais correspondentes.

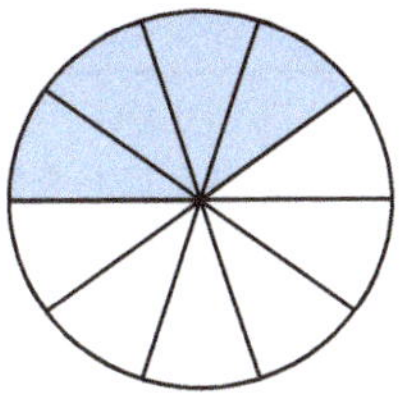 → ______

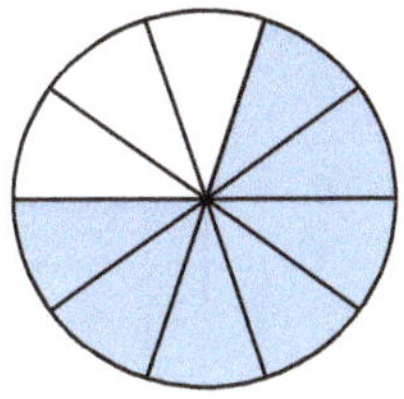 → ______

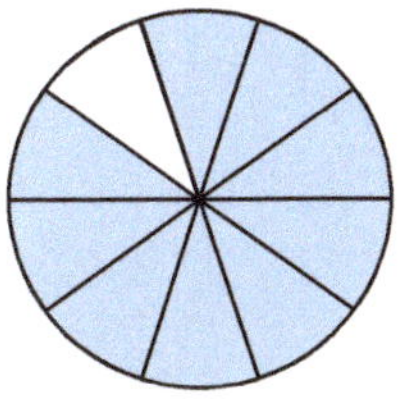 → ______

2. Pinte as partes correspondentes aos números decimais.

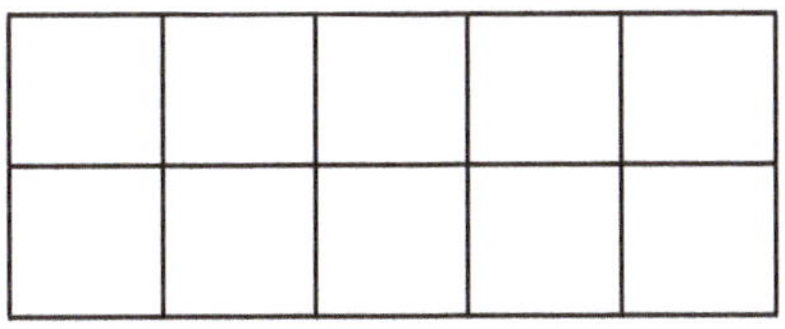 0,6

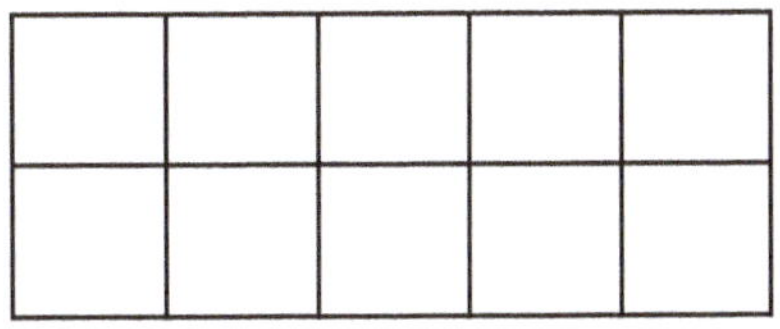 0,5

3. Observe as figuras e represente-as em forma de número decimal.

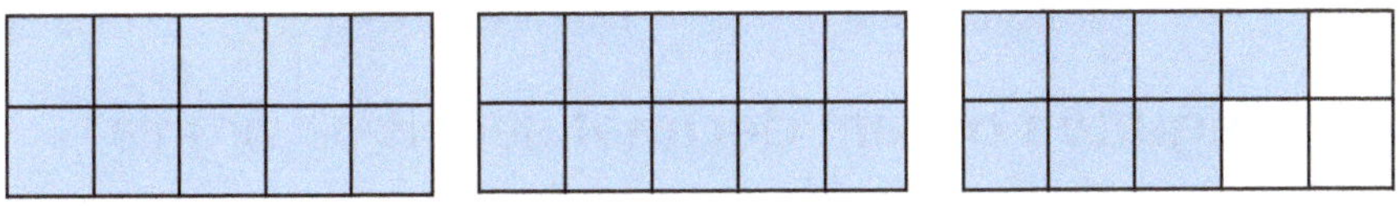 → ______

4. Escreva as frações por extenso e em forma de número decimal.

a) $\frac{2}{10}$ → ______________________ → ______

b) $\frac{8}{10}$ → ______________________ → ______

c) $\frac{9}{10}$ → ______________________ → ______

5. Represente os números em forma de número decimal.

a) 58 décimos → ______

b) 3 décimos → ______

c) 9 décimos → ______

d) 24 décimos → ______

e) 66 décimos → ______

f) 100 décimos → ______

Noção de centésimo

Beto dividiu o quadro abaixo em 100 partes iguais:

Olívia tem razão. Cada parte é **1 centésimo** da figura.

Portanto, 100 centésimos correspondem a **1 inteiro**.

$$\frac{100}{100} = 1$$

fração decimal → $\frac{1}{100}$

número decimal → 0,01

$$\frac{1}{100} = 0{,}01$$

O **centésimo** ocupa a **segunda ordem decimal** depois da vírgula.

inteiros	décimos	centésimos
0,	0	1

Ilustrações: Sérgio Cântara/Arquivo da editora

1 centésimo → $\frac{1}{100} = 0{,}01$

0,10

10 centésimos → $\frac{10}{100} = \frac{1}{10} = 0{,}1$

10 centésimos é o mesmo que 1 décimo do total.
0,10 = 0,1

- Para formar **1 décimo de 100** são necessários **10 centésimos**:

0,1 → $\frac{1}{10}$ 0,10 → $\frac{10}{100}$

- **10 décimos de 100** correspondem a **100 centésimos**, que é igual a **1 inteiro**.

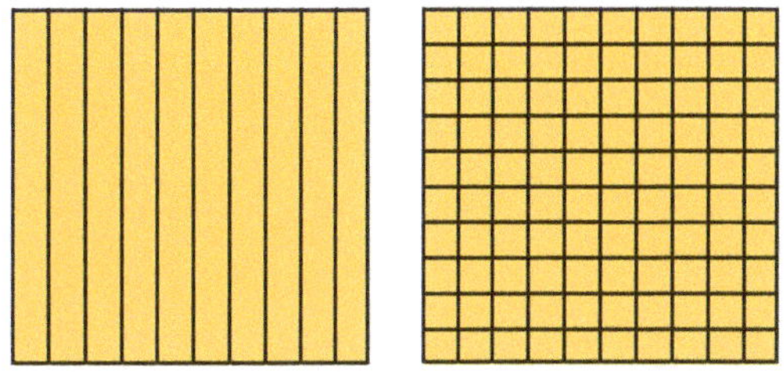

1 inteiro — $\frac{10}{10} = \frac{100}{100}$

Continue observando:

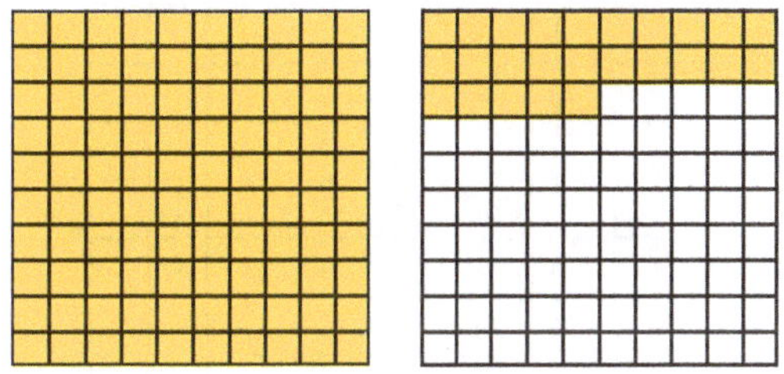

$\frac{100}{100} = 1$ $\frac{25}{100} = 0,25$

$\frac{100}{100} + \frac{25}{100} = \frac{125}{100}$ ou $1\frac{25}{100}$ — 1 inteiro e 25 centésimos

↓ ↓ ↓

$1 + 0,25 = 1,25$ — 1 inteiro e 25 centésimos

Observe que a vírgula separa a parte inteira da parte decimal:

inteiros (unidades)	décimos	centésimos
1,	2	5

Antes da vírgula, escrevemos as **unidades**. A primeira casa depois da vírgula é a dos **décimos**; a segunda, a dos **centésimos**.

1. Observe a figura e faça o que se pede.

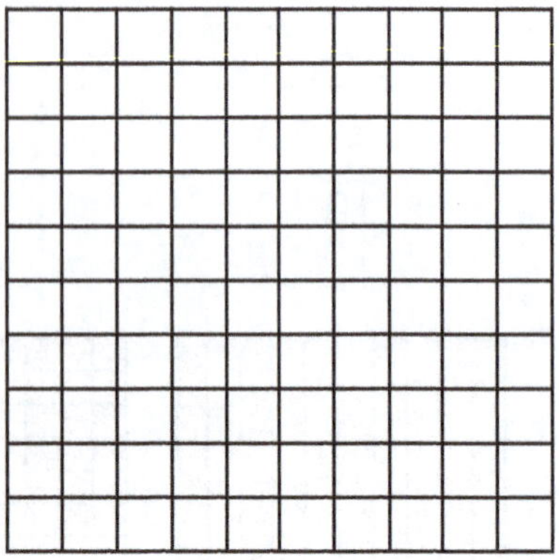

a) Pinte $\frac{7}{100}$ de azul.

b) Pinte $\frac{4}{100}$ de verde.

c) Pinte $\frac{9}{100}$ de vermelho.

2. Observe as figuras e escreva a fração e o número decimal correspondentes.

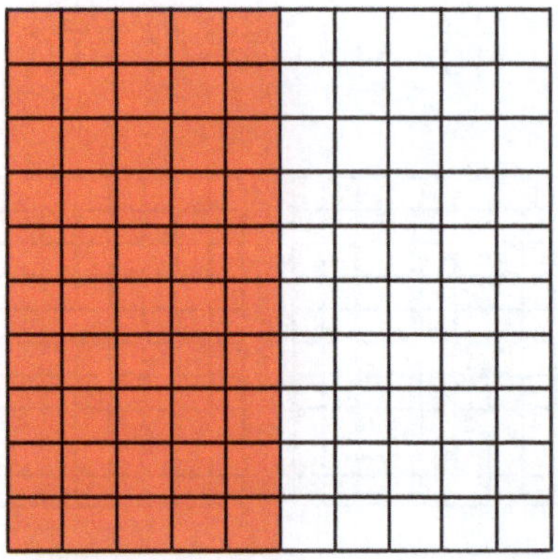

- Fração decimal: ☐
- Número decimal: ______

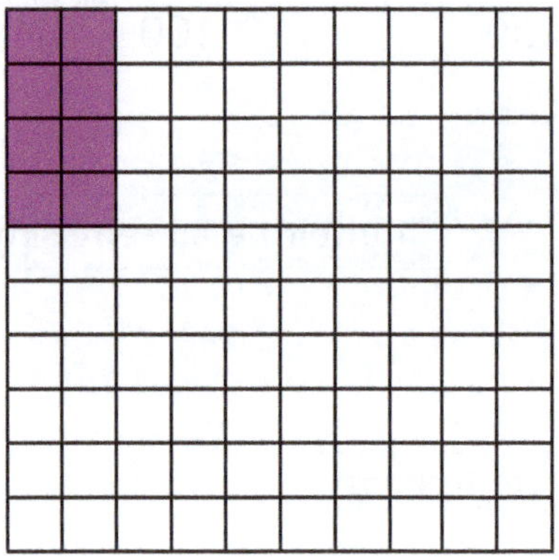

- Fração decimal: ☐
- Número decimal: ______

3. Use os símbolos **<**, **>** ou **=**.

a) $\frac{23}{100}$ ______ 0,23

b) 1,87 ______ 2,65

c) $\frac{81}{100}$ ______ $\frac{8}{100}$

d) 0,22 ______ $\frac{22}{100}$

e) 1,45 ______ 4,51

f) $\frac{25}{100}$ ______ $\frac{5}{100}$

4. Você já sabe que:

 1 unidade

 $\frac{1}{10} = 0,1$

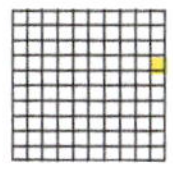 $\frac{1}{100} = 0,01$

1, 1 1

- centésimos
- décimos
- unidade

0, 1 1

- centésimos
- décimos

• Agora escreva o número decimal representado.

 ____

 ____

 ____

 ____

 ____

 ____

5. Escreva como se lê.

a) 1,27 → ________________________

b) 0,42 → ________________________

c) 0,03 → ________________________

6. Complete o quadro. Veja o exemplo.

unidades

	inteiros	décimos	centésimos
0,03	0,	0	3
1,62			
3,48			
0,17			
2,16			

Noção de milésimo

Rafaela apostou com Felipe que dividiria o pedaço de papel abaixo em 1 000 partes iguais. Observe.

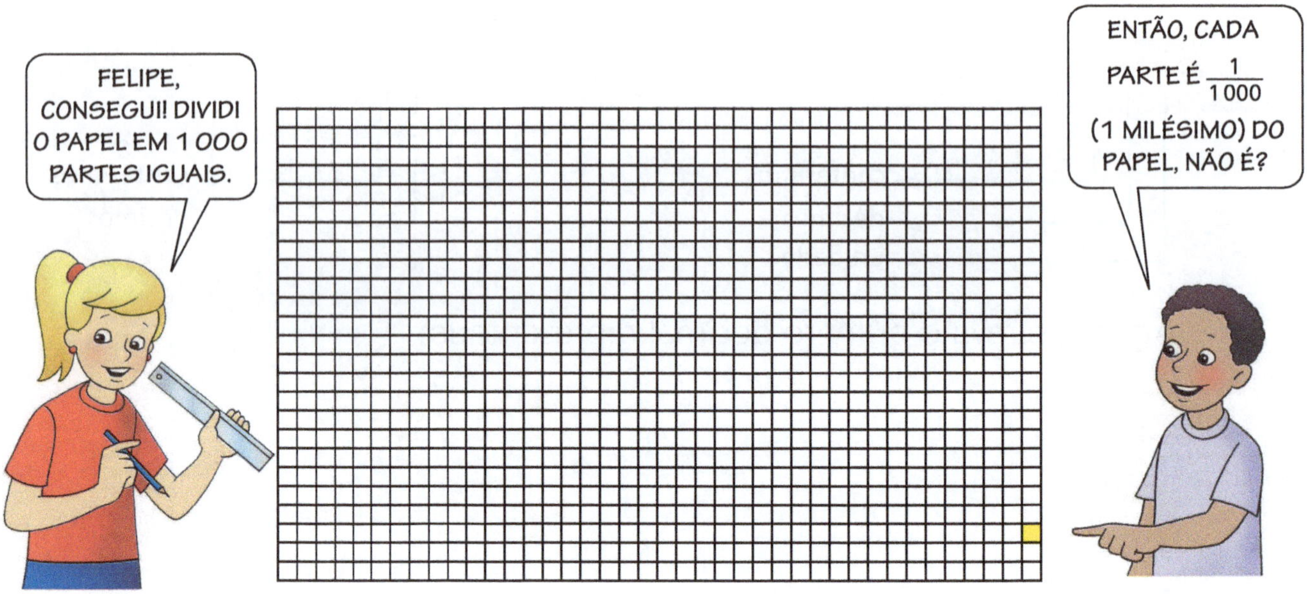

Felipe tem razão. Cada parte é **1 milésimo**. Portanto, 1 000 milésimos é igual a **1 inteiro**.

$$\frac{1\,000}{1\,000} = 1$$

Ilustrações: Sérgio Cântara/Arquivo da editora

fração decimal → $\frac{1}{1\,000}$ número decimal → 0,001

$$\frac{1}{1\,000} = 0{,}001$$

O **milésimo** ocupa a **terceira ordem decimal** depois da vírgula.

inteiros	décimos	centésimos	milésimos
0,	0	0	1

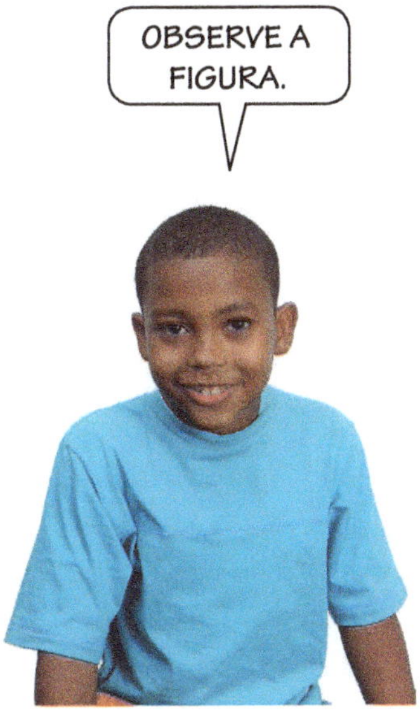

Sérgio Dotta Jr./The Next

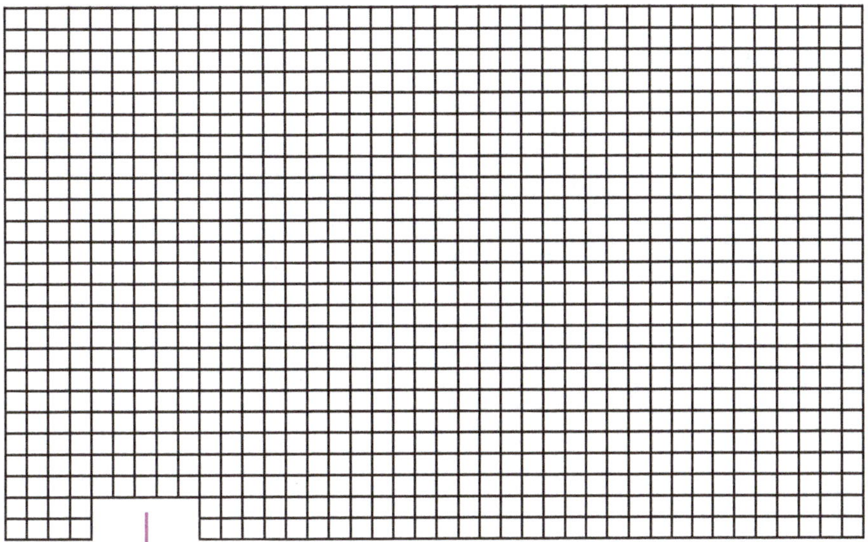

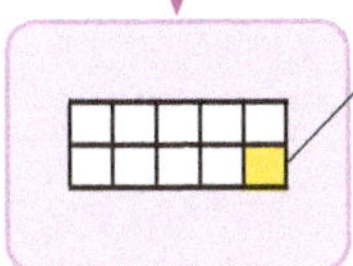

$\frac{1}{1\,000}$ ou 0,001. Lê-se: um milésimo.

$\frac{10}{1\,000}$ ou 0,010. Lê-se: dez milésimos.

Observe que a figura tem 100 partes iguais a essa que foi destacada.

$$\frac{10}{1\,000} \times 100 = \frac{1\,000}{1\,000} = 1$$

$$1 = \frac{1\,000}{1\,000} = \frac{100}{100} = \frac{10}{10}$$

$$1 = 1{,}000 = 1{,}00 = 1{,}0$$

1. Escreva as frações por extenso e em forma de número decimal. Veja o exemplo.

Sérgio Cântara/Arquivo da editora

a) $\frac{5}{1\,000}$ → ______________________ → ________

b) $\frac{2}{1\,000}$ → ______________________ → ________

c) $\frac{17}{1\,000}$ → ______________________ → ________

d) $\frac{182}{1\,000}$ → ______________________ → ________

e) $\frac{201}{1\,000}$ → ______________________ → ________

f) $\frac{98}{1\,000}$ → ______________________ → ________

2. Represente os números sob a forma de fração decimal.

a) 0,02 → ☐

b) 0,142 → ☐

c) 3,007 → ☐

d) 0,8 → ☐

e) 0,61 → ☐

f) 7,05 → ☐

3. Complete corretamente o quadro.

representação fracionária	representação decimal	escrita por extenso
$\frac{7}{100}$		
$\frac{23}{1\,000}$		
$\frac{3}{10}$		
$\frac{15}{10}$		

4. Escreva com algarismos o número representado em cada desenho.

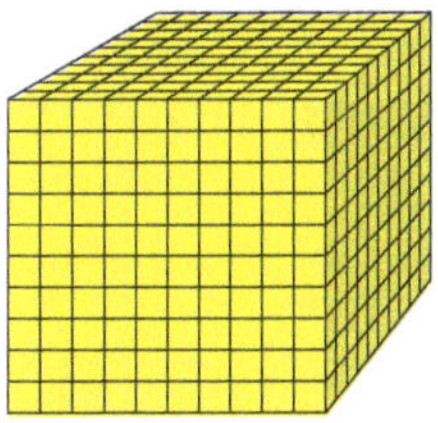
1 inteiro

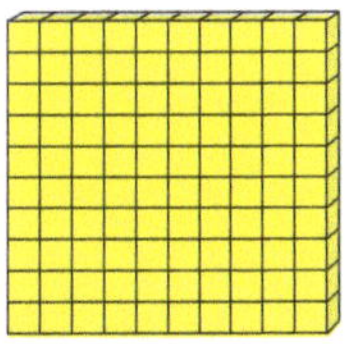
1 centésimo

1 décimo

1 milésimo

a) 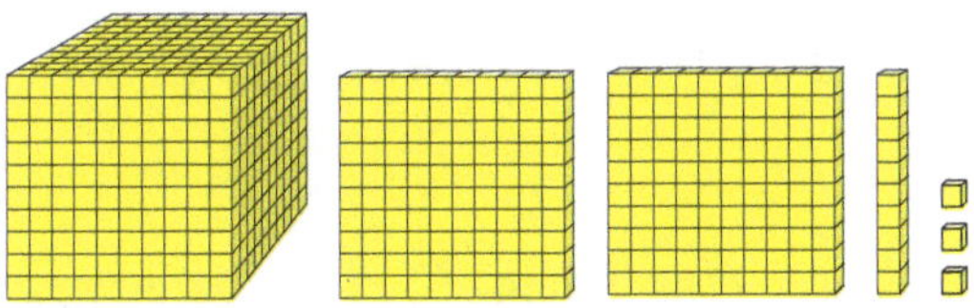

c) 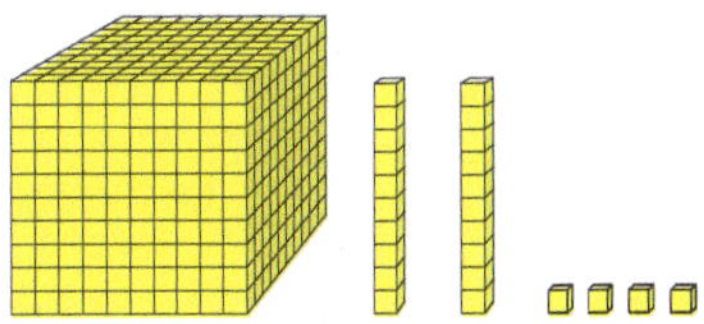

b) 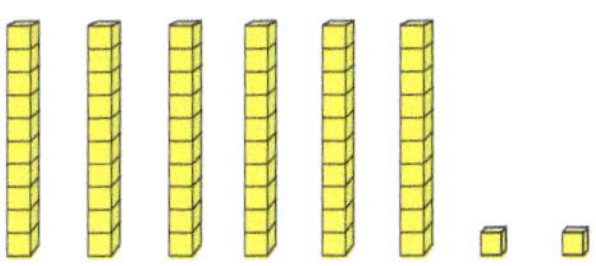

d) 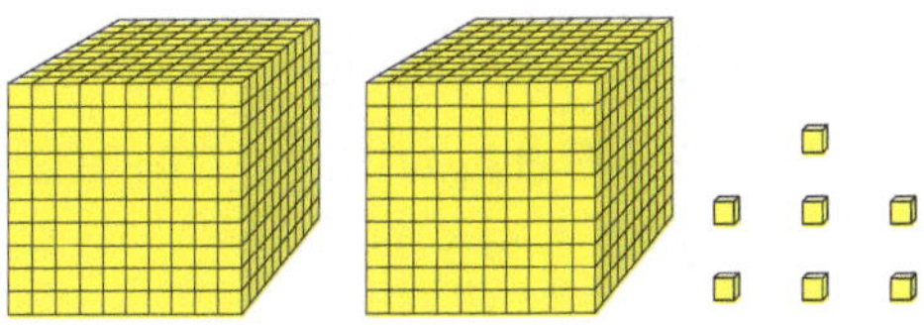

Relação entre décimo e dezena, centésimo e centena, milésimo e milhar

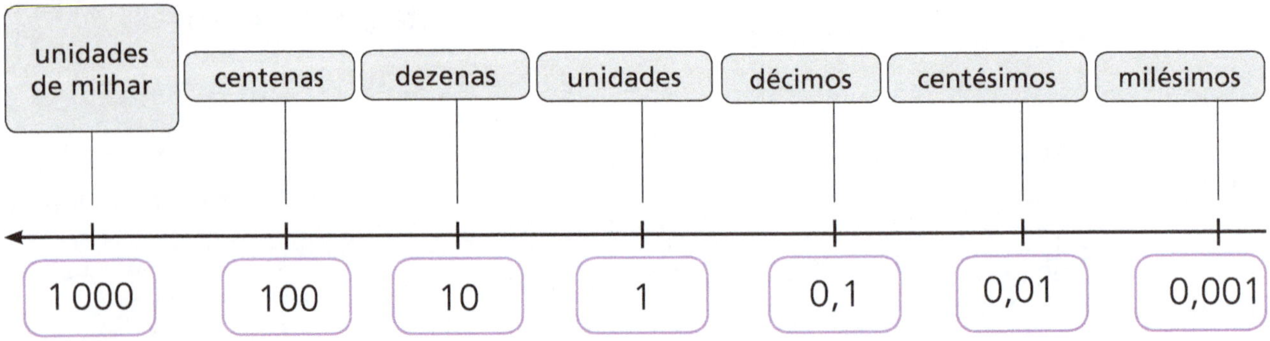

Sérgio Cântara/Arquivo da editora

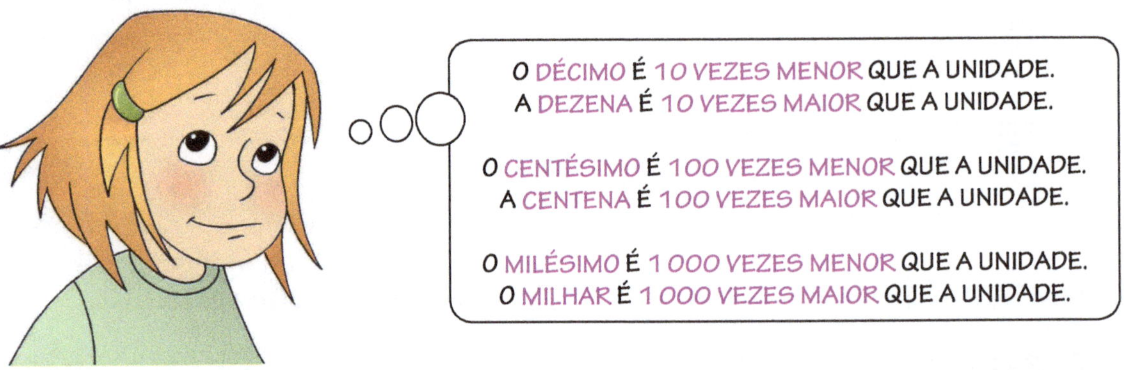

A vírgula marca sempre o lugar das unidades (a parte inteira) no número decimal.

Comparações entre números decimais

Para comparar números decimais, é importante observar a parte inteira e a parte decimal. Quando os números decimais tiverem:

- partes inteiras diferentes, o maior é o que tiver a maior parte inteira.

  $\mathbf{2},87 < \mathbf{3},07$

- a mesma parte inteira, comparamos seus décimos. O número que tiver o maior décimo é o maior.

  $1,\mathbf{8}7 > 1,\mathbf{7}8$

  $1 = 1$: as partes inteiras são iguais. Na casa dos décimos, temos $8 > 7$.

- partes inteiras iguais e décimos iguais, comparamos, então, seus centésimos, e assim por diante.

  $2,7\mathbf{5} > 2,7\mathbf{3}$

  $2 = 2$: as partes inteiras são iguais. $7 = 7$: os décimos são iguais.

  Na casa dos centésimos, temos $5 > 3$.

1. Circule:

a) o número que tem o 3 na ordem dos milésimos;

3,41 2,003

1,32 6,034

3,001 0,331

b) o número que tem a maior parte inteira;

2,189 21,893

218,9 2,18937

128,9 1,289

c) o número que vale o mesmo que 0,06;

0,600 6,0

0,6 0,0600

60,0 6,06

d) o número que tem o 2 na ordem dos décimos.

8,02 2,36

1,24 5,002

1,42 3,02

2. Use **>**, **<** ou **=** e compare os números decimais.

a) 7,28 ________ 8,23

b) 8,72 ________ 8,720

c) 6,71 ________ 6,73

d) 3,459 ________ 3,452

e) 9,32 ________ 9,30

f) 1,419 ________ 1,5

Operações com números decimais

Observe os exemplos e veja como adicionamos e subtraímos números decimais.

Adição

0,31 + 1,5 + 1,42 = 3,23

	unidades	décimos	centésimos
	(1) 0,	3	1
	1,	5	0
+	1,	4	2
	3,	2	3

Subtração

3,42 − 1,24 = 2,18

	unidades	décimos	centésimos
	3,	~~4~~ (3)	(1) 2
−	1,	2	4
	2,	1	8

Para adicionar ou subtrair números decimais, é preciso:

1º – Escrever os números, um embaixo do outro, de modo que as vírgulas se correspondam (vírgula embaixo de vírgula).

2º – Igualar o número de casas decimais (onde não houver algarismos, completar com zeros).

3º – Somar ou subtrair os números normalmente.

4º – Colocar a vírgula no resultado, na mesma direção das vírgulas dos termos.

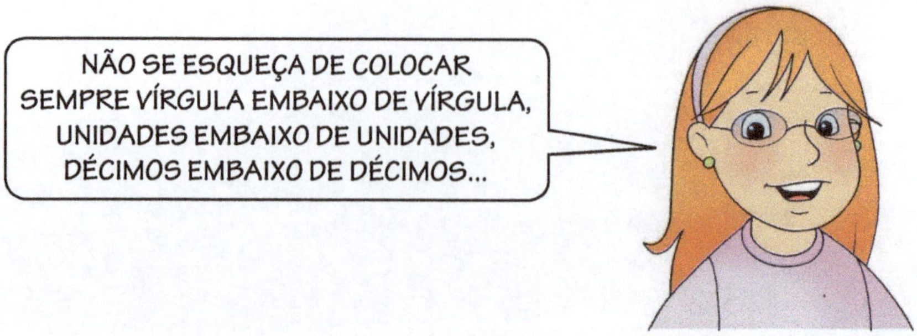

Ilustrações: Sérgio Cântara/Arquivo da editora

1. Arme e efetue as adições.

a) $2 + 0,7 + 1,2 =$ ______

unidades	décimos

b) $0,5 + 0,13 + 0,94 =$ ______

unidades	décimos	centésimos

c) $22 + 0,31 + 5,084 =$ ______

dezenas	unidades	décimos	centésimos	milésimos

2. Arme e efetue as subtrações.

a) $4,8 - 1,7 =$ ______

unidades	décimos

b) $3 - 0,4 =$ ______

unidades	décimos

c) $8,642 - 6,451 =$ ______

unidades	décimos	centésimos	milésimos

Multiplicação

Para aprender a multiplicar números decimais, acompanhe o exemplo a seguir.

- Rita comprou 3 lápis pagando R$ 0,75 por cada um. Quanto Rita gastou no total?

 +  + 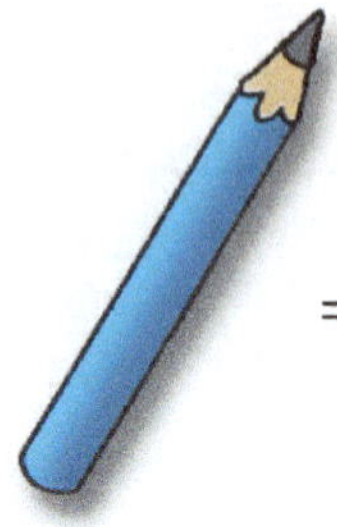 = 2,25

0,75 0,75 0,75

Sérgio Cântara/Arquivo da editora

ou 3 × 0,75 = 2,25

fatores				
	²0,	¹7	5	→ duas casas decimais
	×		3	→ nenhuma casa decimal
	2,	2	5	→ duas casas decimais

Resposta: Rita gastou R$ 2,25.

Para multiplicar números decimais, é preciso:

1º – Multiplicar os números como se fossem inteiros.

2º – Contar as casas decimais dos fatores (multiplicando e multiplicador) e colocar a vírgula no produto, partindo da direita para a esquerda.

Na multiplicação de números decimais referentes a valores em dinheiro, procedemos da mesma forma, só que no produto cortamos as casas decimais após os centavos.

R$	¹1	¹ ¹4	5,	0	0
×				2,	3
		4	3	5	0	0
+ ¹2	9	0	0	0	
R$ 3	3	3,	5	0	~~0~~

1. Efetue as multiplicações abaixo.

a) $\begin{array}{r} 3{,}8 \\ \times \quad 3 \\ \hline \end{array}$

c) $\begin{array}{r} 7{,}34 \\ \times \quad 4 \\ \hline \end{array}$

e) $\begin{array}{r} 6{,}42 \\ \times \quad 5 \\ \hline \end{array}$

b) $\begin{array}{r} 12{,}3 \\ \times \quad 2{,}4 \\ \hline \end{array}$

d) $\begin{array}{r} 2{,}35 \\ \times \quad 1{,}6 \\ \hline \end{array}$

f) $\begin{array}{r} 10{,}54 \\ \times \quad 0{,}3 \\ \hline \end{array}$

2. Calcule.

Sérgio Cântara/Arquivo da editora

a) R\$ 350,00 × 0,12 = ____________

b) R\$ 600,00 × 0,275 = ____________

Multiplicação de um número decimal por 10, 100 e 1000

Multiplicação por 10

$1{,}37 \times 10 = 13{,}7$

$4{,}2 \times 10 = 42$ — 42,0 = 42

Para multiplicar um número decimal por 10, basta deslocar a vírgula uma casa para a direita.

Multiplicação por 100

$8{,}194 \times 100 = 819{,}4$

$5{,}60 \times 100 = 560$ — 560,0 = 560

Para multiplicar um número decimal por 100, basta deslocar a vírgula duas casas para a direita.

Multiplicação por 1000

$4{,}316 \times 1\,000 = 4\,316$ — 4 316,0 = 4 316

Para multiplicar um número decimal por 1 000, basta deslocar a vírgula três casas para a direita.

Divisão de um número decimal por 10, 100 e 1000

Divisão por 10

$53{,}9 \div 10 = 5{,}39$

$2{,}18 \div 10 = 0{,}218$ — acrescenta-se um zero à esquerda

Para dividir um número decimal por 10, basta deslocar a vírgula uma casa para a esquerda.

Divisão por 100

$158{,}9 \div 100 = 1{,}589$

$2{,}3 \div 100 = 0{,}023$ — zeros à esquerda

Para dividir um número decimal por 100, basta deslocar a vírgula duas casas para a esquerda.

Divisão por 1000

$23\,758{,}8 \div 1\,000 = 23{,}7588$

$63{,}5 \div 1\,000 = 0{,}0635$ — zeros à esquerda

Para dividir um número decimal por 1 000, basta deslocar a vírgula três casas para a esquerda.

1. Efetue as operações abaixo.

a) $2,9 \times 10 =$ ____________

b) $12,8 \div 10 =$ ____________

c) $45,390 \times 1\,000 =$ ____________

d) $328,15 \div 10 =$ ____________

e) $2\,428,2 \div 1\,000 =$ ____________

f) $558,9 \div 10 =$ ____________

g) $0,435 \times 1\,000 =$ ____________

h) $16,18 \times 10 =$ ____________

i) $78,2 \div 100 =$ ____________

j) $78,5 \div 1\,000 =$ ____________

k) $0,01 \times 1\,000 =$ ____________

l) $280,9 \div 1\,000 =$ ____________

2. Multiplique os seguintes números decimais por 1 000.

a) 0,368 → ____________

b) 0,089 → ____________

c) 9,143 → ____________

d) 0,007 → ____________

e) 2,45 → ____________

f) 0,6 → ____________

3. Veja o exemplo e complete.

3,8214 —(× 10)→ 38,214 —(× 100)→ 3 821,4 —(× 1 000)→ 3 821 400

3,81 —(× 1 000)→ ☐ —(÷ 100)→ ☐ —(× 10)→ ☐

11

Medidas de comprimento

Unidade fundamental: o metro

Como o ser humano aprendeu a medir as coisas?

No início, usava partes de seu próprio corpo, como pés e mãos, cujos comprimentos passaram a ser as primeiras unidades de medida.

Como as pessoas têm mãos e pés de diferentes tamanhos, um mesmo comprimento tinha medidas diferentes.

Para evitar problemas desse tipo, em 1790 foi criado na França o sistema métrico. E o metro foi adotado como unidade fundamental para determinar comprimentos.

Com o metro, é possível medir o comprimento de um muro, a altura de um poste, a distância entre duas árvores e muitas outras coisas.

O **metro** é a unidade fundamental das medidas de comprimento. Seu símbolo é **m**.

Múltiplos e submúltiplos do metro

Seu Zacarias é agrimensor, isto é, medidor de terras. Para fazer seu trabalho, medindo grandes distâncias, ele usa **medidas maiores que o metro**.

Carol vai medir seu caderno. Ela usa uma **medida menor que o metro** para medir um pequeno comprimento.

Os **múltiplos do metro** são unidades maiores que o metro.

O múltiplo do metro mais usado é o quilômetro (km); ele é utilizado para medir grandes distâncias.

Os **submúltiplos do metro** são unidades menores que o metro.

O submúltiplo do metro mais usado é o **centímetro** (cm).

Nas réguas escolares, temos o centímetro e também o **milímetro** (mm), que é outro submúltiplo do metro.

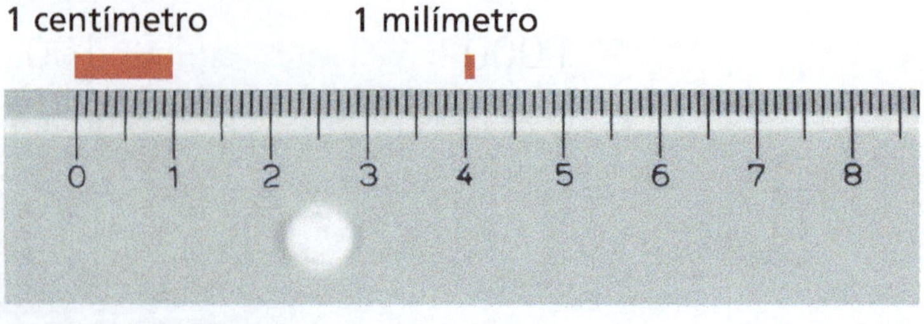

Reprodução/Arquivo da editora

1. Complete as sentenças com a unidade de medida adequada: metros, centímetros, milímetros ou quilômetros.

a) Uma lapiseira tem 15 ______________________ de comprimento.

b) Uma pulga tem aproximadamente 3 ______________________.

c) Daniel mora num prédio de 25 ______________________ de altura.

d) A distância entre São Paulo e Brasília é de aproximadamente 1 100 ______________________.

2. Circule a melhor estimativa para as medidas reais.

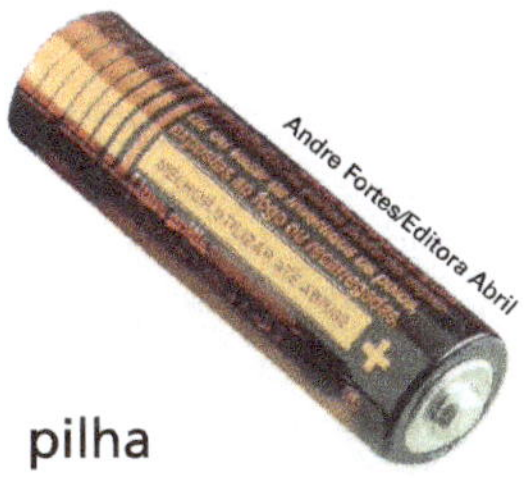

pilha

Andre Fortes/Editora Abril

- 5 m
- 5 cm
- 5 mm

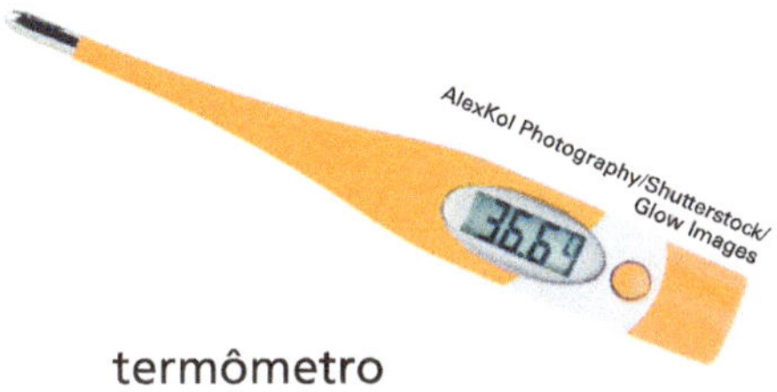

termômetro

AlexKol Photography/Shutterstock/Glow Images

- 12 m
- 12 cm
- 12 mm

ovos de beija-flor

Gerry Ellis/Latinstock

- 12 cm
- 1,2 cm
- 120 cm

girafas

Valdemir Cunha/Editora Abril

- 40 cm
- 4 m
- 400 mm

golfinho

Andre Seale/Pulsar Imagens

- 250 m
- 25 000 mm
- 2,5 m

joaninha

Digital Vision/Arquivo da editora

- 5 cm
- 5 m
- 5 mm

Mudanças de unidade

Metro, centímetro e milímetro

$4{,}30\ m = 4\ m + 30\ cm$
$4{,}30\ m = 400\ cm + 30\ cm$
$4{,}30\ m = 430\ cm$

1 metro = 100 cm
1 centímetro = 10 mm
1 metro = 1 000 mm

Ilustrações: Sérgio Cântara/Arquivo da editora

Quilômetro

1 km = 1 000 m

1. Complete com o valor equivalente.

Sérgio Cântara/Arquivo da editora

a) 3 m = ________ cm

b) 1,8 m = ________ mm

c) 15,2 m = ________ cm

d) 9,1 cm = ________ mm

e) 10 km = ________ m

f) 4 000 m = ________ km

g) 4,8 km = ________ m

h) 3 200 cm = ________ m

i) 173 cm = ________ m

j) 47 m = ________ cm

2. Quem não corre voa! Observe o quadro e responda:

animal	velocidade
abelha	17 km/h
águia	160 km/h
andorinha	170 km/h
borboleta	32 km/h

animal	velocidade
falcão	160 km/h
gaivota	60 km/h
pombo	100 km/h

km/h significa: quilômetros por hora.

O guia dos curiosos, de Marcelo Duarte. São Paulo: Companhia das Letras.

a) Qual desses animais é o mais veloz?

____

b) Qual é o animal que voa 32 000 metros por hora?

____

c) Qual dos animais é o mais lento?

____

d) Quais animais voam com a mesma velocidade?

____

e) Quantos metros por hora o pombo voa?

____

Ideia de perímetro

Jaqueline quer fazer uma surpresa para seu pai. Ela vai colocar uma moldura ao redor da gravura que ele ganhou.

Sérgio Cântara/Arquivo da editora

Jaqueline encontrou as seguintes medidas:

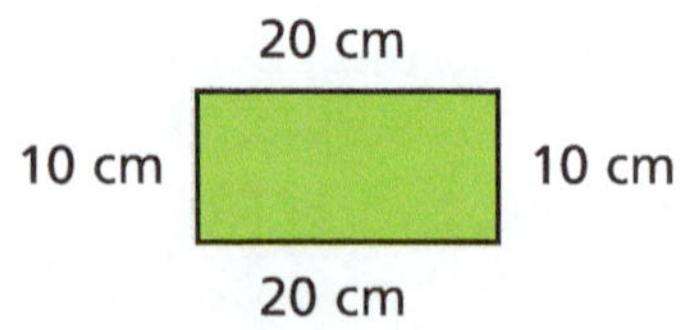

Os **lados maiores** da gravura medem **20 cm** cada um. Os **lados menores** da gravura medem **10 cm** cada um. Os quatro lados medem:

20 cm + 20 cm + 10 cm + 10 cm = 60 cm

60 cm é a **medida do contorno** da gravura. Então, Jaqueline vai usar 60 cm de moldura. Essa medida do contorno chama-se **perímetro**.

Perímetro é a soma das medidas dos lados de um polígono.

Ideia de área

Neste retângulo cabem 18 pastilhas. Então, para cobrir a região retangular, serão necessárias 18 pastilhas de 1 cm de lado.

Baloncici/Shutterstock/Glow Images

A área desse retângulo, ou seja, a medida de sua superfície, equivale a 18 pastilhas.

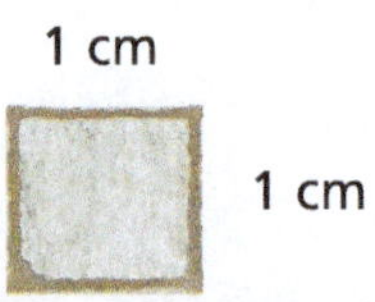

Sérgio Cântara/Arquivo da editora

1. Determine o perímetro das figuras a seguir. Observe as medidas dos lados de cada uma.

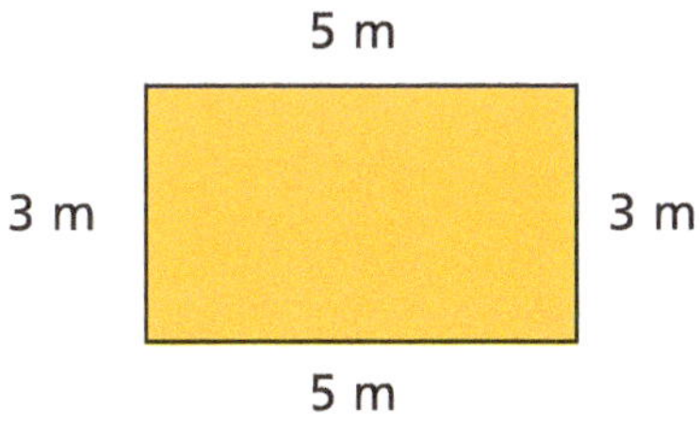

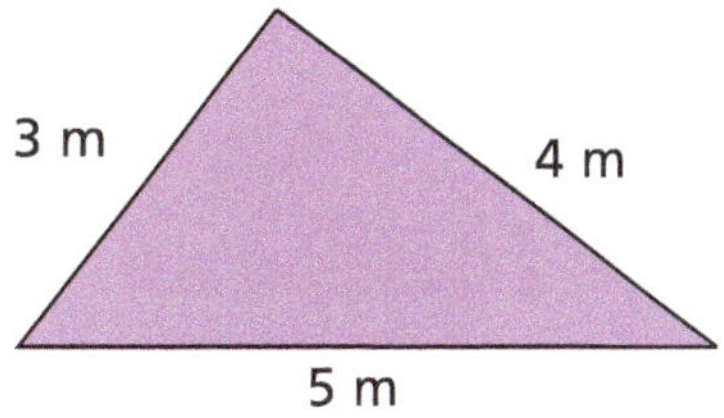

Perímetro: ______________

Perímetro: ______________

2. Calcule as medidas desconhecidas em cada polígono.

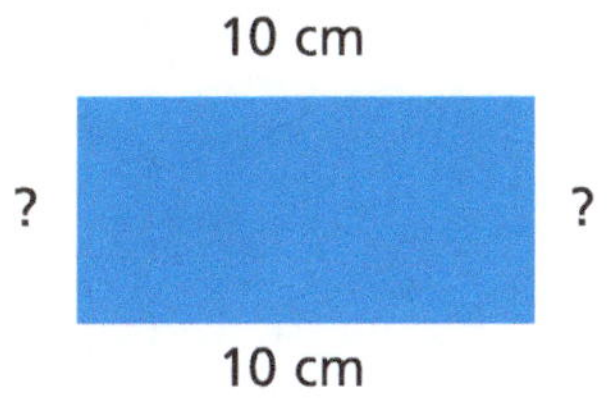

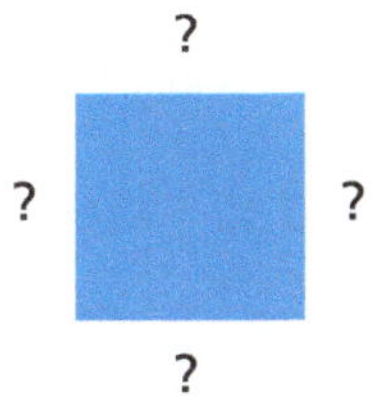

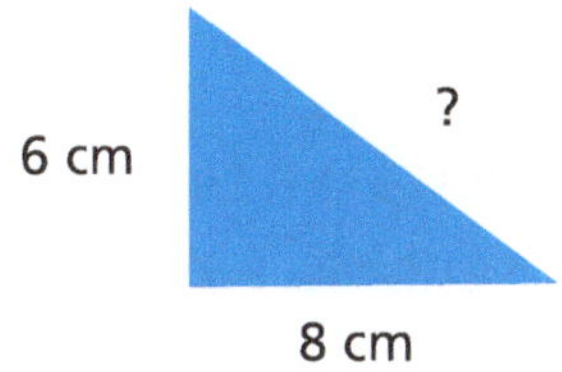

Perímetro = 30 cm	Perímetro = 12 cm	Perímetro = 24 cm

3. Descubra quantas pastilhas serão necessárias para cobrir as superfícies abaixo.

____

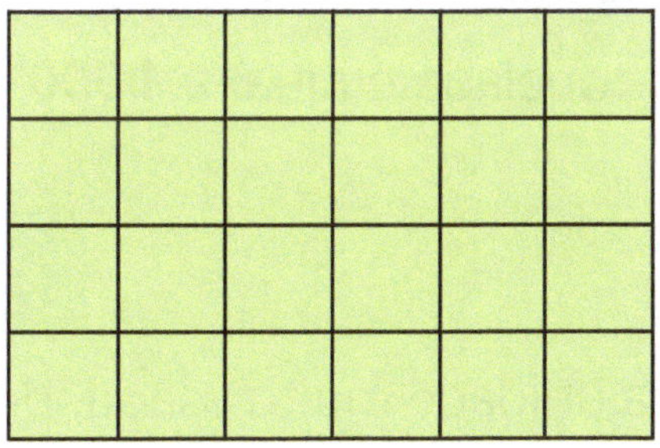

____

12

Medidas de massa

Unidade fundamental: o grama

O quilograma e o grama são as unidades mais usadas para medir a massa (peso) de um corpo.

Massa é a quantidade de matéria (substância) de um corpo.

Erwinova/Shutterstock/Glow Images

Medimos a massa de um corpo utilizando balanças.

O **grama** é a unidade fundamental das medidas de massa. Seu símbolo é **g**.

Múltiplos e submúltiplos do grama

Os **múltiplos do grama** são unidades maiores que o grama.

O múltiplo do grama mais usado é o **quilograma** (kg).

Os **submúltiplos do grama** são unidades menores que o grama.

O submúltiplo do grama mais usado é o **miligrama** (mg).

1 quilograma = 1 000 gramas

Tonelada: uma medida especial

Para medir grandes massas, como cargas de navios, caminhões, trens e outros objetos grandes, usamos a tonelada. Seu símbolo é **t**.

A tonelada é um múltiplo do quilograma.

Uma tonelada é igual a **1 000 quilogramas**.

1 t = 1 000 kg

Outra unidade muito usada, principalmente em comércios como o do gado, é a **arroba**.

Uma arroba é igual a **15 quilogramas**.

1. Complete com o valor equivalente.

a) 5 kg = ________ g

b) 0,5 t = ________ kg

c) 2,9 kg = ________ g

d) 7 t = ________ kg

e) 4 g = ________ mg

f) 370 g = ________ kg

g) 9,4 t = ________ kg

h) 3 000 mg = ________ g

i) 3,5 t = ________ kg

j) 8,78 g = ________ mg

2. Observe o peso que os seguintes animais podem ter e responda:

animal	peso
beija-flor	10 g
gato	6 kg
vaca	800 kg
hipopótamo	3 t
cavalo	450 kg
frango	3 kg
chimpanzé	70 kg
foca	80 kg

O guia dos curiosos, de Marcelo Duarte. São Paulo: Companhia das Letras.

a) Em média, quanto pesa um gato?

____

b) Quantos quilogramas pesa o hipopótamo?

____

c) Qual é o animal mais leve e qual é o mais pesado?

____

____

d) Quantos gramas pesa o frango?

____

e) Quantos quilogramas um chimpanzé tem a menos que uma foca?

____

3. Escreva quantas toneladas há em:

a) 2 000 kg → ________ t

b) 3 200 kg → ________ t

c) 500 000 kg → ________ t

d) 8 100 kg → ________ t

e) 55 900 kg → ________ t

f) 6 000 kg → ________ t

13

Medidas de capacidade

Capacidade é a quantidade de líquido que um recipiente pode conter.

Unidade fundamental: o litro

Usamos o litro para medir a capacidade de recipientes que contêm líquidos, como a água, a gasolina, o álcool e o leite.

O **litro** é a unidade fundamental das medidas de capacidade. Seu símbolo é **L**.

Múltiplos e submúltiplos do litro

Tomar leite é muito bom para a saúde. Veja a quantidade de leite que os bebês vão tomar:

Sérgio Cântara/Arquivo da editora

Todas as mamadeiras comportam menos de 1 litro de leite.

Para medidas de capacidade menores que 1 litro costumamos utilizar o **mililitro**.

O **mililitro** é o submúltiplo mais usado do litro. Seu símbolo é **mL**.

unidades práticas

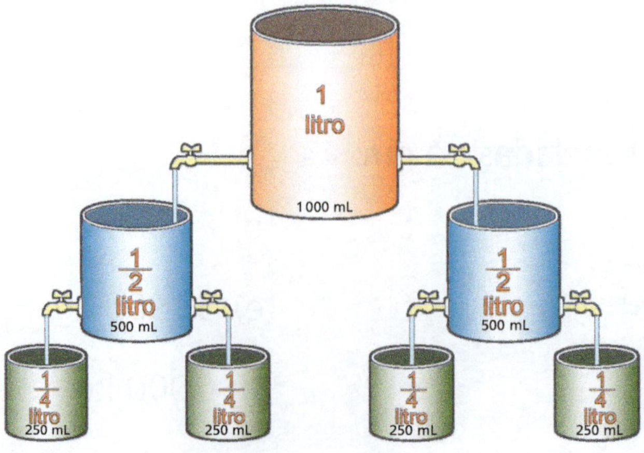

Avalone/Arquivo da editora

1. Complete as igualdades.

1L = 1 000 mL ou 1 mL = 0,001 L

a) 2 L = ______________ mL

b) 2,3 L = ______________ mL

c) 1 800 mL = ______________ L

d) $\frac{1}{2}$ L = ______________ mL

e) 4,5 L = ______________ mL

f) 6 L = ______________ mL

g) $\frac{1}{4}$ L = ______________ mL

h) 10 000 mL = ______________ L

2. Complete com a unidade de medida adequada: litro ou mililitro.

a) Tiago tomou um copo de 300 ______________ de suco de laranja.

b) Sandra comprou uma panela de pressão com 7 __________ de capacidade.

c) Renato molha as plantas usando um regador de 5 ______________.

d) Rosa comprou uma garrafa térmica de 1 500 ______________.

3. Na sua opinião, qual é a capacidade dos objetos abaixo?

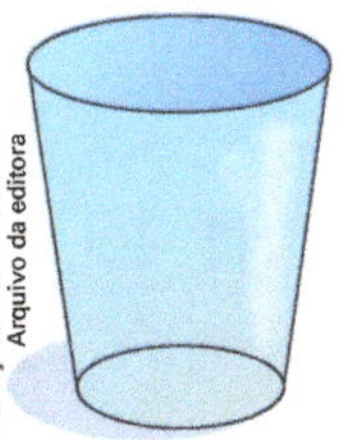

Ilustrações: Ilustra Cartoon/ Arquivo da editora

- [ ] 5 mL
- [ ] 250 mL
- [ ] 3 L

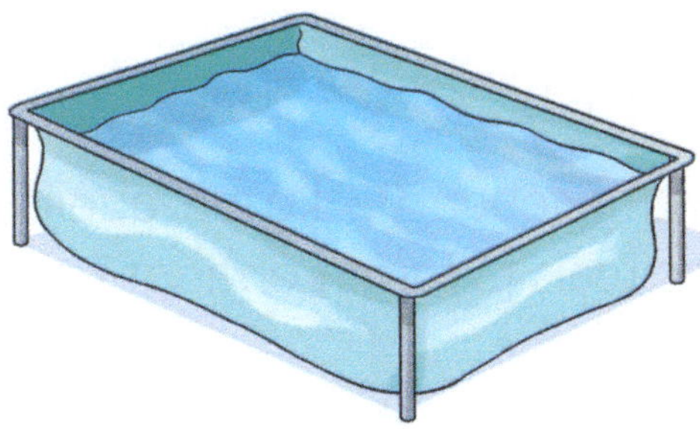

- [ ] 5 L
- [ ] 500 L
- [ ] 500 mL

- [ ] 15 mL
- [ ] 1,5 L
- [ ] 5 000 mL

- [ ] 50 mL
- [ ] 500 L
- [ ] 5 000 mL

De olho na resolução de problemas

Faça em seu caderno

1. Quanto falta a 79 centésimos para atingir o inteiro?

2. Uma costureira utiliza 0,3 m de tecido para fazer um laço. Quanto tecido será necessário para fazer 5 laços?

3. Camila tem 1,45 m de altura e sua mãe, 1,65 m. Quantos centímetros faltam para Camila atingir a altura de sua mãe?

4. José comprou um rolo de arame de 40 m para cercar uma área que mede 5,70 m de comprimento e 3,80 m de largura. Quantos metros de arame ele gastou? Quantos metros de arame restaram no rolo?

5. Uma mercearia recebeu 92 kg de queijo. Já vendeu 68 kg a R$ 13,00 o quilo. Quantos reais já foram obtidos com a venda?

6. Sabendo que é aconselhável ingerir, em média, 2 L de água por dia, quantos copos de 250 mL de água devemos consumir por dia?

SUGESTÕES PARA O ALUNO

Livros

A revolta dos números,
de Odette de Barros Mott. São Paulo: Paulinas.

Júlia estava tentando resolver um problema de Matemática em seu caderno quando, de repente, os números resolveram fazer a maior confusão!

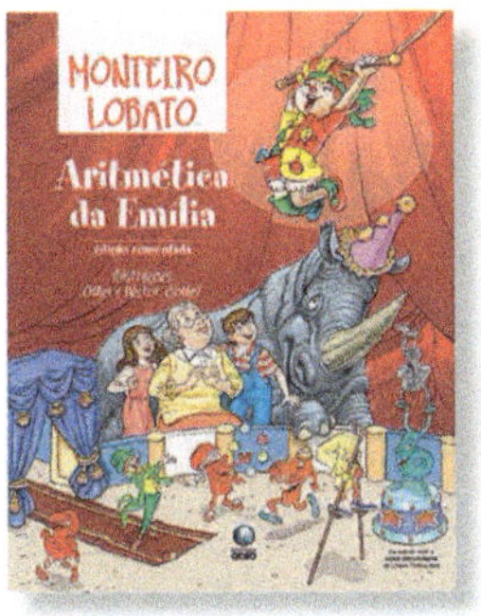

Aritmética da Emília,
de Monteiro Lobato. São Paulo: Globo.

Guiada por uma das bonequinhas mais amadas do Brasil, a turma do Sítio do Pica-Pau-Amarelo faz uma longa viagem ao reino da aritmética.

Brincando com os números,
de Massin. Tradução de Heloisa Jahn. São Paulo: Companhia das Letrinhas.

O número 7 é um velhinho de bengala, o número 6 é uma cobra enroladinha, o número 4 é um guarda de trânsito com apito na boca. Achou estranho? Esses são os números que o menino Fil conheceu, acompanhado de seu cachorrinho Pipo.

Em busca dos números perdidos,
de Michael Thomson. Tradução de Adazir Almeida Carvalho. São Paulo: Melhoramentos.

Os números de todo o mundo estão desaparecendo! Mas você pode ajudar a resolver esse mistério procurando as pistas e usando equipamentos como o Camelo que Conta e a Cobra Calculadora.

Reprodução/Callis Editora

Fugindo das garras do gato,
de Choi Yun-Jeong. São Paulo: Callis.

Quando os ratinhos se unem para escapar das garras do gato, é preciso votar para tomar decisões, além de conhecer os números e saber interpretá-los.

Reprodução/Callis Editora

O consumo,
de Cristina Von. São Paulo: Callis.

Lucas e Léo vão aprender não só sobre economia, mas também sobre cidadania e ecologia. Assim, vão poder controlar suas mesadas e se tornar consumidores conscientes.

Reprodução/Editora Paulinas

O menino que engoliu o quatro,
de José Carlos Aragão. São Paulo: Paulinas.

Um menino muito criativo bebeu dois copos de nuvem e engoliu um quatro. Mas nenhum adulto conseguiu entender: o que é engolir um quatro?

Reprodução/Editora Girafinha

O rapto do professor de Matemática,
de Philippe Barcinski. São Paulo: Girafinha.

Quando um professor escreve no quadro um número que nunca tinha sido citado por ninguém, ele foge e causa uma grande confusão. O professor de Matemática é o único que pode resolver essa confusão.

Unidade

1

Você e a História

Andréia Vieira/Arquivo da editora

O QUE VOU ESTUDAR?

- A história de cada um
- O tempo e a sua história
- A história dos lugares

1

Você e a sua história

A memória e a sua história

Laura está olhando fotos antigas de sua família e ouve com interesse as histórias contadas por sua bisavó.

Quando ouvimos histórias de pessoas mais velhas, estamos recuperando lembranças. Por meio dessas lembranças, podemos imaginar como eram os costumes de outra época e perceber as mudanças que ocorreram com o tempo.

Leia agora algumas lembranças de Vânia, que volta aos tempos de infância ao deixar cair uma caixa cheia de bugigangas de cima do armário. Ela começa a juntar as coisas para guardar de novo e...

[...] um botãozinho alaranjado me saltou aos olhos, trazendo velhas e doces lembranças. Então, como num filme, as imagens me vieram à mente.

Eu era gordinha (acho que ainda sou) e levava muitos lanches para comer no recreio da escola. Pão com isso, pão com aquilo, fruta, doce... Passava quase o recreio todo comendo minhas delícias. Só me atrapalhava quando o Adriano, meu vizinho, passava por perto e me provocava dizendo:

— Bola, bolinha balofa!

Ilustrações: Ilustra Cartoon/Arquivo da editora

E corria, olhando para trás, rindo. Até que um dia eu me enchi e planejei minha desforra. Fiquei num canto da escola que tinha duas saídas. Comecei a comer minhas delícias e dali a pouco apareceu o Adriano, com sua cara de canivete enferrujado, gritando:

— Bola, bolinha balofa!

E saiu correndo por um dos lados. Eu me levantei depressa e corri pelo outro lado. Não deu outra: de repente, nós dois cara a cara.

Ele levou um baita susto, quis fugir, mas eu agarrei-o pela camisa e fui dizendo:

— Fala, agora, cara de canivete sujo, quem é balofa?!

Claro que ele não respondeu. E escapou de mim, deixando apenas um botão redondinho e alaranjado nas minhas mãos, arrancado de sua blusa.

Depois disso... depois disso, ele nunca mais me provocou. E o botão foi para mim, durante muito tempo, um troféu de vitória.

Ilustra Cartoon/Arquivo da editora

Tantas histórias numa caixa de sapatos, de Edson Gabriel Garcia. São Paulo: FTD, 1998.

O que são as coisas senão as lembranças que elas provocam?
No botãozinho alaranjado, a presença de Adriano...
Quantas histórias cabem numa caixa de sapatos?

- Você tem algum objeto guardado que lhe traz alguma lembrança? Que lembrança é essa? Escreva no espaço abaixo.

2

O tempo e a sua história

Podemos representar a passagem do tempo por meio de uma **linha do tempo**, que pode ser dividida de várias formas: de ano em ano, de dez em dez anos, de cem em cem anos, por exemplo. Veja:

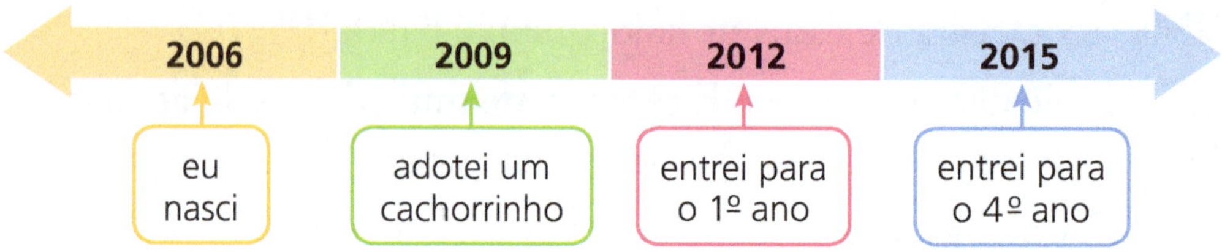

Que tal organizar uma linha do tempo desde seu nascimento até hoje?

1. Faça sua linha do tempo em uma folha avulsa. Se quiser, complemente-a com desenhos, fotos ou objetos ligados a cada fase da sua vida. Depois de pronta, mostre-a aos colegas e ao professor.

2. Nos depoimentos a seguir, as pessoas falam das brincadeiras que faziam quando eram crianças. Leia-os.

Nós brincávamos na rua. Ao cair da tarde, a garotada saía de casa e se juntava: meninos para um lado e meninas para o outro. Nessa parte do dia, a brincadeira favorita das meninas era o pique. Já os meninos não largavam a bola por nada e inventavam mil maneiras de brincar com ela.

Ilustra Cartoon/Arquivo da editora

Depoimento do senhor Carlos (que nasceu em 1946) especialmente para esta obra.

Quando éramos crianças, eu e meu irmão gostávamos de jogar bola de gude, na rua de terra, onde buraquinhos eram abertos para brincar de bola ou búrica. Quando conseguíamos rolimãs, fazíamos carrinhos e ora eu puxava, ora meu irmão, e descíamos a ladeira. Minhas irmãs brincavam de boneca e aprendiam com nossa avó a fazer lindas colchas de retalhos.

Depoimento do senhor Fernando Gonçalves (que nasceu em 1952) especialmente para esta obra.

búrica: no Rio de Janeiro, palavra usada como sinônimo do jogo de bolinha de gude.

Ilustrações: Ilustra Cartoon/Arquivo da editora

Eu me lembro de que, quando era criança, meus pais não me deixavam brincar na rua. O máximo que me permitiam era brincar no quintal nos fundos da casa onde morávamos. Meu pai amarrava uma corda em um dos galhos grossos de uma mangueira e fazia um balanço, colocando um pedaço de madeira para servir de assento. Aí eu pegava minha boneca de pano e ficava horas me balançando e conversando com ela.

Depoimento da dona Cecília (que nasceu em 1954) especialmente para esta obra.

- Agora converse com seus colegas sobre as questões a seguir.

  a) Você se lembra do que gostava de brincar quando era bem pequeno?

  b) Converse com seus familiares para saber quais eram as brincadeiras preferidas deles quando eram crianças.

  c) Compare suas brincadeiras com as de seus familiares no tempo em que eles eram crianças. Que semelhanças e diferenças existem?

3

A história dos lugares

Os historiadores procuram entender como era a vida em lugares e épocas diferentes. Para isso, eles utilizam as **fontes históricas**, que podem ser documentos pessoais, livros, jornais, fotos, pinturas e até relatos orais.

Os indígenas brasileiros, por exemplo, são povos que registraram os acontecimentos do passado por meio de relatos orais.

Da mesma forma, muitas das tradições africanas são conhecidas até hoje porque foram transmitidas oralmente de pais para filhos.

O lugar em que você vive também possui uma história. No passado, para viverem nele, os seres humanos o modificaram conforme as necessidades e os costumes de cada época.

Veja a seguir como é possível conhecer mais sobre a história do Brasil por meio de diversas fontes.

Reprodução/Arquivo público do estado de São Paulo, São Paulo, SP.

Primeira edição da Revista **O Immigrante**, publicada em 1908. A revista era destinada aos milhares de imigrantes que chegavam ao Brasil no início do século XX.

Reprodução/Museu Paulista da USP, São Paulo, SP.

Desembarque de Cabral em Porto Seguro, óleo sobre tela de Oscar Pereira da Silva, 1922. Essa obra mostra como o artista imaginou o encontro entre portugueses e indígenas.

Agora, vamos refletir um pouco sobre as fontes que você observou. Perceba que a pintura, por exemplo, não garante que a chegada dos portugueses tenha acontecido daquela maneira, assim como a capa da revista não mostra o mapa do Brasil exatamente como ele era de fato. As fontes nos ajudam a entender o passado, mas não revelam exatamente o que ocorreu. Elas não são provas, e sim indícios dos acontecimentos.

O historiador é aquele que, com base em diversas informações, consegue analisar a História para que todos nós possamos ler e entender mais sobre o passado e o presente.

1. Faça uma pesquisa sobre a história do município em que você mora seguindo as etapas abaixo.

   - Entreviste pessoas, procure informações em livros, enciclopédias, *sites*, museus, construções históricas ou outras fontes.
   - Use o roteiro de perguntas a seguir, que poderá ajudá-lo.

     a) Como se formou seu município? Houve algum fato conhecido que motivou a sua fundação?

     b) Quem fundou o município? Qual é a data da fundação?

   - Depois, escreva no caderno todas as informações obtidas na pesquisa.

2. E hoje, como está o município em que você mora? O que ele tem de bom? O que precisa ser feito para que ele se torne um lugar melhor para viver?

3. Tente conseguir fotos, cartões-postais e outras imagens que mostrem seu município em diferentes épocas. Elabore um cartaz com o título "O município em que moro, ontem e hoje".

De olho na História

Os relatos orais

Por meio do relato de nossos pais, avós, parentes, amigos e vizinhos, também podemos conhecer nossa história e descobrir nossas origens.

Leia a seguir mais exemplos de histórias de vida.

Autoria desconhecida/Museu da Imigração/Memorial do Imigrante, São Paulo, SP.

Desembarque de imigrantes na estação da estrada de ferro ao lado da Hospedaria dos Imigrantes, em São Paulo.

Em 1949, seu Francesco veio para o Brasil, deixando para trás uma Itália arrasada pela guerra. Ele veio com muita gente, em busca de uma nova terra com melhores condições de vida.

Em 1973, dona Joaquina saiu do estado da Paraíba e veio morar em São Paulo. Como ela, várias pessoas procuraram melhores condições de moradia e trabalho em outras regiões do Brasil.

Durante longo tempo, não só pessoas de outros países vieram para o Brasil, como também muitas das que já moravam aqui se deslocaram de regiões rurais ou de pequenas regiões urbanas para os grandes centros urbanos, principalmente para o Sudeste do país.

Em razão desses deslocamentos, de um país estrangeiro para o nosso país ou de uma região brasileira para outra, muitos membros das famílias que vivem no Brasil têm **diferentes origens**.

- Converse com os colegas sobre a origem deles. Depois entreviste algumas pessoas (familiares, amigos, vizinhos) e escreva no caderno o **nome completo**, a **data de nascimento** e o **local de nascimento** de cada uma delas.

Unidade

2

Brasil: período pré-colonial

Andréia Vieira/Arquivo da editora

O QUE VOU ESTUDAR?

- Os primeiros grupos humanos das terras que hoje formam o Brasil
- Os povos indígenas brasileiros
- A chegada dos portugueses

4

Os primeiros habitantes das terras que hoje formam o Brasil

O surgimento do ser humano

Pertencemos à espécie humana, que faz parte de um processo de mudanças iniciado há milhares de anos. Durante esse processo, algumas características físicas mudaram bastante, como a estatura, o formato do cérebro e a postura. Observe:

Ilustra Cartoon/Arquivo da editora

Australopithecus (entre quatro e três milhões de anos)

Homo habilis (cerca de dois milhões de anos)

Homo erectus (cerca de um milhão de anos)

Homo sapiens neanderthalensis (cerca de duzentos mil anos)

Homo sapiens sapiens (cerca de cem mil anos)

Antes da escrita

Há cerca de 12 mil anos as terras que hoje são o Brasil já eram habitadas por seres humanos, mas eles não possuíam um sistema de escrita. Como podemos, então, ter ideia de como eles viviam?

Veja as imagens a seguir.

Fabio Colombini/Acervo do fotógrafo

Os desenhos feitos nas rochas das cavernas geralmente eram figuras de animais e seres humanos. Essa pintura mostra uma cena similar a uma caçada. Nela é possível identificar a figura de um animal e de alguns seres humanos, que o cercam.

Fabio Colombini/Acervo do fotógrafo

A pedra foi muito usada para a confecção de objetos. Ao longo do tempo, os primeiros grupos humanos passaram a fabricar armas, ferramentas e utensílios mais aperfeiçoados, como pontas de lança de pedra lascada e machados de pedra polida.

Como você vê nas fotos acima, a análise de pinturas, ferramentas e outros materiais muito antigos permite imaginar a vida de pessoas que viveram há milhares de anos, muito antes do surgimento da escrita.

Esses vestígios de antigas populações são revelados por meio de pesquisas feitas por arqueólogos.

- Analise as imagens abaixo e complete as legendas utilizando as palavras do quadro.

árvore	animais	caçar	coletar	objeto	frutos	pintura	pessoas

Alfredo Dagli Orti/The Art Archive/Corbis/Latinstock

a) Esta figura mostra um ______________ similar a uma ponta de lança. Sua forma pontiaguda indica que ele era utilizado para ______________ alguns ______________.

Fabio Colombini/Acervo do fotógrafo

b) Esta ______________ mostra uma cena em que duas ______________ aparentam segurar uma ______________, possivelmente para ______________ os seus ______________.

5

Os povos indígenas

Em 1500, quando os portugueses chegaram às terras que hoje formam o Brasil, encontraram povos indígenas que tinham costumes e modos de viver próprios. Esses povos não deixaram registros escritos sobre a sua história, por isso a conhecemos por meio de relatos dos europeus, pelas pesquisas arqueológicas e pela tradição dos indígenas atuais.

tradição: transmissão de histórias, lendas e costumes de geração para geração.

Johann Moritz Rugendas/Coleção particular

Indígenas em sua cabana, litografia colorida à mão de Johann Moritz Rugendas, cerca de 1835. Essa obra é um exemplo de registro do modo de vida dos indígenas sob o ponto de vista de um europeu.

A cultura indígena

De forma geral, os povos indígenas acreditavam em vários deuses, diferentemente da maioria dos europeus, que acreditavam em um único deus.

Grande parte dos diversos povos indígenas tinham o hábito de dormir em redes, andavam nus ou quase nus e enfeitavam-se com penas coloridas, dentes de animais e sementes e pinturas feitas com tintas extraídas de vegetais. Confeccionavam variados tipos de ferramentas, como arcos, flechas e lanças, e alimentavam-se da carne dos animais que caçavam e de peixes que pescavam, além de comer diversas frutas, milho e mandioca.

Edson Grandisoli/Pulsar Imagens

Muitos dos costumes indígenas foram preservados, como algumas canções, hábitos alimentares e crenças religiosas. Essa foto mostra avó e neto indígenas do povo Desano, no município de Manaus (AM), em 2013.

O contato com os portugueses e com outros povos mudou o estilo de vida dos indígenas. Porém ainda há alguns povos indígenas que mantêm os hábitos tradicionais, construindo suas casas, confeccionando suas ferramentas e alimentando-se da mesma forma que seus antepassados.

1. Assinale a(s) afirmativa(s) verdadeira(s).

- [ ] As terras que receberam o nome de Brasil foram ocupadas a partir de 1500.
- [ ] Conhecemos a história dos povos indígenas pelos relatos europeus, pelas pesquisas arqueológicas e pela tradição dos atuais indígenas.
- [ ] Os povos indígenas de 1500 produziram documentos escritos que revelam sua história.
- [ ] Os povos indígenas tinham hábitos diferentes aos dos europeus.

2. Veja os mapas a seguir.

Adaptado de: **Atlas histórico básico**, de José Jobson de A. Arruda. São Paulo: Ática, 2001. p. 35.

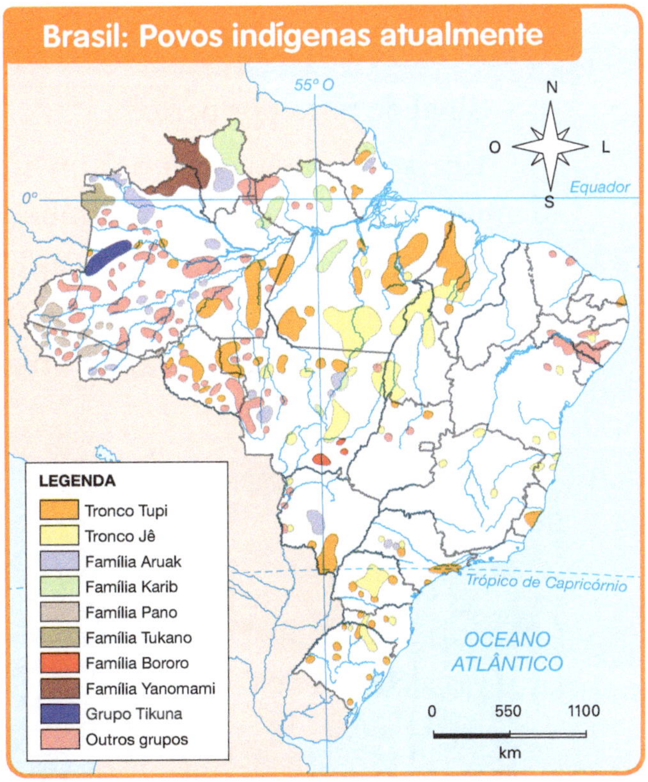

Adaptado de: **Atlas histórico: geral e do Brasil**, de Cláudio Vicentino. São Paulo: Scipione, 2011. p. 27.

Mapas: Allmaps/Arquivo da editora

- Compare os dois mapas e escreva no caderno as mudanças que você percebe que ocorreram.

6

A chegada dos portugueses

Em 1500 a frota portuguesa comandada por Pedro Álvares Cabral partiu de Lisboa e chegou à América.

Esse foi o primeiro encontro entre portugueses e indígenas, episódio que foi narrado pelo português Pero Vaz de Caminha em uma carta enviada ao rei de Portugal, dom Manuel I. Veja:

Carta de Pero Vaz de Caminha ao rei dom Manuel I

[...] Acredite, Vossa Majestade, que tentarei ao máximo não aumentar ou diminuir nada. Apenas contar aquilo que vi, o que já não será pouco!

[...]

Seguíamos sobre as vontades do mar, até o dia — para ser mais exato, 21 de abril, uma terça-feira — em que apareceram flutuando sobre a água folhas de botelho, aquela erva comprida, também chamada de rabo-de-asno.

Sinal de terra por perto!

Em seguida, avistamos um monte grande, alto e arredondado. Não demorou muito para vermos também terra plana e com grandes árvores.

Ao que era monte, nosso capitão chamou de monte Paschoal. À terra, ele deu o nome de Terra de Vera Cruz. Só depois de batizar o monte e a terra o capitão mandou baixar âncoras. Ancoramos. E ancorados passamos aquela noite.

Cícero Soares/Arquivo da editora

Na manhã seguinte nos aproximamos da terra. E vimos na praia sete ou oito homens. Pele quase vermelha. Totalmente nus. Cabelos lisos e cortados em cima das orelhas. Tinham a cabeça enfeitada por belos cocares de penas coloridas. E nada para lhes cobrir as vergonhas. Todos traziam nas mãos grandes arcos de madeira escura e flechas de bambu. Pareciam tão saudáveis quanto inocentes. A maioria tinha o lábio inferior furado por um pedaço de osso.

O primeiro dos nossos homens a ser mandado a terra foi Nicolau Coelho.

[...]

O mar fazia muito barulho, mas mesmo assim Nicolau tentou falar com eles. Não teve resposta. Eles não entendiam português. Mas compreenderam a linguagem dos gestos. Nicolau pediu com gestos para que abaixassem as armas. Os homens o atenderam. Nicolau Coelho ofereceu a eles [...] o gorro vermelho que trazia na cabeça. Os homens aceitaram. E deram a ele um de seus cocares de penas coloridas. Com essa troca de presentes terminou o primeiro contato entre os nativos e os portugueses. [...]

A carta de Pero Vaz de Caminha (para crianças), de Toni Brandão. São Paulo: Studio Nobel, 1999.

Saiba mais

A importância da carta de Caminha

A carta de Pero Vaz de Caminha é um documento importante. Ela contém o primeiro relato europeu sobre as terras que depois seriam chamadas de "Brasil".

Devemos ler essa carta sempre levando em conta quem a escreveu, por que foi escrita e para quem foi escrita.

Por exemplo, a partir do que Caminha contou na carta, o governo português começou a planejar o que faria em relação às terras descobertas. Por isso, o escrivão preocupou-se em descrever a vegetação e os nativos da região, pois queria encontrar coisas que pudessem ser retiradas dali a fim de gerar riquezas para a Coroa portuguesa.

1. Em sua opinião, os portugueses estranharam os modos das pessoas que eles encontraram nas novas terras? Por quê? Responda no caderno.

2. A carta de Caminha revela o encontro entre portugueses e indígenas do ponto de vista dos europeus. Mas você consegue imaginar quais teriam sido as primeiras impressões dos indígenas em relação aos portugueses? Escreva sobre isso no caderno.

7

As expedições e as riquezas da nova terra

Você sabe qual foi a primeira riqueza explorada pelos portugueses na América? E quem eram as pessoas que extraíam esse material?

Para responder a essas perguntas, observe o mapa abaixo, que representa o território encontrado pelos portugueses.

Biblioteca Nacional, Paris, França

Mapa conhecido como **Terra Brasilis,** de autoria de Lopo Homem, Pedro Reinel e Jorge Reinel, datado de cerca de 1519.

Nos primeiros trinta anos não houve grande interesse de Portugal pelas terras encontradas. Foram enviadas somente expedições para fazer o reconhecimento da terra e verificar se existiam riquezas. Após encontrar grande quantidade de pau-brasil, os portugueses passaram a explorar o trabalho indígena para extrair essa madeira, que era vendida a altos preços na Europa.

Além de Portugal, que reservou para si a exclusividade da exploração do pau-brasil, outros países também tinham interesse em comercializar a madeira.

O rei de Portugal resolveu, então, enviar mais expedições para proteger o litoral dos outros europeus que procuravam o pau-brasil.

1. Qual era o objetivo das expedições que vieram para as terras que hoje formam o Brasil? Quem os portugueses obrigaram a trabalhar para eles?

2. Qual foi a primeira atividade econômica explorada pelos portugueses nas novas terras?

3. Os indígenas cortavam a madeira do pau-brasil e entregavam-na aos portugueses em troca de objetos sem tanto valor na Europa, como roupas, pentes e espelhos. Em sua opinião, os indígenas eram enganados? Por quê?

De olho na História

Vamos conhecer um pouco a mata Atlântica?

A mata Atlântica é a segunda maior extensão original de florestas tropicais do Brasil. Na época do descobrimento, era 1,3 milhão de quilômetros ao longo da costa brasileira, cerca de 15% do território. Em seu trecho mais largo, media 500 quilômetros. A mata Atlântica começou a mudar de perfil com o início da extração do pau-brasil pelos portugueses. Esse comércio foi responsável pelo desaparecimento de 6 mil quilômetros quadrados de floresta. Para que os índios derrubassem as árvores mais rapidamente, os portugueses os pagavam com facas e machados de aço. Devastada pelos sucessivos ciclos do pau-brasil, do ouro e das pedras preciosas, da cana-de-açúcar e do café, a floresta sofreu ainda mais com a industrialização do Sul e do Sudeste. Tanto que hoje, a mata Atlântica tem apenas 91 mil quilômetros quadrados, 7% da área original.

O guia dos curiosos: Brasil, de Marcelo Duarte. São Paulo: Companhia das Letras, 1999. p. 317-318. Texto adaptado.

Veja como era a mata Atlântica na época da chegada dos portugueses e de que maneira ela é hoje.

Mapas: Allmaps/Arquivo da editora

Adaptado de: **SOS Mata Atlântica**. Disponível em: <http://mapas.sosma.org.br/>. Acesso em: 24 mar. 2014.

- O que você pôde perceber ao comparar os dois mapas? Discuta sobre isso com seus colegas e o professor.

Unidade

3

Brasil: período colonial

Andréia Vieira/Arquivo da editora

O QUE VOU ESTUDAR?

- O início da colonização
- A cana-de-açúcar
- As capitanias hereditárias
- Os Governos-Gerais
- O povoamento do interior
- As revoltas populares
- A corte portuguesa no Brasil
- A Independência do Brasil

8

A colonização

A partir de 1530, o governo português passou a agir com o objetivo de colonizar as terras encontradas trazendo mais gente para morar nelas e, assim, poder defendê-las e explorá-las melhor.

Havia outros países interessados no território dominado pelos portugueses, e, se Portugal não tomasse providências, correria o risco de perder sua colônia.

A **primeira expedição colonizadora** foi comandada por Martim Afonso de Sousa, que, em 1532, participou da fundação de São Vicente, primeira vila nas terras que hoje formam o Brasil.

Reprodução/Museu Paulista da USP, São Paulo, SP.

Fundação de São Vicente, óleo sobre tela de Benedito Calixto, 1900.

A relação entre portugueses e indígenas

Quando os portugueses chegaram às terras que hoje formam o Brasil, os diversos povos indígenas que aqui viviam tinham seus próprios costumes. Eles mantinham uma relação próxima com a natureza, sabiam como evitar os perigos nas matas, como caçar e pescar, e conheciam as plantas venenosas e as que serviam para a alimentação e para tratar as doenças e os ferimentos.

Os portugueses fizeram uso do conhecimento desses povos para sobreviver na terra desconhecida. Assim, muitos dos costumes dos indígenas passaram a fazer parte do dia a dia dos colonizadores.

Um dos principais objetivos dos portugueses nas novas terras era converter os indígenas à sua religião, ou seja, ao catolicismo. Por isso, tão logo chegaram ao Brasil, uma das primeiras coisas que eles fizeram foi rezar uma missa.

A cana-de-açúcar

No início da colonização portuguesa, o principal produto explorado foi a cana-de-açúcar. Seu plantio começou em São Vicente, mas foi no Nordeste que ela mais se desenvolveu, pois nessa região havia as condições naturais ideais para seu cultivo, como o clima tropical (quente e úmido) e o solo popularmente conhecido como massapé.

A produção de açúcar dominou a economia brasileira por mais de cem anos (entre os séculos XVI e XVII). Nos engenhos, os negros escravizados trabalhavam em péssimas condições. Inconformados com essa situação, muitos tentavam fugir para serem livres. Os que conseguiam formavam comunidades denominadas quilombos.

Cana, afresco de Candido Portinari, 1938. Essa obra retrata a participação de negros escravizados como principal mão de obra na cultura da cana-de-açúcar.

massapé: terra fértil, argilosa e de cor escura.

engenhos: fazendas onde se cultivavam a cana e fabricavam o açúcar.

quilombos: locais escondidos, em geral nos matos, onde os negros escravizados que fugiam se abrigavam.

1. Cite um dos fatores que motivaram o início da colonização portuguesa na América.

____

____

____

2. Onde a cana-de-açúcar se desenvolveu melhor? E que fatores contribuíram para esse desenvolvimento?

____

____

____

9

A divisão das terras pelos portugueses

As capitanias hereditárias

Em 1536, com o objetivo de colonizar, cultivar e defender o território ocupado, o governo português decidiu dividir a colônia em quinze grandes faixas de terra, que foram doadas a portugueses ricos. Esses lotes podiam ser transmitidos como herança de pai para filho, por isso foram chamados de capitanias hereditárias.

Veja o mapa ao lado.

Brasil: Capitanias hereditárias

Adaptado de: **Atlas História do Brasil**, de Flavio de Campos e Miriam Dolhnikoff. São Paulo: Scipione, 2000. p. 7.

As capitanias hereditárias foram entregues a doze pessoas, denominadas donatários, que teriam a função de tomar conta das terras e fazê-las progredir. Eles não seriam os donos das capitanias, mas poderiam explorar as riquezas, fundar vilas e administrar suas terras, porém deveriam pagar impostos à Coroa portuguesa.

Das quinze capitanias, apenas duas, de fato, progrediram: a de Pernambuco e a de São Vicente. Isso porque seus donatários encontraram nessas regiões condições naturais mais favoráveis para o cultivo da cana-de-açúcar, principal produto explorado na colônia. As outras capitanias não progrediram por fatores diversos, entre eles a falta de dinheiro ou mesmo o desinteresse dos donatários, pois alguns nem sequer se apossaram de suas capitanias.

Os Governos-Gerais

O rei de Portugal, preocupado com o fracasso do sistema de capitanias hereditárias, decidiu criar um governo centralizado na colônia denominado **Governo-Geral**. Dessa forma haveria uma administração central para ajudar os donatários na direção das capitanias.

O primeiro governador-geral, Tomé de Sousa, chegou à capitania da Bahia de Todos-os-Santos em 1549. Ele fundou a cidade de Salvador, que se tornou a sede do Governo-Geral e a primeira capital da colônia.

Com ele vieram muitas pessoas, entre elas seis jesuítas para trabalhar na catequese dos indígenas. O líder desse grupo religioso era o padre Manuel da Nóbrega.

Tomé de Sousa governou até 1553, quando chegou à colônia Duarte da Costa, o segundo governador-geral, que trouxe mais colonos e jesuítas, entre eles o padre José de Anchieta.

catequese: ensinamento de determinada prática (neste caso, a religião católica).

Duarte da Costa foi sucedido por Mem de Sá, que governou de 1558 a 1572. Com a morte de Mem de Sá, o governo português resolveu dividir a administração da colônia em dois grandes governos. Um deles ficaria em Salvador, que seria a capital do Norte, e o outro se estabeleceria no Rio de Janeiro, a capital do Sul.

1. O território do estado em que você mora atualmente pertenceu a alguma das capitanias hereditárias? A qual delas?

____

2. Observe o quadro ao lado e responda: Que característica dos Governos-Gerais pode ser identificada na figura?

____

____

____

____

Reprodução/Museu Nacional de Belas Artes, Rio de Janeiro, RJ.

A primeira missa no Brasil, óleo sobre tela de Victor Meirelles, 1861.

10

Novas riquezas e o povoamento do interior

A mineração

Nos dois primeiros séculos de colonização, os portugueses exploravam as terras litorâneas, não se preocupando em desbravar o interior da colônia ou com o desgaste das terras por causa do excesso de uso. As áreas desgastadas pela exploração agrícola eram simplesmente abandonadas.

Lavagem de ouro em Itacolomi (detalhe), litogravura de Johann Moritz Rugendas, 1827.

Com a decadência da produção açucareira, o governo português passou a incentivar os colonos a desbravar o interior do território em busca de metais preciosos.

Surgiu, assim, no século XVIII, uma nova riqueza: o ouro, que de 1700 a 1800 se tornou o principal produto econômico da colônia portuguesa na América. O ouro e as pedras preciosas foram descobertos primeiro em Minas Gerais, depois em Goiás e Mato Grosso.

Foi nesse período que nasceram cidades muito importantes para a mineração, como Sabará, Mariana e Vila Rica (atual Ouro Preto).

A mineração foi tão importante para os portugueses que, no ano de 1763, a capital da colônia foi transferida de Salvador para o Rio de Janeiro, que possuía o principal porto de onde se enviava o ouro para Portugal.

Os bandeirantes

O ouro foi descoberto na colônia pelos bandeirantes. Eles partiam em expedições, denominadas bandeiras, e adentravam o interior da colônia com o objetivo de encontrar riquezas minerais e aprisionar indígenas para trabalhos forçados.

Os bandeirantes ajudaram a expandir o território português, pois suas expedições alcançaram muitos locais que a Espanha pretendia ocupar. Porém, para se apossar desses territórios, usaram de extrema violência com os indígenas, levando um grande número deles à morte.

Saiba mais

Crescimento dos povoados

[...] A notícia da descoberta do ouro se espalhou. Pessoas de todas as idades se deslocaram para as áreas de mineração. O ouro parecia um ímã que atraía gente até da Europa.

Pequenos povoados cresceram, prosperaram com a riqueza do ouro e se tornaram vilas com ruas de pedras, casas de belas fachadas, armazéns, edifícios públicos, teatros e igrejas com altares folheados a ouro.

Nas vilas de Minas Gerais, como Vila Rica, Sabará e Mariana, as pessoas trabalhavam principalmente na mineração e no comércio. Ali também viviam funcionários públicos, soldados, ferreiros, fabricantes de sela, alfaiates, dançarinas, cantores e atores de teatro [...]. Ninguém plantava ou criava animais. Todo alimento vinha do Sul, Sudeste e Nordeste. Um boi custava seu peso em ouro. Os comerciantes de mantimentos enriqueceram tanto quanto os que tiveram a sorte de achar ouro.

Cidades brasileiras: do passado ao presente, de Rosicler Martins Rodrigues. São Paulo: Moderna, 2003.

- Assinale as afirmações corretas e reescreva o que estiver incorreto, corrigindo as frases.

a) ☐ A cultura da cana-de-açúcar foi muito desenvolvida no Nordeste da colônia.

b) ☐ O ouro foi descoberto na colônia pelos bandeirantes.

c) ☐ Os portugueses iniciaram a exploração da colônia pelas terras do interior.

d) ☐ Em 1763, a capital da colônia foi transferida do Rio de Janeiro para Salvador.

11

Inconfidência Mineira

Imposto sobre o ouro

A exploração do ouro trouxe grande progresso para Portugal. Na colônia portuguesa da América, ela deu origem a vários povoados e promoveu o desenvolvimento de outras atividades, como o comércio.

O governo português exigia que a maior parte do ouro extraído na colônia fosse enviado a Portugal e que se pagassem altos impostos pelo minério encontrado e por sua comercialização. Depois de um tempo, a extração de ouro em Minas Gerais começou a diminuir, e os mineradores não conseguiam mais pagar as altas taxas que o governo português cobrava.

Descontentamento

Em Vila Rica, na região das minas, alguns colonos que estavam descontentes com a situação pela qual estavam passando começaram a se reunir secretamente para achar uma maneira de livrar a região das minas do domínio português.

Esse movimento ficou conhecido como **Inconfidência Mineira** e contou com a participação de muitas pessoas ricas.

Fracasso do movimento

A Inconfidência Mineira fracassou antes de ser posta em prática porque seus integrantes foram traídos. Alguns foram expulsos do território colonial e outros condenados à prisão perpétua. Mas apenas Tiradentes, que não possuía riquezas, foi condenado à morte.

Naquela época, quem cometesse algum ato contra o governo português era considerado um criminoso perigoso. A morte de Tiradentes deveria servir como exemplo para que ninguém ousasse fazer nada contra o governo português.

Museu Histórico Nacional, Rio de Janeiro, RJ.

Leitura da sentença de Tiradentes, óleo sobre tela de Eduardo de Sá, 1921.

Saiba mais

Quem foi Tiradentes

Único integrante da Inconfidência Mineira (movimento pela independência do Brasil) que foi executado.

Exerceu os ofícios de tropeiro, minerador e dentista – de onde veio o apelido Tiradentes. Passou a fazer parte da Inconfidência Mineira após conhecer integrantes do movimento no Rio de Janeiro.

Hábil na comunicação, ajudou a organizar o movimento e se tornou importante figura da Inconfidência Mineira, até ser preso, em 1789, data em que a conspiração foi descoberta. Onze dos participantes foram condenados à forca, dos quais somente Tiradentes foi executado.

CD-ROM **Almanaque Abril 2002**. São Paulo: Abril. Texto adaptado.

Alferes Joaquim José da Silva Xavier, óleo sobre tela de José Walsht Rodrigues, 1940. Essa obra retrata Tiradentes em trajes militares, diferentemente das imagens mais tradicionais que o retrataram cabeludo e barbudo.

1. Procure em um dicionário os significados da palavra **inconfidência**.

   - Agora responda: em sua opinião, por que o movimento ocorrido em Vila Rica ficou conhecido como **Inconfidência Mineira**?

2. Explique no caderno, com suas palavras, o que foi a Inconfidência Mineira, onde aconteceu e como terminou.

A transferência da corte portuguesa

Os reis portugueses nunca haviam visitado a colônia na América. Contudo, isso mudou em 1807, quando os governantes portugueses decidiram abandonar Portugal e se mudar com toda a corte para o Brasil.

Eles fugiam das tropas do imperador francês Napoleão Bonaparte, que expandia os domínios da França pelo mundo e ameaçava invadir Portugal.

Nessa época, a rainha de Portugal, dona Maria I, estava doente, e quem governava era seu filho dom João VI, o príncipe regente.

64 x 55 cm. Museu Paulista da USP, São Paulo, SP.

Retrato de dom João VI, óleo sobre tela de Jean-Baptiste Debret, século XIX.

Como era a vida na colônia

Nas terras que hoje formam o Brasil, a maioria das pessoas morava no campo, onde se concentravam as atividades econômicas mais lucrativas, como a produção de cana-de-açúcar.

corte: grupo de pessoas que convivem com o rei e que podem dar conselhos ao governo.

As cidades tinham uma população menor, que vivia do comércio e das atividades administrativas. Com a transferência da corte portuguesa, muitas modificações ocorreram nas cidades, sobretudo na capital da colônia, o Rio de Janeiro.

Em 1808, a família real desembarcou em Salvador, na Bahia, sendo bem recebida pelo povo. Alguns dias depois, dom João VI seguiu para o Rio de Janeiro, onde instalou a sede do governo.

Fundação Biblioteca Nacional, Rio de Janeiro, RJ.

Palácio de São Cristóvão (Quinta da Boa Vista), detalhe da litografia de Jean-Baptiste Debret, 1831. O Palácio de São Cristóvão foi a residência da família real no Rio de Janeiro.

Transformações na colônia

Durante a permanência da família real no Brasil, muitas mudanças ocorreram:

- abertura dos portos brasileiros às nações amigas, ou seja, passou a ser permitido comprar produtos de outros países e vender os produtos brasileiros para eles. Até então, a colônia só podia fazer comércio com Portugal;
- instalação de fábricas na colônia, o que até aquele momento era proibido;
- fundação de escolas de Ensino Superior (faculdades), que antes também eram proibidas.

Em 1815, o Brasil deixou de ser colônia e foi elevado à categoria de reino, em igualdade de condições com Portugal.

Em 1816, com a morte de dona Maria I, dom João tornou-se rei de Portugal, com o título de dom João VI. Em 1821, o rei voltou para sua terra e deixou seu filho, dom Pedro, como príncipe regente para governar o Brasil.

1. Complete as lacunas com as palavras do quadro.

colônia – Portugal – 1815 – benefícios – dom João – comércio – Brasil

a) Em ______________, ______________ passou o ______________ à categoria de reino unido a ______________. Isso significava que o Brasil não era mais ______________ daquele país.

b) Dom João adotou algumas medidas que trouxeram ______________ aos colonos, como a liberdade de ______________ com outros países, e não apenas com Portugal.

2. Veja a figura abaixo.

Guilherme Gaensly/Arquivo da editora

Faculdade de Medicina da Bahia, em detalhe de cartão-postal datado de 1925.

- Essa construção foi inaugurada antes ou depois da chegada da família real ao Brasil? Como é possível saber isso?

____

____

____

13

A Independência do Brasil

Como vimos antes, dom João VI teve de voltar para Portugal, onde sua presença era exigida, mas deixou seu filho dom Pedro como regente do reino do Brasil.

Com o tempo, os deputados de Lisboa, em Portugal, passaram a exigir o fim do reino do Brasil e também o retorno de dom Pedro.

Era o início do ano de 1822, e dom Pedro enfrentava, de um lado, uma série de manifestos por sua permanência no Brasil e, de outro, a pressão de Portugal para seu retorno.

Após saber do apoio da maioria do povo brasileiro, dom Pedro anunciou sua decisão no Paço Imperial, na cidade do Rio de Janeiro: "Se é para o bem de todos e a felicidade geral da nação, diga ao povo que fico". Esse episódio ocorreu no dia 9 de janeiro de 1822 e ficou conhecido como o **Dia do Fico**.

Com a decisão de dom Pedro, o governo português aumentou a pressão. Insatisfeito com as ameaças da corte portuguesa, dom Pedro proclamou a Independência do Brasil no dia 7 de setembro de 1822.

Ao retornar ao Rio de Janeiro, a capital, foi saudado como herói. Em 1º de dezembro, aos 24 anos, foi coroado primeiro imperador do Brasil com o título de dom Pedro I.

34 x 49 cm. Coleção particular

Aclamação de dom Pedro I, litografia colorida à mão de Jean-Baptiste Debret, 1839.

Saiba mais

O que mudou na vida da população?

A proclamação da Independência do Brasil não mudou as condições de vida da maioria da população.

Tanto no campo como na cidade, após a proclamação da Independência, os assalariados pobres continuavam lutando pela própria sobrevivência, e os africanos escravizados seguiam vivendo de maneira precária.

Lavadeiras do rio das Laranjeiras, aquarela de Jean-Baptiste Debret, 1826.

1. No início do século XIX, uma série de acontecimentos desencadeou várias mudanças na vida política do Brasil. Escreva os anos desses acontecimentos com base no quadro abaixo.

1808 – 1821 – 1822	
______	• Dom João retornou a Portugal deixando no Brasil seu filho, dom Pedro, como príncipe regente.
______	• A família real portuguesa chegou ao Brasil.
______	• Dom Pedro proclamou a Independência do Brasil.

2. Explique com suas palavras qual é o significado do **Dia do Fico**.

____

____

____

De olho na História

Os povos indígenas

Leia o texto a seguir com o professor e os colegas.

O rei de Portugal achava que a terra era dele.
Ele nem reconhecia que essa terra tinha dono.
Ele nem reconhecia que essa terra era dos povos indígenas.
Foi logo repartindo a nossa terra.

ELE NEM RESPEITOU NOSSO DIREITO!

Dividiu a terra em 15 pedaços.
Deu cada pedaço para um homem rico de Portugal.
Cada um desses pedaços ficou chamado de Capitania.
Cada dono de Capitania era como um governador.
Ele tinha que mandar fazer derrubada.
Tinha que mandar fazer plantação.
Tinha que cuidar da terra para outros Governos não tomarem de Portugal.
[...]

OS PORTUGUESES VINHAM PARA O BRASIL PENSANDO ENRIQUECER

Os portugueses só pensavam num jeito de ficar mais ricos!
A terra da Europa não dá cana.
A nossa terra era boa para plantar cana.

Então, os donos das Capitanias ocuparam as terras dos índios, expulsaram os índios de suas terras e começaram a derrubar todas as matas dos índios...

Cícero Soares/Arquivo da editora

OS DONOS DAS CAPITANIAS PLANTARAM CANA.

MUITA CANA NAS TERRAS DOS ÍNDIOS.

História dos povos indígenas: 500 anos de luta no Brasil, de Eunice Dias de Paula e outros. 7. ed. Petrópolis: Vozes, 2001. p. 108 e 114.

- Agora responda no caderno:

a) De acordo com o texto, a quem pertenciam, por direito, as terras que hoje formam o Brasil? Você concorda com isso? Por quê?

b) "Os portugueses vinham para o Brasil pensando enriquecer." Qual é sua opinião a respeito dessa afirmação?

Unidade

4

Brasil: período imperial e período republicano

Andréia Vieira/Arquivo da editora

O QUE VOU ESTUDAR?

- O reinado de dom Pedro I
- O período regencial
- O reinado de dom Pedro II
- A resistência à escravidão no Brasil
- A Proclamação da República
- A chegada dos imigrantes

14

O Primeiro Reinado e o período regencial

O governo de dom Pedro I

Primeiro Reinado ou Primeiro Império: assim ficou conhecido o governo de dom Pedro I. Esse período foi marcado por muitas revoltas e uma grande crise econômica.

A elaboração da primeira **Constituição** brasileira, em 1824, foi um dos principais acontecimentos do início de seu governo. Esse documento foi muito contestado pelos políticos brasileiros, pois garantia grande poder a uma única pessoa: o imperador dom Pedro I.

O descontentamento com a Constituição e as dificuldades econômicas enfraqueceram o Governo Imperial. Diante da enorme insatisfação popular e da incapacidade de resolver os problemas políticos e econômicos do Império, dom Pedro I decidiu abandonar o trono em 1831.

Para governar o Brasil no futuro dom Pedro I deixou, em seu lugar, seu filho Pedro de Alcântara, de apenas 5 anos.

Dom Pedro de Alcântara, óleo sobre tela de Arnaud Julien Pallière, cerca de 1830. Essa tela é uma representação de dom Pedro de Alcântara aos 5 anos.

Saiba mais

A Constituição

Constituição é o conjunto das leis mais importantes de um país. Nela é determinada a forma de governo, os direitos e os deveres dos cidadãos e também todas as leis e as regras que tratam do funcionamento da sociedade.

Capa da primeira Constituição do Brasil.

O período de regência

Quando dom Pedro I deixou o trono, seu filho, dom Pedro de Alcântara, não podia governar o país por causa da pouca idade. Adotou-se, então, em 1831, o sistema de regência, para que fosse possível administrar temporariamente o Brasil.

Marcado por muitas revoltas populares, o período regencial foi um dos mais difíceis da história do Brasil.

Em 1840, para acabar com a grande insatisfação da população, dom Pedro de Alcântara foi declarado capaz de governar o país. Assim, com apenas 14 anos, ele foi coroado imperador do Brasil, com o título de dom Pedro II.

regência: sistema de governo adotado enquanto o principal governante está impedido de assumir suas funções (neste caso, era o imperador quem estava impedido por ser muito jovem).

1. Complete o texto abaixo com as palavras do quadro.

Pedro I – regência – Constituição – Pedro de Alcântara

Em 1824 foi estabelecida a primeira ____________ do Brasil. Ela atribuía ao imperador dom ____________ amplos poderes. Após sofrer muitas pressões, o imperador deixou o trono em 1831, o que obrigou a adoção do sistema de ____________ para governar o país. Contudo, esse sistema não obteve sucesso e enfrentou muitas revoltas. Em busca de maior estabilidade política, decidiu-se coroar dom ____________ como imperador do Brasil, com o título de dom Pedro II.

2. Por quem o Brasil é governado hoje? Existe um rei? Converse sobre esse assunto com o professor e seus colegas. Depois, escreva suas conclusões nas linhas a seguir.

____

____

____

____

15

O Segundo Reinado

O Segundo Reinado durou quase cinquenta anos. Dom Pedro II iniciou seu governo em 1840, aos 14 anos.

No início de seu governo, dom Pedro II teve de acalmar as revoltas que começaram ainda no período de regência. Depois dessa fase, houve crescimento econômico com a expansão do cultivo de café no Sudeste.

O café e o crescimento econômico

Durante o reinado de dom Pedro II, o café foi um dos principais produtos agrícolas cultivados no Brasil.

O cafeeiro é uma planta africana que foi trazida para o Brasil há cerca de trezentos anos. No início o café era plantado para consumo dos brasileiros, mas em pouco tempo se tornou um produto de exportação.

No Brasil, as grandes fazendas de café surgiram no Rio de Janeiro e também na região do Vale do Paraíba, no interior de São Paulo, locais que reuniam as condições ideais para o cultivo cafeeiro no país: terra disponível, clima favorável e proximidade do porto do Rio de Janeiro.

Depois, o cultivo do café expandiu-se para a região oeste de São Paulo, que se tornou a província mais rica do Brasil.

Instituto de Estudos Brasileiros da USP, São Paulo.

Colheita de café, litografia de Johann Moritz Rugendas, século XIX.

A Guerra do Paraguai e a crise do Império

A Guerra do Paraguai ocorreu entre 1864 e 1870. O Brasil participou desse conflito aliando-se à Argentina e ao Uruguai contra o Paraguai pela disputa na região das fronteiras entre esses países.

Apesar de resistir aos aliados durante quase seis anos, o Paraguai saiu da guerra arrasado. O Brasil, o último dos aliados a deixar o conflito, saiu vitorioso, mas, para isso, aumentou muito suas dívidas em razão das despesas de guerra.

Após a guerra, muitos grupos da sociedade mostravam insatisfação com o governo de dom Pedro II, o que dificultou a estabilidade do Segundo Reinado. Entre os insatisfeitos, havia militares, cafeicultores, políticos e comerciantes.

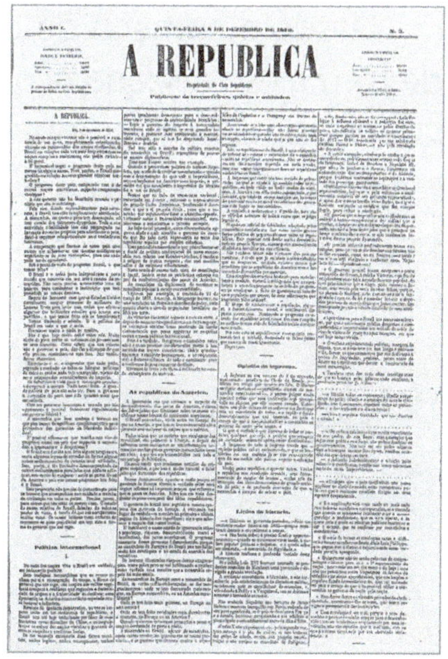
A REPUBLICA

O jornal **A Republica** era contrário ao governo de dom Pedro II e circulou no Rio de Janeiro entre 1870 e 1874.

- Assinale a(s) frase(s) verdadeira(s) e reescreva a(s) falsa(s), corrigindo-a(s).

☐ O Segundo Reinado teve um início tranquilo, pois as revoltas do período regencial já haviam sido controladas.

☐ A produção de café foi muito importante para o enriquecimento da província de São Paulo.

☐ Durante a Guerra do Paraguai, o Brasil enfrentou os aliados, grupo formado por Argentina, Uruguai e Paraguai.

☐ O Governo Imperial ficou enfraquecido após a Guerra do Paraguai, pois muitos setores da sociedade, incluindo os militares, estavam insatisfeitos.

16

A escravização dos africanos

Desde o começo da colonização, o Brasil já trazia africanos para trabalhar de forma escravizada nos engenhos de cana-de-açúcar. Mais tarde, esses escravizados passaram a trabalhar nos cafezais.

Essa situação só começou a mudar em 1850, quando foi proibido o comércio de pessoas da África para o Brasil. Muitos fazendeiros passaram, então, a comprar africanos escravizados de outras regiões do Brasil.

49 cm × 34 cm. Coleção particular

Uma senhora brasileira em seu lar, litografia aquarelada à mão de Jean-Baptiste Debret, 1835. Essa imagem mostra que os negros escravizados não trabalhavam apenas em fazendas e minas, mas também dentro das casas das pessoas mais ricas.

Leia o texto a seguir e conheça um pouco mais da história dos negros escravizados contada a um menino chamado Chico, por seu avô.

"[...] houve um tempo no Brasil em que alguns homens eram donos de outros homens, e estes, por isso, eram chamados de escravos."

"Mas como uma pessoa comprava outra?", perguntou o Chico. "Ia até a loja e as pessoas estavam lá para serem vendidas? E as crianças, elas também eram escravas?"

"[...] O meu avô tinha mania de colecionar jornais velhos. Vou ler para você uns anúncios de um desses jornais da coleção dele:"

Quem quiser alugar um moleque, que seja fiel, capaz de dar conta do que se lhe encarregar, dirija-se ao Caminho do Catete, ao lado da Pedreira n. 199, que lá achará com quem tratar, ou anuncie por esta folha.

[**O Volantim**, n. 15, 18 set. 1822.]

Quem quiser comprar uma linda negrinha, própria para uma mucama, com 10 anos, pouco mais ou menos, dirija-se à Rua de S. Pedro, na Cidade Nova, defronte de uma venda e padaria, numa casa de quitanda, e falar a Joana Mª da Encarnação.

[**O Volantim**, n. 43, 21 out. 1822.]

"Esquisito, não é? Gente sendo vendida, alugada, rifada... Sendo anunciada pelo jornal... Mas era assim no Brasil daquele tempo." [...]

"Mas eles não sentiam nada, não reclamavam, não lutavam para se libertar?", perguntou o Chico, indignado.

"Claro que sentiam, afinal eram gente", respondeu o avô. "E, como em toda gente, de qualquer cor, existiam os inteligentes, os valentes, os tímidos, os bons, os maus, os bem-falantes, os alegres, os tristes, os conformados, os revoltados. Enfim, gente de toda qualidade. Alguns se desesperavam e se matavam. Alguns morriam de tristeza, tinham até uma palavra curiosa para chamar essa saudade profunda que sentiam do seu país e da liberdade perdida: banzo. Outros fugiam e se internavam nas matas criando os quilombos, espécie de cidades livres formadas só por escravos fugidos. Mas foram poucos, porque vieram milhares e milhares de africanos para cá desde que o Brasil foi descoberto. Esses africanos ou ficavam na cidade e iam trabalhar nas casas, no comércio, nas ruas, ou iam para fazendas, como esta do meu avô, trabalhar nas plantações."

A história dos escravos, de Isabel Lustosa.
São Paulo: Companhia das Letrinhas, 2000.

Saiba mais

A resistência africana

A permanência de muitos dos costumes africanos no Brasil só aconteceu por meio de uma longa e difícil luta para os negros. Eles tiveram de resistir a muitas dificuldades para que seus costumes fossem mantidos. Até mesmo nos engenhos, onde eram a maioria da população e a mão de obra vital, eram agressivamente reprimidos ao manifestarem suas tradições, suas crenças e seus valores.

Apesar da repressão a que eram submetidos, muitos dos africanos que vieram para o Brasil não abandonaram seus costumes. Por isso, em muitos lugares do Brasil, a influência das tradições africanas é marcante. Como exemplo de culto, destaca-se o candomblé. A capoeira, uma das principais manifestações culturais brasileiras, era disfarçada de dança e ensinada entre os negros como forma de defesa pessoal. A feijoada, o acarajé, o vatapá, o abará e o cuscuz são pratos brasileiros cuja origem está associada à culinária africana do período da escravidão.

O fim da escravidão

Durante mais de 350 anos, a maior parte do trabalho no Brasil foi realizada por mão de obra escravizada. No entanto, esse sistema havia se tornado menos vantajoso para a nova economia que se instalava no Segundo Reinado, pois com a expansão das indústrias era necessário que houvesse mão de obra assalariada, capaz de comprar os produtos produzidos.

Alguns fazendeiros do Nordeste e de São Paulo que ainda dependiam da mão de obra escravizada insistiam para que ela fosse mantida. Contudo, diversos setores da sociedade se mostravam favoráveis ao fim da escravidão.

Em 1888, a princesa Isabel, filha do imperador dom Pedro II, governava o país em lugar do pai, que estava ausente. Foi ela quem assinou a **Lei Áurea**, dando fim à escravidão no Brasil.

Mas a Abolição da Escravatura não foi um presente da princesa Isabel aos escravizados. A liberdade só foi concedida depois de muita luta: dos próprios escravizados, que se rebelavam contra sua condição, e dos movimentos abolicionistas, que reuniam brancos e negros livres a favor do fim da escravidão no país.

A situação dos escravizados, após se tornarem livres, não foi acompanhada de ações que os integrassem à sociedade. Os negros livres sofriam discriminação e tinham muita dificuldade para conseguir emprego.

1. Converse com seus colegas e responda no caderno:

- A quem não interessava o fim da escravidão no Brasil? Por quê?

2. Leia o texto a seguir.

> Os Movimentos Negros veem no 13 de maio, data da assinatura da Lei Áurea, uma farsa. [...] A farsa está porque a lei não trouxe nenhuma proteção nem políticas públicas que possibilitassem ao ex-escravo condições de vida. Por isso, os movimentos negros preferem comemorar o dia 20 de novembro, considerado por eles como o Dia da Consciência Negra.
>
> **Brasil afro-brasileiro: cultura, história e memória**, de Manoel Alves de Sousa. Fortaleza: Imeph, 2009.

- Agora, responda no caderno: em sua opinião, a Lei Áurea foi suficiente para garantir direitos aos ex-escravizados? Por quê?

17

A Proclamação da República

Enquanto tinha um imperador, o Brasil era uma **monarquia**, forma de governo na qual quem administra o país é um monarca, ou seja, uma pessoa da realeza que fica no poder durante um longo período, geralmente até morrer ou abandonar o trono, passando o direito de governar a um de seus descendentes.

Na década de 1880, diversos grupos da sociedade estavam descontentes com a monarquia. Muitos militares, jornalistas, comerciantes, políticos e fazendeiros queriam o fim dessa forma de governo e a adoção de uma **república** no Brasil, pois desejavam uma participação maior nas decisões políticas.

O Governo Imperial tentou resistir à pressão adotando medidas populares, como a abolição da escravidão em 1888, mas isso não foi suficiente para diminuir a oposição à monarquia. Assim, em 15 de novembro de 1889, a República foi proclamada pelas tropas do exército brasileiro, chefiadas pelo marechal Deodoro da Fonseca.

Sônia Parma/Secretaria Municipal de Cultura - Centro Cultural São Paulo.

Proclamação da República, óleo sobre tela de Benedito Calixto, 1893. Essa obra destaca a participação dos militares na derrubada da monarquia no Brasil.

Em uma república quem governa é um presidente, eleito pelo voto do povo. Contudo, a maioria da população não participou da Proclamação da República no Brasil; muitos nem mesmo ficaram sabendo que ela havia acontecido.

1. Complete o texto abaixo com as palavras do quadro.

Império – monarquia – república – povo – monarca

Durante o período imperial, o Brasil foi governado por um ______________, membro da realeza. Descontentes com o ______________, muitos políticos, militares e fazendeiros desejavam o fim da ______________ e a instauração de uma ______________ no Brasil. Essa insatisfação resultou na Proclamação da República, que não contou com grande participação do ______________.

2. Leia o texto a seguir.

Primeiro presidente

Reprodução/Museu da República, Rio de Janeiro, RJ.

Quando a monarquia acabou, o imperador teve de ir embora do Brasil junto com a família real. O próprio marechal assumiu o controle da nação em um Governo Provisório.

Depois, acabou sendo eleito por um grupo de políticos como o primeiro presidente do país. Enquanto isso, esse mesmo grupo de políticos também discutiu o que mudaria nas leis brasileiras.

Ficou decidido naquela ocasião que os homens poderiam votar para presidente, mas as mulheres e os analfabetos não.

[...]

Disponível em: <www.recreio.com.br/licao-de-casa/proclamacao-da-republica-esse-acontecimento-mudou-a-historia-do-brasil>. Acesso em: 24 mar. 2014.

Proclamação da República, óleo sobre tela de Henrique Bernardelli, 1900. Essa obra destaca a figura do marechal Deodoro da Fonseca como principal personagem da chegada da República, mas essa ideia é bastante contestada por pesquisadores, que classificam a Proclamação como o resultado de um longo processo, que só contou com a participação do marechal no final.

- Agora, responda no caderno: em sua opinião, as mulheres deveriam ter direito a voto nesse período? E os analfabetos? Por quê?

18

Chegam os imigrantes

A vinda de imigrantes europeus e asiáticos para o Brasil aumentou muito depois de 1850, quando o tráfico de africanos escravizados foi proibido – o que resultou em ameaça de falta de mão de obra para o país. Além disso, com o tempo, os fazendeiros convenceram-se de que a produção do trabalhador livre (no caso, o imigrante) poderia render mais, entre outros motivos, porque este era incentivado pelo pagamento, era experiente no trabalho e tinha ambição de conseguir melhores condições de vida no novo continente.

A maior parte dos imigrantes que chegaram ao Brasil entre o fim do século XIX e início do século XX foi atraída pela colonização de terras no Sul e pelo trabalho nas fazendas de café de São Paulo.

Guilherme Gaensly/Fundação do Patrimônio Histórico da Energia de São Paulo, SP.

A Hospedaria dos imigrantes (foto), em São Paulo, recebia muitos imigrantes recém-chegados. Lá eles eram alojados e recebiam alimentação enquanto não tinham um lugar para morar e trabalhar. Foto de cerca de 1900.

Os imigrantes traziam suas famílias e formavam colônias. São Paulo, por exemplo, recebeu sobretudo italianos, espanhóis, portugueses e japoneses. Os estados do Sul receberam muitos alemães e poloneses.

Com o passar dos anos, o Brasil também receberia imigrantes de outras nacionalidades, como coreanos, sírios e libaneses, que se estabeleceram principalmente no comércio.

1. Por que os fazendeiros se interessaram pela vinda de imigrantes para o Brasil?

2. Entre 1880 e 1889, o número de imigrantes europeus que vieram para o Brasil aumentou bastante. Veja o gráfico e responda às questões no caderno.

Nacionalidade dos imigrantes que vieram para o Brasil entre os anos de 1870 e 1939

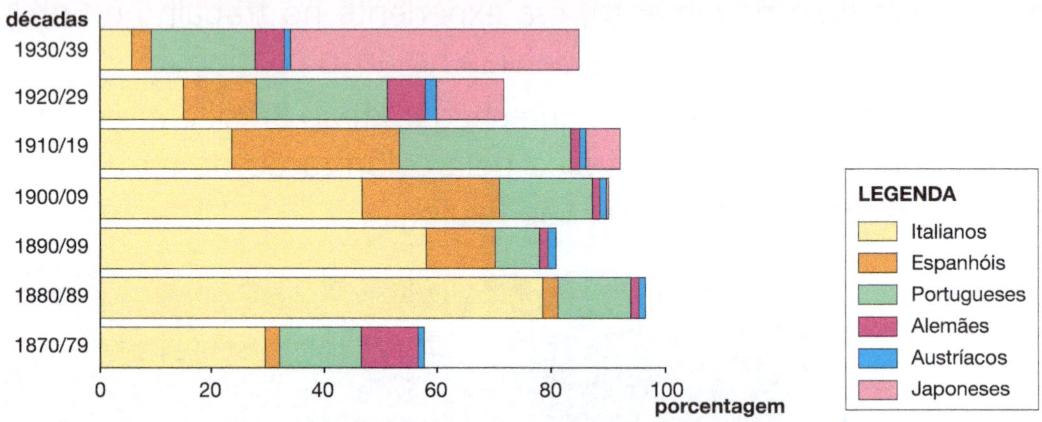

Adaptado de: **Atlas História do Brasil**, de Flavio de Campos e Miriam Dolhnikoff. 3. ed. São Paulo: Scipione, 2000. p. 45.

a) De que país veio a maioria dos imigrantes que chegaram ao Brasil nesse período?

b) Em que período chegou a maior quantidade de japoneses?

3. Como você pôde notar, o Brasil em que vivemos foi formado pela mistura de muitos povos, e não apenas por africanos, indígenas e portugueses. Do início da colonização até hoje, estas terras receberam pessoas de vários cantos do mundo. Essa mistura resultou em muitas influências culturais.

- Converse sobre essa diversidade de povos no Brasil com familiares, vizinhos e amigos e observe também as pessoas nas ruas. Depois registre no caderno informações referentes às diferentes nacionalidades que convivem neste país.

  a) Nomes de restaurantes e de tipos de comida.

  b) Nomes de ruas, praças, bairros.

  c) Outras informações.

19

Viver no Brasil hoje

Quando sabemos o que aconteceu no passado, começamos a compreender com mais clareza os dias de hoje e podemos planejar melhor o futuro.

Leia o texto a seguir e conheça alguns dos problemas enfrentados no Brasil e no mundo.

O impacto do racismo na infância

O Brasil tem feito progressos significativos na melhoria da vida de suas crianças. Reduziu os índices da mortalidade infantil, o número de famílias que vivem com renda inferior a um dólar; melhorou e intensificou as políticas de ensino e de assistência às famílias. Contudo, isso ainda não está acontecendo para todas as crianças que vivem no País, especialmente quando observamos a situação de meninas e meninos indígenas e negros. Dentro de uma perspectiva de direitos humanos, essa igualdade é fundamental para que todos se beneficiem igualmente dos progressos alcançados. [...]

Disponível em: <www.unicef.org/brazil/pt/br_folderraci.pdf>. Acesso em: 24 mar. 2014.

O que é ser criança hoje no Brasil

Ser criança hoje no Brasil é ter direitos protegidos por lei. Você é criança, então também é um cidadão.

Saiba mais

Direitos da criança

Desde o momento em que nasce, toda criança se torna cidadã. E, por isso, criança também tem direitos. Não é porque são pessoas pequenas que as crianças são menos importantes. Pelo contrário: elas devem receber atenção especial, pois a infância é a fase mais importante da vida.

Para que todos tenham uma infância legal, a ONU (Organização das Nações Unidas) criou um conjunto de direitos para as crianças. É a **Declaração Universal dos Direitos da Criança**, escrita em 1959.

Disponível em: <www.canalkids.com.br/cidadania/direitos/crianca.htm>. Acesso em: 24 mar. 2014.

A diversidade

Viva a diversidade

Nós somos pessoas bem diferentes umas das outras. Quer um exemplo disso? Olhe em volta da sua sala de aula! Só nesse pequeno espaço, você vai ver gente de todos os tipos. São pessoas de vários lugares; índios, negros, brancos e por aí vai.

Mas isso não significa que eles são melhores ou piores em relação a você. Eles são diferentes sim, mas você também é. Se na sala de aula essas diferenças são tão claras, imagine ao redor do mundo.

Iguais pela paz

A falta de respeito à diversidade é um dos fatores que causam a intolerância e a violência, principalmente entre os jovens. Mas é bom saber que existem formas de evitar esses problemas. O mais importante é ter a atitude certa, e isso depende de você.

Aceitar as diferenças é uma bela forma de cultivar a paz. E você pode desenvolver a cultura de paz dentro da sala de aula, no seu bairro e em todos os lugares onde passar. Para isso, o primeiro passo é respeitar todas as pessoas, por mais diferentes que elas sejam.

Mas, sozinho, ninguém consegue acabar com a intolerância e com a violência nas ruas, escolas e cidades. Por isso, a sociedade deve agir em parceria com os governos.

Produzir oficinas de artes, dança e música nas escolas e nas comunidades é uma boa ideia para cultivar um pensamento de respeito às diferenças.

Cada escola pode trabalhar para desenvolver uma cultura de paz. A comunidade, os professores e os alunos, juntos, são capazes de diminuir a violência nas ruas. Assim, as crianças e adolescentes vão poder estudar despreocupados, construindo uma vida melhor e mais digna.

Disponível em: <www.plenarinho.gov.br/cidadania/Reportagens_publicadas/viva-a-diversidade>. Acesso em: 7 abr. 2014. Adaptado.

- Com base no texto que você acabou de ler, produza uma redação com o tema: "Juntos cultivamos a paz".

Livros

Reprodução/Editora Ática

Entre neste livro: A Constituição para crianças,
de Liliana Iacocca e Michelle Iacocca. São Paulo: Ática.

Este livro servirá de ponto de partida para a discussão dos direitos humanos. O leitor vai descobrir como surgiram as primeiras Constituições, as leis que asseguram igualdade entre todos, os três poderes que regem o país e o estatuto que protege a criança e o adolescente.

Reprodução/Edições Paulinas

Contos africanos para crianças brasileiras,
de Rogério Andrade Barbosa. São Paulo: Paulinas.

O livro reúne dois contos que pertencem à literatura oral de Uganda. O primeiro fala como nasceu a inimizade entre o gato e o rato e o segundo explica o motivo de os jabutis terem os cascos "rachados".

Reprodução/Editora da Unesp

O tempo tem linha?,
de Adelidia Chiarelli e Lucia Maria Paleari.
São Paulo: Ed. da Unesp.

Medir o tempo é um desafio. Interagindo com o leitor, o livro trabalha com valores e escalas de tempo de maneira divertida e comparativa.

Reprodução/Companhias das Letrinhas

Os direitos das crianças segundo Ruth Rocha,
de Ruth Rocha. São Paulo: Companhia das Letrinhas.

Inspirada nas ideias de igualdade universal – e também nas brincadeiras e nas emoções que só as crianças conhecem –, Ruth Rocha escreveu um livro de poesia sobre aquilo que não pode faltar durante a infância.

O livro traz um apêndice que conta a história da conquista dos direitos infantis.

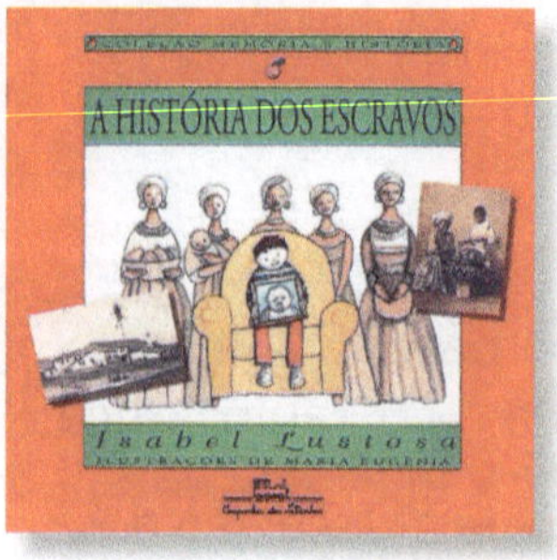

Reprodução/Companhia das Letrinhas

A história dos escravos,
de Isabel Lustosa. São Paulo: Companhia das Letrinhas.

O livro conta um pouco sobre o Brasil no período da escravidão. Tudo começa quando Chico, um menino que vive na cidade, vai visitar a fazenda de seu avô e passa a conhecer muitos detalhes sobre a escravidão no Brasil.

Reprodução/Editora Ática

De onde você veio?,
de Liliana Iacocca e Michele Iacocca.
São Paulo: Ática.

O livro apresenta, de maneira bem-humorada, como pessoas de diversas nacionalidades contribuíram para a formação do povo brasileiro. Por meio dessa leitura, o aluno descobrirá a importância de valorizar e respeitar as diferenças.

Sites

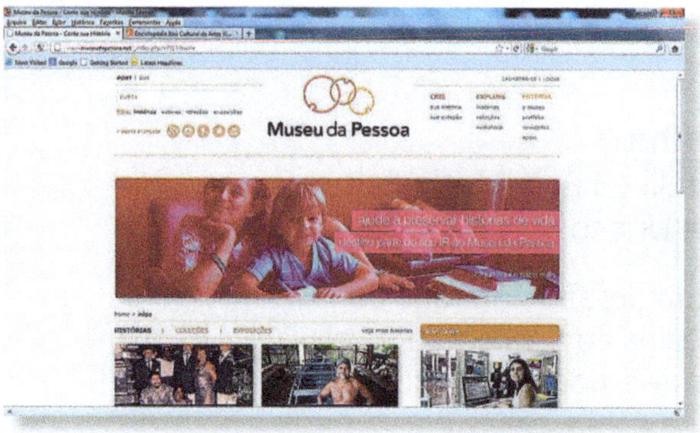

Reprodução/<www.museudapessoa.net>

Museu da Pessoa

<www.museudapessoa.net>. Acesso em: 8 abr. 2014.

Disponibiliza em seu acervo uma série de relatos sobre a história de muitas pessoas do Brasil. O museu está localizado em São Paulo, mas seu acervo pode ser consultado pela internet.

Reprodução/<http://chc.cienciahoje.uol.com.br>

Ciência Hoje das Crianças – História

<http://chc.cienciahoje.uol.com.br/categoria/temas-chc/historia/>. Acesso em: 8 abr. 2014.

Contém textos interessantes sobre a história do Brasil e do mundo. Além disso, apresenta sugestões de livros, *sites* e eventos culturais.

Unidade

1

A divisão dos espaços geográficos

Andréia Vieira/Arquivo da editora

O QUE VOU ESTUDAR?

- O município
- Área urbana e área rural
- Os estados e as regiões brasileiras
- Representações da Terra

1

O município

O Brasil foi organizado em estados e municípios, que são unidades político-administrativas, ou seja, têm governos e leis próprios.

Em geral, o município compreende tanto a cidade, que é a área urbana, quanto o campo, a chamada área rural.

Muitas vezes a palavra **cidade** é usada como sinônimo de "município", porém essas palavras não significam a mesma coisa. A cidade é a sede do município.

Cidade e campo

Não importa se vivemos no campo, com matas, florestas, sítios, fazendas e granjas, ou na cidade, com prédios, casas, ruas, avenidas, lojas e bancos: todos nós vivemos em um município.

Veja abaixo duas fotos do município de São Desidério, na Bahia.

sítios: propriedades agrícolas de pequena ou média lavoura.

granjas: propriedades rurais de pequena atividade agrícola que se dedicam à criação de aves.

Fotos: Delfim Martins/Pulsar Imagens

Área urbana do município de São Desidério (BA), 2013.

Área rural do município de São Desidério (BA), 2013.

- Qual das fotos você acha que mostra a cidade? Qual mostra o campo? Justifique sua resposta.

A área urbana do município

A **área urbana** do município é formada pelo centro e pelos bairros que ficam ao redor dele.

Na cidade, localizam-se:

- a prefeitura, onde trabalham o prefeito e seus auxiliares;
- a câmara municipal ou câmara dos vereadores.

O **prefeito** governa o município, administra-o, sanciona leis aprovadas pela câmara dos vereadores e elabora políticas públicas para saúde, educação, transporte público, etc. Os **vereadores**, por sua vez, elaboram as leis do município e aprovam ou vetam (não aprovam) as decisões do prefeito, além de fiscalizar a administração da prefeitura.

Quem escolhe o prefeito e os vereadores são os eleitores do município.

Genaro Joner/RBS/Folhapress

Prefeitura de Porto Alegre (RS), 2012.

As cidades

Nas **cidades grandes**, o centro é bastante movimentado, com muitas construções, veículos e grande circulação de pessoas que trabalham, estudam, fazem compras e realizam vendas, entre outras atividades.

O centro das **cidades médias** e **pequenas** é mais calmo, o movimento de pessoas e de veículos é menor e o comércio é menos intenso.

- Complete:

a) Parte do município onde o movimento de pessoas e o comércio são mais intensos: ______________________.

b) Outro nome da área urbana do município: ______________________.

c) Partes da cidade que ficam ao redor do centro: ______________________.

Os bairros

Os bairros são formados por casas e prédios residenciais. Neles, pode haver também comércios e indústrias.

Em alguns bairros predominam as **atividades comerciais** (compra, venda e troca de produtos e valores); em outros, são as **atividades industriais** que se destacam.

Cesar Diniz/Pulsar Imagens

Bairro comercial de Araguaína (TO), 2013.

Ricardo Azoury/Pulsar Imagens

Bairro industrial em Manaus (AM), 2012.

A vida na cidade

Geralmente, as pessoas que moram nas cidades de grande e médio porte dispõem de **vários recursos** que nem sempre estão ao alcance daquelas que vivem em cidades menores. Alguns exemplos desses recursos: água encanada, rede de esgoto, gás, luz elétrica, telefone, meios de transporte, estabelecimentos comerciais, locais para diversão e mais opções na área educacional.

Luciana Whitaker/Pulsar Imagens

Centro comercial da região da Saara (RJ), 2013.

Problemas na cidade

A cidade pode oferecer boas condições de vida. Mas a desigualdade social, o crescimento acelerado e as dificuldades no planejamento têm agravado os problemas das grandes cidades, gerando falta de emprego, expansão desordenada de alguns bairros, má qualidade do transporte público e altos índices de violência.

Vista da comunidade do Morro da Providência (RJ), 2013.

Rogerio Reis/Tyba

1. Observe a última foto da página 364 e conte aos colegas como você imagina a vida dos habitantes da cidade retratada.

2. Viver na cidade é bom ou ruim? Converse com os colegas sobre isso, dê sua opinião e ouça o que eles têm a dizer. Justifique sua resposta. Depois, escreva sua conclusão abaixo.

3. Faça uma pesquisa sobre a área urbana ou a área rural de seu município. Anote em seu caderno as informações obtidas na pesquisa.

a) Você escolheu a área urbana ou a rural?

b) Como é essa área?

c) O lugar onde você mora faz parte dessa área?

d) Existe alguma atividade predominante nela?

- Faça um cartaz com as informações que você descobriu. Coloque algumas imagens para complementar seu trabalho – você pode colar fotos ou desenhar.

4. Procure informações sobre o centro de duas cidades: uma grande e outra pequena. Pesquise em jornais, revistas, livros e *sites* na internet.

a) Qual é o nome das cidades?

____

b) Como são as ruas dessas cidades?

____

____

c) Como é o movimento de pessoas e de veículos nessas cidades?

____

____

d) O que existe no centro e o que as pessoas podem fazer nele?

____

____

e) Quais são as vantagens e as desvantagens de viver nesses lugares?

____

____

____

A área rural do município

O **campo**, ou área rural, é a parte do município que fica fora da cidade. Ela pode ser formada por fazendas, sítios, chácaras e granjas, por exemplo. No campo, há mais componentes naturais do que na área urbana, e as moradias são, em geral, mais distantes umas das outras.

João Prudente/Pulsar Imagens

Produção de repolhos em Arapiraca (AL), 2012.

chácaras: pequenas propriedades no campo, próximas da cidade, em geral usadas para lazer e descanso.

A vida no campo

Antigamente, nas áreas rurais dos municípios havia muitas pessoas trabalhando nas plantações. Elas preparavam a terra, plantavam e colhiam.

Hoje, com a modernização, o maquinário faz praticamente todo o trabalho, principalmente nas grandes propriedades. Há máquinas para todas as etapas da lavoura, desde preparar a terra e semear até fazer a colheita.

Em pequenas propriedades, muitas vezes toda a família trabalha na terra, cuidando de pequenas plantações, e na produção leiteira de pequenos rebanhos.

Colheita mecanizada de plantação de soja em Diamantino (MT), 2013.

Ricardo Teles/Pulsar Imagens

A relação entre campo e cidade

As atividades no campo e na cidade são complementares. Muitas coisas vendidas ou fabricadas na cidade dependem do trabalho e da produção do campo.

A maior parte dos alimentos que consumimos é produzida no campo.

Gerson Gerloff/Pulsar Imagens

Pecuária em Barra do Quaraí (RS), 2013.

Jose Roberto Couto/Tyba

Agricultura em Teresópolis (RJ), 2013.

Delfim Martins/Pulsar Imagens

Comércio em Barreiras (BA), 2013.

Paulo Fridman/Pulsar Imagens

Indústria em Manaus (AM), 2013.

Além dos alimentos, o campo também é responsável pelo fornecimento de grande parte das matérias-primas usadas pela indústria, como a madeira, o algodão, a areia, os minerais, o couro, etc.

A **indústria** transforma o que é produzido no campo, fabricando os diversos produtos que a sociedade consome. Tanto os produtos industrializados quanto os naturais chegam às pessoas por meio do **comércio**, que é responsável pela distribuição e venda dos produtos.

O campo e a cidade estão em constante contato em sua relação de produção e consumo. Por isso, as estradas de ligação entre o campo e a cidade são importantes para que os produtos cheguem às casas de muitas pessoas.

1. Assinale as afirmativas verdadeiras.

☐ Na área urbana, a quantidade de construções é maior que na área rural.

☐ Na área rural, há mais ruas, avenidas e veículos.

☐ No campo, as pessoas moram em fazendas (as grandes propriedades) ou em sítios (as médias e pequenas propriedades).

☐ Na área urbana, predominam as atividades de cultivo de alimentos e criação de animais.

2. Que mercadorias consumidas em sua casa são produzidas em uma área do município e vendidas em outra?

____

____

3. Relacione quais matérias-primas foram usadas para fazer os seguintes produtos industrializados.

[1] látex

[2] algodão

[3] alumínio

[4] madeira

☐ 

Indigolotos/Shutterstock/Glow Images

☐ 

Somchai Som/Shutterstock/Glow Images

☐ 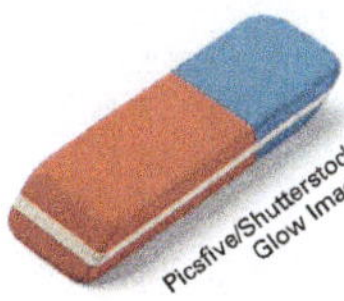

Picsfive/Shutterstock/Glow Images

☐ 

Horiyan/Shutterstock/Glow Images

2

Os estados e as regiões brasileiras

Os estados brasileiros

O território brasileiro está dividido em 26 estados e um Distrito Federal, onde fica Brasília, a capital do Brasil. Brasília é uma cidade planejada, projetada pelo urbanista Lúcio Costa e pelo arquiteto Oscar Niemeyer especialmente para ser a capital do nosso país. Ela foi inaugurada em 21 de abril de 1960, quando a capital do Brasil deixou de ser o Rio de Janeiro.

Cada estado é formado por vários municípios, e todo estado possui uma capital (município onde se localiza a sede do governo do estado).

Brasil: Divisão política

Allmaps/Arquivo da editora

Adaptado de: IBGE. **Atlas geográfico escolar**. 6. ed. Rio de Janeiro, 2012. p. 97.

A linguagem dos mapas

Os mapas representam de forma plana e simplificada a superfície terrestre e nos ajudam a conhecer melhor os municípios, estados, países e continentes.

Os elementos de um espaço são apresentados em tamanho reduzido, conforme o tipo de mapa. Por exemplo, em um mapa físico há a representação de rios e montanhas.

Geralmente os mapas contém título, orientação, escala, legenda e fonte:

- **Título** – apresenta tema do mapa e espaço representado.
- **Orientação** – dada pela rosa dos ventos, indica as direções conhecidas como pontos cardeais (norte, sul, leste e oeste) e colaterais (nordeste, sudeste, sudoeste e noroeste).
- **Escala** – relação entre as dimensões representadas em um mapa e as dimensões reais da superfície que está sendo representada.
- **Legenda** – lista explicativa das cores e dos símbolos utilizados no mapa para facilitar sua compreensão e leitura.
- **Fonte** – indicação de onde o mapa foi extraído ou adaptado.

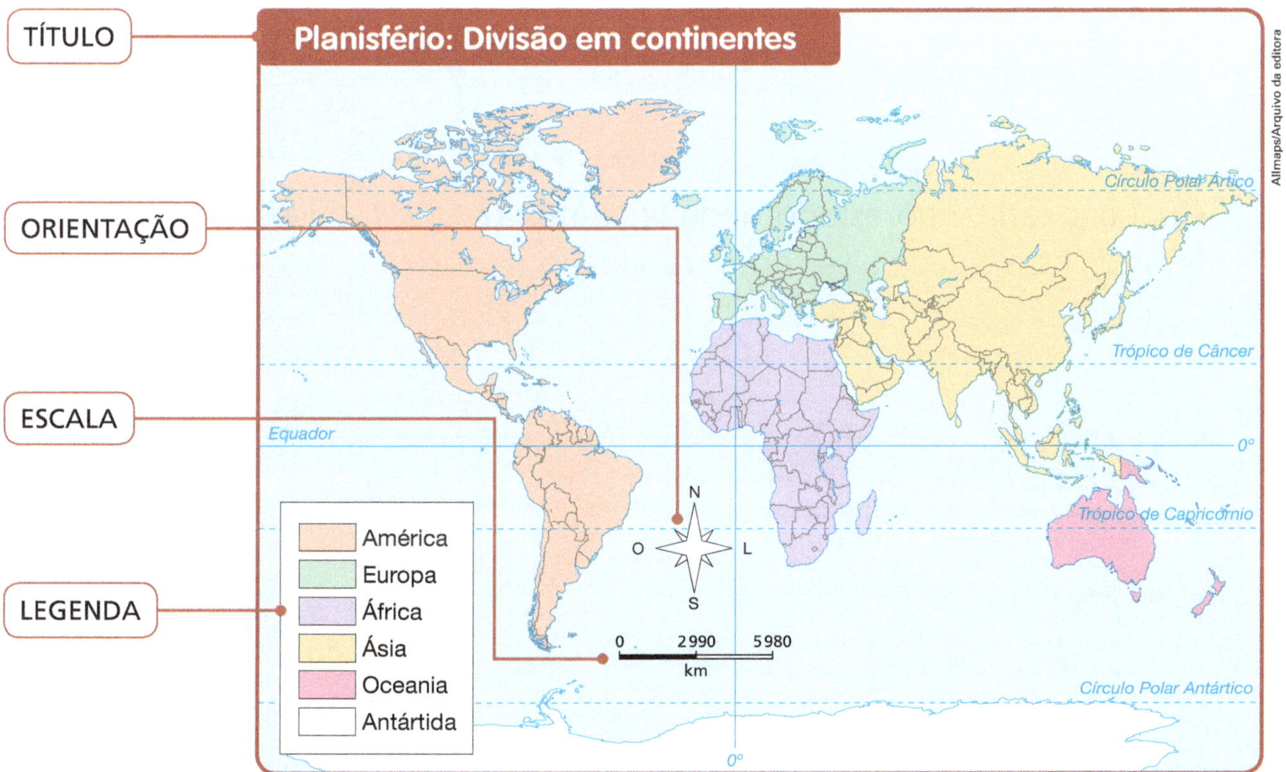

FONTE – Adaptado de: IBGE. **Atlas geográfico escolar**. 6. ed. Rio de Janeiro, 2012. p. 39.

Os limites

O **limite** marca a separação de dois ou mais territórios, como municípios e estados. Os limites podem ser naturais (como os rios e as serras) ou construídos pelo ser humano (como uma ponte) para essa demarcação. Às vezes, podem ser apenas linhas imaginárias (só assinaladas nos mapas), como no mapa do Brasil da página 370.

1. Observe o mapa do Brasil da página 370 e responda às questões:

   a) O título do mapa traz informações sobre o espaço representado. Escreva-o.

   ____

   b) Que espaço está representado no mapa?

   ____

   c) Que informação sobre esse espaço o título está destacando?

   ____

   d) Quais estados fazem limites com o estado onde você vive?

   ____

   ____

   ____

2. Qual é a capital do estado onde você mora? Que motivos você acha que levaram essa cidade a se tornar capital do estado?

   ____

   ____

   ____

   ____

   ____

   ____

   ____

As regiões brasileiras

Para facilitar a administração dos estados brasileiros, eles foram agrupados em **regiões**, de acordo com semelhanças nas paisagens, nos costumes e nas atividades econômicas.

Observe, no mapa, as cinco regiões brasileiras: Norte, Centro-Oeste, Nordeste, Sudeste e Sul.

Brasil: Regiões

Allmaps/Arquivo da editora

Adaptado de: IBGE. **Atlas geográfico escolar**. 6. ed. Rio de Janeiro, 2012. p. 97.

- Observe o mapa e responda no caderno:

a) Em que região seu estado está localizado?

b) Que outros estados pertencem a essa região?

c) O seu estado é banhado pelo oceano Atlântico?

O mapa-múndi

Mapa-múndi ou **planisfério** é o nome do mapa que representa de forma plana toda a superfície do planeta.

Allmaps/Arquivo da editora

O globo terrestre

O globo terrestre representa a superfície do planeta em forma de esfera e em miniatura. Essa forma de representação é mais fiel que a do planisfério, porque o mapa-múndi, por ser plano, faz com que a forma dos continentes sofra alguma deformação. No globo terrestre a deformação é menor.

Sergii Figurnyi/Shutterstock/Glow Images

1. Observe um mapa-múndi e a rosa dos ventos e complete:

a) Ao ______________________ do continente europeu está situado o oceano glacial Ártico.

b) A América está a ______________________ do continente europeu.

c) Ao sul do continente europeu está a ______________________, e na direção sudeste está a ______________________.

2. Observe um mapa do Brasil e responda: qual é o estado vizinho ao seu?

- A nordeste: ______________________
- A sudeste: ______________________
- A sudoeste: ______________________
- A noroeste: ______________________

3

Brasil em resumo

O Brasil é o quinto país do mundo em extensão territorial e está dividido em 26 estados e o Distrito Federal.

De norte a sul, de leste a oeste, é um país com muitas belezas naturais, monumentos históricos, atrações turísticas e festas populares.

Conheça um pouco de tudo isso por meio das imagens e informações de lugares de todos os estados brasileiros apresentadas a seguir.

André Dib/Pulsar Imagens

Rio Branco (AC), 2013 – Capital do Acre, é o município mais populoso do estado. Cortado pelo rio Acre, é o centro econômico e cultural do estado.

Marcelo Reis/SambaPhoto

Penedo (AL), 2012 – Um dos municípios históricos mais bonitos e antigos do Brasil. Localizado no sul de Alagoas, às margens do rio São Francisco, conserva igrejas e palacetes dos séculos XVII e XVIII.

Rogério Reis/Pulsar Imagens

Macapá (AP), 2012 – Capital do Amapá, é cortado pela linha do equador. Parte do município fica no hemisfério norte e outra, no hemisfério sul. O monumento Marco Zero, que aparece na foto, foi construído para registrar o ponto pelo qual passa esse paralelo, entre os dois hemisférios.

Paulo Fridman/Pulsar Imagens

Manaus (AM), 2013 – O Teatro Amazonas é um dos monumentos históricos de Manaus, capital do Amazonas. Essa belíssima e antiga construção é um dos símbolos do período conhecido como Ciclo da Borracha, na região dos seringais amazônicos, compreendido entre a segunda metade do século XIX e o início do século XX.

Rubens Chaves/Pulsar Imagens

Salvador (BA), 2013 – O Farol da Barra foi construído no século XVII para orientar os navios que entravam na baía de Todos--os-Santos, conhecida pelos navegadores portugueses desde 1501.

Fabio Colombini/Acervo do fotógrafo

Jericoacoara (CE), 2012 – Esta paisagem é composta de dunas, lagoas, praias e formações rochosas, como a Pedra Furada, esculpida pelo mar ao longo dos anos. Entre os meses de julho e agosto, a posição do Sol, ao se pôr, coincide com o buraco da pedra, formando um belo espetáculo.

Edson Grandisoli/Pulsar Imagens

Domingos Martins (ES), 2014 – A Pedra Azul é um dos símbolos do Espírito Santo. Localizada no Parque Estadual da Pedra Azul, no município de Domingos Martins, é uma rocha coberta por algas cuja coloração varia do verde ao azul, de acordo com a incidência dos raios solares.

Haroldo Palo Jr/kino.com.br

Parque Nacional da Chapada dos Veadeiros (GO), 2012 – Reúne um conjunto de belas paisagens, com piscinas naturais, grutas, cachoeiras, trilhas e formações rochosas, como o Vale da Lua (foto).

Fabio Colombini/Acervo do fotógrafo

Parque Nacional dos Lençóis Maranhenses (MA), 2013 – Entre os municípios de Primeira Cruz e Barreirinhas, no Maranhão, é um dos mais belos trechos do litoral brasileiro. É formado por dunas de areias brancas rodeando lagoas que secam por alguns meses e ressurgem na estação chuvosa.

Andre Dib /Pulsar Imagens

Serra do Roncador (MT), 2013 – A serra do Roncador começa em Barra do Garças, no Mato Grosso, e se estende até a serra do Cachimbo, no Pará. Espalhados por quase toda a serra, estão lagos subterrâneos, nascentes de rios e cavernas que guardam inscrições rupestres feitas por povoadores antigos.

Fabio Colombini/Acervo do fotógrafo

Bonito (MS), 2011 – Localizado na serra da Bodoquena, ao sul do Pantanal, no Mato Grosso do Sul, Bonito é considerado um verdadeiro paraíso ecológico, com rios de águas cristalinas, cachoeiras, cavernas e diversos animais.

Renato Soares /Pulsar Imagens

Tiradentes (MG), 2012 – Fundado em 1702, foi batizado com outros nomes antes de ser chamado pelo nome atual, em homenagem a Joaquim José da Silva Xavier. É um município histórico, com calçamento de pedras centenárias, igrejas, capelas e casarios coloniais.

Giuseppe Bizzarri/Folhapress

Belém (PA), 2012 – O mercado Ver-o-Peso foi construído na época do Ciclo da Borracha. Lá são comercializados, entre diversos produtos típicos da região, cerâmicas, comidas, frutas, peixes e ervas medicinais.

J. L. Bulcão /Pulsar Imagens

João Pessoa (PB), 2012 – No litoral de João Pessoa localiza-se a Ponta do Seixas, um dos pontos extremos do Brasil. Essa ponta de terra é o primeiro lugar onde o Sol "surge" no continente americano.

Renato Soares/Pulsar Imagens

Curitiba (PR), 2012 – O Teatro Ópera de Arame, destinado a apresentações artísticas e culturais, é um dos principais pontos turísticos de Curitiba. No local funcionava uma antiga pedreira. Sua arquitetura foi integrada ao meio ambiente, rodeado por mata nativa, um lago e uma cascata.

Vitor Marigo/Tyba

Fernando de Noronha (PE), 2013 – Desde 1988, o arquipélago de Fernando de Noronha pertence ao estado de Pernambuco. No mesmo ano, foi criado o Parque Nacional Marinho para preservar uma das áreas ecológicas mais bonitas do Brasil.

Fabio Colombini/Acervo do fotógrafo

Parque Nacional de Sete Cidades (PI), 2012 – Composto de formações rochosas esculpidas pelos ventos e chuvas durante milhões de anos, no parque estão espalhados cachoeiras, áreas de cerrado e de caatinga, diversos animais e vários sítios arqueológicos, com inúmeras pinturas rupestres.

Sergio Israel/Pulsar Imagens

Rio de Janeiro (RJ), 2012 – O ponto turístico mais conhecido do Rio de Janeiro é, sem dúvida, o Cristo Redentor, no morro do Corcovado. A estátua foi construída em 1931 e é uma das maiores do mundo, com 38 metros de altura.

Adriana Gambarini/Isuzu Imagens

Atol das Rocas (RN), 2007 – Reserva biológica que pertence ao estado do Rio Grande do Norte. Trata-se da primeira unidade de conservação marinha criada no Brasil. É local de desova de tartarugas e abriga grande número de aves marinhas.

Rogerio Reis/Tyba

Gramado (RS), 2011 – Município do Rio Grande do Sul que conserva em suas construções a influência da colonização de alemães e italianos. No inverno, ocorrem geadas, nevoeiros e, ocasionalmente, neve nessa região.

Rogério Reis/Pulsar Imagens

Porto Velho (RO), 2013 – Na foto, antiga estação da estrada de ferro Madeira-Mamoré. O local atualmente é um museu. A Madeira-Mamoré levou quarenta anos para ser construída. Inaugurada em 1912, foi desativada em 1972.

Renato Soares/Pulsar Imagens

Parque Nacional do Monte Roraima (RR), 2011 – Nas fronteiras do Brasil com a Venezuela e com a Guiana, encontram-se nesse parque montanhas únicas, formadas há milhões de anos, chamadas tepuís pelos indígenas.

Edu Lyra/Pulsar Imagens

Pomerode (SC), 2012 – Colonizado por famílias vindas da província da Pomerânia, no norte da Alemanha, Pomerode tem um rico folclore. A influência alemã deu ao município uma arquitetura de estilo chamado enxaimel.

Itaci Batista/Agência Estado

São Paulo (SP), 2012 – O Monumento às Bandeiras, no Parque do Ibirapuera, foi inaugurado em 1953. Obra do escultor Victor Brecheret, representa uma expedição bandeirante em São Paulo, com a presença de europeus e indígenas.

Wagner Tavares/Pulsar Imagens

Hidrelétrica de Xingó (SE), 2012 – No sertão nordestino, entre os municípios de Canindé de São Francisco, em Sergipe, e Piranhas, em Alagoas, foi construída no rio São Francisco a hidrelétrica de Xingó, uma das maiores e mais modernas usinas hidrelétricas do Brasil.

Inís Calixto/Pulsar Imagens

Mateiros (TO), 2011 – A região do Jalapão, no Tocantins, é chamada deserto do Jalapão, mas apresenta vegetação de cerrado, rios, lagoas, dunas e cachoeiras. Lá vivem várias espécies de animais como capivaras, veados-campeiros, tamanduás-bandeira, araras e tucanos.

Rubens Chaves/Pulsar Imagens

Brasília (DF), 2013 – A escultura Os Candangos, do artista paulista Bruno Giorgi, na Praça dos Três Poderes, em Brasília, simboliza os trabalhadores que construíram a capital do Brasil, vindos de diversas partes do país.

De olho na destruição do meio ambiente na área rural

Como acontece na área urbana, a ação do ser humano pode prejudicar também o campo. Há casos em que grandes áreas de florestas são desmatadas para se tornarem plantações ou pastos. Isso pode acabar com grande quantidade de plantas e deixar muitos animais sem alimento e abrigo.

Além disso, o uso de agrotóxicos e o descarte incorreto de resíduos decorrentes da criação animal podem poluir rios e poços e causar doenças na população, tanto da área urbana como da rural.

agrotóxicos: substâncias ou produtos químicos utilizados na prevenção e no combate de pragas agrícolas (como ervas daninhas, insetos, fungos, doenças).

Para proteger, recuperar e conservar as riquezas naturais de algumas áreas e garantir o bem-estar das populações humanas, o governo brasileiro criou as APAs (áreas de proteção ambiental). Nesses lugares, os animais e as plantas são protegidos e estudados.

Renato Soares/Pulsar Imagens

Área de proteção ambiental na Serra de São José, em Tiradentes (MG), 2012.

- Existe uma área de proteção ambiental (APA) no estado onde você mora? Em caso afirmativo, pesquise quais animais e plantas são encontrados nela e conte aos colegas. Se não tiver nenhuma APA, pesquise áreas de proteção existentes nos estados vizinhos.

Unidade 2

Estudando a paisagem

Andréia Vieira/Arquivo da editora

O QUE VOU ESTUDAR?

- Relevo
- Hidrografia
- Clima
- Vegetação
- Paisagem natural e paisagem construída

4

O relevo

A superfície terrestre é a parte do planeta onde vivemos. Nem sempre ela foi como a conhecemos hoje: passa constantemente por alterações, pois sofre desgastes ao longo dos anos por causa dos ventos, das chuvas, do calor do sol e das interferências e modificações que o ser humano realiza na natureza.

Assim, a superfície da Terra é constituída de terrenos de vários tipos e formas: mais altos ou mais baixos, mais planos ou acidentados (que são desiguais, irregulares).

Essas características das superfícies são chamadas **relevo**. Vamos conhecer as formas mais comuns de relevo?

Planície – grande porção de terra relativamente plana. Caracteriza-se por uma altitude baixa em relação ao nível do mar. É um tipo de área que recebe sedimentos dos trechos ao redor.

nível do mar: as medidas da altura das formas de relevo da superfície da Terra são feitas com base no nível do mar, que se convencionou como nível zero (zero metro).

Planície do Pantanal Mato-Grossense, no estado de Mato Grosso do Sul, 2012.

Planalto – terreno de relevo com superfície irregular e altitude elevada em relação ao nível do mar. Caracteriza-se pelo processo de erosão.

Região de planalto no Parque Estadual do Ibitipoca, no estado de Minas Gerais, 2011.

Montanha – grande elevação do terreno, consideravelmente mais alta que a área ao seu redor. A montanha diferencia-se do morro ou da colina pelo tamanho: é bem maior e mais elevada.

Ismar Ingber/Pulsar Imagens

Região de montanhas em Petrópolis, no estado do Rio de Janeiro, 2012.

Chapada – superfície de terra bastante elevada em relação às terras do seu entorno e com lados inclinados (às vezes, quase verticais). Toda a sua parte alta é relativamente plana e descoberta, proporcionando ampla visão da região em que se localiza.

Andre Dib/Pulsar Imagens

Vista da chapada Diamantina, no estado da Bahia, 2013.

Colina – terreno de pequena elevação, com inclinação suave, ou seja, não muito acentuada. A colina pode ter até 50 metros de altura.

João Prudente/Pulsar Imagens

Vista de colinas no estado do Espírito Santo, 2011.

Depressões – porções de terra caracterizadas por abaixamento ou afundamento em relação às terras circundantes, tendo profundidades variadas que chegam a atingir grandes extensões de terra.

Zig Koch/Pulsar Imagens

Vista da Depressão Sertaneja Meridional, na região da chapada Diamantina, no estado da Bahia, 2012.

João Prudente/Pulsar Imagens

Vale – forma de relevo, na maioria das vezes, modelada por um rio. Em seu curso, esse rio cavou ou abriu uma alongada depressão entre as terras mais elevadas dos arredores, que em geral são colinas ou montanhas.

Vale de Santa Bárbara, em São Francisco Xavier, no estado de São Paulo, 2012.

1. Faça uma pesquisa para responder às questões abaixo.

a) Qual é o lugar mais alto do município em que você vive? E do estado?

____

b) No município ou estado em que você vive existe alguma serra? Qual é o nome dela?

____

c) Que outra forma de relevo importante existe no município ou no estado em que você vive?

____

d) Qual é o nome da montanha mais alta do mundo? Qual é a altura dela? E onde ela se localiza?

____

____

2. O mapa abaixo indica duas grandes formas do relevo no território brasileiro.

Allmaps/Arquivo da editora

Adaptado de: **Geoatlas**, de Maria Elena Simielli. 34. ed. São Paulo: Ática, 2013. p. 115.

- Responda:

a) Em que região brasileira predominam as altitudes mais baixas?

b) Em quais regiões predominam os planaltos?

c) Que forma de relevo predomina em seu estado? E na região onde fica seu estado?

5

A hidrografia

A maior parte da superfície da Terra é coberta pelas águas que formam os oceanos, mares, lagos e rios.

Hidrografia é o nome que damos ao conjunto das águas do planeta Terra (oceanos, mares, lagos e rios).

Veja no mapa abaixo as grandes extensões de água de nosso planeta.

Mapa-múndi: Oceanos

Allmaps/Arquivo da editora

Adaptado de: IBGE. **Atlas geográfico escolar**. 6. ed. Rio de Janeiro, 2012. p. 34.

Chamamos **oceano** a grande extensão de águas salgadas que rodeia as partes da superfície terrestre não cobertas por água – os continentes.

A parte dos oceanos que banha os continentes chama-se **mar**, e os lugares banhados pelo mar são chamados **litoral**. Nosso país possui um litoral extenso, ou seja, há muitos lugares banhados pelo mar no Brasil.

João Prudente/Pulsar Imagens

Itapema, no litoral do estado de Santa Catarina, 2012.

Além de ser banhado por mares e oceanos, o Brasil possui muitos rios e lagos.

Rio é uma corrente de água que deságua no mar, em um lago ou em outro rio. Um rio menor que deságua em um rio principal é chamado **afluente**.

Os rios são *habitat* de milhares de espécies. Os seres humanos utilizam os rios para navegação, pesca, produção de energia elétrica, abastecimento de água das cidades, irrigação de terras, entre outras atividades.

O rio é composto das seguintes partes: **nascente** (onde o rio nasce), **leito** (por onde o rio corre), **foz** (onde o rio termina) e **margens** (laterais dos rios).

Lago é uma porção de água cercada de terra. Quando o lago é pequeno, é chamado **lagoa**.

Thomaz Vita Neto/Pulsar Imagens

Nascente do rio São Francisco, no Parque Estadual da Serra da Canastra (MG), 2013.

irrigação: ato de molhar, regar artificialmente a plantação, com distribuição adequada da água por todo o terreno.

Lago Paranoá, em Brasília (DF), 2013.

Rubens Chaves /Pulsar Imagens

A estação de tratamento de água

Em nosso dia a dia, consumimos a água doce que existe na natureza, nos rios, nos lagos e nos lençóis subterrâneos. Essa água pode absorver todas as substâncias presentes no ambiente em que se encontra. Dependendo do tipo e da quantidade de substâncias que a água carrega, seu consumo pode trazer sérios prejuízos à saúde.

Por esse motivo, antes de ser consumida, toda água precisa passar por tratamento, ou seja, por uma técnica cuja finalidade é reduzir as impurezas nela presentes, sobretudo as que são nocivas à saúde.

Para ser tratada, a água é bombeada da represa para uma estação de tratamento. Ali ela recebe várias substâncias que vão purificá-la, como o cloro, e passa por vários filtros até se tornar boa para o consumo. Depois, é mantida em reservatórios que são centros de distribuição de água tratada para as cidades.

Gerson Gerloff /Pulsar Imagens

Estação de tratamento de água em Santa Maria (RS), 2013.

Nos lugares onde não há tratamento, deve-se tomar muito cuidado com a água que será ingerida: é preciso filtrá-la e fervê-la antes de beber.

Se em sua casa é utilizada água sem tratamento, procure um posto de saúde para receber orientação sobre o assunto.

lençóis subterrâneos: correntes naturais de água subterrânea que se acumulam debaixo da camada superficial da terra.

1. Pesquise e registre no caderno:

a) Em seu município, a água consumida recebe tratamento?

b) Todas as residências recebem água tratada?

2. A água limpa é um bem que pode acabar. Troque ideias com os colegas sobre o que deve ser feito para economizar esse bem precioso.

3. Qual é o nome do principal rio do município em que você mora? Se não existir um rio no município, escreva o nome de um rio importante para a região em que você vive.

---

4. Veja o mapa das regiões hidrográficas abaixo.

Allmaps/Arquivo da editora

Brasil: Divisão hidrográfica

Adaptado de: Ministério do Meio Ambiente e Agência Nacional de Águas. Disponível em: <www.mma.gov.br/port/conama/processos/6333F3D1/DivisHidrogNac_luizboc1.pdf> e <www2.ana.gov.br/Paginas/default.aspx>. Acesso em: 8 jan. 2014.

- Agora, escreva o nome da bacia hidrográfica à qual pertence o rio citado na atividade anterior.

---

5. Faça uma pesquisa em grupo sobre o rio citado na atividade 3 e registrem os resultados no caderno. Lembrem-se de investigar:

a) Que cuidados o rio tem recebido?

b) Suas águas estão limpas ou poluídas?

c) Como estão as margens do rio? Estão cuidadas? Há lixo depositado nelas?

d) O que acontece com esse rio na época do ano em que chove pouco? E quando há muita chuva?

e) Geralmente esse rio seca ou provoca enchentes?

6

O clima

A diferença entre tempo e clima

O tempo varia muito em um mesmo dia, ou de um dia para o outro, de uma estação do ano para outra e de um lugar para o outro. O tempo atmosférico é o estado do ar em determinado momento.

A sucessão das variações do tempo atmosférico em determinado lugar, durante um longo período, constitui o **clima** desse lugar.

atmosférico: relativo à atmosfera, camada de ar que circunda a Terra.

Diversos fatores influenciam e determinam as variações do clima, que podem ocorrer por causa dos ventos, da proximidade do mar, das chuvas e da vegetação, além de serem determinadas pela própria localização do lugar no planeta Terra.

Nas montanhas, o clima geralmente é mais frio, por exemplo, do que naqueles lugares situados no litoral, que apresentam clima mais quente. Esse é outro fator que influencia o clima – a altitude, ou seja, a altura em relação ao nível do mar.

Gerson Gerloff/Pulsar Imagens

Neve em região serrana de São José dos Ausentes (RS), 2013.

Rogério Reis /Pulsar Imagens

Praia da Maria Farinha (PE), 2013.

Estações do ano

No Brasil, em certos lugares, a primavera é uma estação em que o clima é mais ameno e a temperatura se mantém estável, isto é, não se altera bruscamente.

O verão costuma ser mais quente. Nessa época, em muitas localidades brasileiras costuma chover bastante. Já no outono, em geral, não faz muito calor nem muito frio. E o inverno, por sua vez, é a estação em que geralmente faz mais frio.

Delfim Martins/Pulsar Imagens

Primavera no jardim do parque da Luz (SP), 2013.

Em certos lugares do Brasil faz calor o ano inteiro. Em outros, entretanto, em algumas épocas o frio é tão intenso que chega a nevar.

O clima e o cotidiano

Nos lugares onde as chuvas são bem distribuídas durante o ano, as colheitas são boas, e grande variedade de espécies vegetais e animais se desenvolve.

Já nos lugares onde quase não chove, os agricultores muitas vezes perdem suas plantações. Para garantir boas colheitas eles precisam realizar investimentos em irrigação, retirando água de lençóis subterrâneos ou armazenando-a nos períodos de chuva, para poder usá-la nos períodos de seca.

João Prudente /Pulsar Imagens

Irrigação de plantação em Serra Negra (SP), 2013.

- Observe o mapa dos principais tipos de clima do Brasil e leia a legenda. Depois, responda às questões oralmente.

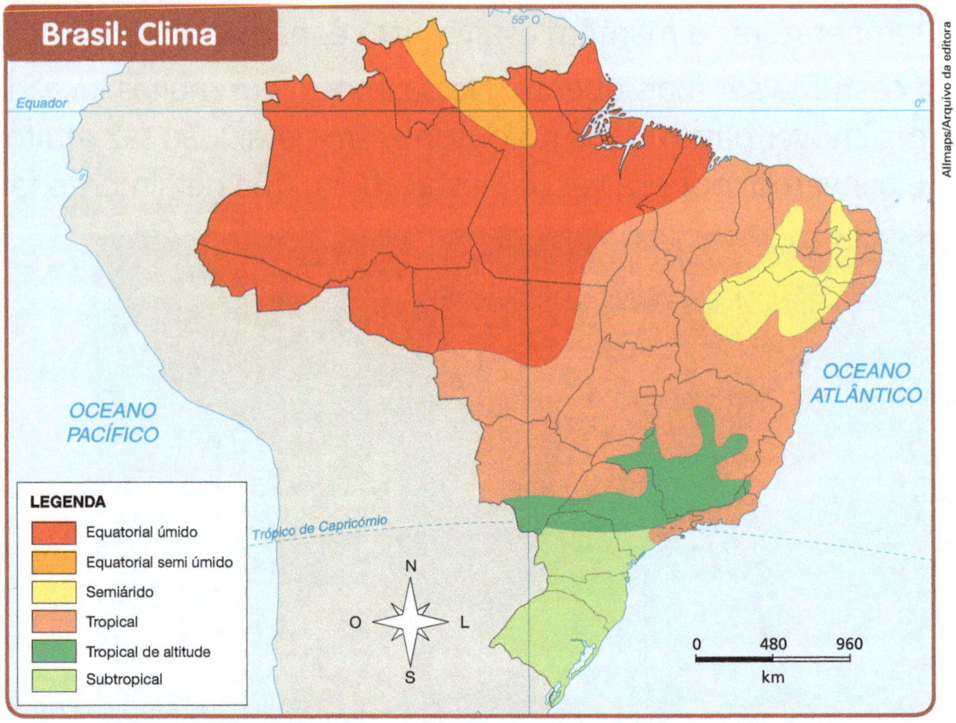

Adaptado de: **Geografia do Brasil**, de Jurandyr L. Sanches Ross (Org.). São Paulo: Edusp, 2001. p. 109.

a) Segundo o mapa, qual é o clima predominante no seu estado?

b) Existe algum outro tipo de clima no seu estado? Qual?

c) Circule no quadro abaixo a descrição do clima de seu estado.

Clima equatorial úmido: quente e chuvoso, varia pouco durante o ano. Temperaturas médias acima de 25 °C.

Clima equatorial semiúmido: muito parecido com o anterior, porém menos chuvoso.

Clima semiárido: quente e seco. Chove pouco e ocorrem longos períodos de estiagem, em geral durando mais de oito meses. Temperaturas médias acima de 25 °C.

Clima tropical: apresenta uma estação seca que dura de quatro a cinco meses ao ano (de abril a setembro). Temperatura média de 20 °C.

Clima tropical de altitude: semelhante ao anterior, com a diferença de que, como ocorre em regiões de maior altitude, as temperaturas médias ficam abaixo de 20 °C.

Clima subtropical: as temperaturas médias ficam abaixo de 20 °C, e as chuvas são bem distribuídas ao longo do ano.

7

A vegetação

Vegetação natural é o conjunto de plantas que nascem e crescem naturalmente em uma região, sem ter sido plantadas pelas pessoas. As sementes são espalhadas pelo vento, pelas águas das chuvas e dos rios e também pelos animais.

Os tipos de vegetação são determinados pelo clima, pelo tipo de solo e pelo relevo de cada lugar.

No Brasil, os principais tipos de vegetação são: as matas e florestas, os campos, o cerrado, a caatinga, a vegetação pantaneira e a vegetação litorânea.

As **matas** e **florestas** são formadas por árvores altas, que costumam crescer bem próximas umas das outras.

A **floresta Amazônica** é uma das mais importantes do mundo, pois abriga enorme variedade de espécies de plantas e de animais. Ela ajuda a regular o clima da região, e sua vida está associada à dos rios do lugar.

Grande parte da floresta é frequentemente inundada pelas águas desses rios. Nas partes não inundadas fica a mata de terra firme, onde estão as árvores mais altas, com mais de 50 metros de altura.

Edson Grandisoli /Pulsar Imagens

Interior da floresta Amazônica no estado do Amazonas, 2013.

A **mata Atlântica** abriga grande diversidade de espécies de árvores que só crescem nesse tipo de floresta.

Em 1500, a mata Atlântica estendia-se de ponta a ponta na costa do nosso litoral. Mas ela foi sendo devastada e hoje concentra-se principalmente na serra do Mar e na serra da Mantiqueira, no sudeste do Brasil.

Delfim Martins/Pulsar Imagens

Mata Atlântica na serra do Mar, no estado de São Paulo, 2013.

A **mata de Araucárias**, ou **mata dos Pinhais**, aparece no sul do Brasil, onde há chuvas bem distribuídas ao longo do ano e as temperaturas são mais baixas.

Por localizar-se num solo muito fértil, que consequentemente está sendo ocupado e usado para a agricultura, a mata de Araucárias hoje existe apenas em pequenas áreas do sul do Brasil.

A **mata dos Cocais** é constituída de palmeiras, com predominância do babaçu e menor ocorrência da carnaúba, das quais são extraídas matérias-primas para a produção de óleo, cera, sabão e fibras, por exemplo. Ocorre principalmente no Maranhão e no Piauí.

Fabio Colombini/Acervo do fotógrafo

Mata de Araucárias no estado de Santa Catarina, 2012.

Fabio Colombini/Acervo do fotógrafo

Mata dos Cocais no estado do Maranhão, 2013.

Os **campos**, ou **pampas**, são formados principalmente por plantas rasteiras, como o capim e a grama. Ocorrem sobretudo no sul do Brasil e são muito adequados para a criação de gado.

Hoje, grande parte dos campos originais foi substituída por plantações ou pastagens.

Gerson Gerloff /Pulsar Imagens

Região de campos no estado do Rio Grande do Sul, 2013.

O **cerrado** é formado por campos com árvores baixas, de tronco retorcido e casca grossa, que crescem afastadas umas das outras. Esse tipo de vegetação ocupa terras planas em várias regiões do centro do Brasil, onde existem muitos riachos, rios e cachoeiras.

Cesar Diniz /Pulsar Imagens

Trecho de cerrado no estado de Tocantins, 2013.

Há grandes áreas dos cerrados ameaçadas, pois também estão sendo ocupadas pela agricultura.

A **caatinga** está presente em regiões secas do Nordeste. É formada por pequenas árvores, em geral com folhas em forma de espinhos. Algumas espécies conservam água em seu interior e são usadas como alimento pelos animais dessas regiões, servindo-lhes em épocas mais secas como único meio de sustento.

Andre Dib/Pulsar Imagens

Trecho de caatinga, no estado de Pernambuco, 2013.

A **vegetação pantaneira**, ou **vegetação do Pantanal**, mistura cerrado, campos e florestas. Essa característica está associada ao Pantanal, única região do Brasil onde essa vegetação aparece.

Nela vivem inúmeras espécies de aves e outros animais do Pantanal brasileiro.

Artur Keunecke /Pulsar Imagens

Vegetação pantaneira no estado de Mato Grosso, 2013.

A **vegetação litorânea** brasileira é composta de restingas e manguezais.

As **restingas** são um tipo de vegetação formada por gramíneas, arbustos, palmeirinhas, pitangueiras, coqueiros e outros tipos de plantas de fácil fixação no solo arenoso das praias.

Os **manguezais** (ou mangues) são encontrados em várias partes do litoral brasileiro, como no fundo de baías e na foz de rios, nos trechos onde o solo é uma espécie de lama mole e escura. Neles se abrigam e se reproduzem diversos animais marinhos, o que garante vida a uma grande diversidade de espécies.

João Prudente/Pulsar Imagens

Área de restinga no estado do Pará, 2013.

Ernesto Reghran /Pulsar Imagens

Área de mangue no estado de Alagoas, 2013.

arenoso: cheio de areia ou constituído dela.

A importância da vegetação

A vegetação é muito importante para a manutenção da vida no planeta Terra.

Os constantes desmatamentos para extração de madeira, as queimadas e a transformação das florestas em áreas de pastagens e para outros usos vêm prejudicando, em todo o mundo, o desenvolvimento e a preservação da vida vegetal e animal.

Uma mudança radical em nossa atitude é o único caminho para o equilíbrio do ambiente em que vivemos.

- Observe no mapa abaixo os principais tipos de vegetação natural do Brasil antes das devastações. Depois, responda às questões no caderno.

Allmaps/Arquivo da editora

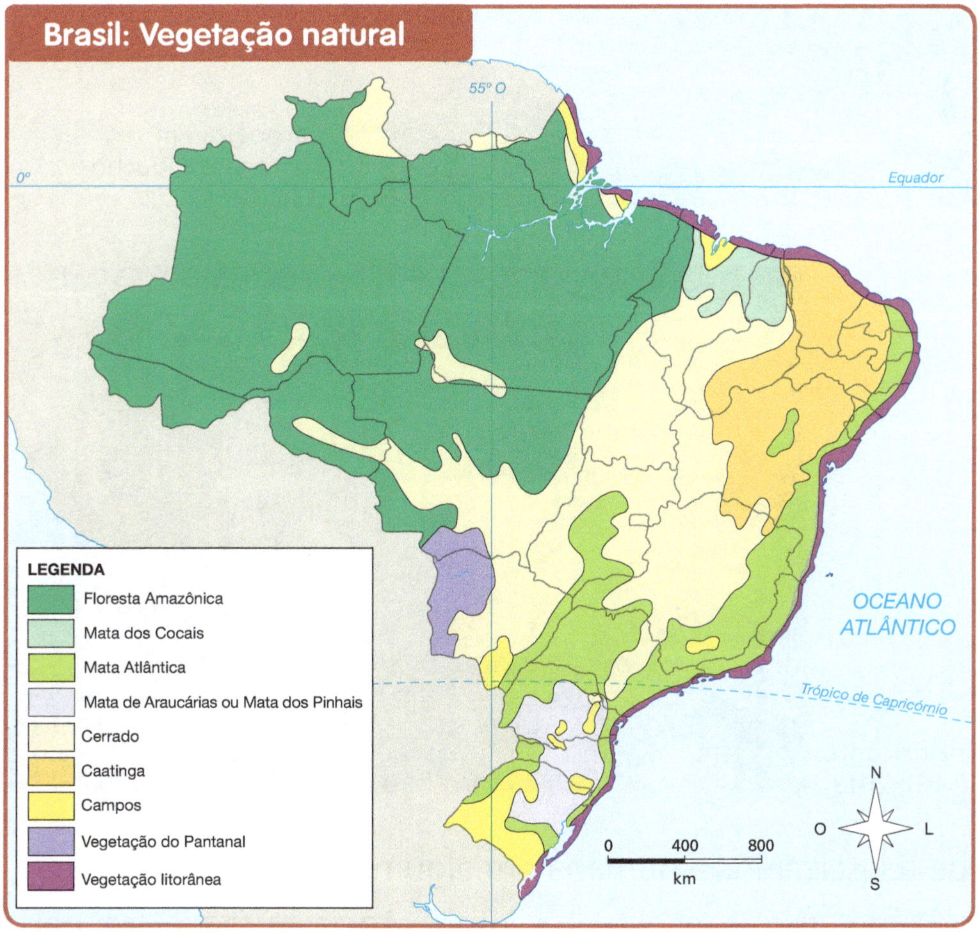

Adaptado de: **Geoatlas**, de Maria Elena Simielli. 34. ed. São Paulo: Ática, 2013. p. 110.

a) A vegetação natural do estado em que você mora se encontra totalmente preservada ou já foi substituída? Por quê?

b) Ainda existem áreas em que a vegetação natural do estado onde você vive está preservada? Pesquise e explique por quais motivos ela está preservada ou foi devastada.

8

Paisagem natural e paisagem construída

Observe algumas paisagens do Brasil.

Andre Dib/Pulsar Imagens

Cachoeira em Santana do Riacho (MG), 2013.

Rubens Chaves /Pulsar Imagens

Cidade de Belo Horizonte (MG), 2013.

Você percebe a interferência humana em alguma das fotos acima?

Tudo o que vemos e que não tenha interferência humana faz parte da **paisagem natural**. Os elementos naturais das paisagens, como você já estudou, são as formas que modelam a superfície da terra (o relevo), as águas, a vegetação natural, o ar (atmosfera) e os animais.

Tudo o que foi construído pelo ser humano ou sofreu intervenção dele faz parte da **paisagem construída**. A construção do espaço geográfico é resultado do trabalho das pessoas, que transformam a natureza e utilizam seus recursos.

Modificações na paisagem natural

O ser humano, para melhorar suas condições de vida, modifica a paisagem natural. Ele constrói casas e edifícios, túneis, avenidas, barragens para represar as águas dos rios, canais de irrigação, pontes e viadutos, aterros em praias e lagoas para obter mais espaço, fábricas, etc.

Além disso, as pessoas aproveitam as quedas-d'água dos rios para instalar usinas hidrelétricas, retiram minérios do solo, fazem plantações para obter alimento e pastagem para os animais, entre outras alterações.

Thomaz Vita /Pulsar Imagens

Usina hidrelétrica de Salto Grande (SP), no rio Paranapanema, na divisa com o estado do Paraná, 2013.

Muitas vezes, porém, o ser humano faz modificações que destroem a natureza e afetam o desenvolvimento de uma região.

A derrubada de árvores sem que haja reflorestamento e a poluição de rios e mares, por exemplo, podem trazer sérias consequências para a natureza, prejudicando o próprio ser humano e os outros seres vivos do planeta.

Edson Sato/Pulsar Imagens

usinas hidrelétricas: locais que geram energia elétrica por meio de turbinas acionadas por corrente de água.

reflorestamento: ação de plantar árvores em lugares onde ocorreu desmatamento.

Área desmatada próxima ao município de Caracaraí (AM), 2012.

A ação dos fenômenos naturais

Além dos seres humanos, também as chuvas, o vento, as águas dos rios e dos mares provocam modificações na paisagem. Veja alguns casos.

As águas das chuvas e dos mares, quando atingem um terreno por anos e anos, desgastam-no, deixando-o mais baixo, e dele levam pedaços de terra, folhas e sementes para outros lugares.

Delfim Martins /Pulsar Imagens

Erosão causada por chuvas em Iporangaí (SP), 2012.

Luis Salvatore /Pulsar Imagens

O vento age como uma vassoura, "varrendo" a superfície dos terrenos e levando os detritos (terra e restos de animais e vegetais) de um lugar para outro.

Você sabe o que são **dunas**? São montes de areia móveis formados pela ação do vento. Nessa foto podem ser vistas dunas na região dos Lençóis Maranhenses (MA), 2012.

1. Em grupo, entrevistem uma pessoa que vive há bastante tempo no município onde vocês moram e apresentem o resultado da entrevista para a classe. Vocês podem fazer as seguintes perguntas:

   a) Quais modificações foram feitas pelo ser humano no município nos últimos anos?

   b) A vegetação foi modificada? Em que região do município? Como?

   c) Foram erguidas muitas construções? Se sim, de que tipo: casas, edifícios, indústrias, viadutos, pontes ou outros?

   d) Foram abertas estradas e construídos viadutos e pontes? Onde?

   - Procurem saber se, na opinião da pessoa entrevistada, as modificações feitas na paisagem natural de seu município foram boas ou ruins para a população e/ou para a própria natureza.

2. Você já sabe que a fotografia é um documento. Vamos fazer uma leitura desse tipo de documento? Observe as fotos e depois faça o que se pede.

Marc Ferrez/Instituto Moreira Salles

Praia de Copacabana, Rio de Janeiro (RJ), em 1890 aproximadamente.

Renato Melo/tyba

Praia de Copacabana, Rio de Janeiro (RJ), em 2013.

a) Descreva as paisagens das fotos.

b) Que mudanças você observou na praia de Copacabana?

c) O que permaneceu na praia de Copacabana?

d) Quais são os elementos que caracterizam a ação humana na paisagem 2?

De olho na transposição do rio São Francisco

Leia o texto a seguir sobre um projeto do governo federal no rio São Francisco, depois faça o que se pede.

O desvio do rio São Francisco

Apesar dos inúmeros projetos de irrigação e de perfuração de poços artesianos, o Nordeste ainda sofre muito com as secas ocasionadas pela falta de chuva. No entanto, existe um projeto em andamento, já há algum tempo, que pretende diminuir o problema da seca no Nordeste. Esse projeto é conhecido como **Transposição das águas do rio São Francisco**.

O projeto de transposição do rio São Francisco, iniciado em 2007, propõe desviar, por meio de dutos e canos, as águas do Velho Chico, como também é conhecido, do seu curso normal, fazendo a irrigação e o abastecimento de outros rios, beneficiando estados como Pernambuco, Bahia, Paraíba, Piauí, Ceará e Rio Grande do Norte.

Com obras previstas para término em 2015, o projeto ainda é polêmico, pois não se sabe ao certo qual será o impacto ambiental dessas obras sobre o rio São Francisco.

Texto dos autores.

a) O rio São Francisco passa por seu estado?

____

b) Você já tinha ouvido falar no projeto de transposição do rio São Francisco?

____

c) Você vai participar de um debate sobre esse projeto do governo brasileiro cujas obras foram iniciadas em 2007. Para isso, faça uma pesquisa na internet, em revistas, em livros ou com adultos de sua família para conhecer um pouco sobre as obras que visam transferir parte das águas do São Francisco para outros rios e para açudes. Procure registrar o que pode haver de positivo e de negativo nessa proposta. Lembre-se do impacto e das consequências boas e ruins para o meio ambiente, para os animais e para as pessoas que vivem na região.

Unidade

3

A população e as atividades econômicas

Andréia Vieira/Arquivo da editora

O QUE VOU ESTUDAR?

- População brasileira
- Movimentos migratórios
- Agricultura
- Pecuária
- Pesca
- Mineração
- Indústria
- Comércio
- Serviços

População

População é o conjunto de todas as pessoas que moram em um município, estado ou país.

Muitos moradores dos municípios vivem neles desde que nasceram, enquanto outros vieram de municípios, estados ou países diferentes.

No Brasil, a cada dez anos é realizada uma pesquisa nacional que, entre outras informações, verifica o número total da população no ano da pesquisa. Essa pesquisa é chamada **censo demográfico**.

O último censo foi realizado no ano de 2010, pelo Instituto Brasileiro de Geografia e Estatística (IBGE), e mostrou que no Brasil somos cerca de 191 milhões de habitantes. Veja o mapa abaixo.

Brasil: População estimada por estados (2013)

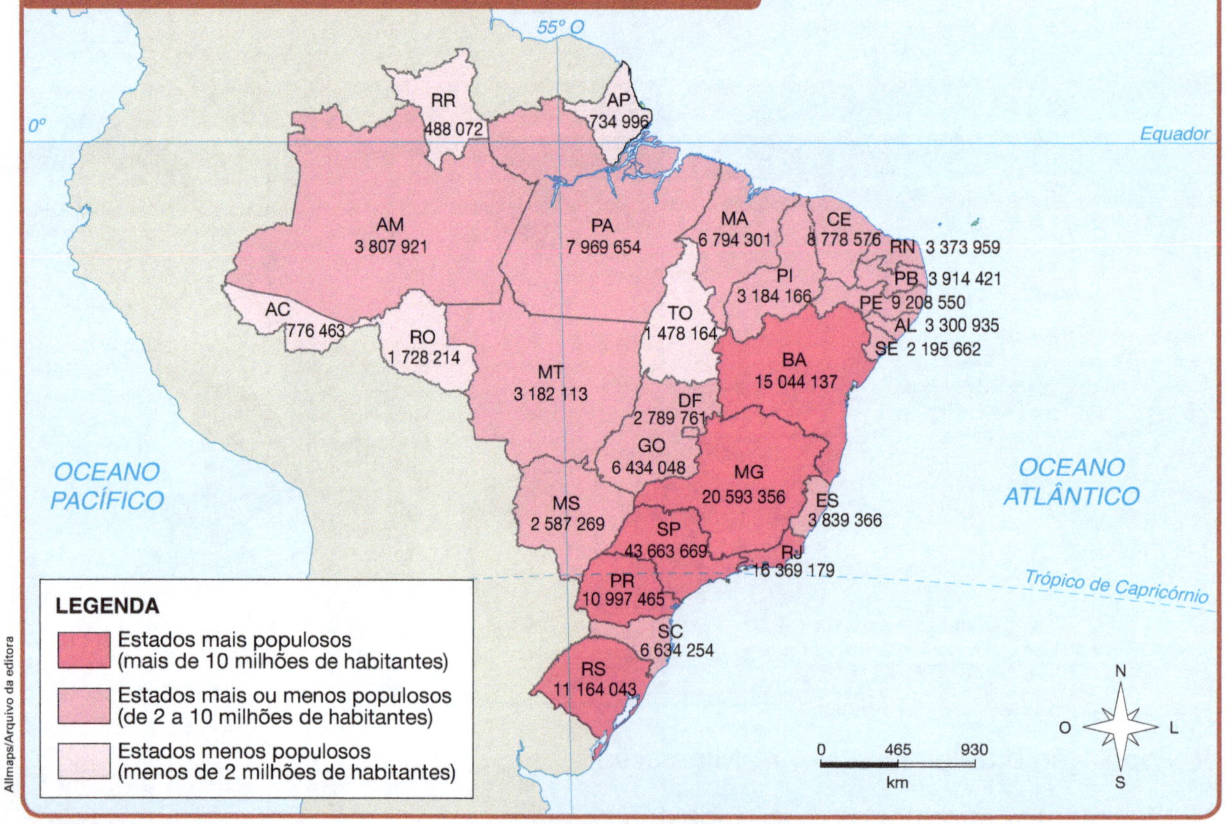

Adaptado de: IBGE. Disponível em: <www.ibge.gov.br/estadosat/>. Acesso em: 31 mar. 2014.

1. Com base no mapa acima, responda no caderno.

a) Qual é o estado mais populoso? E o menos populoso?

b) Qual é a população do seu estado?

2. O estado em que você mora, em relação aos demais estados da região a que pertence, é:

☐ o mais populoso.

☐ o menos populoso.

☐ um dos mais populosos.

☐ um dos menos populosos.

3. Nas últimas décadas a população urbana cresceu, enquanto a rural diminuiu. Observe este gráfico com o professor e responda:

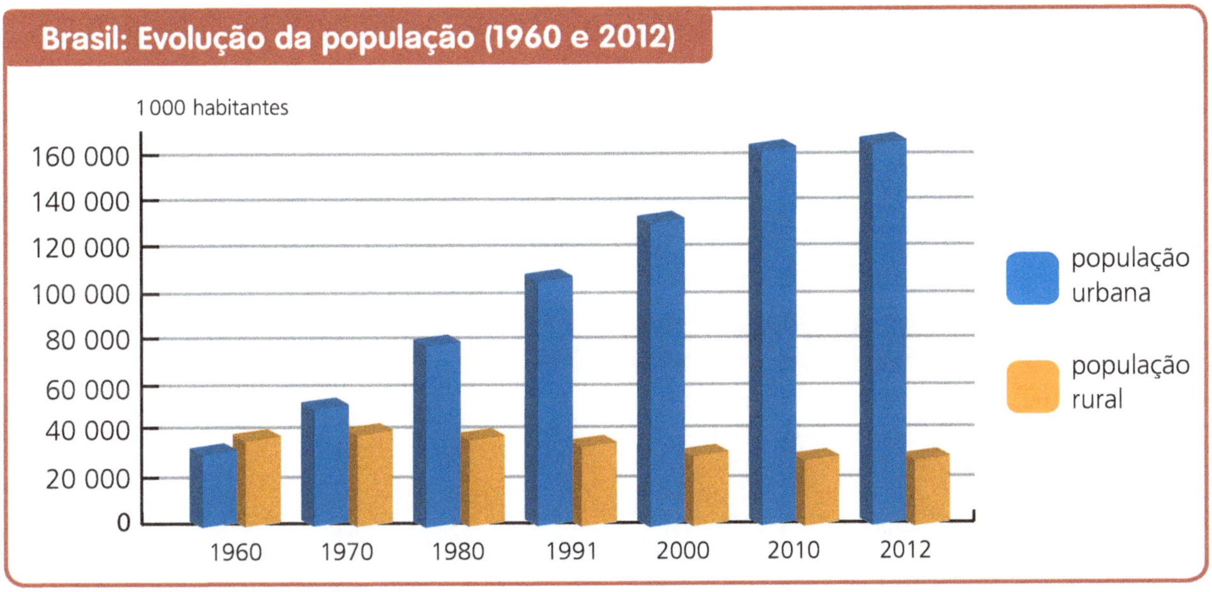

Adaptado de: IBGE. **Atlas geográfico escolar**. 6. ed. Rio de Janeiro, 2012. p. 113; e IBGE. **Síntese de Indicadores Sociais 2013**. Rio de Janeiro, 2013.

a) Quais são as principais informações que o gráfico nos transmite?

b) Por que a cidade atrai muito mais pessoas que o campo? Pesquise em livros, jornais, revistas ou na internet e escreva no caderno um texto que responda a essa pergunta.

Os movimentos migratórios

As pessoas podem sair de seu local de origem por diversos motivos, como guerras, secas frequentes e prolongadas, clima muito frio ou quente. Em geral buscam um novo lugar com melhores condições de vida. Às vezes planejam ficar apenas por um tempo, outras vezes se mudam definitivamente.

As pessoas são chamadas **emigrantes** quando saem do seu país de origem para viver em outro, e **imigrantes** quando entram em outro país.

No final do século XIX até meados do século XX, o Brasil recebeu muitos imigrantes que contribuíram, com seu trabalho, para o desenvolvimento de diversos municípios.

Migrando dentro do país

As pessoas que se deslocam dentro do próprio país são chamadas **migrantes** e podem sair do município ou estado de origem para viver em outro município ou estado.

No Brasil, há cerca de 26 milhões de migrantes, segundo o Censo Demográfico do IBGE de 2010, que buscam quase sempre trabalho e melhores condições de vida.

Brasil: Fluxos migratórios (2000 a 2010)

Allmaps/Arquivo da editora

Adaptado de: **Geoatlas**, de Maria Elena Simielli. 34. ed. São Paulo: Ática, 2013. p. 135.

1. Faça uma pesquisa na biblioteca da escola, consulte pessoas mais velhas ou converse com seu professor e responda:

a) Como é composta a população do município onde você mora?

____

____

b) Nesta população há migrantes vindos de outros estados ou imigrantes (pessoas vindas de outros países)? De onde eles vieram?

____

____

c) E você, sempre viveu no mesmo município?

____

____

2. Converse com seus familiares para saber se eles ou os ascendentes deles vieram de outros estados ou países.

a) Procure saber de onde vieram, quando chegaram e os motivos que os levaram a migrar.

____

____

____

b) Pergunte também o que eles perceberam de diferente nos lugares onde foram morar e como foi a adaptação ao novo local.

____

____

____

____

c) Depois, compare suas respostas com as dos colegas.

10

As principais atividades econômicas

Você sabe onde são produzidos o arroz e o feijão, alimentos de grande valor nutritivo consumidos pela maioria dos brasileiros?

O ser humano desenvolve sua força de trabalho em diversas atividades econômicas. Veja algumas delas:

- **Agricultura**: atividade praticada na área rural; é o trabalho de preparar o solo, plantar e colher.

Gerson Gerloff/Pulsar Imagens

Agricultor trabalhando em plantação de erva--mate em Concórdia (SC), 2012.

- **Pecuária**: atividade praticada na área rural; é o trabalho de criar o gado e cuidar dele.

Cesar Diniz/Pulsar Imagens

Criação de gado em Palmas (TO), 2013.

- **Pesca**: atividade da indústria extrativa; é praticada nos municípios banhados pelo mar e onde há rios, lagos e lagoas.

Marco Antônio Sá/Pulsar Imagens

Pescadores em São Cristóvão (SE), 2012.

- **Mineração**: atividade da indústria extrativa; é a extração (retirada) de minérios do solo ou do subsolo (camada abaixo do solo) nos municípios onde há riquezas minerais.

Mario Friedlander/Pulsar Imagens

Área de extração de ouro em Poconé (MT), 2013.

- **Indústria**: atividade desenvolvida principalmente na área urbana. É o trabalho de extrair matérias-primas e de transformá-las em outros produtos, por isso a indústria pode ser extrativa ou de transformação.
- **Comércio**: atividade predominante na área urbana; é a troca, a compra ou a venda de produtos.

Tanto as atividades econômicas da área rural como as da área urbana são responsáveis pelo progresso do município.

1. Responda às seguintes questões:

a) Quais são as principais atividades praticadas na área rural?

____

b) Quais são as principais atividades desenvolvidas na área urbana?

____

2. Converse com o professor e os colegas sobre as questões abaixo e responda:

a) O que é uma atividade econômica?

____

____

b) Qual é a diferença entre indústria extrativa e de transformação?

____

____

____

3. Pesquise, converse com o professor e responda no caderno:

a) Quais são as principais atividades econômicas desenvolvidas no município onde você mora?

b) Alguma dessas atividades está relacionada com as características físicas do município: relevo, vegetação, clima ou hidrografia?

c) A distribuição da população entre a área urbana e a rural do município está relacionada a alguma dessas atividades? Por quê?

Agricultura

A **agricultura** é o trabalho de cultivar a terra produzindo matérias-primas e alimentos para o consumo das pessoas e de outros animais.

Quem trabalha na agricultura é chamado **agricultor** ou **lavrador**.

Os agricultores cultivam produtos agrícolas como arroz, feijão, café, algodão, milho, cana-de-açúcar, verduras, frutas e legumes.

A agricultura depende do tipo de solo e do clima. É do solo que as plantas retiram os nutrientes, ou seja, aquilo de que necessitam para se desenvolver.

Conhecer o tipo de solo e clima adequados para cada vegetal é extremamente importante para quem deseja plantar.

Para obter uma boa colheita, o agricultor precisa preparar bem o solo: adubar, arar, irrigar, evitar queimada. Além disso, precisa escolher o produto agrícola adequado, plantar na época certa, entre outros cuidados.

João Prudente/Pulsar Imagens

Semeadura, isto é, distribuição de sementes sobre o solo para germinar. Paulínia (SP), 2010.

1. Assinale apenas as informações corretas:

a) ☐ O uso excessivo de agrotóxicos na agricultura causa problemas ao meio ambiente e ao ser humano.

b) ☐ Para obter uma boa colheita, não se deve usar adubo.

c) ☐ Todos os solos são iguais.

d) ☐ Alguns vegetais se adaptam melhor aos lugares de clima mais frio.

2. Faça uma lista dos principais produtos agrícolas consumidos em sua casa.

- Agora, responda oralmente: onde são cultivados os produtos que você listou?

Pecuária

A **pecuária** é o trabalho de criar animais e cuidar do gado para o fornecimento de carne, leite, couro e lã.

As pessoas que trabalham na pecuária chamam-se **peões**, **vaqueiros**, **retireiros**, **pastores** e **pecuaristas**. Elas cuidam dos animais desde a procriação e o parto dos filhotes até o momento da venda.

Há diferentes tipos de gado: **bovino** (bois e vacas); **suíno** (porcos); **caprino** (cabras e bodes); **ovino** (ovelhas e carneiros); **asinino**: (asnos, jumentos); **muar** (mulas e burros); **bufalino** (búfalos).

Marcelo Sacco/Arquivo da editora

Criação de ovelhas.

Werner Rudhart/kino.com.br

Criação de bovinos.

Os animais necessitam de cuidados: alimentação adequada, vacinas contra doenças, bons pastos, viver em lugares limpos e também de um veterinário que cuide da saúde deles.

Produtos da pecuária

A criação desses animais fornece vários produtos que podem ser consumidos ao natural ou transformados pela indústria:

- a carne, utilizada na alimentação, pode ser consumida ao natural ou transformada em salsicha, linguiça, mortadela, presunto;
- os ossos são utilizados para fabricar objetos (como botões e pentes) e para alimentar alguns animais;
- o couro é utilizado para fabricar bolsas, sapatos e cintos, por exemplo;
- o leite é utilizado ao natural ou para fabricar manteiga, queijo, iogurte e outros derivados.

Outras criações

Há, ainda, outras criações de animais, como:

- **avicultura**: criação de aves para a produção de carne e ovos;
- **apicultura**: criação de abelhas para a produção de mel e cera;
- **sericicultura**: criação de bichos-da-seda para a produção de fios de seda usados na fabricação de tecidos;
- **ranicultura**: criação de rãs para o aproveitamento da carne.

1. Observe o mapa que representa as atividades agropecuárias do estado da Bahia.

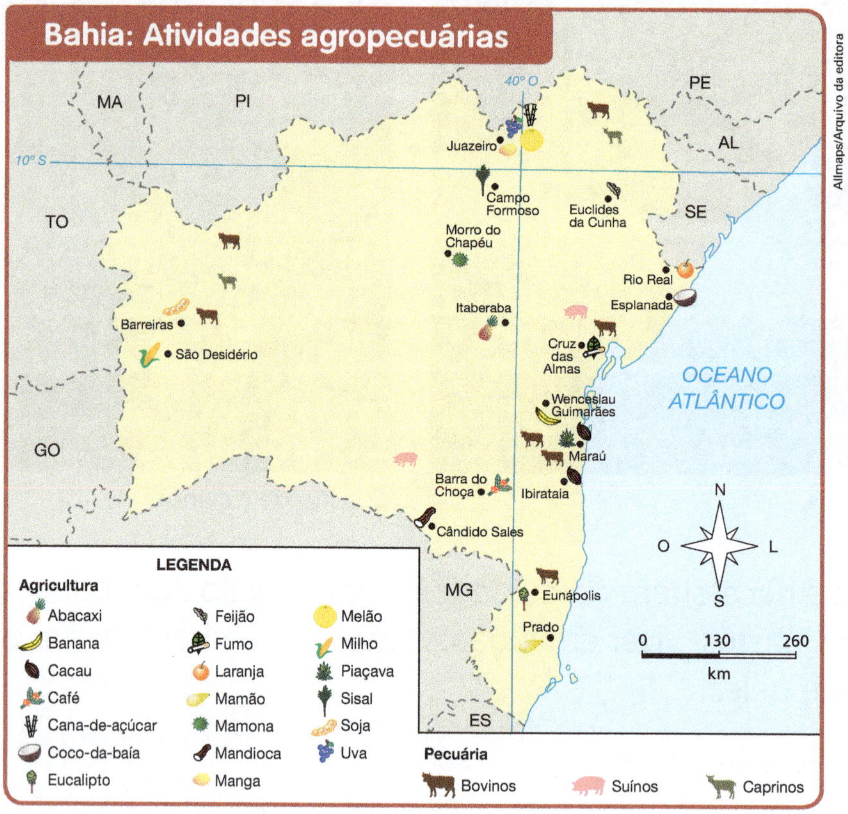

Adaptado de: **Anuário Estatístico da Bahia**, 2012.

- Com base nas informações do mapa, responda no caderno:

a) O que são atividades agropecuárias?

b) Quais são os principais tipos de gado da pecuária baiana?

c) Quais dos produtos agrícolas são cultivados no oeste do estado?

2. Faça uma pesquisa sobre as principais atividades agropecuárias do estado em que você mora e anote no caderno. Caso você more na Bahia, escolha outro estado para fazer a pesquisa.

Pesca

A **pesca** é uma atividade praticada no mar, nos rios, nos lagos e nas lagoas pelos **pescadores**. Eles pescam em grandes quantidades, pois sobrevivem da venda de peixes, por isso não podem usar apenas uma vara para pescar. Em seu trabalho, usam a tarrafa, o curral de peixes ou fazem o arrastão, além da rede tradicional.

tarrafa: rede pequena, com bolinhas de chumbo nas bordas e uma cordinha no centro, pela qual é puxada.

O **curral de peixes** é um cercado feito com varas e cordas. Os peixes entram na área cercada, trazidos ou empurrados pelas correntes de água, mas não conseguem sair dali, por causa da posição das varas e cordas.

Há também a pesca em alto-mar (em alguns casos, em grandes rios), em que grandes redes são puxadas por barcos e navios.

João Prudente/Pulsar Imagens

Curral de peixes em São João de Pirabas (PA), 2013.

Arrastão é o ato de recolher do mar uma grande rede de pesca. Por causa do tamanho dela, em geral é usada por grupos de pescadores.

A criação de peixes controlada pelo ser humano, em tanques, açudes, lagos ou represas, com a finalidade de comercialização, chama-se **piscicultura**.

- Complete as lacunas

  A ______________ é uma atividade econômica praticada por muitos moradores de cidades litorâneas ou que vivem próximo a rios. Ela pode ser praticada com instrumentos como a ______________, quando utilizada por um pequeno grupo de pescadores, ou as grandes redes, quando a pesca é em ______________.

Mineração

A extração de minérios do solo ou do subsolo chama-se **mineração**.

Há vários tipos de minério, como o ouro, a prata, o ferro, o cobre, o alumínio, o petróleo, o sal. Esses minérios são utilizados para fabricar vários produtos, como joias, utensílios, máquinas e carros, entre outros. Veja alguns exemplos:

Adriano Vizoni/Folhapress

Anel de diamante.

Hely Demutti/Arquivo da editora

Panela de ferro.

de2maroo/Shutterstock/Glow Images

Chaves de alumínio.

As pessoas que trabalham na mineração chamam-se **mineiros** ou **garimpeiros**.

A atividade de mineração, se realizada de forma responsável, pode gerar melhores condições de vida às pessoas que vivem da sua extração, além de causar menos impacto ao meio ambiente. O ideal, no caso da mineração, é que o dinheiro arrecadado por meio de impostos seja investido no desenvolvimento de outras áreas econômicas que possam ser fontes de renda para a população, pois os minérios são recursos esgotáveis.

1. Você acredita que os minérios de uma região realmente possam se esgotar? Como está a região de Serra Pelada (PA) hoje? Pesquise e discuta com seus colegas.

2. Complete as lacunas:

   Os ______________________ exploram o solo e o subsolo em busca de ______________________, que podem ser usados na produção de ______________________, por exemplo. Quanto mais raros esses minérios, mais valiosos se tornam.

Indústria

Indústria é a atividade econômica que reúne diferentes etapas de produção em um mesmo processo e transforma materiais da agricultura, da pecuária ou diretamente da natureza nos mais diversos produtos. Podemos dividir a atividade industrial em: extrativa e de transformação.

A **indústria extrativa** é a que retira ou extrai os produtos da natureza, os chamados **recursos naturais**.

Conforme a origem dos recursos naturais, a indústria extrativa pode ser animal (caça e pesca), vegetal (extração de madeira) ou mineral (extração de ouro, diamantes).

A **indústria de transformação** é aquela que transforma as matérias-primas em produtos industrializados. O látex, por exemplo, extraído da seringueira, é a matéria-prima utilizada para fabricar borrachas, pneus, fios de tecido, entre outros.

Mike Flippo/Shutterstock/Imageplus

Archaman/Shutterstock/Imageplus

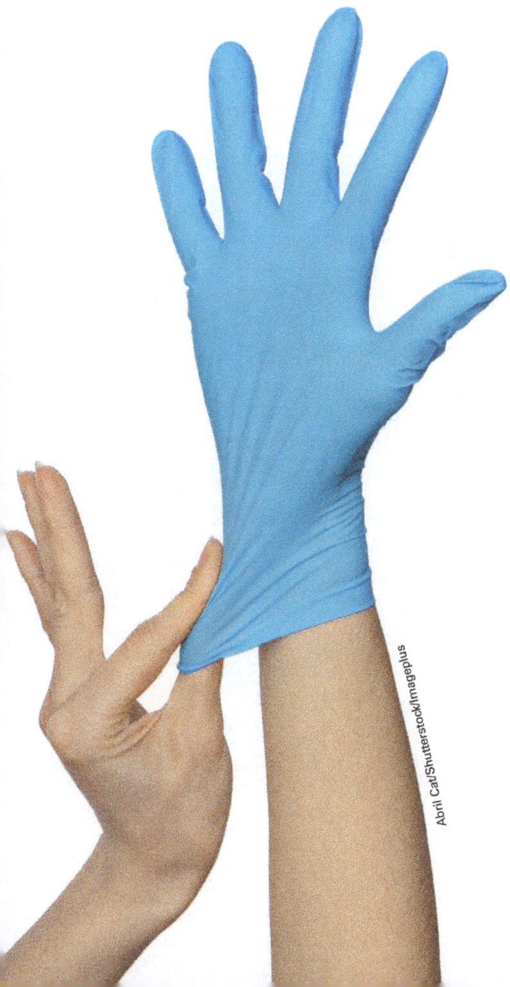

Abril Cat/Shutterstock/Imageplus

Produtos feitos de látex.

A transformação de matérias-primas em produtos industrializados é feita nas fábricas com máquinas e equipamentos, o que permite obter uma produção em série (ou seja, em grandes quantidades).

Há vários tipos de indústria de transformação: alimentícia, têxtil, farmacêutica, de calçados, de bebidas, de materiais elétricos, entre outras.

Comércio

Comércio é a compra, venda ou troca de mercadorias.

Pelo comércio, as pessoas adquirem os produtos da agricultura e da pecuária e os que são transformados e fabricados pela indústria.

O **comércio interno** pode ser feito entre a área rural e a urbana do município, entre os municípios de um mesmo estado e entre os municípios de diferentes estados.

João Prudente/Pulsar Imagens

Pessoas fazendo compras em feira de Viçosa (MG), 2013.

O comércio feito entre dois países é chamado de **comércio externo**. Ele pode ser de exportação (quando um país vende seus produtos para outro) e de importação (quando o país compra produtos).

O Brasil exporta, por exemplo, calçados, café e cacau para países estrangeiros e importa, entre outros itens, máquinas e equipamentos eletrônicos.

Prestação de serviços

Chamam-se **prestação de serviços** as atividades econômicas que não produzem nem comercializam mercadorias. São atividades baseadas nas habilidades e nos conhecimentos de determinados profissionais, como médicos, advogados, profissionais de salões de beleza, coletores de lixo, entre outros.

Kanton/Arquivo da editora

Serviço de coleta de lixo na cidade de Arcoverde (PE), 2013.

Saiba mais

Serviços públicos

A coleta de lixo, os serviços de saúde e segurança, o abastecimento de água e a iluminação das ruas são alguns serviços prestados pelo governo para atender toda a sociedade.

De onde vem o dinheiro para realizar esses serviços?

Todos os cidadãos pagam ao governo taxas e impostos que são usados, entre outras coisas, para os **serviços públicos**. Por isso todos nós temos direito a serviços públicos eficientes e de qualidade. E temos o dever de ajudar a zelar por eles.

1. Escreva **V** para afirmativa verdadeira e **F** para afirmativa falsa.

☐ A pesca é uma atividade da indústria extrativa animal.

☐ A indústria de transformação comercializa as matérias-primas sem alterá-las.

☐ A extração de minérios das rochas é uma atividade da indústria extrativa mineral.

2. Com a orientação do professor, pesquise e responda no caderno:

a) Que tipos de indústria de transformação existem no estado onde você vive?

b) Existe algum tipo de indústria extrativa? Qual?

3. Escolha um produto muito consumido em sua casa e procure descobrir:

a) De onde vem esse produto? Ele é industrializado?

____

b) Como você acha que ele chegou até o estabelecimento comercial?

____

4. Cite alguns exemplos de serviços que há no bairro em que fica a escola. Falta algum tipo de serviço? Qual? Converse com seus colegas.

De olho no desenvolvimento das atividades econômicas

- Observe a reprodução da pintura e depois responda.

Colheita de algodão, óleo sobre tela de Candido Portinari, 1948.

a) Qual é o título da tela?

____

b) O que as pessoas estão fazendo?

____

c) Que atividade econômica essa tela está retratando?

____

d) Imagine o que as pessoas vão fazer com o algodão que colheram. Troque ideias com seus colegas.

____

Unidade

4

Os meios de transporte e os meios de comunicação

O QUE VOU ESTUDAR?

- Meios de transporte terrestres
- Meios de transporte aéreos
- Meios de transporte aquáticos
- A carta
- O telefone
- A internet

Andréia Vieira/Arquivo da editora

11

Os meios de transporte

Os **meios de transporte** são utilizados para levar pessoas e mercadorias de um lugar a outro, o que contribui para o desenvolvimento econômico.

Os meios de transporte podem ser:

- **terrestres**: trem, automóvel, ônibus, metrô, caminhão, bicicleta, motocicleta, carroça;
- **aéreos**: avião, helicóptero;
- **aquáticos**: navio, barco, lancha, jangada, balsa.

Paulo Fridman /Pulsar Imagens

Vagões carregados de grãos passando pelo porto de Santos (SP), 2013.

Para que esses meios sejam usados é necessário que haja vias de circulação e de apoio, como rios e mares, rodovias, ferrovias, estações rodoviárias e ferroviárias, portos e aeroportos.

1. Onde você mora há rodovias, ferrovias, aeroportos e portos? Quais dessas vias são as mais utilizadas pela população? Quais delas você já utilizou?

2. Converse sobre as questões abaixo com os colegas e o professor.

   a) Qual é e como é o meio de transporte mais utilizado no município em que você mora?

   b) Os meios de transporte mais usados costumam funcionar bem? Em caso negativo, como eles poderiam ser melhorados?

   c) No Brasil, a maior parte da produção agrícola, mineral e industrial é transportada pelas rodovias. Em sua opinião, essa é a melhor opção? Em caso negativo, aponte outra solução.

12

Os meios de comunicação

Hoje em dia, a todo momento, nos comunicamos com o mundo e com as pessoas usando os meios de comunicação.

Há vários tipos de meios de comunicação.

Telefone, fax, telefone celular e carta

O **telefone** permite a comunicação a distância. A ligação telefônica feita dentro de um município é chamada de local; aquela feita entre municípios é a ligação interurbana; e a feita de um país para outro chama-se ligação internacional. Os sistemas de DDD (Discagem Direta a Distância) e de DDI (Discagem Direta Internacional) permitem ligações interurbanas nacionais e internacionais com grande facilidade.

John Kasawa/Shutterstock/Glow Images

O **fax** é um aparelho que transmite e recebe imagens e textos de outro aparelho de fax, imprimindo uma cópia deles em papel. O fax vem sendo substituído por *e-mails* com imagens digitalizadas, mas ainda é utilizado entre empresas.

A **telefonia celular** permite a comunicação entre pessoas dos locais mais distantes do planeta sem necessidade de fios. Aparelhos celulares são telefones móveis e portáteis que também podem reproduzir mensagens de texto e *e-mails* instantâneos e ter as funções rádio, TV e internet, por exemplo.

A **carta** é uma forma de comunicação escrita (ou impressa), endereçada a uma ou a várias pessoas. Para ela chegar a seu destino, devem constar no envelope o nome e o endereço do destinatário e o Código de Endereçamento Postal (CEP) da rua para que os Correios localizem mais facilmente o endereço. É preciso também colocar no envelope os dados do remetente.

A internet

A grande revolução das comunicações veio com o computador. Hoje, no mundo, ele se tornou indispensável para um grande número de pessoas, sobretudo por agilizar e aperfeiçoar a divulgação da informação e o funcionamento das atividades em empresas, órgãos governamentais, bancos e estabelecimentos comerciais.

A internet é a rede que liga computadores do mundo inteiro. Ela é usada para mandar *e-mails*, documentos e outros tipos de texto, entrar em salas de bate-papo, pesquisar, editar imagens e fotos, entre muitas outras coisas.

Em algumas situações e lugares, para usar o telefone, o fax ou a internet, é preciso que a comunicação seja feita por meio de satélites artificiais, que ficam no espaço, em torno da Terra. Eles recebem e transmitem, no mesmo momento que estão acontecendo, sons e imagens de todo o mundo.

1. Jornal, revista, televisão e rádio também são meios de comunicação. Junte-se a seu grupo para pesquisar esses veículos. Depois, mostrem o trabalho para a classe.

2. Agora, vamos conhecer um pouco mais sobre o telefone. Faça uma pesquisa, perguntando a seus familiares e vizinhos, e depois responda no caderno:

   a) Qual é o código de DDD (Discagem Direta a Distância) do município em que você vive?

   ____

   b) Que empresas operam esse serviço em seu município? Os serviços funcionam bem? Custam caro ou o preço é justo?

   ____

   ____

   c) Como uma pessoa deve fazer quando deseja ligar de seu município para outro país?

   ____

   ____

   - Na sala de aula, converse com os colegas e o professor sobre as respostas do item **b**. Não deixe de manifestar sua opinião.

De olho nos sinais de trânsito

O **trânsito** é o movimento de pedestres (pessoas) e de veículos nas ruas, avenidas e estradas.

Para orientar os pedestres e os veículos e evitar acidentes, existem os sinais de trânsito: o semáforo, as faixas de segurança e as placas de sinalização.

O **semáforo** geralmente tem três cores: vermelho (pare), amarelo (atenção) e verde (siga).

As **faixas de segurança** (ou **de pedestres**) são listras brancas pintadas no chão das ruas. Usando essas faixas, os pedestres atravessam a rua com mais segurança.

Há inúmeras **placas de sinalização**, cada uma com um significado.

- Observe a figura, leia o texto e complete no caderno.

Ilustra Cartoon/Arquivo da editora

Para chegar até a escola, Raquel, Luciano e Davi têm de atravessar algumas ruas. Eles não correm perigo, pois sabem que...

SUGESTÕES PARA O ALUNO

Livros

Reprodução/Editora Atual

Até mais verde: uma fábula do fim do mundo. E do começo,
de Julieta de Godoy Ladeira. São Paulo: Atual. (Todo mundo junto).

Cansados de esperar que o homem repare os estragos que fez à natureza, os animais se unem para defender o mundo. Esta fábula dá um recado a quem realmente pode salvar o mundo: as crianças.

Reprodução/DCL

A visita,
de Lúcia Hiratsuka. São Paulo: DCL.

Rico em ilustrações, o livro conta a história de um ipê florido, um menino curioso e um homem visitante. As imagens demonstram a emoção e o silêncio de um garoto ao presenciar a chegada de um estranho visitante à sua casa.

Reprodução/Editora Biruta

O Pantanal,
de Rubens Matuck. São Paulo: Biruta.

O Pantanal é uma das maiores planícies de sedimentação do mundo. A região apresenta uma fauna rica e diversificada. Vários pássaros transformam o céu e as matas com seu colorido deslumbrante.

Reprodução/Editora Globinho

Geografia de Donta Benta,
de Monteiro Lobato. São Paulo: Globinho.

Em vez de estudar geografia nos livros, como de costume, a galera do Sítio sai pelo mundo afora para "viver" geografia, e essa viagem torna-se uma grande aventura.

Sites

Reprodução/http://www.plenarinho.gov.br

Plenarinho

<www.plenarinho.gov.br>. Acesso em: 28 abr. 2014.

O *site* possui diversas páginas interativas, que oferecem recursos interessantes para se aprender brincando, incluindo uma seção dedicada à história dos diferentes grupos de pessoas que formaram a população brasileira atual.

Reprodução/http://educacao.uol.com.br

UOL Educação

<http://educacao.uol.com.br>. Acesso em: 28 abr. 2014.

Há muitas informações importantes para você ampliar seus estudos. Acesse a seção "Mapas" e conheça dados importantes dos estados brasileiros.

Unidade

1

A Terra e seus ambientes

Andréia Vieira/Arquivo da editora

O QUE VOU ESTUDAR?

- O Sistema Solar
- Os movimentos da Terra
- Os elementos naturais da Terra
- Os problemas ambientais

1

A Terra: um dos planetas do Sistema Solar

O **Sistema Solar** é composto pelo Sol, planetas, planetas-anões, satélites e pequenos corpos celestes como asteroides, cometas, entre outros.

Os **planetas** são astros esféricos que giram em torno de uma estrela, como o Sol, da qual recebem luz e calor. Eles têm a vizinhança de sua órbita livre. Os **satélites** são astros que giram em torno dos planetas.

cometas: astros formados por pedaços de rocha e gelo.

órbita: trajetória do astro.

Desse modo, a Terra é um planeta iluminado pelo Sol. A Lua é o satélite natural da Terra. O brilho da Lua, que podemos ver da Terra, nada mais é que o reflexo da luz que ela recebe do Sol.

Há oito planetas no Sistema Solar: Mercúrio, Vênus, Terra, Marte, Júpiter, Saturno, Urano e Netuno.

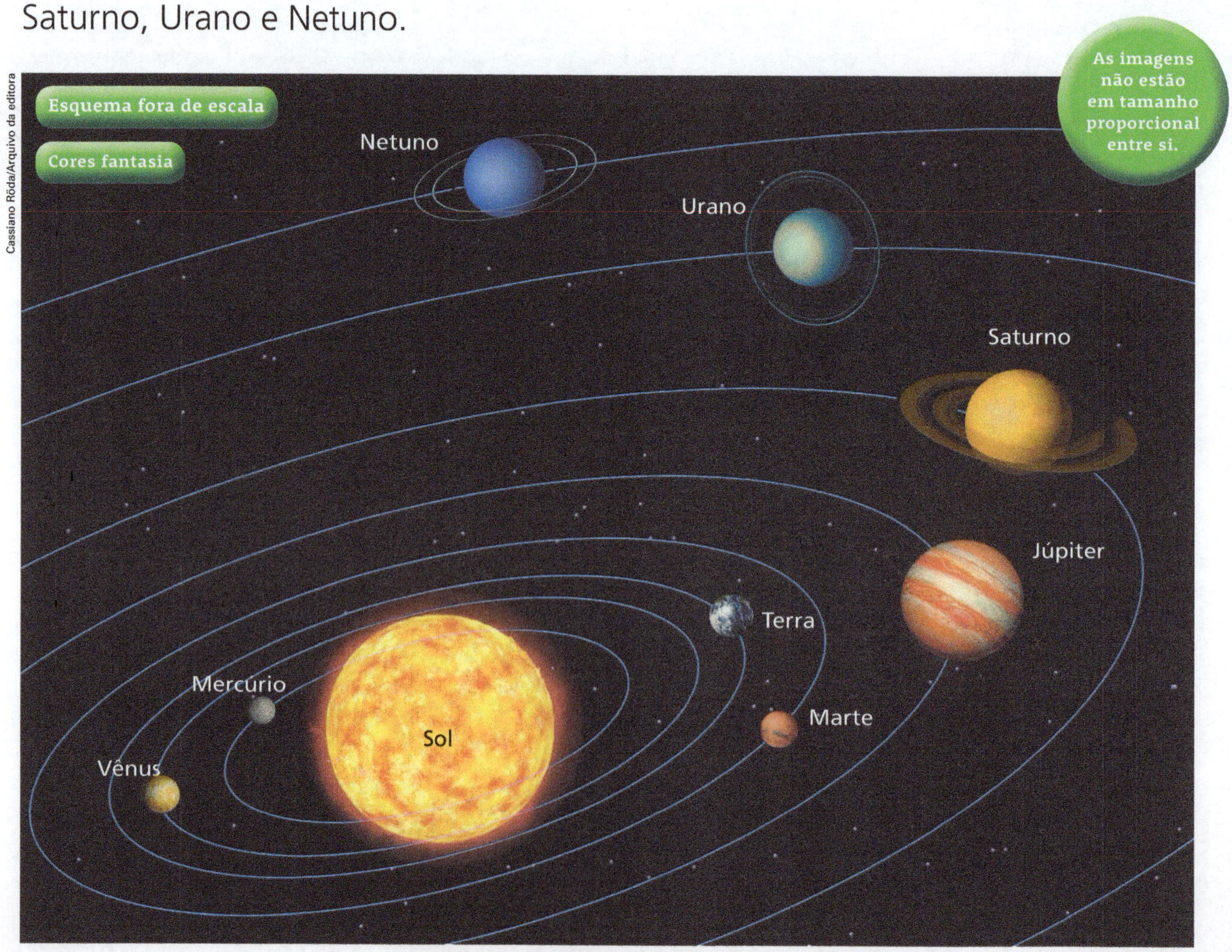

Os planetas se dividem basicamente em dois grandes grupos: o grupo dos quatro pequenos planetas **rochosos** perto do Sol (Mercúrio, Vênus, Terra e Marte) e o grupo dos quatro planetas maiores, **gasosos** e mais distantes do Sol (Júpiter, Saturno, Urano e Netuno).

Até hoje só se detectou vida na Terra. Acredita-se que, nos demais planetas, não haja condições favoráveis à vida por motivos como temperatura (por exemplo, Mercúrio fica muito próximo do Sol e por isso a temperatura lá é muito quente, enquanto Netuno, por estar muito longe do Sol, possui temperatura muito fria) ou existência ou não de água e de outros recursos que proporcionem a sobrevivência dos seres vivos.

1. Observe o esquema do Sistema Solar na página anterior e complete a ficha a seguir.

O Sistema Solar

Planetas: ____________________

O planeta mais próximo do Sol: ____________________

O planeta mais distante do Sol: ____________________

A posição da Terra em relação ao Sol: ____________________

O maior planeta do Sistema Solar: ____________________

- Agora, responda às questões.

a) Que planeta recebe mais luz e calor do Sol? Por quê?

____

b) Qual é o planeta mais frio do Sistema Solar? Por quê?

____

2. Explique como você imagina que seria a Terra sem a luz e o calor do Sol.

____

____

2

A Terra e seus movimentos

Nosso planeta é um astro que está sempre em movimento no espaço. Em um desses movimentos, ele gira em torno de si mesmo.

Mas como demonstrar esse movimento para alguém que o desconhece?

Veja o que Flávia fez para demonstrar a seu irmão mais novo como a Terra se movimenta.

Ilustrações: Ilustra Cartoon/Arquivo da editora

Um dia, logo às 8 horas da manhã, ela colocou uma garrafa de plástico no quintal de sua casa, em um lugar em que costuma bater sol durante todo o dia.

Com um pedaço de giz, Flávia marcou o contorno da sombra da garrafa no chão.

Flávia repetiu o procedimento em outros horários. Ela marcou o contorno da sombra da garrafa no chão às 10 horas da manhã, ao meio-dia e às 2 horas da tarde.

Agora, veja o que ela mostrou ao irmão. O que você conclui?

Flávia demonstrou ao seu irmão o movimento de rotação da Terra, em que ela gira em torno de seu próprio eixo.

Movimento de rotação

No movimento de rotação, a Terra gira em torno de um eixo imaginário como se fosse um pião. Para dar uma volta completa, a Terra leva cerca de 24 horas, ou seja, um dia.

O movimento de rotação determina os dias e as noites em nosso planeta. Na parte do planeta que recebe a luz do Sol é dia; na parte que fica sem iluminação é noite. Veja o esquema ao lado:

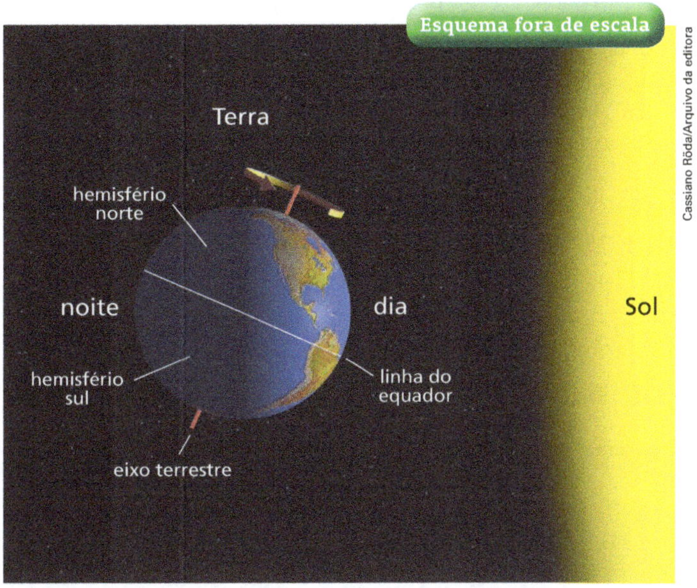

Saiba mais

O movimento aparente do Sol

Se prestarmos atenção à posição do Sol em diferentes horas de um mesmo dia, teremos a impressão de que é ele que se move. Chamamos isso de **movimento aparente do Sol**.

Esse movimento, no entanto, é apenas aparente, ou seja, não corresponde à verdade, já que o Sol não se movimenta em torno da Terra. Mas, em razão do movimento de rotação da Terra, o Sol aparece de manhã em uma direção no horizonte e, ao entardecer, desaparece no lado oposto, dando-nos a impressão de que se moveu pelo céu.

Observando esse movimento aparente do Sol, é possível nos orientarmos pela Terra. Veja a figura:

O braço direito da menina aponta a direção em que o Sol aparece de manhã: o leste (L); o braço que aponta para o lado oposto, ou seja, o esquerdo, indica o oeste (O); à frente da menina está o norte (N) e atrás dela está o sul (S).

Movimento de translação

Além de girar em torno de si mesma, a Terra gira ao redor do Sol: é o movimento de translação.

Nesse movimento, o planeta descreve uma trajetória praticamente circular. Para dar uma volta completa em torno do Sol, a Terra leva 365 dias e 6 horas, ou seja, um ano.

A Terra gira inclinada em relação ao plano de sua órbita. Por isso, nosso planeta não recebe a luz e o calor do Sol de maneira uniforme (ou por igual). Ora é o hemisfério norte que recebe os raios solares mais diretamente, ora é o hemisfério sul.

hemisfério: divisão da Terra em duas partes, Norte e Sul.

A inclinação da Terra em relação ao plano de sua órbita e o movimento de translação dão origem às estações do ano: primavera, verão, outono e inverno.

Cassiano Röda/Arquivo da editora

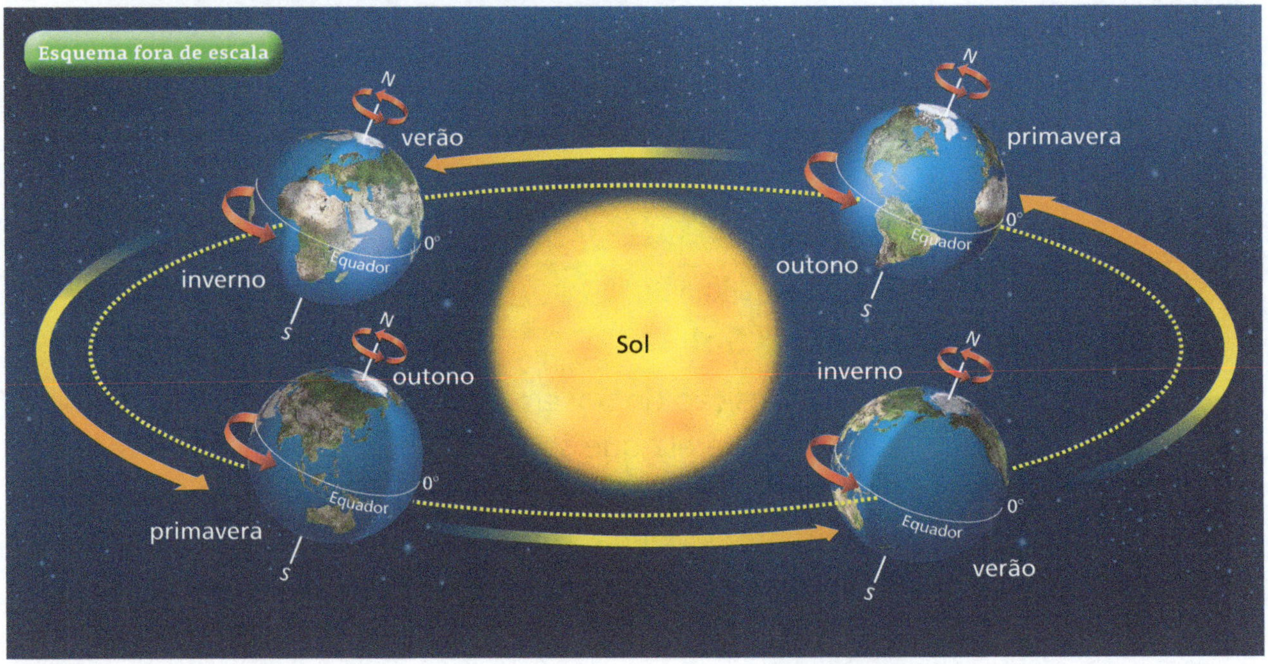

Repare que as estações do ano nos hemisférios sul e norte são "opostas".

Saiba mais

Você já ouviu falar em ano bissexto?

Nos anos bissextos, o calendário passa a ter também o dia 29 de fevereiro e, então, o ano fica com 366 dias. Isso é feito para ajustar o calendário ao tempo de translação da Terra, que dura aproximadamente 365 dias mais 6 horas. Essas 6 horas são somadas a cada quatro anos e completam 24 horas, o que significa um dia extra.

Solstício e equinócio

Considerando que noite seja o período do dia em que não recebemos luz solar, e dia o período em que o Sol está aparente, podemos dizer que a duração das noites e dos dias não é a mesma durante todo o ano. Há um período do ano em que os dias são mais longos e as noites, mais curtas, e outro em que as noites são mais longas e os dias, mais curtos.

O dia mais longo do ano se chama solstício de verão, e a noite mais longa do ano, solstício de inverno. Entenda o porquê.

Solstício de verão

O fato de a Terra girar de forma inclinada faz com que, em determinada época do ano, a luz solar incida com maior intensidade sobre o hemisfério sul (onde fica o Brasil) e, na outra parte do ano, incida com maior intensidade sobre o hemisfério norte, caracterizando o **solstício**.

incida: caia, bata.

Ou seja, 22 de dezembro é o dia mais longo do ano para nós que estamos no hemisfério sul e, consequentemente, a noite mais curta, o que marca o início do verão. Assim, chamamos o fenômeno de solstício de verão.

Solstício de inverno

O dia 22 de junho é a noite mais longa e o dia mais curto do ano para o hemisfério sul, marcando o início do inverno. A esse fenômeno, damos o nome de solstício de inverno.

No hemisfério norte também ocorrem os solstícios, mas exatamente ao contrário: quando é verão aqui, é inverno lá.

Equinócio

Em dois dias do ano, a luz solar incide de maneira igual sobre os dois hemisférios (sul e norte). Por isso, a noite e o dia têm a mesma duração – fenômeno que chamamos de **equinócio**.

Esses dias marcam o início de outras estações do ano. No caso do hemisfério sul, 23 de setembro representa o equinócio de primavera e 21 de março representa o equinócio de outono.

Saiba mais

Eclipse

Quando um astro fica entre o Sol e outro corpo celeste, este corpo celeste fica encoberto na sombra daquele astro. Esse fenômeno é chamado **eclipse**.

Aqui da Terra podemos observar dois tipos de eclipse: o lunar e o solar.

O **eclipse lunar** ocorre quando a Terra fica entre a Lua e o Sol, e aqui da Terra podemos ver a Lua encoberta pela sombra terrestre nela projetada.

Ilustrações: Cassiano Rôda/Arquivo da editora

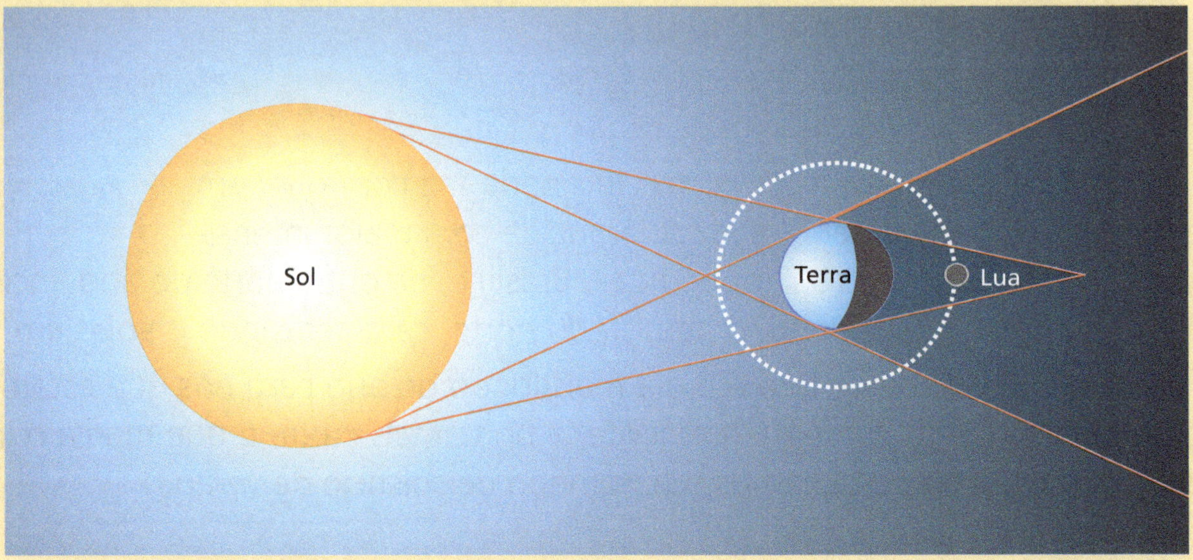

Já o **eclipse solar** ocorre quando a Lua fica alinhada entre a Terra e o Sol. Aqui da Terra podemos ver o Sol encoberto pela Lua, cuja sombra é projetada na Terra.

As imagens não estão em tamanho proporcional entre si.

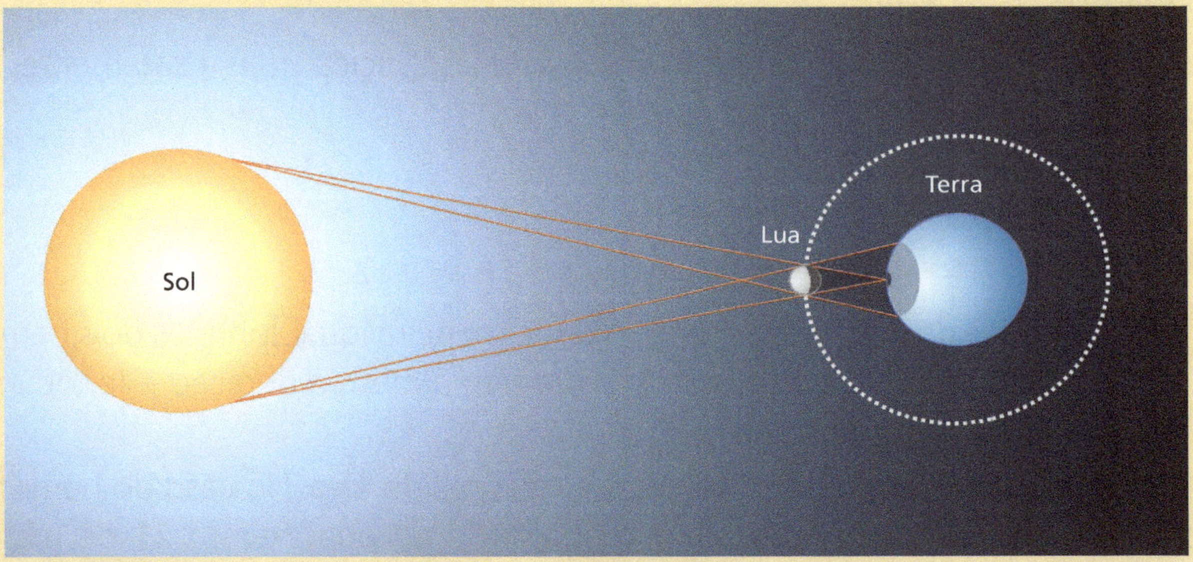

1. Leia o texto a seguir.

> O fenômeno das estações ocorre graças à inclinação da Terra em relação ao plano orbital e ao movimento de translação. Quando no hemisfério norte os raios do Sol chegam mais diretamente e o tempo fica mais quente, é verão. Enquanto isso, é inverno no hemisfério sul, ou seja, ele recebe os raios solares mais inclinadamente e o tempo fica mais frio. Conforme a Terra vai mudando de lugar em relação ao Sol, inverte-se a situação.

Agora, responda à questão.

- Qual é o movimento da Terra responsável pelo fenômeno descrito acima?

____

2. Como você já sabe, o tempo gasto pela Terra para dar uma volta completa em torno do Sol é de 365 dias e 6 horas. Geralmente esse tempo é representado por um ano, ou seja, 365 dias.

Converse com seus colegas e o professor sobre o que acontece com as 6 horas que sobram todos os anos. Se necessário, faça uma pesquisa complementar.

____

____

____

____

____

____

____

3. Releia o texto da página 429 e responda: o que aconteceria se a Terra não realizasse o movimento de rotação?

____

____

3

Os elementos naturais da Terra

Envolvendo o planeta Terra há uma camada de ar denominada **atmosfera**.

A Terra apresenta três quartos de sua superfície ocupados por mares, rios e lagos, que compõem a **hidrosfera**.

O restante – um quarto – é ocupado por rochas e solos, que constituem a superfície sólida da Terra, denominada **litosfera**, ou superfície terrestre, ou, ainda, crosta terrestre.

A seguir, você conhecerá um pouco mais sobre os elementos que compõem as três camadas externas do planeta (atmosfera, hidrosfera e litosfera).

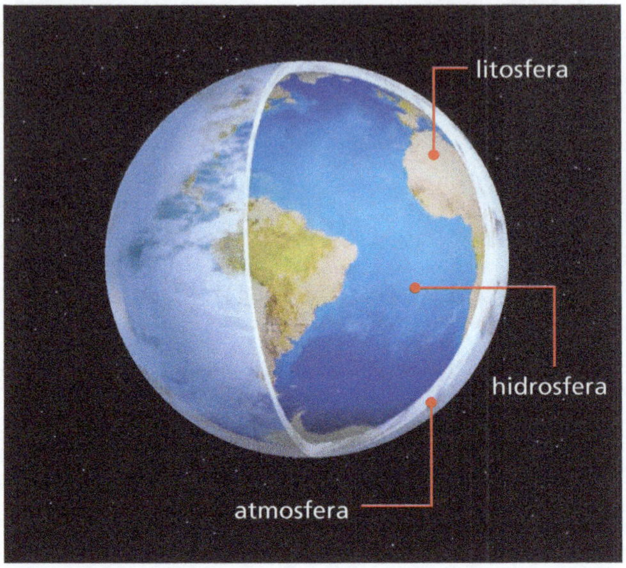

Ilustrações: Cassiano Röda/Arquivo da editora

O ar

Você já viu que a Terra está envolvida por uma camada de ar denominada atmosfera. O ar está em toda parte, penetrando nas camadas mais superficiais do solo e até mesmo na água.

O ar é indispensável à manutenção da vida.

O ar puro é invisível, inodoro, insípido e incolor.

> **inodoro:** sem cheiro.
> **insípido:** sem sabor.
> **incolor:** sem cor.

Embora não possamos ver nem pegar o ar, sentimos e percebemos seus efeitos em algumas situações. Por exemplo: na respiração, no voo dos pássaros, no girar do cata-vento, no movimento das nuvens e das roupas no varal, no deslocamento de barcos a vela.

Tom Brakefield/Corbis/Latinstock

Julie Habel/Corbis/Latinstock

Pressão atmosférica

Embora o ar não possa ser visto, ele tem peso, ocupa espaço no ambiente e, por isso mesmo, exerce pressão sobre todas as coisas.

Imagine a água em forma de vapor: ela não deixa de ter peso e ocupar espaço e, quando resfriada, volta a ser líquida – o que facilita percebermos que ela ocupa espaço e tem peso.

Com o ar é a mesma coisa: caso resfriássemos os gases que o compõem, veríamos que eles têm peso e ocupam espaço.

Agora, imagine toda essa matéria exercendo peso desde o alto do céu até o chão! É muito peso, não acha? Esse peso que o ar exerce é chamado **pressão atmosférica**.

Composição do ar

O ar é uma mistura de vários gases. O nitrogênio é o gás que existe em maior quantidade no ar. Ele não participa da respiração.

O oxigênio é o componente do ar usado pelos seres vivos na respiração.

O gás carbônico é utilizado pelos vegetais na fabricação de seu alimento por meio da fotossíntese, processo em que as plantas absorvem esse gás e liberam oxigênio.

O gás carbônico é usado pelos vegetais para fabricar seu alimento por meio da fotossíntese, processo em que as plantas absorvem esse gás e liberam o gás oxigênio.

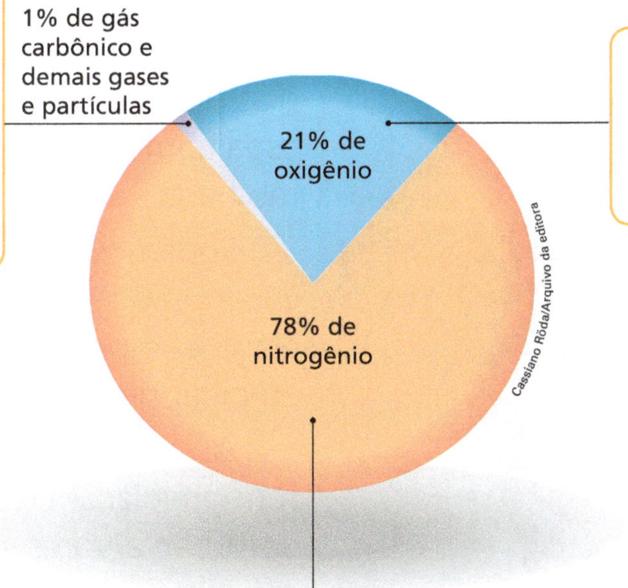

O gás oxigênio é o componente do ar usado pelos seres vivos na respiração.

O gás nitrogênio é o gás que existe em maior quantidade no ar. Ele não é usado na respiração.

O ar em movimento

Quando está muito calor, logo pensamos em ligar o ar-condicionado ou o ventilador. Ao fazermos isso podemos sentir o vento, que é o ar em movimento.

Preste atenção e veja como o ar se movimenta:

O cata-vento gira porque a chama da vela aquece o ar acima dela. Esse ar sobe e faz girar o brinquedo. O ar frio, em torno do cata-vento, desce, é aquecido pela chama da vela e torna a subir.

É a movimentação natural do ar que chamamos vento.

O barco a vela é movido pelo vento.

Os ventos são muito úteis. Entre outras coisas, refrescam os ambientes em dias de calor, dispersam a poluição do ar, espalham as sementes, secam as roupas molhadas...

Podemos utilizar a força do vento para várias atividades, como produzir energia elétrica, mover barcos a vela e moinhos, empinar pipas e praticar esportes.

Às vezes, os ventos muito fortes causam prejuízos. Eles podem, por exemplo, derrubar árvores e casas, virar barcos e até espalhar uma chama na floresta, provocando grandes incêndios.

Poluição do ar

A fumaça liberada nas chaminés de indústrias e nos escapamentos dos veículos, bem como os gases que saem do lixo, sujam o ar.

O ar poluído prejudica o meio ambiente e afeta nosso sistema respiratório, podendo causar bronquite, tosse, asma e alergia.

Para diminuir a poluição do ar, é necessário:

- não queimar o lixo, para não provocar fumaça poluidora;
- não promover queimadas em plantações (antigamente as queimadas eram usadas para facilitar a colheita da cana-de-açúcar, mas hoje em dia são proibidas);
- fabricar veículos com filtros nos escapamentos;
- colocar filtros nas chaminés das indústrias, para reter as impurezas.

Plantar árvores também é uma atitude positiva e ajuda a preservar o meio ambiente e a amenizar a poluição. No entanto, apenas as algas marinhas têm capacidade de absorver grande quantidade de gás carbônico. Por isso, proteger os oceanos também ajuda a diminuir a poluição do ar.

Previsão do tempo

Todos os dias, percebemos mudanças nas condições do tempo.

O tempo varia de um lugar para outro, de acordo com o estado da atmosfera e com a hora do dia.

As condições do tempo podem ser previstas, ou seja, é possível saber com certa antecedência se vai chover ou fazer sol, esfriar ou esquentar.

A ciência que estuda as variações do tempo chama-se meteorologia.

Analisando e interpretando as informações obtidas por meio de instrumentos que medem a pressão, a umidade e a temperatura do ar, além de outros dados, os meteorologistas fazem a previsão do tempo. Depois, essa previsão é noticiada pelos jornais, pela televisão e pelo rádio.

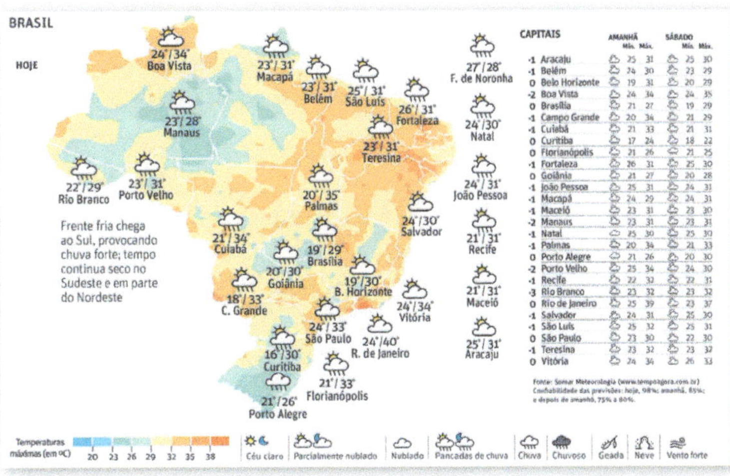

Editoria de Arte/Folhapress

1. Responda:

a) O que é atmosfera?

b) De que é composto o ar?

2. No livro **Serões de Dona Benta**, de Monteiro Lobato, há uma conversa entre Pedrinho, Narizinho e Dona Benta sobre o ar.

"—Eu sei que o ar forma a camada de atmosfera que envolve o globo – disse Pedrinho."

- E você, o que sabe sobre o ar? Escreva nas linhas abaixo.

3. Pesquise, converse com os colegas e explique:

a) Como se forma o vento?

b) Quando o vento pode prejudicar as pessoas e o ambiente?

4. Agora que você já aprendeu sobre a poluição do ar, escreva o que pode ser feito para diminuí-la em uma cidade com muitos veículos e muitas indústrias.

5. Procure saber e escreva como é a qualidade do ar na cidade onde você mora.

6. Leia:

> As condições da temperatura, dos ventos, das chuvas, da pressão atmosférica e da umidade do ar, em conjunto, determinam o clima de uma região. Não devemos, portanto, confundir clima com o "tempo" que está fazendo em um momento.
>
> Com o estudo do clima, é possível prever o tempo para os próximos dias.

- Agora, procure saber como é o clima da região onde você vive e registre aqui.

7. O investimento em equipamentos meteorológicos pode servir para prever tempestades e, assim, amenizar tragédias como as que ocorreram no Rio de Janeiro. Veja a imagem:

- Procure artigos em jornais e revistas sobre esses fatos e discuta com os colegas e com o professor.

José Patrício/Agência Estado

Nova Friburgo (RJ), em 2011.

A água

A maior parte da superfície terrestre é coberta por água. Ela está nos oceanos, nos mares, nos rios e nos lagos.

Também existe água no ar – em forma de vapor –, no solo, em nosso corpo, no corpo dos outros animais e nas plantas.

A água é necessária à vida de todos os seres vivos.

Composição da água

A água é uma substância composta de dois elementos: o oxigênio e o hidrogênio.

Na composição da água, para cada duas partes de hidrogênio há uma parte de oxigênio. O símbolo do hidrogênio é H e o do oxigênio é O. Assim, a fórmula química da água é: H_2O.

Propriedades da água

A água tem várias propriedades ou características que a definem. Vejamos algumas delas:

- Ela é um solvente: quando colocamos um pouco de açúcar em uma vasilha com água e o mexemos, ele se dissolve. O mesmo acontece com o sal, o leite em pó e várias outras substâncias. Por esse motivo, a água é chamada solvente universal.
- A água pura não tem cheiro, não tem gosto e não tem cor, ou seja, é inodora, insípida e incolor.

Água tratada

A água própria para beber é denominada **água potável**.

Em geral a água dos rios é limpa na nascente, mas se torna poluída e contaminada ao passar por lugares onde são jogados esgotos e lixo nela.

A água é **poluída** quando está suja, cheia de impurezas, como produtos químicos usados por indústrias, fezes e urina, por exemplo. Nessas condições a água costuma ter cheiro desagradável.

Quando a água contém microrganismos capazes de causar doenças, dizemos que ela está **contaminada**.

Atualmente a água de grande parte dos rios brasileiros está poluída e contaminada. Para que essa água se torne própria para o consumo, é preciso tratá-la.

A água que recebemos em nossas casas, na maior parte das vezes, vem de estações de tratamento.

Olhe com atenção a figura abaixo:

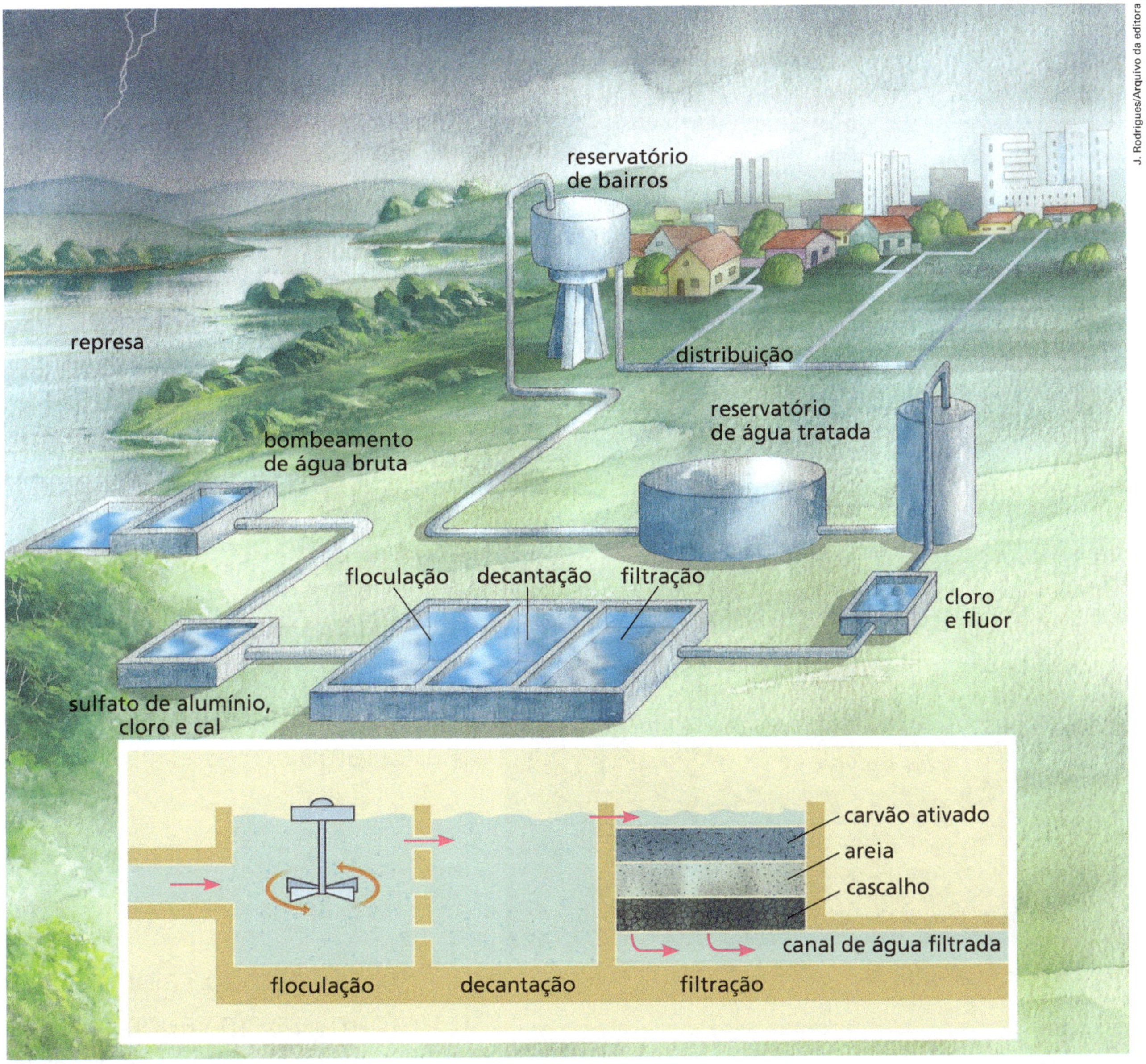

Representação esquemática de uma estação de tratamento de água.

A água é retirada dos rios por meio de bombas e conduzida até a estação de tratamento, onde é filtrada e purificada. Para ajudar no processo de purificação, algumas substâncias, como a cal e o cloro, são misturadas à água.

purificação: limpeza; recuperação.

Depois de tratada, a água é armazenada em grandes reservatórios e só então distribuída para as casas, aonde chega por meio de canos. No trajeto até as casas, a água pode se sujar novamente. Por isso, antes de ser utilizada para beber, deve ser filtrada ou fervida.

Estados físicos da água

Você sabe o que é o gelo? E sabe do que é formada uma nuvem?

A água pode ser encontrada no ambiente em três estados físicos: sólido, líquido e gasoso.

elnavegante/Shutterstock/Glow Images

Água em estado sólido.

O gelo é a água em estado sólido.

Na natureza, nas regiões mais frias da Terra, existem grandes acúmulos naturais de água congelada conhecidos como geleiras. A neve e a chuva de granizo também são exemplos de água em estado sólido.

granizo: pedra de gelo que precipita das nuvens.

Ethan Daniels/Shutterstock/Glow Images

Água em estado líquido.

A água que bebemos está em estado líquido; a água da chuva e a água dos rios e dos mares também.

Pierre Leclerc/Shutterstock/Glow Images

Água em estado gasoso.

Sob a ação do calor, a água transforma-se em vapor, ou seja, passa do estado líquido para o estado gasoso. É o que acontece, por exemplo, com a água que fervemos em nossa casa ou a água de uma poça sob o calor do Sol.

Na natureza, a água em estado gasoso está presente no ar, como vapor de água.

Mudanças de estado físico da água

A água pode passar de um estado físico para outro. É o que ocorre, por exemplo, quando colocamos água líquida no congelador e ela vira gelo.

A variação de temperatura provoca mudanças no estado físico da água. Vamos ver como isso acontece?

Quando colocamos a água no congelador, depois de algum tempo ela se transforma em gelo. A água passou do estado líquido para o sólido. Dizemos que ocorreu a solidificação.

Solidificação é a passagem da água ou de outra substância do estado líquido para o sólido.

A. Parramón/AP Photo

Sérgio Dotta Jr./Arquivo da editora

Quando tiramos o gelo do congelador, ele derrete e volta para o estado líquido. Dizemos, aí, que ocorreu a fusão da água.

Fusão é a passagem da água ou de outra substância do estado sólido para o líquido.

Voronin76/Shutterstock/Glow Images

Quando colocamos uma panela com água no fogo e esta ferve, parte dela se transforma em vapor. A água passou, então, do estado líquido para o gasoso. Ocorreu a vaporização.

A vaporização pode ocorrer de dois modos: por evaporação e por ebulição.

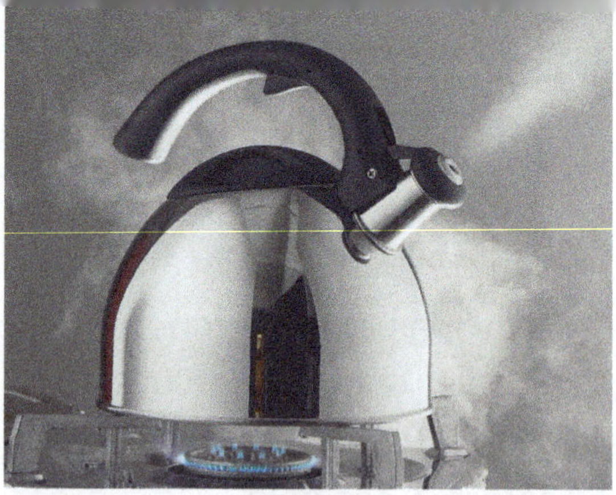
discpicture/Shutterstock/Glow Images

Vaporização é a passagem da água ou de outra substância do estado líquido para o gasoso.

Quando as poças de água ou as roupas do varal secam com o calor do Sol, por exemplo, dá-se a evaporação.

Evaporação é a passagem natural da água ou de outra substância do estado líquido para o gasoso.

Aleksandar Mijatovic/Shutterstock/Glow Images

Roman Sigaev/Shutterstock/Glow Images

Quando colocamos algum líquido para ferver e formam-se bolhas, dá-se a ebulição.

Ebulição é a passagem da água ou de outra substância do estado líquido para o gasoso, com a formação de bolhas.

Quando a água sai do estado de vapor e volta ao estado líquido, ocorre a condensação. Ela pode ser observada quando levantamos a tampa de uma panela que contém água fervendo: as gotas de água representam a volta ao estado líquido.

Vyaseleva Elena/Shutterstock/Glow Images

Condensação é a passagem da água ou de outra substância do estado gasoso para o líquido.

Ciclo da água na natureza

Na natureza, a água está sempre mudando de um estado para outro, em um movimento constante. Observe:

1. O Sol aquece a superfície terrestre e, com o auxílio do vento, faz evaporar uma parte da água dos mares, dos oceanos e dos rios.
2. O vapor de água sobe na atmosfera e, ao encontrar camadas de ar frio, transforma-se em gotículas de água, compondo as nuvens.
3. Depois de certo tempo, as nuvens ficam carregadas de gotículas, adquirindo, geralmente, uma cor escura. E essa água que gera as nuvens pode voltar à superfície na forma de chuva.

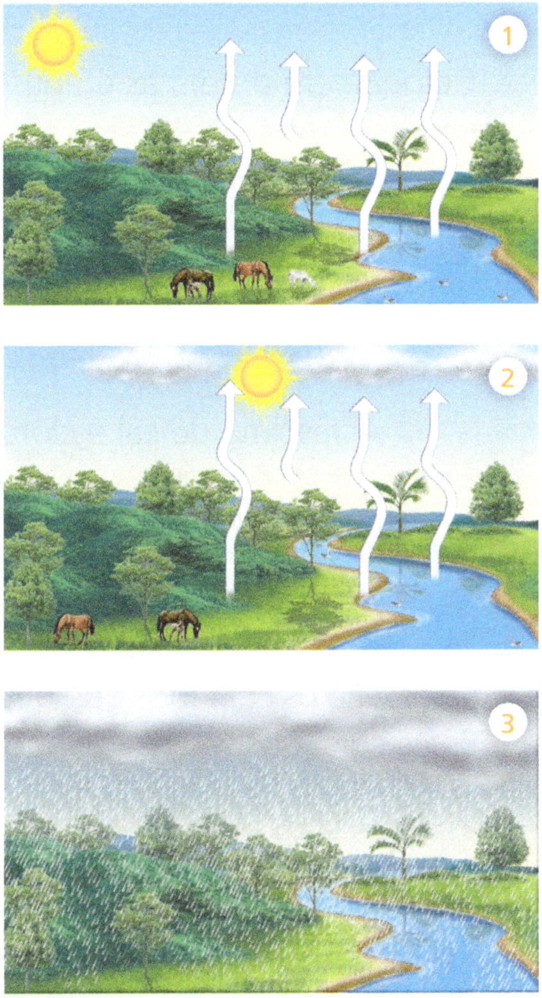

Ilustrações: Luís Moura/Arquivo da editora

Parte da água da chuva penetra no solo, originando os lençóis de água subterrâneos. Outra parte vai para os rios, os lagos e os oceanos. Por causa do calor, do Sol e do vento, a água volta a evaporar, começando tudo de novo. Este é o ciclo da água na natureza.

gotículas: gotas muito pequenas.

Planeta água

É dessa forma que muitas vezes nos referimos à Terra. Você saberia explicar por quê?

A maior parte da água existente no planeta está nos oceanos. A quantidade de água salgada é cerca de trinta vezes maior que a de água doce, que está presente nos continentes e na atmosfera. Isso significa que, do total de água existente no planeta, apenas uma pequena parte serve para beber, para a alimentação e para a higiene pessoal.

Desse modo, apesar de o ciclo da água na natureza garantir a renovação desse recurso, é preciso ter claro que a quantidade de água adequada para o consumo é limitada e pode se esgotar. Por isso, é importante utilizar a água com cautela e sem desperdícios.

1. Qual é a diferença entre água poluída e água contaminada?

____

____

2. Coloque em ordem as etapas de uma estação de tratamento de água.

- [ ] Condução por meio de bombeamento até uma estação de tratamento.
- [ ] Filtração e purificação.
- [ ] Distribuição para as casas.
- [ ] Acréscimo de cal e cloro.
- [ ] Retirada da água dos rios.
- [ ] Armazenamento em reservatórios.

3. Quais são os cuidados que devemos ter com a água que tomamos em casa? Esses cuidados são respeitados em sua casa?

____

____

____

4. Escreva onde podemos encontrar, na natureza, água em estado:

sólido: ______________________________________

líquido: ______________________________________

gasoso: ______________________________________

5. Converse sobre o assunto aqui tratado com o colega do lado e responda: quando colocamos uma roupa molhada em um varal, depois de algum tempo ela seca. O que acontece com a água?

____

____

6. A água das nuvens pode cair também em estado sólido?

7. Você já parou para pensar na água que costuma usar em um único dia em casa? Faça uma lista com alguns exemplos.

- Agora, cite alguns exemplos do uso da água que mostrem como você depende dela mesmo que indiretamente.

8. A água consumida por você é de boa qualidade? Explique sua resposta.

9. Assinale **V** (verdadeiro) ou **F** (falso).

- [ ] Os estados físicos da água são os diferentes aspectos com os quais a água se apresenta na natureza.
- [ ] A água dissolve somente líquidos.
- [ ] A variação de temperatura provoca a mudança dos estados físicos da água.
- [ ] A água potável não apresenta aspecto limpo e transparente.
- [ ] Gelo ou neve é o nome dado à água em estado sólido.

O solo

O solo é a camada mais superficial da crosta terrestre. Ele é constituído por rochas.

Ilustrações: Cassiano Röda/Arquivo da editora

Sob a ação do vento, do calor do Sol, das águas da chuva, dos rios e dos mares, as rochas foram pouco a pouco se quebrando em pequenos pedaços. Com o tempo, esses pedacinhos de pedra se transformaram em partículas ainda menores, que foram se juntando aos restos de vegetais e animais mortos, formando o solo.

partículas: pedaços ou partes muito pequenas.

Composição do solo

O solo é composto de material mineral e material orgânico.

A areia, a argila, o calcário e o húmus são alguns dos elementos que compõem o solo.

A areia e a argila são formadas por grãos. Os grãos de areia são maiores e mais soltos. Os grãos de argila são menores e mais compactos.

O calcário vem das rochas calcárias. Sua cor geralmente é branca ou amarelada.

O húmus é a parte orgânica do solo. Esse material é formado por restos de seres vivos.

Tipos de solo

Os componentes do solo não são encontrados em quantidades equilibradas em todos os locais. Pode haver predomínio de um ou de outro componente, o que acaba dando características especiais ao solo de cada lugar.

componentes: partes constituintes de algo; que ajudam a formar algo.

Dependendo de sua composição, o solo pode ser classificado em arenoso, argiloso, calcário e humífero.

O **solo arenoso** é muito seco porque a areia é permeável e deixa passar com facilidade a água das chuvas. Esse tipo de solo não é muito fértil.

A areia é usada na fabricação de vidro, massa para construção e concreto.

ollirg/Shutterstock/Glow Images

solo arenoso

O **solo argiloso** é uma terra fofa e macia, constituída por pequenas partículas. Esse tipo de solo retém água com facilidade.

Os solos com muita argila não são os melhores para a agricultura, embora algumas plantas, como o cafeeiro, possam ser cultivadas neles com sucesso.

A argila misturada com água forma uma massa moldável, que é usada para fabricar tijolos, pratos, azulejos e outros objetos. Os escultores também a utilizam para fazer objetos de arte.

O **solo calcário** é rico em cálcio, importante nutriente para plantas e animais. Esse tipo de solo é bastante comum no Brasil.

O calcário é utilizado na fabricação do cimento, da cal utilizada nas massas de construção e também no giz, entre outras aplicações.

O **solo humífero** tem aspecto escuro causado pelo húmus. Esse tipo de solo é rico em sais minerais e tem boa capacidade de retenção de água, pois, além do húmus, contém areia, argila e calcário em quantidades equilibradas.

O solo humífero é o mais fértil que existe, permitindo o cultivo da maioria dos vegetais. Por isso também é usado como adubo para solos que estão desgastados.

Oleg Kirillov/Shutterstock/Glow Images

solo argiloso

Milton Wordley/Photolibrary/Getty Images

solo calcário

Fabio Colombini/Acervo do fotógrafo

solo humífero

1. Complete a informação com as palavras do quadro.

solo	húmus	fértil	decompõem	restos

O ______________ é formado por ______________ de animais e plantas que se ______________, se desfazem ou apodrecem no ______________ tornando-o ______________.

2. O que seria necessário fazer para melhorar a qualidade do solo tornando-o próprio para o plantio?

____

4

Problemas ambientais do planeta Terra

Como já vimos, nosso planeta está envolto em uma grande camada de ar, que forma a atmosfera. Ela é composta de várias camadas de gases.

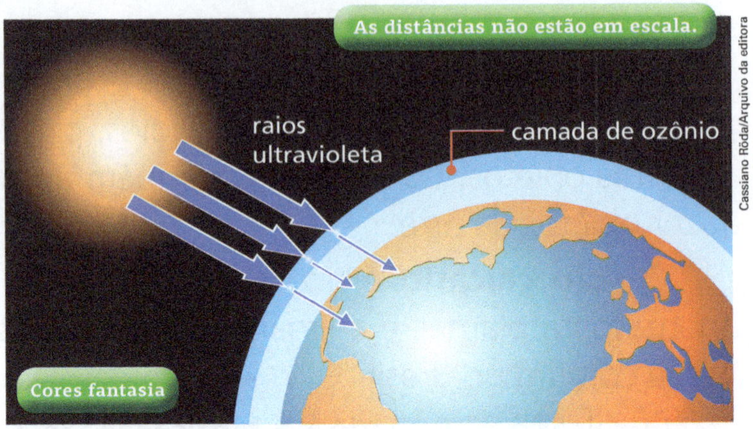

A camada de ozônio bloqueia os raios ultravioleta do Sol.

Entre esses gases, está o ozônio. Se não fosse a camada de ozônio, a temperatura na Terra seria tão elevada que pouquíssimos seres vivos sobreviveriam. Essa camada age como uma "capa" e bloqueia a maior parte dos raios solares, funcionando como um filtro solar.

O ozônio está presente em toda a atmosfera, mas se concentra na estratosfera.

Alguns gases – como o clorofluorcabono (CFC), usado em equipamentos de resfriamento (geladeira, ar-condicionado), e o brometo de metila, usado como agrotóxico – são os principais responsáveis pela diminuição do ozônio da atmosfera terrestre.

O buraco na camada de ozônio

Sabemos que o Sol é uma fonte de calor essencial à nossa vida. Ele emite raios ultravioleta, também denominados UVA, UVB e UVC (este último não chega ao nosso planeta).

Os raios UVA são os principais responsáveis pelo envelhecimento da pele. A exposição prolongada aos raios UVB está associada a doenças de pele, como câncer, a problemas na visão e a prejuízos à vida de microrganismos, plantas e peixes.

Com o passar dos anos, os cientistas perceberam que a camada de ozônio começou a diminuir lentamente, deixando-nos em maior contato com os raios UVB.

Em 1987, foi estabelecido um acordo entre vários países, conhecido como Protocolo de Montreal, no qual foi firmado o comprometimento de diminuir o uso do CFC e até mesmo de parar de fabricar o gás. O Brasil também faz parte desse acordo.

Entre 1986 e 2008, a produção mundial de CFC caiu 99,7%. A partir de 1º de janeiro de 2010, essa produção foi proibida, mas o processo de recuperação da camada de ozônio é lento e, ainda hoje, o tamanho do buraco é próximo ao que era quando atingiu seu tamanho máximo: 22 milhões de quilômetros quadrados, o que equivale a quase três vezes o tamanho do Brasil.

Assim, serão necessários muitos anos para que os danos causados à camada de ozônio sejam reduzidos de forma considerável.

Aquecimento global e efeito estufa

É importante que tenhamos as trocas de calor entre a Terra e o espaço. Assim, quando o Sol nos fornece calor, nos aquecendo, em retorno a Terra, devolve para o espaço uma parte do calor recebido. Normalmente, o calor que a Terra retém fica na **troposfera**, que é a camada mais próxima da Terra onde acontecem as interações climáticas. Essa retenção do calor que mantém a temperatura do planeta adequada para nossa sobrevivência é chamada **efeito estufa**.

No entanto, nos últimos anos, o efeito estufa tem aumentado. Os principais gases que provocam esse aumento são o gás carbônico (liberado na queima de combustíveis fósseis) e o metano (liberado na digestão de bois e vacas), entre outros. Desse modo, o calor retido tem sido bem mais que o necessário para temperaturas agradáveis no planeta, porque ele não consegue ultrapassar a barreira de gases poluentes que impedem sua passagem de volta para o espaço.

Veja, na ilustração a seguir, como isso acontece:

Cassiano Röda/Arquivo da editora

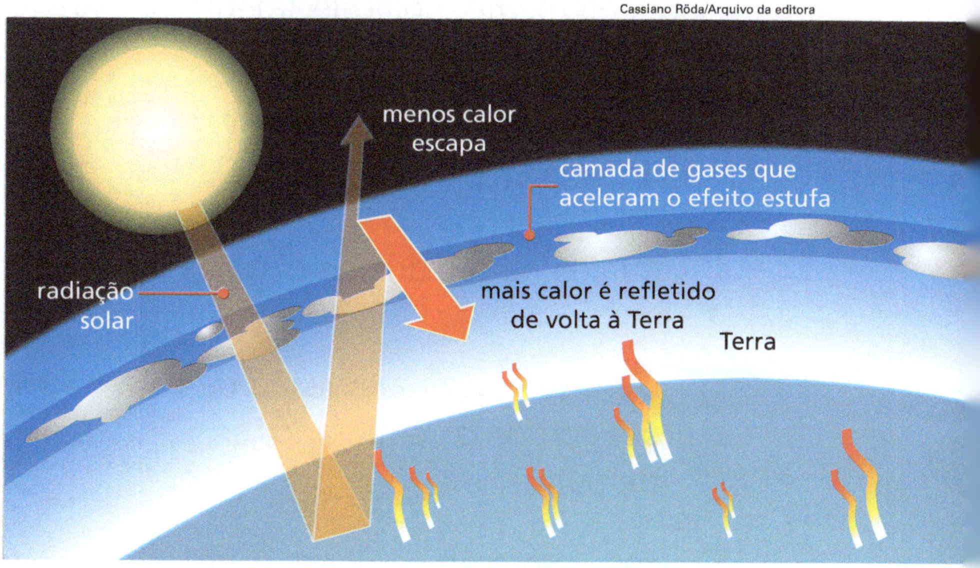

As consequências poderão ser sentidas por todos os seres vivos, já que se preveem períodos restritos de muita chuva ou muita seca em diversas regiões do planeta. Alguns efeitos já podem ser percebidos: destruição de áreas de vegetação; migração de animais; escassez de comida; extinção de várias espécies de animais e vegetais; derretimento de placas de gelo na Antártida, provocando aumento do nível da água dos oceanos, o que encobrirá grandes extensões de território costeiro no planeta.

1. De que forma a camada de ozônio beneficia os seres vivos? Cite um exemplo de dano ambiental que ocorreria se essa camada fosse reduzida ainda mais ou até deixasse de existir.

- Se um ser humano ficar exposto aos raios UVA e UVB, sem nenhum tipo de proteção e por um longo período (anos), que tipos de efeito ele pode sofrer? Converse com os colegas e o professor e responda.

2. Qual é a função do efeito estufa na natureza? E quando ele se torna um problema?

- Quais são os principais causadores da aceleração do efeito estufa e, consequentemente, do aquecimento global?

3. Responda fazendo as relações.

1 buraco na camada de ozônio

2 efeito estufa

( ) Deve-se reduzir a emissão de gás carbônico e metano, entre outros.

( ) Sem proteção, a Terra sofre com a intensificação dos raios UVB, que podem causar doenças como câncer de pele.

( ) Está proibida a fabricação do gás CFC.

( ) Com a retenção do calor na troposfera, a temperatura na Terra se eleva, causando danos como o descongelamento das geleiras.

4. Leia o texto a seguir.

> O gás usado em refrigeradores é um produto químico chamado clorofluorcarbono (CFC). Quando chega à atmosfera, pode permanecer ali por cem anos ou mais antes de ser destruído. Na atmosfera ele pode ser decomposto em substâncias químicas nocivas pela luz ultravioleta do Sol. Uma dessas substâncias é o cloro.
>
> **A camada de ozônio**. São Paulo: Melhoramentos, 1992. (S.O.S. Planeta Terra). Texto adaptado.

- Agora, observe as figuras abaixo e faça o que se pede.

a) O texto e as figuras referem-se a qual problema ambiental?

____

b) Tente descrever o que cada figura está representando.

Ilustrações: Cassiano Röda/Arquivo da editora

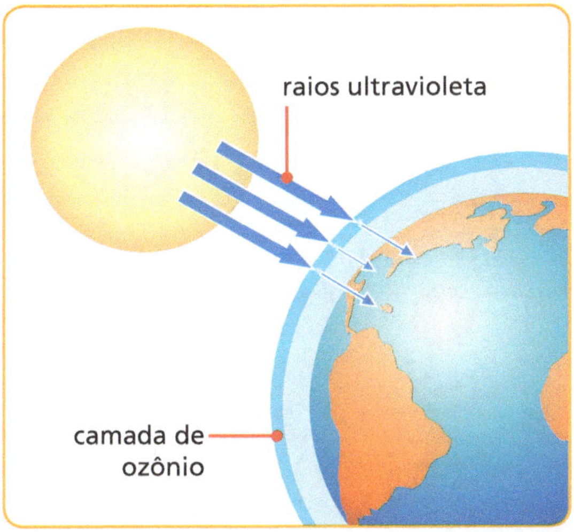

____

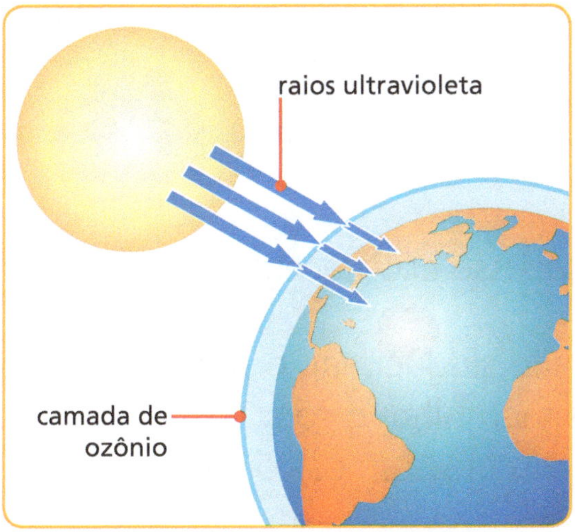

____

De olho na experiência

Pressão atmosférica

Vamos comprovar, por meio de um experimento, que o ar ocupa espaço e exerce pressão variável de acordo com a temperatura.

Material necessário

- 1 copo de vidro pequeno
- 1 vasilha
- 1 balão de gás (balão de aniversário)
- cubos de gelo
- tesoura sem ponta
- fita-crepe
- água bem quente e água fria

Como fazer

1. Recorte um pedaço do balão para cobrir a boca do copo, sem esticar muito. Use a fita-crepe para prender o balão, de modo que não escape ar de dentro do copo.

2. Coloque o copo, com a boca para cima, dentro da vasilha com a água fria e os cubos de gelo. A água deve ficar até a metade da altura do copo. Aguarde um minuto e observe.

Ilustrações: Ilustra Cartoon/Arquivo da editora

3. Responda em seu caderno:

a) O que aconteceu? Por que você acha que isso aconteceu?

b) Agora, tomando todo o cuidado para não se queimar, o professor deve colocar a água bem quente na vasilha e mergulhar o copo nessa água. O que ocorreu? Por que isso aconteceu? Discuta com os colegas.

Unidade

2

Os vegetais

Andréia Vieira/Arquivo da editora

O QUE VOU ESTUDAR?

- Partes dos vegetais
- De que as plantas necessitam
- Funções da folha
- Função da flor

5

Os tipos de vegetais e suas partes

Você já pensou que são os elementos não vivos (a água, o ar, o solo, a luz e o calor do Sol) que permitem a manutenção da vida em nosso planeta?

Em outras palavras, os recursos da natureza são fundamentais para a existência da vida. Isso quer dizer que os seres vivos dependem da água, do ar, do solo, da luz e do calor do Sol e também dos próprios seres vivos para sobreviver.

Habitat

Os vegetais, também chamados de plantas, precisam do solo, do ar, da água e da luz do Sol para viver.

As plantas têm tamanhos e formas distintas e reproduzem-se de diferentes maneiras.

Elas podem ser encontradas nos mais variados ambientes. Existem plantas terrestres, aquáticas e plantas que se apoiam sobre outras (epífitas ou parasitas). Dizemos que o tipo de local onde uma espécie (vegetal ou animal) costuma viver é o ***habitat*** desta espécie.

Hiroshi Tonoshiro/Sebun/Getty Images

O aguapé (ou mururé, orelha-de-veado, baronesa, rainha-do-lago) é uma planta aquática. Existe ar dentro de suas folhas, o que facilita a flutuação na água.

Adaptações dos vegetais ao ambiente

A Terra já passou por muitas transformações. Por conta disso, muitos seres vivos – animais e vegetais – já foram extintos. No decorrer dessas modificações sobreviveram apenas as espécies que estavam adaptadas às mudanças, isto é, que possuíam características que as tornavam ajustadas ao ambiente.

Em ambientes secos, como os desertos, é comum encontrarmos plantas que sobrevivem porque estão adaptadas. É o caso do cacto, que acumula, em seu caule, a água de que precisa para viver.

Malgorzata Kistryn/Shutterstock/Glow Images

cactos

Partes dos vegetais

Todas as plantas são iguais? Será que todas possuem as mesmas partes?

A maioria dos vegetais é composta de raiz, caule, folha, flor, fruto e semente.

A flor é o órgão reprodutor das plantas.
É a partir das flores que se formam os frutos.

O fruto abriga as sementes, que podem germinar e dar origem a uma nova planta.

Luís Moura/Arquivo da editora

A folha, além da fotossíntese – processo pelo qual fabrica alimento para toda a planta –, realiza outros dois processos muito importantes: a respiração e a transpiração.

O caule sustenta as folhas, as flores e os frutos, e conduz a água do solo até as folhas.
É também pelo caule que circula, por toda a planta, o alimento que é produzido nas folhas.

A raiz fixa a planta no solo. É ela que retira do solo a água e os minerais de que a planta necessita.

Observe as plantas ao lado.

- Assinale a opção correta.

  a) A planta 1 é:

  ☐ aquática. ☐ terrestre.

  b) A raiz da planta 2 fica:

  ☐ dentro da terra. ☐ dentro da água.

  c) O caule e as folhas da planta 1 ficam:

  ☐ dentro da terra. ☐ fora da terra.

- Converse com seus colegas: em relação ao ambiente onde vivem, qual é a principal diferença entre as duas plantas (1 e 2)?

1

2

Ilustrações: Jurandir Ribeiro/Arquivo da editora

6

Do que as plantas necessitam para viver

Ilustra Cartoon/Arquivo da editora

Geraldo ganhou um vaso com plantas. O que ele deverá fazer para que elas não morram?

Para viver e se desenvolver bem, as plantas necessitam do solo, da água, do ar e da luz do Sol.

O solo é muito importante para as plantas terrestres. Como você já sabe, é no solo que elas fixam suas raízes e é dele que retiram a água e os minerais de que necessitam para sobreviver. As plantas aquáticas retiram esses elementos do meio em que vivem: rios, mares, entre outros.

A água, o ar e a luz do Sol são fundamentais para todas as plantas, pois é a partir desses componentes que elas fabricam os alimentos que as mantêm vivas.

Jurandir Ribeiro/Arquivo da editora

A água das chuvas acumula-se embaixo do solo e de lá as plantas retiram nutrientes. Com os minerais, a luz do Sol e o ar, as plantas podem crescer saudáveis, gerando belas flores e frutos.

1. Imagine que você ganhou o vaso ao lado. Escreva o que você deve fazer para que a planta não morra.

____

____

____

____

____

Africa Studio/Shutterstock/Glow Images

2. Observe as plantas a seguir.

Cheryl E. Davis/Shutterstock/Glow Images

Patryk Kosmider/Shutterstock/Glow Images

a) Qual dos vegetais não recebeu água?

☐ O vegetal 1. ☐ O vegetal 2.

b) As plantas 1 e 2 são:

☐ terrestres. ☐ aquáticas.

c) O que acontece com uma planta quando não recebe água suficiente?

____

d) De onde as plantas terrestres geralmente retiram água e sais minerais? Com que parte elas fazem isso?

____

____

7

Funções da folha: respiração, transpiração e fotossíntese

Você já sabe que, nas folhas, ocorrem três processos muito importantes para a vida das plantas:

- a respiração,
- a transpiração e
- a fotossíntese.

silver-john/Shutterstock/Glow Images

Agora, vamos aprender um pouco mais sobre cada um desses processos?

Respiração

As plantas, como os outros seres vivos, absorvem oxigênio e eliminam gás carbônico por meio da respiração. Esse processo ocorre em especial nas folhas e é ininterrupto, isto é, acontece dia e noite, sem parar.

Observe a ilustração ao lado:

Transpiração

Veja, agora, a mesma folha da ilustração anterior. Note que ela está cheia de gotículas:

Ilustrações: Luis Moura/Arquivo da editora

Quando estão com mais água do que precisam, as plantas eliminam o que sobra pela transpiração, soltando vapor de água no ambiente.

Fotossíntese

Quando há luz solar, as plantas fabricam seu alimento. É a fotossíntese. Para que a fotossíntese seja realizada, são necessários, além da luz do Sol, clorofila (uma substância verde presente principalmente nas folhas), água e gás carbônico.

Veja, na figura abaixo, como acontece esse processo:

As folhas absorvem o gás carbônico do ar. A clorofila capta a luz solar. A raiz retira água do solo, que é levada até as folhas pelo caule.

Utilizando a luz solar como energia, a planta transforma o gás carbônico que veio do ar e a água que veio do solo em alimento, liberando oxigênio.

Como você pode notar, durante a fotossíntese acontece o inverso da respiração: a planta absorve gás carbônico e libera oxigênio.

Portanto, as plantas produzem tanto gás carbônico, na respiração, como oxigênio, na fotossíntese.

- Responda às questões a seguir.

a) Por onde as plantas respiram?

____

b) Como se chama o processo de fabricação de alimento pelas plantas?

____

8

Função da flor: reprodução

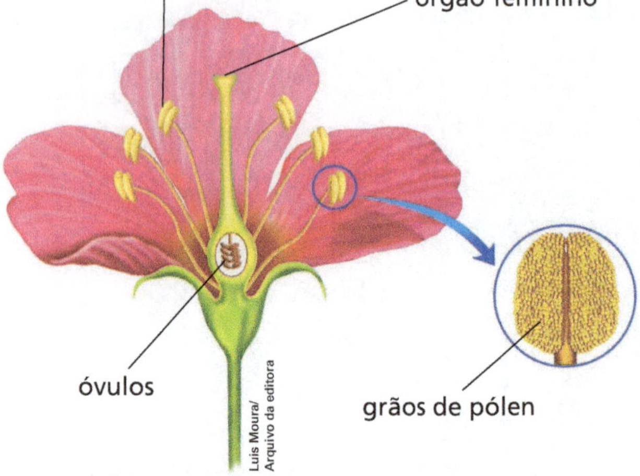

Dave Massey/Shutterstock/Glow Images

Você já plantou algum vegetal?

O que você sabe sobre o nascimento das plantas?

Como todos os seres vivos, as plantas são capazes de se reproduzir.

A maioria reproduz-se por meio da flor.

Quase todas as flores possuem os dois órgãos de reprodução, o masculino e o feminino.

Os órgãos masculinos das flores produzem os grãos de pólen. Os órgãos femininos produzem os óvulos.

Os insetos, os pássaros ou o vento podem levar os grãos de pólen de uma flor para outra. Chamamos esse transporte de **polinização**.

Dentro do grão de pólen e do óvulo estão os elementos de reprodução da flor (células reprodutoras). Quando esses elementos se unem, dizemos que ocorreu a fecundação.

Quando a flor é fecundada, o óvulo se desenvolve e forma as sementes. Parte do órgão feminino da flor também se desenvolve e forma o fruto, que abriga essas sementes.

As sementes, se espalhadas em solo fértil, podem germinar, isto é, dar origem a uma nova planta da mesma espécie. É a reprodução por germinação.

Algumas plantas podem se desenvolver a partir de folhas, pedaços de caule ou raízes, embora essas partes do vegetal não tenham, normalmente, função reprodutiva. Essas plantas também possuem sementes para se reproduzir.

células: unidades muito pequenas que compõem os seres vivos.

fecundação: processo de dar origem; procriação; fertilização.

óvulos: células femininas da reprodução.

Saiba mais

Sementes com paraquedas

Os pássaros e os insetos retiram o néctar da flor do dente-de-leão, mas não a polinizam, ou seja, não transportam o pólen. Para espalhar as sementes, o dente-de-leão possui pequenos paraquedas presos a elas.

As imagens não estão em tamanho proporcional entre si.

Alexandra Lande/Shutterstock/Glow Images

flor do dente-de-leão.

Gediminas Savickis/Shutterstock/Glow Images

As sementes desenvolvidas ficam presas aos paraquedas...

Samuel Borges Photography/Shutterstock/Glow Images

... depois se soltam e se espalham.

1. Responda às questões a seguir sobre o nascimento das plantas.

a) Que parte da maioria das plantas é responsável pela reprodução?

____

b) Onde, geralmente, se encontram as sementes das plantas?

____

c) O que é germinação?

____

2. Leia as frases e numere-as na ordem correta de acordo com o processo de reprodução da flor.

- [ ] Alguns animais e o vento podem levar o pólen de uma flor para outra(s).
- [ ] O ovário da flor cresce e gera o fruto, que envolve as sementes.
- [ ] Ao cair no órgão feminino da flor, o pólen pode se unir ao óvulo formando a célula-ovo que desenvolverá a semente.
- [ ] O pólen está nos órgãos masculinos das flores.

De olho na experiência

Observando a transpiração das plantas

As plantas transpiram pelas folhas. Na transpiração, as folhas soltam vapor de água na atmosfera.

Vamos ver como isso acontece.

Material necessário

- um vaso com planta;
- um pedaço de barbante;
- um saco plástico;
- água.

Como fazer

1. Envolva a planta com o saco plástico e amarre-o com o barbante próximo à terra.

Ilustra Cartoon/Arquivo da editora

2. Molhe a terra do vaso. Cuidado para não molhar o saco.

3. Coloque o vaso num lugar em que bata bastante sol. Observe-o depois de algumas horas.

Responda:

a) Como ficou o saco plástico?

____

b) Por que isso aconteceu?

____

____

Unidade

3

Os animais

Andréia Vieira/Arquivo da editora

O QUE VOU ESTUDAR?

- Os animais
- Classificação dos animais
- Reprodução dos animais
- Cadeia alimentar
- A importância dos animais para o ser humano

Os animais e o ambiente

Os animais são seres vivos e fazem parte da natureza. Eles são encontrados em diversos ambientes da Terra. A variedade de animais no planeta é muito grande e podemos perceber diversas diferenças entre eles. Vejamos algumas delas:

tamanho	
grande	pequeno

Alguns animais são grandes como a girafa, que mede cerca de 5 metros de altura.	Outros são pequenos como a tesourinha, que mede cerca de 6 centímetros.

cobertura do corpo		
pelos	escamas	penas

A pele de alguns animais, chamados mamíferos, é revestida de pelos.	Os peixes têm o corpo coberto de escamas.	O corpo das aves é coberto de penas.

tipo de alimentação		
onívoros	carnívoros	herbívoros

Alimentam-se de vegetais e da carne de outros animais.	Alimentam-se de carne.	Alimentam-se de vegetais.

lugar em que vivem – *habitat*		
terra	água	corpo de outros animais
 tamanduá-bandeira Tony Camacho/SPL/Latinstock	 peixe F Hecker/Keystone	 lombriga Fabio Colombini/Acervo do fotógrafo

O *habitat* é muito importante na vida dos animais. É no *habitat* que eles encontram as condições de que necessitam para viver, isto é, alimento, abrigo e parceiros para a reprodução.

1. Escolha um animal que você já tenha visto e pelo qual tenha se interessado. Em uma folha à parte, desenhe esse animal, o *habitat* em que vive e os alimentos que ele costuma comer.

- Agora, responda às questões.

  a) Qual é o *habitat* desse animal? ______

  b) Do que ele se alimenta? ______

  c) Do que é coberto o corpo dele? ______

  d) Em relação aos outros animais do ambiente onde ele vive, ele é grande ou pequeno? ______

2. Escolha dois animais e complete o quadro abaixo com suas características.

nome do animal	cobertura do corpo	alimentação	*habitat*

10

Classificação dos animais

Os animais são agrupados de acordo com as características que têm em comum. Um dos tipos de classificação divide os animais em vertebrados e invertebrados.

Vertebrados

Os animais vertebrados possuem coluna vertebral, isto é, um conjunto de estruturas denominadas vértebras, a qual sustenta todo o seu corpo.

Os vertebrados classificam-se em cinco grupos: peixes, anfíbios, répteis, aves e mamíferos.

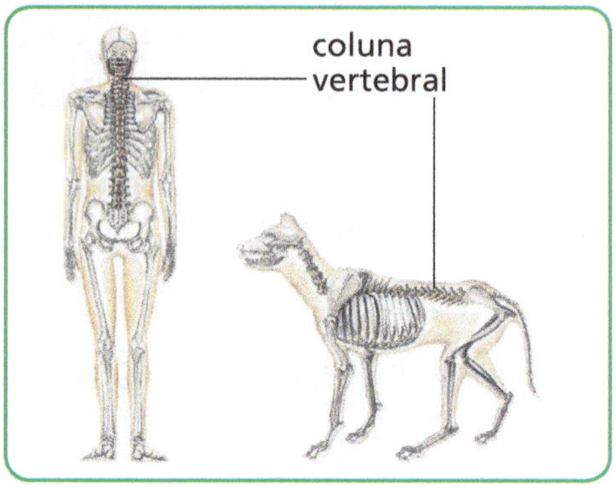

Jurandir Ribeiro/Arquivo da editora

Os peixes

Os peixes são vertebrados aquáticos que possuem o corpo coberto de escamas ou de uma pele grossa.

A respiração dos peixes é feita por meio de brânquias, também chamadas de guelras.

Em geral, os peixes nascem de ovos que se desenvolvem fora do corpo da fêmea.

Matt9122/Shutterstock/Glow Images

raia

Brânquias: estruturas do órgão respiratório da maioria dos animais aquáticos.

As imagens não estão em tamanhos proporcionais entre si.

Os anfíbios

Os anfíbios são vertebrados que nascem de ovos. Possuem pele fina, lisa, úmida e escorregadia.

Quando são pequenos, os anfíbios vivem na água e respiram por meio de brânquias. Na fase adulta, seus pulmões se desenvolvem e eles passam a habitar a terra, mas precisam viver em lugares úmidos.

O sapo, a rã e a salamandra são exemplos de anfíbios.

Girinos (nessa fase da vida do sapo ele vive na água).

Matej Ziak/Shutterstock/Glow Images

Sapo adulto (respira por pulmões e vive na terra).

Tom Reichner/Shutterstock/Glow Images

Os répteis

Os répteis também são vertebrados que nascem de ovos. Seu corpo é coberto de escamas, placas duras ou carapaças. Eles respiram por pulmões e geralmente vivem na terra, mas também podem viver na água.

Alguns exemplos de répteis são: a cobra, a tartaruga e o jacaré.

David Evison/Shutterstock/Glow Images

tartaruga-verde

As aves

As aves são animais vertebrados que nascem de ovos, possuem bico, asas e têm o corpo coberto de penas.

Janelle Lugge/Shutterstock/Glow Images

pinguim

Quase todas as aves são terrestres, respiram por pulmões e a maioria é capaz de voar. Entre as aves que não voam e que vivem parte da vida na água, podemos citar o pinguim. Suas asas funcionam como nadadeiras.

São exemplos de aves: o beija-flor, o pavão, o pombo, o pato, o avestruz, a arara, o albatroz, o papagaio, o tucano e o urubu, entre outros.

Os mamíferos

Os mamíferos são animais vertebrados que produzem leite, com que alimentam suas crias. A maioria dos mamíferos tem pelos e se desenvolve dentro do organismo da fêmea até o nascimento.

Quase todos os mamíferos são terrestres. Eles respiram por pulmões.

Os mamíferos que vivem na água, como a baleia, o golfinho e o boto, precisam ir até a superfície para respirar.

A vaca, o cavalo, o coelho, o macaco, o morcego, o tigre, a raposa, o rato e o hipopótamo são alguns exemplos de mamíferos. O ser humano também é um animal mamífero.

Gregory Ochocki/Photo Researchers/Getty Images

boto

Invertebrados

Os animais invertebrados não possuem coluna vertebral.

Eles podem ser encontrados nos mais diversos ambientes: na terra, na água, no corpo de outros animais e dentro do solo.

Existe uma variedade muito grande de invertebrados, bastante diferentes entre si. Veja:

- Invertebrados com pernas articuladas

Paul Rommer/Shutterstock/Glow Images

mosquito

Melissa Hanes/Shutterstock/Glow Images

siri

Steve Byland/Shutterstock/Glow Images

cigarra

Animais como esses podem ser encontrados no ar, na terra, nos rios e nos mares. Suas articulações facilitam e ampliam os movimentos.

- Invertebrados de corpo mole, geralmente com uma concha protetora

Valentyn Volkov/Shutterstock/Glow Images

ostra

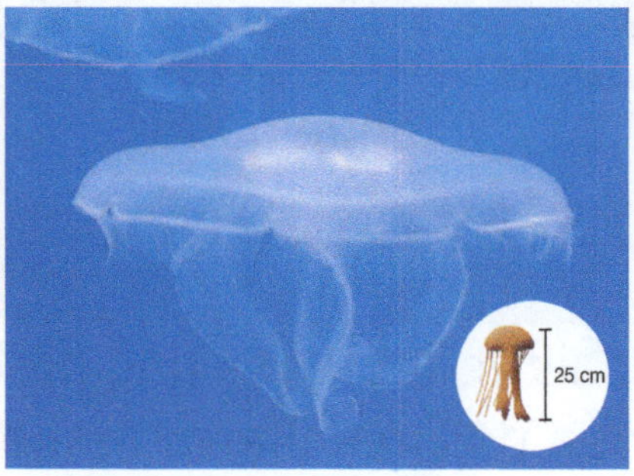

charnsitr/Shutterstock/Glow Images

água-viva

Rafael Neddermeyer/Fotoarena

caramujo

Animais como esses podem ser terrestres ou aquáticos.

- Invertebrados marinhos, com espinhos na superfície do corpo

Mircea Bezergheanu/Shutterstock/Glow Images

estrela-do-mar

- Invertebrados de corpo alongado

James H Robinson/Photo Researchers/Getty Images

solitária

Steshkin Yevgeniy/Shutterstock/Glow Images

minhoca

A solitária, conhecida popularmente como verme, desenvolve-se no interior de alguns animais vertebrados. A minhoca vive no solo.

1. Escreva na linha a que grupo pertencem os vertebrados abaixo.

holbox/Shutterstock/Glow Images

____

Miles Away Photography/Shutterstock/Glow Images

____

Haroldo Palo Jr./kino.com.br

____

Pyty/Shutterstock/Glow Images

____

Fabio Colombini/Acervo do fotógrafo

____

Randy Rimland/Shutterstock/Glow Images

____

Laurent Guerinaud/Keystone

____

reptiles4all/Shutterstock/Glow Images

____

2. Marque um **X** nos quadrinhos ao lado dos nomes de animais vertebrados, mamíferos e terrestres. Atenção: os animais devem ter as três características.

- [ ] boi
- [ ] morcego
- [ ] avestruz
- [ ] baleia
- [ ] macaco
- [ ] pinguim
- [ ] cobra
- [ ] lobo
- [ ] golfinho
- [ ] girafa
- [ ] pato
- [ ] ser humano

11

Reprodução dos animais

Você sabe como os animais nascem? Todos os animais nascem do mesmo jeito?

Na maioria dos casos, os animais são gerados a partir da união entre um macho e uma fêmea.

De acordo com o tipo de desenvolvimento do animal, podemos classificá-lo em ovovivíparo, ovíparo e vivíparo.

As imagens não estão em tamanho proporcional entre si.

Animais ovovivíparos

Animais ovovivíparos são aqueles que se desenvolvem dentro de ovos e eclodem deles ainda no interior da fêmea. Algumas espécies de peixes, como o peixe-espada e o guaru (barrigudinho), são exemplos de animais ovovivíparos.

eclodem: tornam-se maiores, mais abertos; aparecem.

Peixe-espada fêmea: os ovos rompem-se dentro da mãe e os filhotes já nascem prontos para nadar.

Animais ovíparos

Muitos animais são ovíparos, isto é, põem ovos que se desenvolvem fora do corpo da fêmea. As aves, a maioria dos peixes e dos répteis nascem assim.

Metamorfose

Alguns animais ovíparos vivem durante certo tempo a fase de larva, como o sapo e a borboleta.

Esses animais se modificam profundamente durante seu desenvolvimento, até atingirem a forma adulta. Tais transformações recebem o nome de metamorfose.

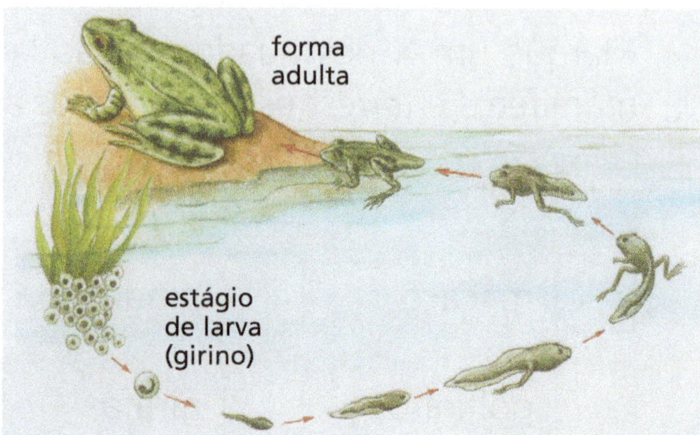

metamorfose do sapo

Ilustrações: Jurandir Ribeiro/Arquivo da editora

Animais vivíparos

A maioria dos mamíferos são vivíparos, ou seja, seus filhotes desenvolvem-se dentro da barriga da mãe. Nós, os seres humanos, também somos animais vivíparos.

O período em que o animal se desenvolve dentro da barriga da mãe é chamado de **gestação** ou gravidez. Esse período é diferente para cada espécie de mamífero.

Gestação da gata: dois meses.

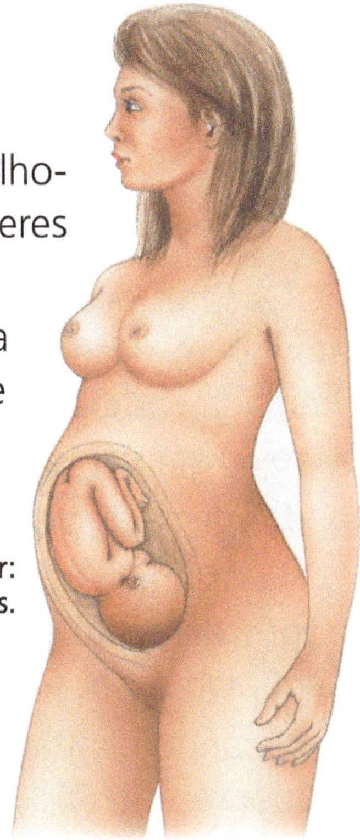

Gestação da mulher: nove meses.

Ilustrações: Jurandir Ribeiro/Arquivo da editora

1. Responda às questões a seguir.

   a) Você acha que a reprodução é importante para os seres vivos?

   ____

   b) Onde podem se formar e se desenvolver os filhotes de muitos animais antes de nascer?

   ____

   c) Como são chamados os animais cujos ovos eclodem dentro do corpo das mães? Dê um exemplo.

   ____

2. Coloque no quadro nomes de animais que você conhece.

ovíparos	vivíparos

12

Cadeia alimentar

Os seres vivos obtêm a energia de que precisam para viver do alimento. Eles dependem uns dos outros para se alimentar. Essa relação de dependência é chamada **cadeia alimentar**.

Você já viu que as plantas produzem seu próprio alimento. Por isso são chamadas de seres **produtores**.

Já os animais se alimentam de outros seres vivos, pois não produzem seu próprio alimento. Eles são denominados **consumidores**. Alguns animais só comem plantas; outros só comem animais.

Quando plantas e animais morrem, eles são decompostos na natureza, isto é, apodrecem. São as bactérias e algumas espécies de fungos que fazem com que isso aconteça. Esses seres que se alimentam de restos de plantas e animais que já morreram são chamados de **decompositores**.

Veja, na figura abaixo, como essa relação de alimentação entre os seres vivos pode acontecer.

Jurandir Ribeiro/Arquivo da editora

1. Complete as cadeias alimentares abaixo com o nome dos seres que as compõem.

As imagens não estão em tamanho proporcional entre si.

a)

Debra Ferguson/Agstockusa/Grupo Keystone

Nigel Cattlin/Visuals Unlimited/Corbis/Latinstock

George Grall/National Geographic/Getty Images

b)

Fabio Colombini/Acervo do fotógrafo

Luciano Candisani/kino.com.br

Anthony-Masterson/FoodPix/Getty Images

- Agora, discuta com seus colegas e o professor:

a) O primeiro elemento de cada uma dessas cadeias, é sempre um animal ou um vegetal? Você saberia explicar por quê?

b) Os decompositores também fazem parte dessas cadeias alimentares? Qual é a função deles?

2. Quando o ser humano interfere nas cadeias alimentares, acontecem sérios problemas no ambiente. Observe a cadeia alimentar abaixo:

Jurandir Ribeiro/Arquivo da editora

- Imagine a situação representada acima e converse com seus colegas o que poderia acontecer se, por causa da poluição ou da pesca descontrolada, a maioria dos peixes desse lago morresse.

13

A importância dos animais para o ser humano

Para sobreviver, o ser humano aprendeu a conviver com os mais diferentes tipos de animais.

Alguns, como o cavalo, o cachorro, o porco e a vaca, foram capturados pelo ser humano para que este pudesse obter:

- alimentos;
- matéria-prima para confeccionar roupas e sapatos;
- meio de transporte para pessoas e mercadorias;
- proteção, companhia e lazer.

As imagens não estão em tamanho proporcional entre si.

Outros animais, como a barata, o rato, a aranha, o gafanhoto, o ser humano descobriu serem venenosos, transmissores de doenças ou destruidores de suas plantações, quando se tornam numerosos por desequilíbrios ambientais.

Delfim Martins/Pulsar Imagens

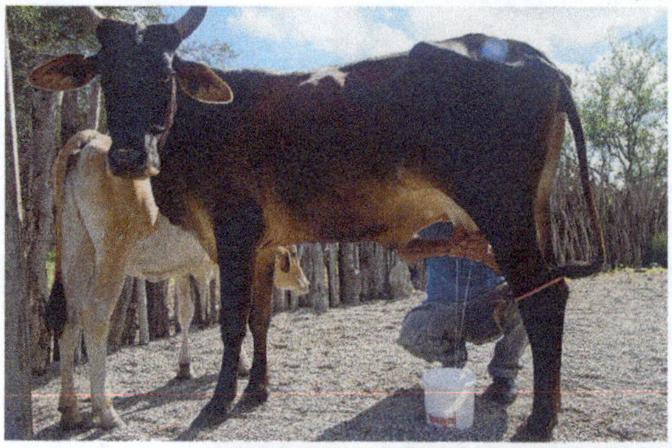

Homem ordenhando vaca.

Tudo o que existe no planeta – seres vivos e elementos não vivos – faz parte de um complexo sistema de relações. Nós, os seres humanos, somos apenas um pedacinho dessa grande rede. Qualquer alteração no equilíbrio desse sistema traz consequências para o conjunto. A extinção de uma espécie animal, por exemplo, pode causar o aumento exagerado de outra ou a falta de alimento para uma terceira.

Theo Allofs/The Image Bank/Getty Images

Os gafanhotos podem devorar extensas plantações.

Assim, ainda que alguns animais possam causar danos ao ser humano em determinadas situações, não faz sentido falar neles como se fossem inúteis e querer exterminá-los, pois cada um tem sua importância e sua função na natureza.

O que se deve fazer, no caso desses animais, é defender-se deles mantendo-os afastados. Não acumular lixo e entulho perto das casas, por exemplo, evita a aproximação de baratas, ratos, escorpiões, etc.

1. Converse com os colegas sobre os animais mostrados a seguir. Depois, escreva de que forma cada um deles está ligado aos seres humanos.

DaCek/Shutterstock/Glow Images

smereka/Shutterstock/Glow Images

irin-k/Shutterstock/Glow Images

Vinicius Tupinamba/Shutterstock/Glow Images

2. Observe a imagem ao lado:

- Muitas cidades proíbem a apresentação de animais nos circos. Por que você acha que isso acontece? Como será a vida dos animais nos circos? São bem tratados? Vivem livres ou presos? Registre sua opinião.

Ilustra Cartoon/Arquivo da editora

De olho na experiência

Viveiro de lagartas

O professor vai organizar os alunos da classe em grupos para montar um viveiro de lagartas. Assim, você e seus colegas poderão observar o processo da metamorfose.

Material necessário

- um grande recipiente plástico transparente (como os usados para guardar balas e doces), que servirá de viveiro para as lagartas;
- pequenos galhos de plantas com lagartas (couve e samambaia, por exemplo);
- luvas;
- terra;
- um borrifador.

Ilustra Cartoon/Arquivo da editora

Como fazer

1. Utilizando as luvas, coloquem um pouco de terra no fundo do recipiente e façam furos na tampa.
2. Coloquem dentro do recipiente os galhos com as lagartas e as folhas para alimentá-las. Em seguida, tampem o recipiente.
3. Observem regularmente o que acontece com as lagartas.
4. De vez em quando, usando o borrifador, umedeçam as crisálidas com água limpa.
5. Continuem a observar regularmente o que acontece com as lagartas.
6. Preencham os dados a seguir.
   - Colocamos as lagartas no recipiente no dia ______________________.
   - As lagartas levaram ______________ dias para se transformarem em crisálidas.
   - As borboletas levaram ______________ dias para saírem das crisálidas.
   - As borboletas são ovíparas ou vivíparas? ______________________.

Unidade

4

Ser humano e saúde

Andréia Vieira/Arquivo da editora

O QUE VOU ESTUDAR?

- O ser humano
- Os ossos e os músculos do corpo humano
- Como funciona nosso corpo: os sistemas
- Saúde e higiene
- Higiene física e mental
- Saneamento básico
- As doenças
- Primeiros socorros

14

O ser humano

Até aqui você estudou muitas coisas sobre a Terra e o que existe nela – a água, o ar, o solo, os vegetais e os animais.

Agora vamos saber um pouco mais sobre um animal especial: o ser humano.

Nós, seres humanos, pertencemos ao grupo dos animais. A grande diferença entre o ser humano e os outros animais é sua capacidade de raciocinar.

Como todos os seres vivos, o ser humano passa por um ciclo de vida: nasce, cresce, reproduz-se e morre.

A reprodução dos seres humanos se dá com a união das células reprodutoras de uma mulher e de um homem, formando uma única célula ou ovo, denominado **zigoto**. Antes de nascer, o bebê desenvolve-se dentro da barriga da mãe. Durante a gravidez, a mãe fornece o alimento e o calor necessários para o desenvolvimento do bebê.

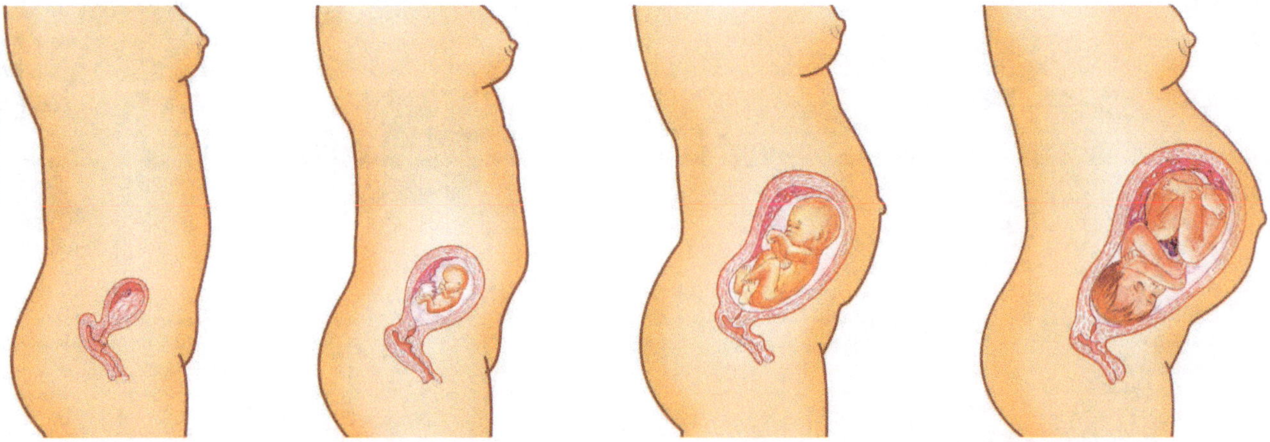

Osni de Oliveira/Arquivo da editora

Muitos filhotes de animais tornam-se independentes muito cedo, podendo caçar seu próprio alimento. Já o ser humano, nos primeiros anos de vida, depende de outra pessoa para sobreviver. A Organização Mundial da Saúde (OMS) recomenda que a alimentação seja exclusivamente de leite materno pelo menos até os 6 meses de vida, pois nele estão contidos todos os nutrientes necessários para uma criança.

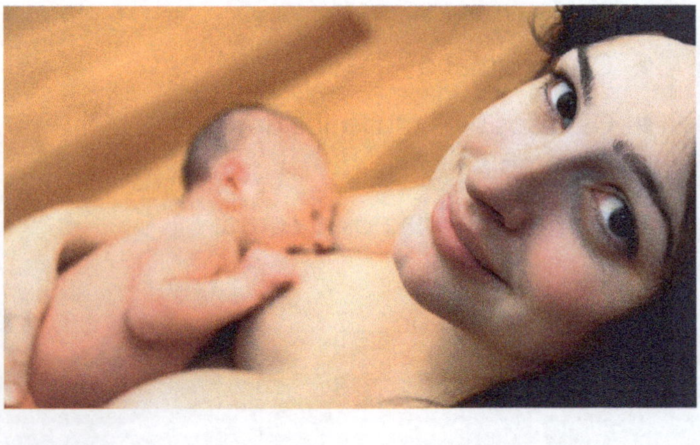

Virginia Star/Flickr/Getty Images

O crescimento do ser humano tem várias fases: infância, adolescência e maturidade ou fase adulta. Observe:

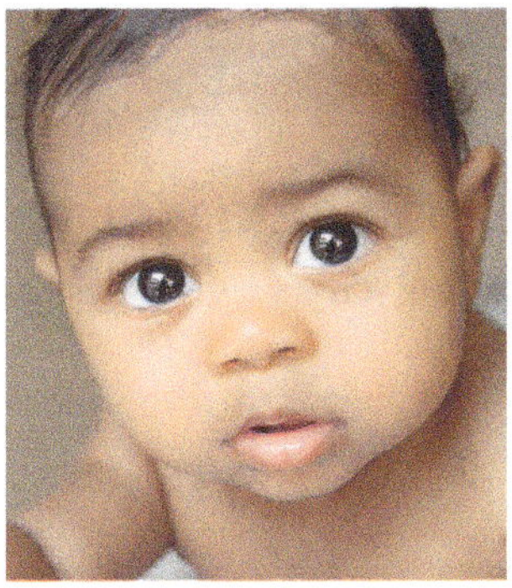

Bebê de 6 meses.

Criança de 7 anos.

Jovem de 20 anos.

Adulto de 40 anos.

Em todas as fases da vida, os seres humanos precisam de uma boa alimentação e de vários cuidados para manter a saúde.

O corpo humano

Para estudar o corpo humano, costumamos dividi-lo em quatro partes: cabeça, pescoço, tronco e membros. Os membros superiores são formados pelos braços, pelos antebraços e pelas mãos. Os membros inferiores são formados pelas coxas, pelas pernas e pelos pés.

A cabeça é formada pelo crânio e pela face.

Dentro do crânio fica o **encéfalo**, que comanda nosso corpo e é responsável pelos movimentos, pela nossa vontade e nossa inteligência.

O pescoço liga a cabeça ao tronco. Nele, ficam a faringe e a laringe.

O tronco é formado pelo tórax, ou peito, e pelo abdome, ou barriga. O coração e os pulmões ficam no tórax. No abdome estão o estômago, os intestinos, o fígado, os rins e outros órgãos.

Ilustrações: Osni de Oliveira/Arquivo da editora

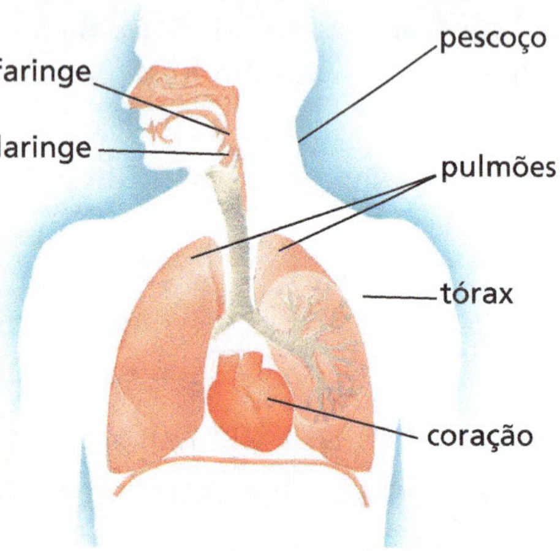

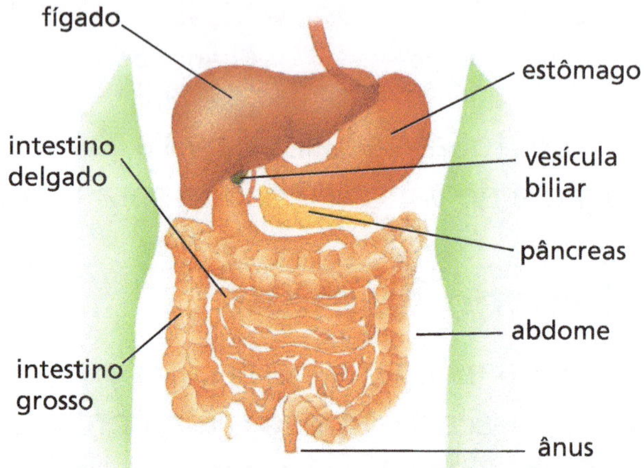

1. O ser humano é um animal vertebrado com várias características que o diferenciam dos outros animais.
Escreva a seguir algumas dessas características.

2. Observe a figura e complete os quadros com o termo correspondente.

wavebreakmedia/Shutterstock/Glow Images

Dentro do crânio, fica o ______________.

Os membros superiores são formados por ______________, ______________ e ______________.

Os ______________ e o coração ficam no ______________.

No abdome, encontram-se o ______________, os ______________, o ______________, os ______________ e outros órgãos.

Coxa, perna e pé formam os ______________.

3. Assinale a alternativa incorreta:

☐ O ser humano é um animal racional.

☐ Para crescer, um bebê recém-nascido precisa de nutrientes do leite, da carne e dos vegetais.

☐ Depois de nascer, o bebê continua crescendo e chega à fase adulta.

☐ Muitos animais já aprendem a caçar quando são filhotes.

Ossos e músculos do corpo humano

Leia o texto a seguir:

> Se não tivéssemos ossos, seríamos tão moles como gelatina. Os ossos que formam o esqueleto nos dão suporte e proteção contra ferimentos. Contudo, se nosso corpo fosse feito apenas de ossos, seríamos como uma marionete sem os cordões, um amontoado só de ossos. Evidentemente não temos cordões nos comandando de cima, mas temos cordões internos: os músculos. Os músculos são presos aos ossos e os mantêm no lugar. Graças a eles também podemos mover os ossos quando necessário: basta contrair um músculo que nosso osso se movimenta.
>
> **Atlas do corpo humano**, de Mark Crocker. São Paulo: Scipione, 1994.

Os ossos

Os ossos são estruturas duras do corpo que, em conjunto, formam o esqueleto. Observe:

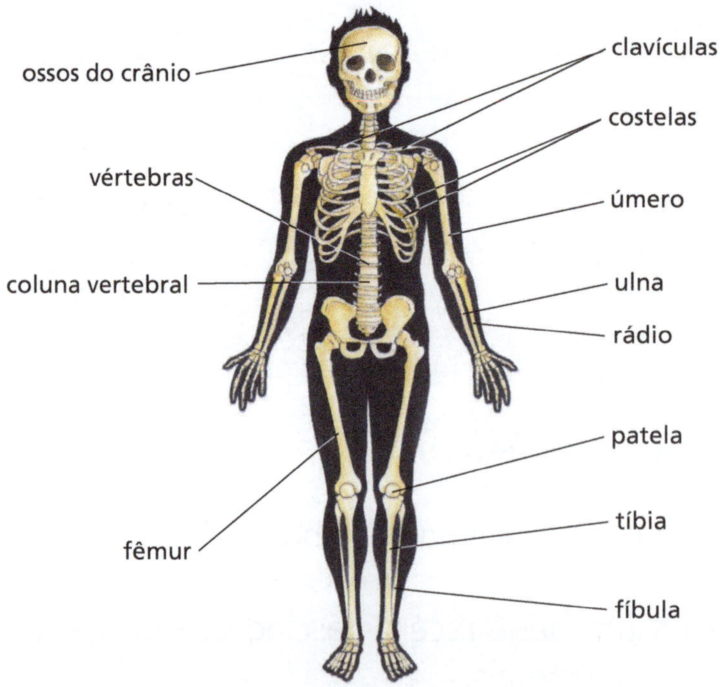

J. Rodrigues/Arquivo da editora

Alguns ossos são longos, como os ossos das clavículas, das costelas e dos membros. Outros ossos são curtos, como os ossos das vértebras, dos pés e das mãos. Há também ossos chatos, como os do crânio e os da face.

O maior osso de nosso corpo é o fêmur, que fica na coxa.

Os ossos que formam o esqueleto estão ligados uns aos outros por meio das articulações. Uma **articulação** é o encontro de dois ou mais ossos.

Certas articulações têm um movimento bastante amplo. Outras produzem movimentos menores. Outras, ainda, praticamente não se mexem durante toda a vida. Por isso elas se classificam em móveis, semimóveis e imóveis.

Articulações móveis

As articulações dos ossos dos braços e das pernas, por exemplo, fazem movimentos bem amplos. São articulações móveis.

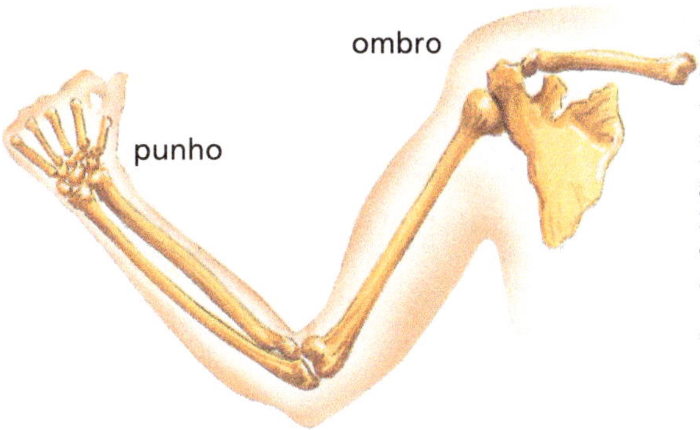

Ilustrações: Osni de Oliveira/Arquivo da editora

Articulações semimóveis

As articulações dos ossos da coluna vertebral fazem movimentos menores que as dos ossos dos braços, das mãos, etc. São, portanto, articulações semimóveis.

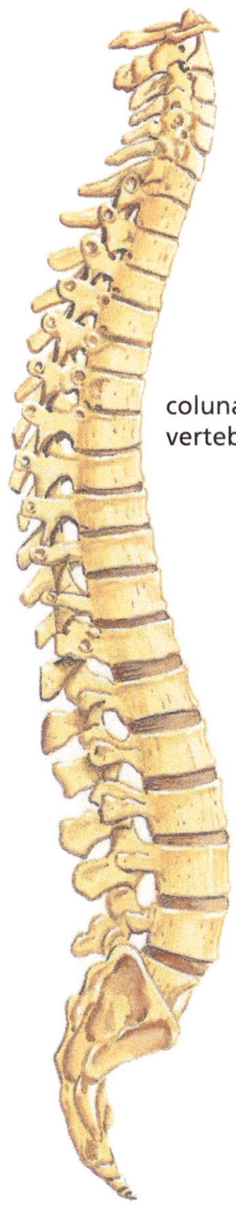

Articulações imóveis

As articulações dos ossos da parte superior do crânio são unidas e não se movimentam; são articulações imóveis.

Entretanto, na parte inferior do crânio temos a mandíbula, cuja articulação é responsável pelos movimentos da boca. No interior dessa articulação, há discos de cartilagem bem próximos às orelhas (direita e esquerda) que facilitam o movimento.

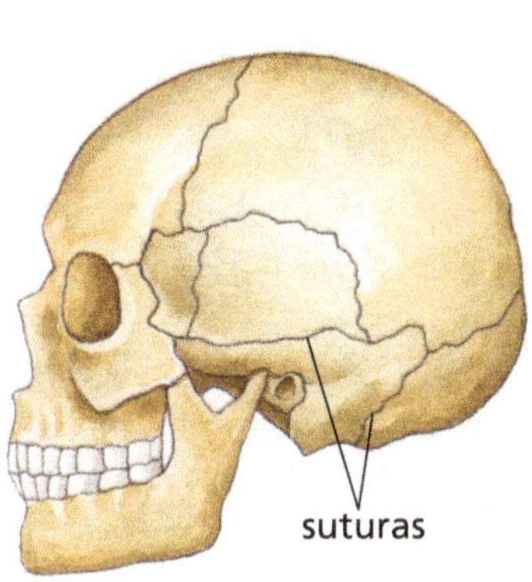

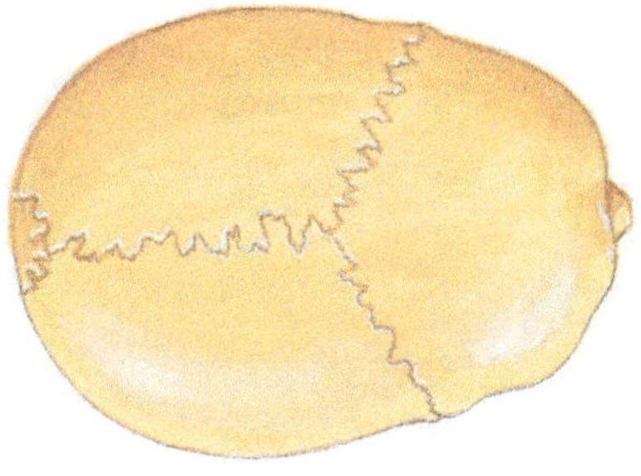

Os músculos

Os movimentos de nosso corpo dependem dos ossos e dos músculos.

O esqueleto dá sustentação ao corpo, e os músculos dão movimento aos ossos.

Para movimentar os mais de duzentos ossos de nosso corpo, temos mais de quinhentos músculos, localizados entre a pele e os ossos, recobrindo todo o nosso esqueleto.

Há músculos sobre os quais temos controle; eles movem os braços, as pernas e outras partes do corpo.

No entanto, nem todos os músculos obedecem à nossa vontade. O músculo estriado cardíaco, por exemplo, mantém o coração batendo constantemente, dia e noite, porque ele não necessita de um comando consciente para funcionar.

Saiba mais

Tipos de músculos

Temos três tipos de músculos no corpo: o **estriado esquelético**, o **estriado cardíaco** e o **não estriado**. Os músculos estriados esqueléticos são os que recobrem o esqueleto e permitem que nos movimentemos.

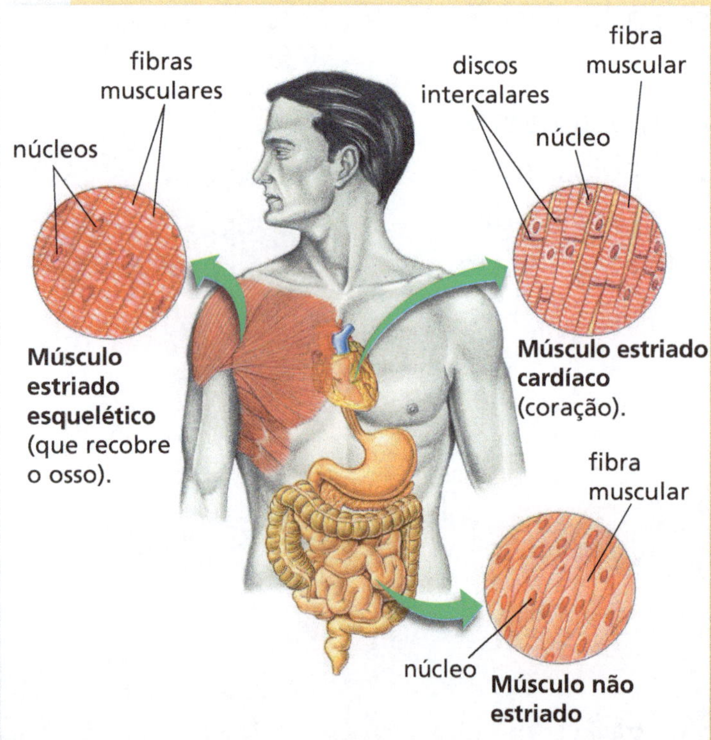

Músculo estriado esquelético (que recobre o osso).

Músculo estriado cardíaco (coração).

Músculo não estriado

Osni de Oliveira/Arquivo da editora

Os músculos não estriados – presentes em órgãos como o tubo digestório e os vasos sanguíneos – auxiliam nossos movimentos internos.

O músculo estriado cardíaco constitui o coração, que bombeia incansavelmente o sangue do coração durante toda a nossa vida.

Os músculos estriados esqueléticos são voluntários, isto é, podemos controlar seus movimentos; já os não estriados e o estriado cardíaco são involuntários.

Investigando o corpo humano, de José Amabis e Gilberto Martho. São Paulo: Scipione, 1995. p. 41. Texto adaptado.

1. Classifique as articulações em móveis, imóveis ou semimóveis.

a) As articulações do joelho são ______________________.

b) As articulações da parte superior do crânio são ______________________.

c) As articulações da mão são ______________________.

d) As articulações da coluna vertebral são ______________________.

2. Responda às questões a seguir.

a) Quais são as estruturas responsáveis pelo movimento de nosso corpo? Como elas funcionam?

____

____

____

b) Como se chama o conjunto dos ossos que sustentam nosso corpo?

____

3. Sem os músculos não poderíamos movimentar nosso corpo. A movimentação é muito importante porque é por meio dela que podemos fazer coisas simples como andar, sentar, praticar atividades físicas, dormir e engolir.

Observe a figura abaixo e, com base nela, escreva um texto no caderno sobre a importância da movimentação no nosso dia a dia.

Orange Line Media/Shutterstock/Glow Images

16

Como funciona nosso corpo: os sistemas

O corpo humano está o tempo todo trabalhando. No dia a dia, enquanto você brinca, estuda ou come, por exemplo, uma série de outras coisas acontece "dentro" de você: seu coração bate, seus rins filtram o sangue, seu cérebro pensa. Até quando você dorme, diferentes partes de seu corpo estão em atividade.

As várias partes desse organismo extraordinário, que é nosso corpo, precisam funcionar em harmonia umas com as outras, combinando suas funções.

O corpo humano subdivide-se em partes, que são constituídas de outras menores, e assim por diante.

As partes que trabalham juntas para realizar uma mesma tarefa ou função formam conjuntos, conhecidos como **sistemas**.

Nosso organismo tem vários sistemas, um para cada função.

Sistema locomotor

Os ossos e os músculos sustentam nosso corpo e dão movimento a ele.

Representação do sistema locomotor

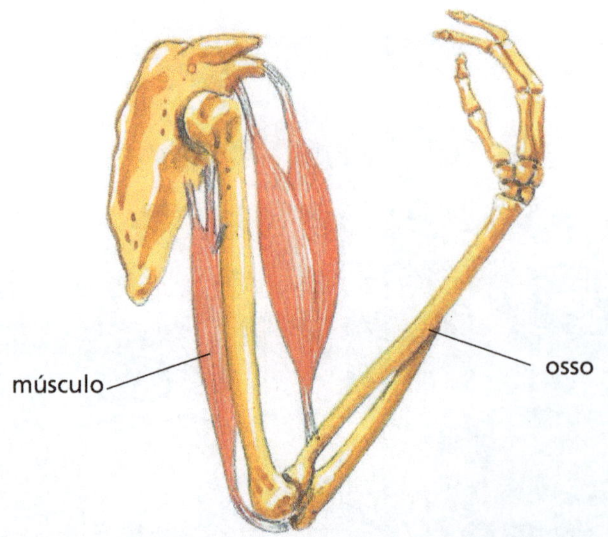

membro superior

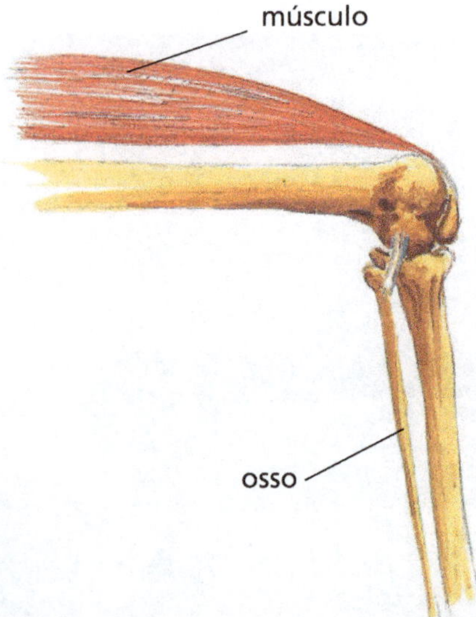

membro inferior

Ilustrações: Osni de Oliveira/Arquivo da editora

Sistema digestório

Quando os alimentos são digeridos, transformam-se em substâncias que o organismo pode aproveitar. Essa transformação é realizada pelo sistema digestório e pelos órgãos que o compõem.

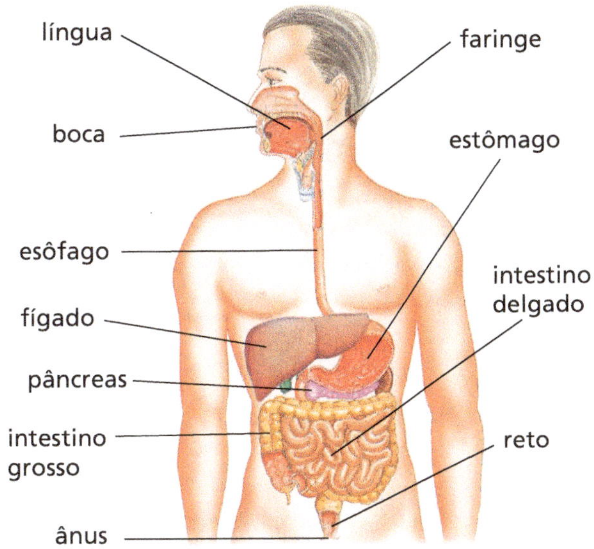

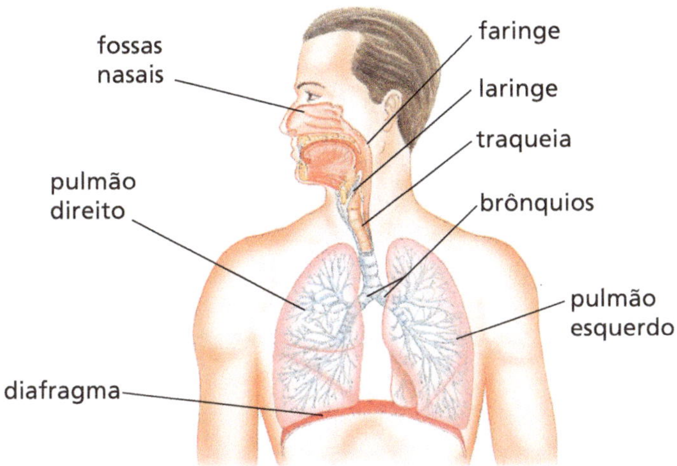

Sistema respiratório

Não podemos viver sem ar. Pela respiração, nosso corpo retira oxigênio do ar e libera gás carbônico.

Sistema cardiovascular

O sangue circula sem parar por todo o nosso corpo, levando a todas as partes o alimento e o oxigênio de que necessitamos para viver.

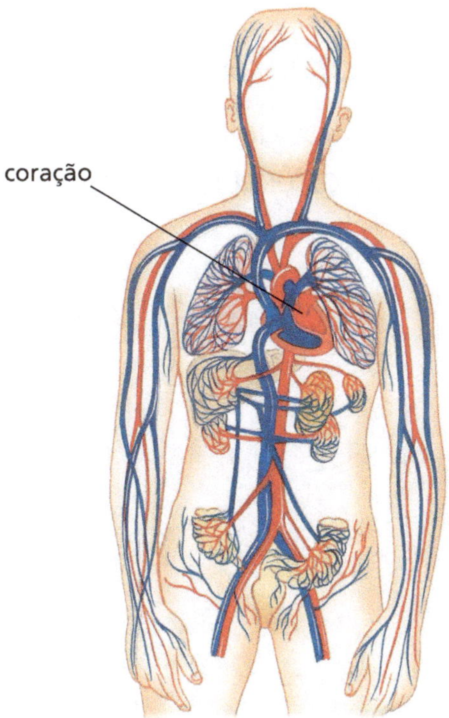

Ilustrações: Osni de Oliveira/Arquivo da editora

Sistema nervoso

O encéfalo comanda todas as funções de nosso corpo: correr, respirar, ouvir, ver, além de muitas outras habilidades.

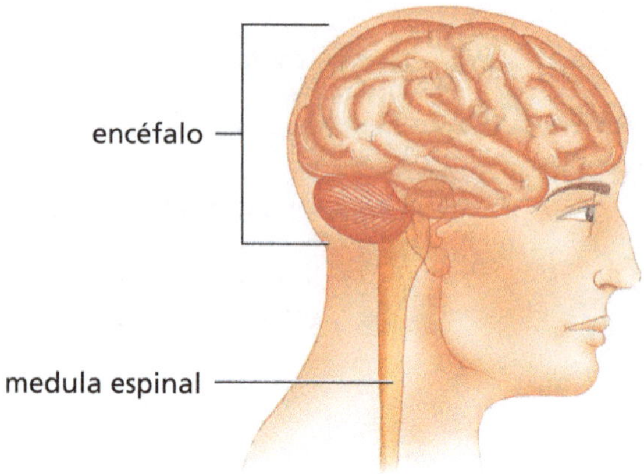

Sistema urinário

As substâncias tóxicas para nosso organismo são eliminadas pela urina.

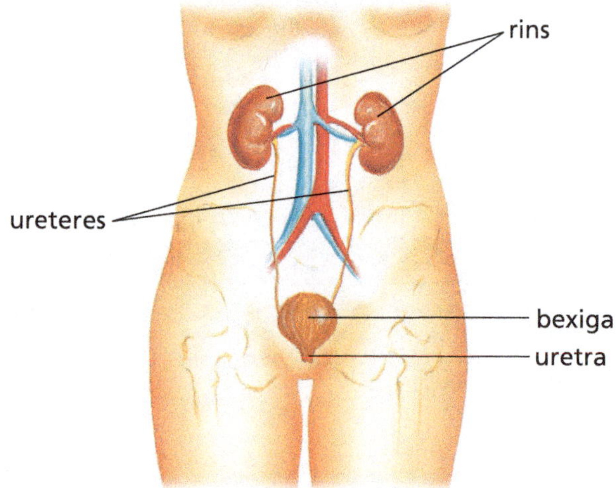

Sistema genital

Nos testículos do homem e nos ovários da mulher são produzidas as células reprodutoras: os espermatozoides e os óvulos, respectivamente.

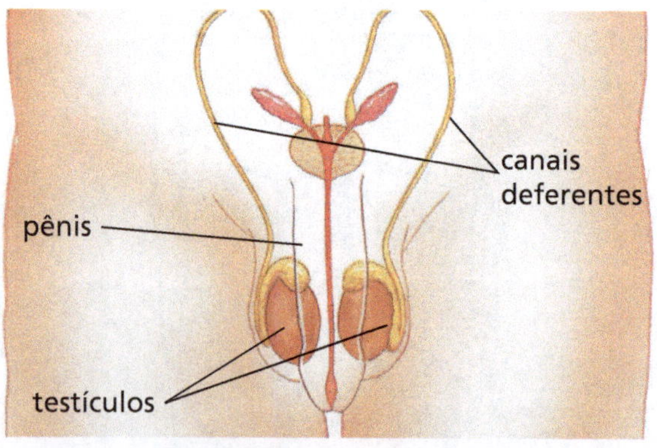

masculino

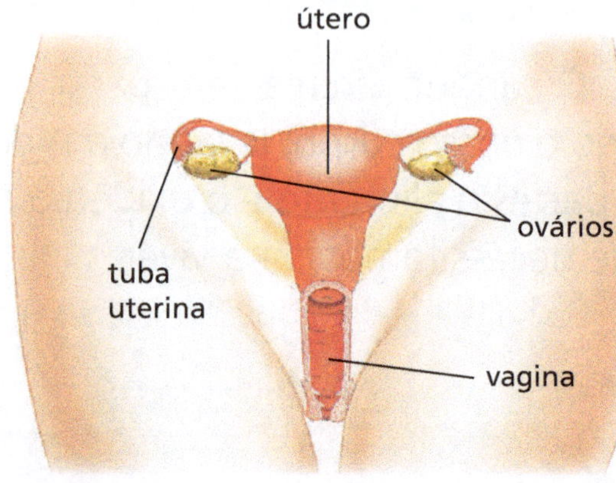

feminino

Ilustrações: Osni de Oliveira/Arquivo da editora

1. As funções do corpo são sempre desempenhadas por sistemas. Escreva, com suas palavras, qual é a função do sistema digestório.

2. Relacione os sistemas do corpo humano às suas funções.

Sistemas	Funções
Sistema cardiovascular	Responsável pela respiração.
Sistema respiratório	Comanda as funções do corpo.
Sistema genital	Elimina as substâncias tóxicas para o corpo.
Sistema locomotor	Responsável pela circulação de sangue, oxigênio e alimento no corpo.
Sistema nervoso	Produz as células reprodutoras.
Sistema digestório	Sustenta e dá movimento ao corpo.
Sistema urinário	Faz a digestão dos alimentos.

3. De qual sistema do corpo humano você teve mais dificuldade em entender o funcionamento? Em uma folha à parte, desenhe-o e compare sua representação com a de seus colegas para que, juntos, vocês possam tentar compreender.

17

Saúde e higiene

Em sua opinião, a saúde está relacionada à alimentação? E ao ambiente?

Ter disposição para realizar atividades como estudar, brincar e correr está relacionado a práticas de higiene física e hábitos saudáveis, o que também inclui cuidados com a alimentação.

Nutrição

Todos os seres vivos precisam de alimentos: eles são muito importantes para nosso crescimento, previnem doenças, além de dar força e energia para que possamos estudar, trabalhar, brincar e realizar muitas outras coisas.

Nós, os seres humanos, comemos alimentos de diferentes origens. Vejamos ao lado alguns deles:

Os alimentos contêm diversos tipos de substâncias: açúcares, gorduras, vitaminas, proteínas, sais minerais e água.

Conforme as substâncias contidas nos alimentos, eles são classificados em três grupos: construtores, energéticos e reguladores.

Os **alimentos construtores**, também chamados de alimentos elásticos, são ricos em proteínas, substâncias que favorecem o crescimento e repõem o que foi gasto pelo corpo.

A carne, o leite, o queijo, o ovo, o feijão e a ervilha são exemplos de alimentos construtores.

Os **alimentos energéticos** são ricos em açúcares e gorduras. Eles fornecem energia para o nosso corpo realizar suas atividades e produzir calor.

A maioria das frutas, a manteiga, o óleo, o arroz, o mel, a batata e os doces são exemplos de alimentos energéticos.

Os **alimentos reguladores** são ricos em vitaminas e sais minerais, substâncias que regulam o funcionamento do organismo e previnem doenças. As frutas, os legumes, as verduras, os queijos e os peixes são exemplos de alimentos reguladores.

Foto salmão: Janis Smits/Shutterstock/Glow Images

Diedie/Shutterstock/Glow Images

Africa Studio/Shutterstock/Glow Images

MaraZe/Shutterstock/Glow Images

Para se ter boa saúde, é preciso ingerir alimentos construtores, energéticos e reguladores na quantidade adequada ao organismo e à idade. Mas lembre-se: comer demais não faz bem à saúde.

Veja alguns cuidados importantes para uma boa alimentação:

- comer pouca fritura;
- tomar água filtrada ou fervida todos os dias;
- comer frutas e verduras diariamente (é necessário lavá-las bem antes de comer);
- tomar leite fervido ou pasteurizado;
- mastigar bem os alimentos;
- procurar fazer as refeições em horários regulares.

1. Discuta com seus colegas e, em uma folha à parte, escreva suas conclusões: Por que os alimentos são importantes para a saúde?

2. Classifique os alimentos abaixo de acordo com a função que exercem.

   a) Fornecem energia ao organismo: ______________________

   b) Regulam o funcionamento do corpo e previnem doenças: ______________

   c) Ajudam o crescimento do corpo e repõem o que foi gasto pelo organismo: ______________________

3. Que alimentos você costuma ingerir diariamente? Cite alguns, colocando-os na respectiva coluna.

reguladores	construtores	energéticos

Higiene e hábitos saudáveis

O que precisamos fazer para ter uma vida saudável? Afinal, o que é ser saudável?

Além de uma boa alimentação, há outros aspectos que devem ser lembrados quando falamos em saúde.

Ser saudável não significa apenas não estar doente. Além das doenças, existem outros fatores que diminuem nossa disposição, nossa força física e nosso ânimo na realização das atividades diárias. Situações como a perda de uma pessoa ou de um animal de que gostamos ou uma grande decepção podem comprometer nossa saúde.

Portanto, ter uma vida saudável significa cuidar do corpo, da mente e do meio onde vivemos. Significa preservar não somente a saúde física, mas também o bem-estar mental e social.

Veja, a seguir, alguns cuidados que devemos ter com o nosso corpo:

- tomar banho todos os dias;
- escovar os dentes ao levantar, após as refeições e antes de dormir;
- lavar as mãos antes das refeições, depois de brincar e após ir ao banheiro;
- andar calçado para evitar que larvas de certos vermes penetrem no organismo pelos pés;
- comer alimentos variados e em horários regulares;
- dormir cerca de oito horas por noite.

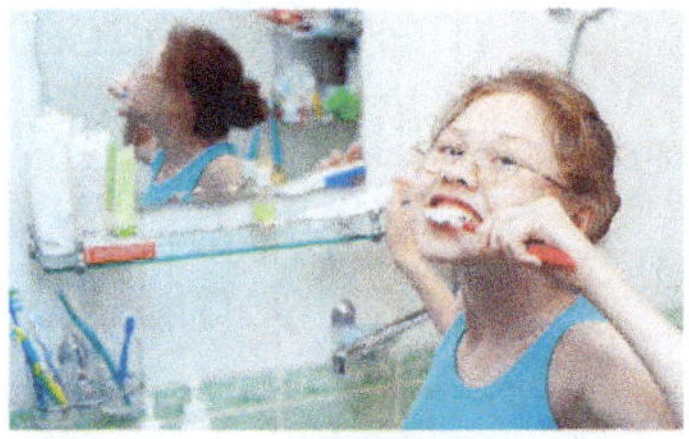
withGod/Shutterstock/Glow Images

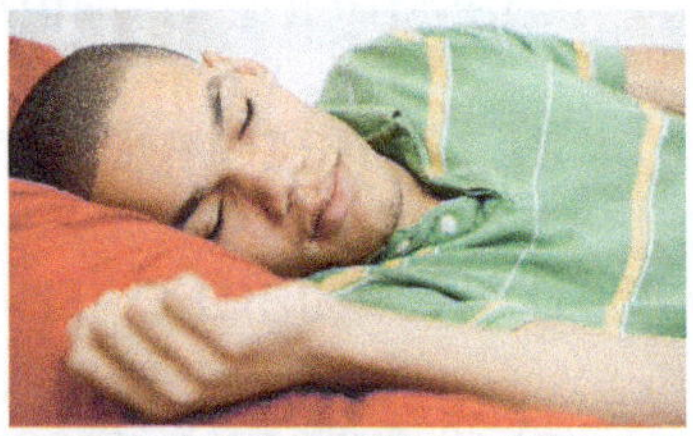
Monkey Business Images/Shutterstock/Glow Images

Cuidar da saúde da mente também deve ser uma de nossas preocupações. Para isso, é importante:

- viver em ambiente tranquilo, relacionando-se bem com as pessoas;
- ler jornais, revistas e livros recomendados por seus pais e professores;
- ouvir músicas que nos relaxem da tensão do dia a dia e não muito alto para não prejudicar a audição nem atrapalhar os vizinhos;
- divertir-se (assistindo a bons programas de televisão, passeando, indo ao cinema, a parques e a museus);
- praticar atividades físicas (esportes, caminhadas e danças).

Pressmaster/Shutterstock/Glow Images

Convívio social

Monkey Business Images/Shutterstock/Glow Images

O ser humano não vive isolado. As pessoas precisam conviver umas com as outras. Mas para que essa convivência seja boa para todos, é necessário:

- respeitar os direitos dos outros;
- tratar as pessoas com educação e delicadeza;
- manter limpos os lugares públicos, jogando o lixo nos lugares adequados e nunca no chão;
- não desperdiçar água nem energia elétrica;
- conservar os bens públicos, como telefones, bancos de praça e monumentos.

1. O que você faria em cada uma destas situações? Faça um **X** na resposta escolhida.

a) Você está brincando na rua com seus colegas e sua mãe o chama para o almoço.

☐ Você entra e senta-se à mesa para comer.

☐ Você entra, lava as mãos e senta-se à mesa para comer.

b) Você termina de almoçar e seus colegas o chamam para continuar a brincadeira.

☐ Antes de sair, você escova os dentes.

☐ Você levanta da mesa correndo e vai brincar.

c) Já passa das 10 horas da noite e você está com o aparelho de som ligado, ouvindo sua banda favorita.

☐ O som está bem alto para seu vizinho poder ouvir também.

☐ O som está baixo para não incomodar os vizinhos.

2. Para ter uma vida saudável, é importante que suas atividades físicas e mentais sejam distribuídas ao longo da semana de forma equilibrada.

Quem só pensa em se exercitar pode estar deixando de aprender muitas coisas. Quem só pensa em assistir a filmes, ler e navegar na internet pode ter problemas de saúde por falta de exercícios físicos.

- Agora, pense um pouco sobre você. Como é sua rotina? Você pratica atividades físicas? Quanto tempo gasta assistindo à televisão ou lendo livros e revistas? Converse com os colegas e o professor.

18

Saneamento básico

Saneamento é o conjunto de medidas, providenciadas pelos poderes públicos, que visam preservar ou modificar as condições do meio ambiente para prevenir doenças e promover a saúde das pessoas.

Os principais serviços de saneamento básico são:

- tratamento e distribuição de água;
- coleta e tratamento de lixo;
- rede e tratamento de esgoto.

Tratamento e distribuição de água

A água deve ser tratada e purificada antes de ser distribuída à população. Para isso, existem estações de tratamento em quase todas as cidades. No entanto, mesmo sendo tratada, devemos filtrar a água que chega à nossa casa antes de bebê-la.

Nos lugares onde não há estações de tratamento e naqueles onde se consome água de poço, é preciso fervê-la ou adicionar cloro nela, além de filtrá-la.

Sem o tratamento adequado, a água pode transmitir muitas doenças.

Coleta e tratamento de lixo

Para que o lixo seja recolhido, ele deve ser colocado em sacos plásticos ou em latas devidamente tampadas. O lixo espalhado no ambiente polui o solo, a água e o ar.

Algumas cidades brasileiras têm usinas de coleta seletiva, ou seja, de tratamento e reciclagem de lixo para reaproveitamento de vidros, papéis, plásticos e latas. Mas para que esses materiais possam ser reciclados, devemos colocá-los em recipientes separados (o vidro em um recipiente específico para vidros, o papel em um recipiente específico para papéis, e assim por diante).

Os restos de alimentos, cascas de frutas e legumes formam o **lixo orgânico**, ou seja, o que apodrece. Esse lixo também pode ser tratado em usinas e transformado em adubo para fertilizar o solo. Em menores proporções, também podemos reaproveitar esse lixo em casa com o uso de composteiras.

Wessel du Plooy/Shutterstock/Glow Images

Sem a coleta de lixo, as ruas ficam sujas, atraindo ratos e moscas, o que acaba aumentando a incidência de doenças.

Rede e tratamento de esgoto

Uma rede de esgoto é constituída por um conjunto de tubulações subterrâneas por onde são recolhidos os dejetos, a água suja e outros resíduos que vêm, por exemplo, das casas e das indústrias.

Dejetos: fezes e urina, por exemplo.

Resíduos: sobras, restos.

Para não causar danos à saúde da população ou risco à natureza, o esgoto deve ser tratado nas estações de tratamento e só depois despejado nas águas de algum rio ou do mar.

Nos lugares onde não há rede de esgoto, os dejetos devem ser recolhidos em fossas ou privadas higiênicas.

Para evitar a contaminação do lençol de água subterrâneo, as fossas e privadas precisam ficar bem afastadas dos poços e em um plano mais baixo do terreno, como mostra a ilustração.

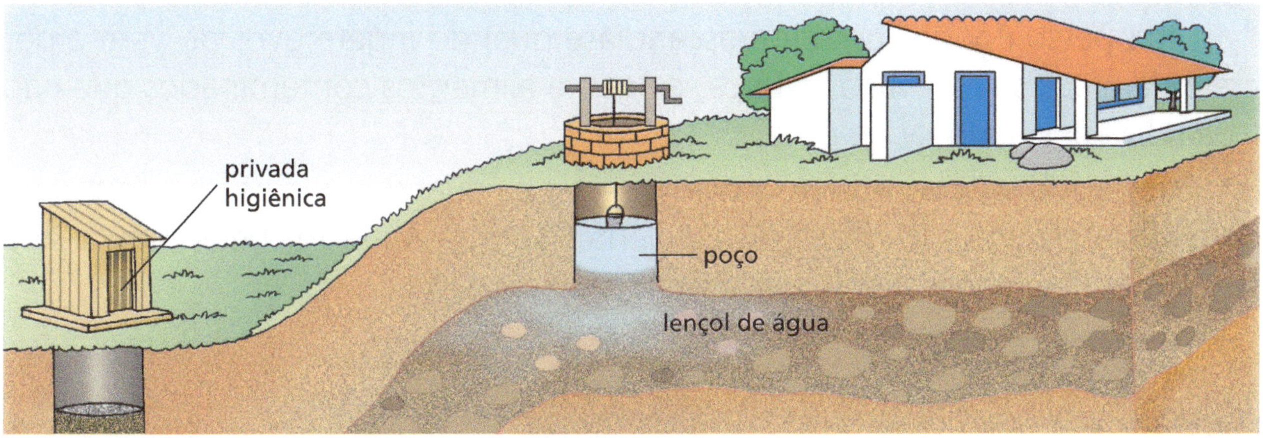

Carlos Avalone/Arquivo da editora

Local sem rede de esgoto.

1. Faça um **X** nos quadrinhos correspondentes aos serviços de saneamento básico existentes onde você mora.

   - [ ] coleta seletiva de lixo reciclável
   - [ ] distribuição de água tratada
   - [ ] rede de esgoto
   - [ ] coleta de lixo

2. Podemos reaproveitar alguns materiais jogados no lixo? Como?

   ____

   - Anote, em seu caderno, alguns tipos de materiais que são jogados fora por você e sua família. Esse lixo poderia ser reciclado ou reutilizado? Qual é a primeira providência a ser tomada para isso?

19

Doenças causadas por vermes

Podemos adquirir doenças quando entramos em contato com certos seres vivos, como vermes e determinados microrganismos.

As doenças causadas por vermes são chamadas de **verminoses**.

Os vermes têm o corpo mole, pois não possuem esqueleto. Os que causam as verminoses são parasitas, isto é, vivem à custa de outro animal.

Veja a seguir quais são as verminoses mais comuns em nosso país.

Ascaridíase

É causada pela lombriga, ou ascáride, um verme que se instala no intestino e provoca dor de barriga, falta de apetite e enfraquecimento.

Uma pessoa pode contrair a ascaridíase quando ingere ovos do verme por meio de mãos sujas levadas à boca, e água e alimentos contaminados que não foram lavados adequadamente.

Os ovos do verme podem contaminar a água quando uma pessoa portadora da doença elimina suas fezes no ambiente. Se essa água for bebida ou usada para regar plantações, pode contaminar outras pessoas.

Marcel Jancovic/Shutterstock/Glow Images

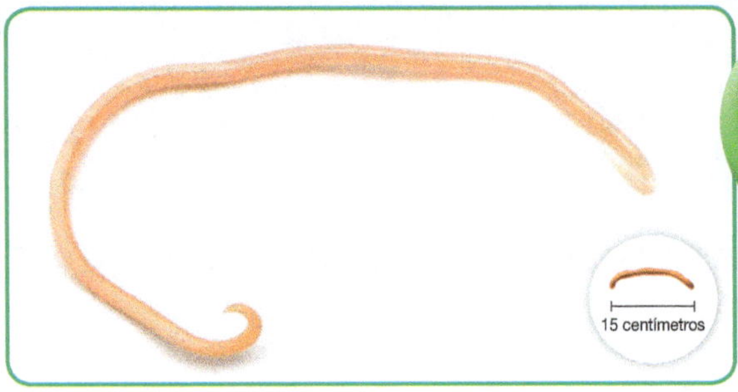

lombrigas

As imagens não estão em tamanho proporcional entre si.

IlustraCartoon/Arquivo da editora

Uma salada mal lavada pode conter ovos da lombriga, contaminando a pessoa que a come.

Oxiurose ou enterobíase

É causada por um verme pequeno, de cor branca.

A contaminação ocorre pela ingestão de ovos do verme em alimentos por ele contaminados, da mesma forma que a ascaridíase. Mãos sujas e poeira contaminadas também são formas de transmissão dessa doença.

O sintoma mais característico é a coceira no ânus. A pessoa pode, ainda, ter náusea, vômito, dores abdominais, diarreia e irritabilidade.

Oxiúro (ampliado 27 vezes).

Esquistossomose

Também conhecida como barriga-d'água, essa doença é causada por um verme, o esquistossomo, que, quando adulto, vive nas veias do intestino e do fígado da pessoa contaminada, onde se reproduz.

As fêmeas põem milhares de ovos. Uma parte deles fica no organismo da pessoa e a outra sai nas fezes.

vvoronov/Shutterstock/Glow Images

Caramujo onde se aloja o verme causador da esquistossomose.

Quando a pessoa contaminada defeca em rios ou lagos, os ovos soltam larvas que se alojam no corpo de um caramujo de água doce, onde vão se desenvolver. Desses caramujos saem muitas larvas que se espalham pela água e podem penetrar na pele humana. Pelo sangue, as larvas chegam ao intestino, onde crescem e se transformam em vermes adultos.

A pessoa infectada fica com sérios problemas, como enfraquecimento e lesões no fígado.

Teníase

É causada por um verme achatado, conhecido como solitária. Pode-se adquirir a teníase por ingestão de carne de porco ou de boi malcozida contaminada com larvas dos vermes, os **cisticercos**.

Fábio Colombini/Acervo do fotógrafo

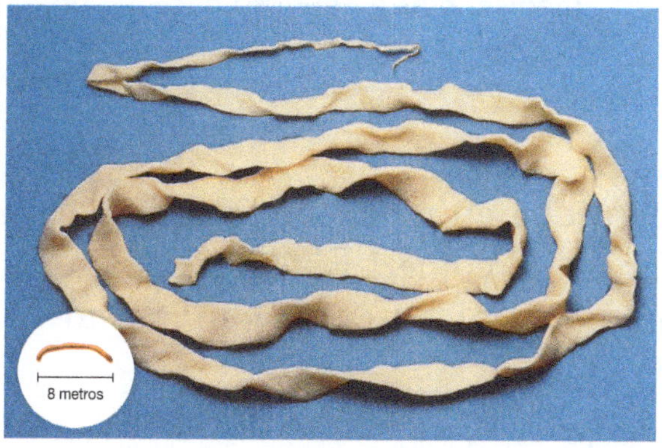

solitária

A pessoa contaminada pode eliminar os ovos no ambiente por meio das fezes. Quando o animal ingere os ovos, eles dão origem a larvas, que se instalam em sua carne, contaminando-a. Se uma pessoa comer essa carne malcozida, os vermes se desenvolverão dentro de seu intestino.

A teníase causa enjoo, diarreia e emagrecimento.

Ancilostomíase ou amarelão

A contaminação aqui se dá por penetração de larvas dos vermes através da pele, principalmente a dos pés, ou por ingestão de ovos do parasita.

Uma vez no intestino da pessoa, a fêmea põe ovos, que são eliminados nas fezes. No solo, os ovos libertam larvas capazes de atravessar a pele humana. Pelo sangue, elas vão até o intestino, onde o verme se desenvolve. Como o verme fixa-se à parede intestinal e alimenta-se de sangue, a pessoa pode ter anemia, acompanhada de fraqueza e emagrecimento.

O amarelão pode ser causado por dois vermes diferentes: o *Ancylostoma duodenale* e o *Necator americanus*.

Cath Wadforth/SPL/Latinstock

As imagens não estão em tamanho proporcional entre si.

Ancilóstomo (ampliado 15 vezes).

Prevenção e tratamento das verminoses

Uma importante forma de prevenção das verminoses é dar boas condições de vida à população e informá-la sobre como evitar a contaminação. É preciso que todos tenham moradias adequadas, com água tratada, banheiros e rede de esgoto.

As verminoses são tratadas com remédios conhecidos como **vermífugos**.

Para cada verminose, usa-se um remédio específico. E é preciso fazer um exame de fezes para saber se uma pessoa está ou não com algum tipo de verme.

Se o resultado do exame for positivo, isto é, indicar que a pessoa está com vermes, só o médico poderá receitar o vermífugo adequado.

No entanto, a prevenção por meio de saneamento básico ainda é a melhor maneira de acabar com as verminoses.

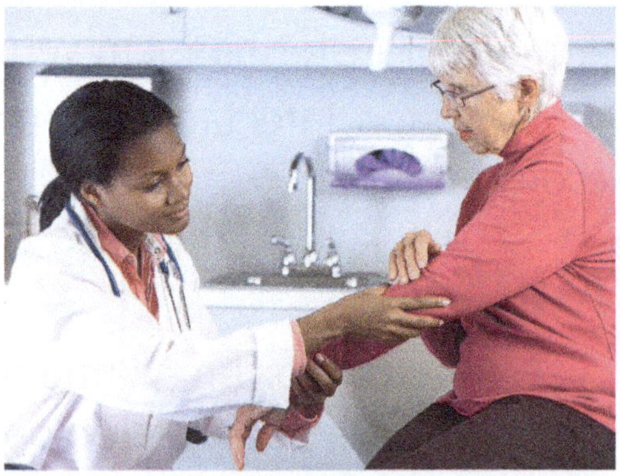

Monkey Business Images/Shutterstock/Glow Images

Não tome remédio sem receita médica, pois é perigoso para a saúde.

1. Leia o texto.

> Tem um negócio que os adultos falam que eu tenho certeza de que aborrece as crianças: "Vá lavar as mãos antes de comer! Ela está cheia de micróbios". "Não coma esse troço que caiu no chão!." "Lave logo o machucado, senão os micróbios tomam conta!" […]
>
> **Ciência Hoje na Escola: corpo humano e saúde**. Rio de Janeiro: SBPC/Ciência Hoje, 1999.

- Por que é importante ter cuidados com o corpo?

____

____

2. Complete as frases a seguir.

a) Para saber se uma pessoa está com algum tipo de verme, é preciso fazer um ______________.

b) Também conhecida como ______________, a ______________ é causada por um verme, o ______________, que vive nas veias do ______________ e do fígado da pessoa contaminada, onde se reproduz.

3. O que pode acontecer com uma criança que brinca descalça em água contaminada por esgotos?

____

____

4. Por que devemos cozinhar muito bem a carne de boi e a de porco antes de ingeri-las?

____

____

5. Cite a principal medida que deve ser tomada pelo governo para evitar que a população se contamine com verminoses.

____

- Agora, cite algumas medidas que podem ser tomadas por você para evitar esse tipo de contaminação.

____

____

20

Doenças causadas por microrganismos

Os microrganismos são seres tão pequenos que só podem ser vistos com o auxílio de um microscópio. As bactérias e os vírus são exemplos de microrganismos.

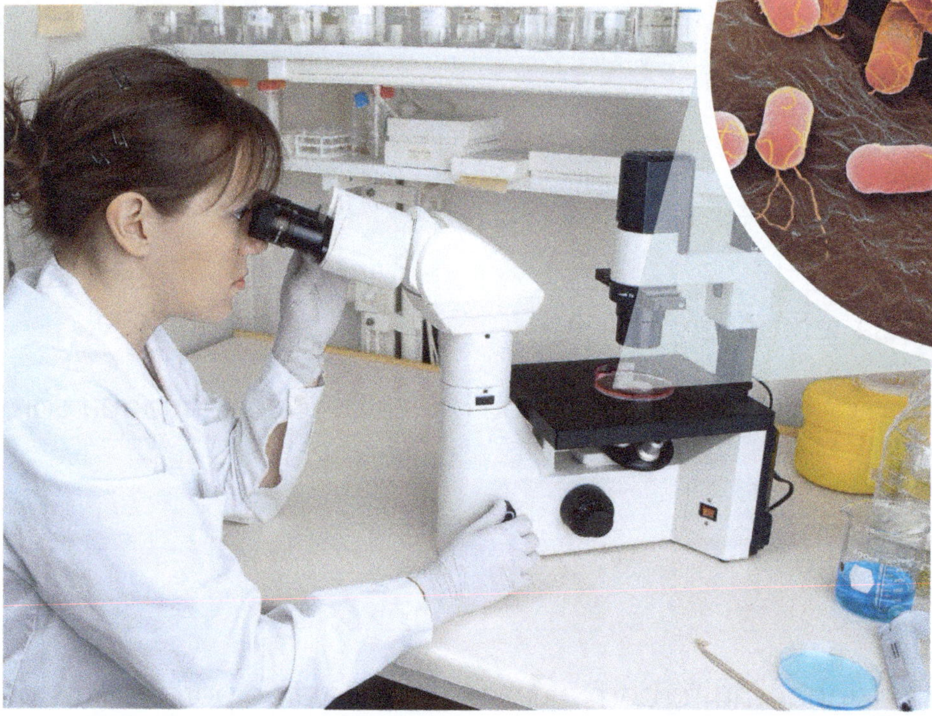

Arvid Emtegren/E+/Getty Images

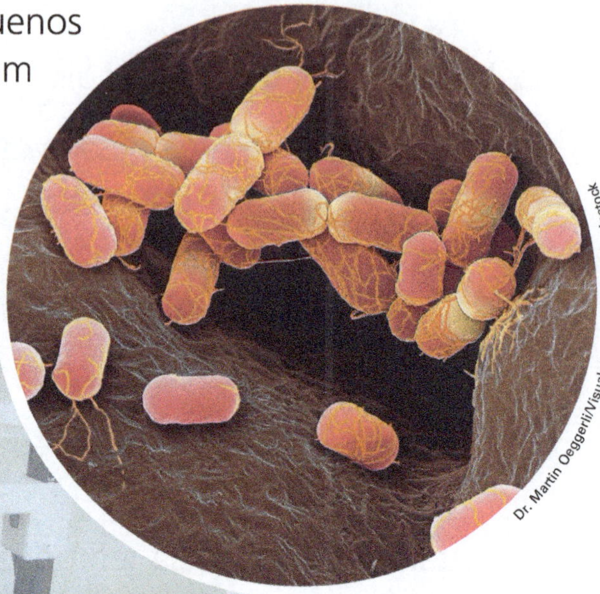

Dr. Martin Oeggerli/Visuals Unlimited/Corbis/Latinstock

Bactérias ampliadas 300 vezes por microscópio.

Nem todos os microrganismos provocam doenças. Alguns, por exemplo, podem ser utilizados na fabricação de alimentos que o ser humano consome, como os empregados na produção de pães e iogurtes.

Os microrganismos que causam doenças são chamados de **patogênicos**. Algumas das doenças causadas por eles são contagiosas, ou seja, uma pessoa que tem o microrganismo pode transmiti-lo a outra. O contágio pode ser direto ou indireto.

O contágio é direto quando uma pessoa sadia, ou seja, com boa saúde, pega o microrganismo de uma pessoa que está doente. Isso acontece se elas ficam próximas uma da outra. Dizemos que uma doença é de contágio indireto quando pode ser transmitida a alguém pelo uso de objetos contaminados, como talheres, lenços de papel e copos, entre outros.

Vamos conhecer um pouco mais sobre algumas doenças provocadas por microrganismos patogênicos, que podem ser contagiosas ou não.

Doença de Chagas

É causada por um parasita que vive no intestino de um inseto sugador de sangue, conhecido como barbeiro ou chupança. Ao picar uma pessoa, o barbeiro pode deixar no ferimento fezes contendo o parasita. As fezes provocam coceira e, ao se coçar, facilita-se a entrada do parasita na pele, que pode chegar até o coração através da corrente sanguínea.

Barbeiro, inseto transmissor da doença de Chagas.

Enquanto está no sangue da pessoa, o parasita multiplica-se e invade seus órgãos, provocando a doença de Chagas. Caso atinja o coração, pode levar à morte.

Dengue

A dengue é originada por um vírus transmitido ao ser humano pela picada de um mosquito.

A primeira transmissão acontece quando a fêmea do mosquito pica uma pessoa com o vírus, infectando-se. Ao picar outra pessoa, o inseto injeta nela o vírus.

O mosquito que transmite a dengue é chamado de *Aedes aegypti*. Podemos prevenir a dengue combatendo o mosquito transmissor.

Mosquito transmissor da dengue.

Raiva

É causada por um vírus e pode acometer seres humanos, cães, gatos e outros mamíferos.

O animal doente transmite o vírus da raiva quando morde, lambe ou arranha outro animal ou uma pessoa.

Para prevenir a raiva, é preciso vacinar os cães e os gatos domésticos uma vez por ano e não deixá-los soltos na rua.

Em caso de mordida por qualquer animal mamífero, procurar com urgência um médico.

Tétano

É causado por uma bactéria que vive na poeira, no lixo, no chão, em metais enferrujados e outros lugares. A bactéria do tétano penetra no organismo por meio de cortes, arranhões ou outros ferimentos.

Para prevenir o tétano, é importante desinfetar qualquer ferimento logo que possível e tomar vacina antitetânica.

Cólera

É causada por uma bactéria denominada vibrião colérico, transmitida ao ser humano por meio de água ou alimentos contaminados.

Olesya Feketa/Shutterstock/Glow Images

Para prevenir a cólera, devemos tomar os cuidados básicos de higiene e saneamento (beber água filtrada ou fervida, lavar frutas e verduras e cozinhar bem os alimentos, especialmente peixes e animais que vivem na água).

Em lugares em que não há rede de saneamento, as fezes contaminadas podem chegar a um rio e, assim, contaminar os peixes. Elas podem, também, chegar às águas usadas nas plantações. As pessoas que comerem o alimento contaminado poderão ficar doentes.

Tuberculose

É causada por uma bactéria conhecida como bacilo de Koch, que ataca vários órgãos, sobretudo o pulmão.

São formas de prevenir-se contra a tuberculose: tomar a vacina BCG, ter uma boa alimentação, praticar atividades ao ar livre e evitar o contato com pessoas doentes.

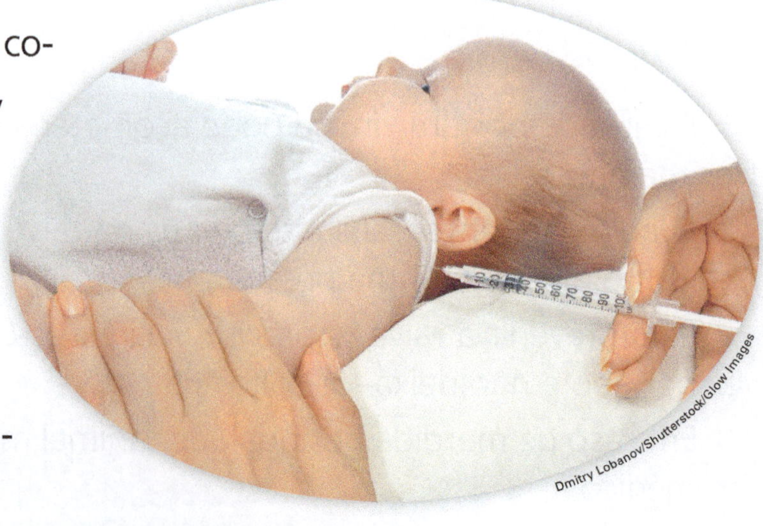
Dmitry Lobanov/Shutterstock/Glow Images

Muitas doenças contagiosas podem ser evitadas pelas vacinas. Observe a seguir o esquema básico de vacinação recomendado pelo Ministério da Saúde.

Calendário	Nomenclatura (RDC n. 64/2012 Anvisa)	Vacina BCG	Vacina hepatite B (recombinante)	Vacina adsorvida difteria, tétano, pertússis, hepatite B (recombinante) e Haemophilus influenzae B (conjugada) Penta	Vacina poliomielite 1, 2 e 3 (inativada) e Vacina poliomielite 1,2 e 3 (atenuada) Esquema sequencial	Vacina pneumocócica 10-valente (conjugada)	Vacina rotavírus humano G1P1 [8] (atenuada)	Vacina meningocócica C (conjugada)	Vacina febre amarela (atenuada)	Vacina sarampo, caxumba, rubéola	Vacina adsorvida difteria e tétano adulto
	Sigla	BCG	Hepatite B	Penta	VIP e VOP	Pneumo	Rotavírus	Meningo C	Febre amarela	Tríplice viral	Tríplice bacteriana
Criança	Ao nascer	Dose única	Dose ao nascer								
	2 meses			1ª dose	1ª dose (com VIP)	1ª dose	1ª dose				
	3 meses							1ª dose			
	4 meses			2ª dose	2ª dose (com VIP)	2ª dose	2ª dose				
	5 meses							2ª dose			
	6 meses			3ª dose	3ª dose (com VOP)	3ª dose					
	9 meses								Dose inicial		
	12 meses					Reforço				1ª dose	
	15 meses			1º reforço (com DTP)	Reforço (com VOP)			Reforço		2ª dose	
	2 anos										
	4 anos			2º reforço (com DTP)							
Adolescente	10 a 19 anos		3 doses						Uma dose a cada 10 anos	2 anos	Reforço a cada 10 anos
Adulto	20 a 59 anos		3 doses (até 49 anos)						Uma dose a cada 10 anos	1 dose (até 49 anos)	Reforço a cada 10 anos
Idoso	60 anos ou mais										Reforço a cada 10 anos
Gestante			3 doses								3 doses

Fonte: <www.portalsaude.gov.br>. Acesso em: 04 abr. 2014.

1. O que são doenças contagiosas?

____

2. Como ocorre a transmissão de uma doença por contágio direto? E por contágio indireto?

____

____

____

3. Peça ajuda a seus responsáveis para consultar sua carteira de vacinação. Compare-a com a tabela acima e responda: Você tomou todas as vacinas recomendadas para sua idade? Se não tomou, sabe dizer o motivo?

____

4. Para que servem as vacinas?

____

21

Primeiros socorros

Em qualquer lugar e hora estamos sujeitos a sofrer acidentes que podem causar ferimentos, queimaduras, fraturas ou outros danos. Muitos acidentes acontecem por falta de cuidado, atenção ou mesmo informação.

Em certos casos de acidente ou mal-estar, podem ser tomados alguns cuidados que ajudam a pessoa acidentada e, às vezes, até salvam sua vida. Esses cuidados são chamados de **primeiros socorros**.

Veja, a seguir, quais os primeiros socorros que devem ser tomados em alguns tipos de acidentes. E lembre-se: diante de toda situação de mal-estar ou ferimento, avise uma pessoa adulta, que terá mais condições de tomar as providências necessárias.

Ferimentos

Ilustrações: IlustraCartoon/Arquivo da editora

- Lave a ferida com água limpa e sabão.
- Aplique água oxigenada (a de 10 volumes, nunca a de 20 volumes).
- Proteja o local temporariamente com gaze esterilizada e esparadrapo.
- Em caso de ferimento profundo, procure assistência médica.

Sangramento nasal

- Sente a pessoa um pouco inclinada para a frente, evitando que o sangue escorra para dentro da garganta.
- Comprima as narinas com as pontas dos dedos, sem apertá-las demais, por 10 minutos.
- Não deixe a pessoa fungar ou assoar o nariz.
- Se o sangramento não parar, procure assistência médica.

Desmaios

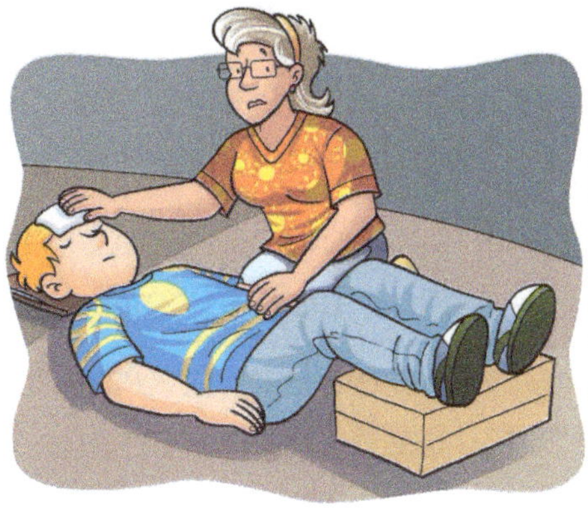

Ilustrações: IlustraCartoon/Arquivo da editora

- Deite a pessoa de costas e eleve suas pernas, mantendo-as elevadas por algum tempo. A elevação das pernas faz com que mais sangue chegue à cabeça, e a pessoa volta a si mais rapidamente.
- Se ela estiver usando roupas apertadas, solte fivelas, botões e elásticos.
- Aplique panos com água fria no rosto e na testa.

Queimaduras

- Deixe o local atingido debaixo de água fria por alguns minutos. Não aplique sobre a queimadura pomadas, pasta de dentes ou outras substâncias.
- Seque o local queimado com delicadeza e cubra-o com um pano limpo.
- Se surgirem bolhas, não fure. Procure assistência médica.

Insolação

- Leve a pessoa para um local bem arejado.
- Se ela estiver usando roupas apertadas, solte fivelas, botões e elásticos.
- Aplique-lhe compressas frias sobre a cabeça.
- Se a pessoa estiver consciente, estimule a ingestão de líquidos, de preferência água.

Fraturas

- Evite movimentar o acidentado.
- Imobilize o membro fraturado com o auxílio de talas.
- Em fraturas dos membros superiores, use uma tipoia: apoie o antebraço em uma faixa presa ao pescoço da pessoa.
- Procure assistência médica imediatamente.

Choque elétrico

- Antes de prestar socorro à pessoa, desligue o aparelho da tomada ou a chave geral da casa.
- Se a pessoa estiver grudada nos fios elétricos, não encoste nela nem nos fios; puxe-a com pedaços de madeira procurando livrá-la dos fios.
- Se ela estiver usando roupas apertadas, solte fivelas, elásticos e botões, caso seja necessário.
- Procure ajuda médica imediatamente.

Picada de inseto

- Se o inseto deixou o ferrão no local da picada, e se ele for visível, tente tirá-lo com uma pinça.
- Lave bem o local com água e sabão.
- Se o ferrão estiver profundo demais para ser extraído ou se a pessoa for alérgica a picada de insetos, procure assistência médica imediatamente.

Picada de cobra*

- Deite a pessoa no chão e evite que ela faça movimentos.
- Coloque a perna ou o braço que foi picado numa posição mais elevada.
- Leve a pessoa imediatamente ao serviço de saúde mais próximo para que possa receber o soro em tempo.

Atenção:

Ilustração: IlustraCartoon/Arquivo da editora

- Não faça torniquete: impedindo a circulação do sangue, você pode causar gangrena ou necrose.
- Não corte o local da ferida nem aplique folhas, pó de café ou terra sobre ela para não provocar infecção.
- Não dê pinga nem querosene à pessoa, como é costume em algumas regiões do país.

* Esses cuidados foram extraídos do folheto educativo **Cobras: como evitar acidentes**, publicado pelo Instituto Butantan – São Paulo, SP.

1. Explique com suas palavras para que servem os primeiros socorros.

____

2. Você já viu alguma pessoa sendo socorrida? Conte como foi.

____

____

____

3. Os acidentes podem ocorrer em nossa casa, na escola, no trabalho, na rua ou em qualquer lugar.

Escreva quais são, em sua opinião, os cuidados mais importantes para evitar acidentes:

- em casa: ____

____

- na escola: ____

____

- na rua: ____

____

4. Marque com um **X** os quadrinhos com indicações sobre o que uma criança deve fazer para evitar acidentes.

- [ ] Tomar cuidado com panelas sobre o fogão.
- [ ] Só tomar remédio com indicação médica e sob a orientação de um adulto responsável.
- [ ] Atravessar a rua sem olhar para os lados.
- [ ] Pular muros.
- [ ] Tomar cuidado com tesouras, agulhas e facas.

De olho na experiência

Construindo um estetoscópio

O estetoscópio é um instrumento utilizado pelos médicos para escutar barulhos internos do nosso corpo, como os batimentos do coração, por exemplo.

Material necessário

- 2 garrafas de plástico (1,5 L ou 2 L)
- Massinha de modelar
- 1 mangueira de borracha ou plástico com cerca de 60 cm
- 1 rolo de fita-crepe
- 1 tesoura sem ponta

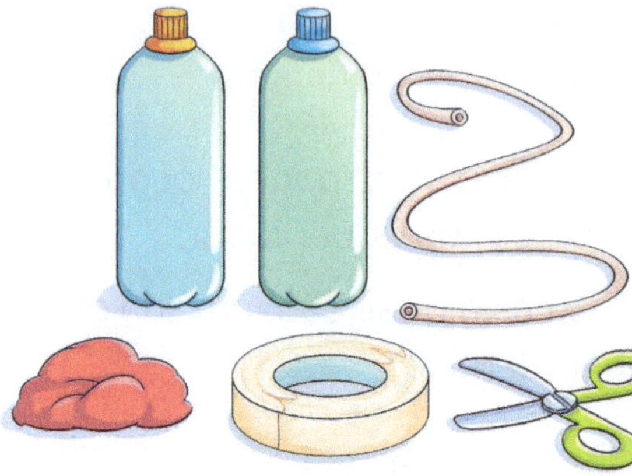

Ilustra Cartoon/Arquivo da editora

Como fazer

Primeira parte

1. Pegue as garrafas de plástico, corte a parte do gargalo de modo a formar um funil.
2. Una cada um dos funis a uma das extremidades da mangueira e, se for necessário, vede bem com a massinha e prenda com a fita.

Segunda parte

1. Aproxime uma extremidade do estetoscópio ao peito do seu colega, levemente à esquerda, e a outra ao seu ouvido.
2. Marque em um relógio 1 minuto; durante esse tempo, conte quantas vezes os barulhos se repetem.
3. Agora, sob a orientação do seu professor, peça ao colega que faça polichinelos (pule abrindo e fechando as pernas, enquanto bate palmas sobre a cabeça) durante 30 segundos.
4. Marque novamente em um relógio 1 minuto e, durante esse tempo, conte quantas vezes os barulhos se repetem.
5. Os barulhos que você escuta se repetem? Compare a quantidade de repetições dos barulhos em cada situação e tente explicar o que aconteceu.

SUGESTÕES PARA O ALUNO

Livros

A Árvore Maravilhosa

John Kilaka. São Paulo: Martins Martins Fontes, 2010.

Segundo uma história tradicional africana, os animais viveram, por muito tempo, unidos e felizes. Um dia, por falta de chuva, a terra secou e o alimento acabou. Encontraram uma árvore enorme, carregada de frutos suculentos, mas não conseguiam pegá-los até que a coelha teve uma boa ideia.

Era uma vez uma gota de chuva

Judith Anderson. São Paulo: Scipione, 2010.

Neste livro a história da chuva é contada sob o olhar de duas crianças curiosas. Elas acompanham o "ciclo da água", desde que essa cai sob a forma de gotinhas, penetra na terra, ou escorre pelos canos e córregos até chegar ao mar. Aquecida pelo sol, evapora, forma nuvens, e o ciclo recomeça.

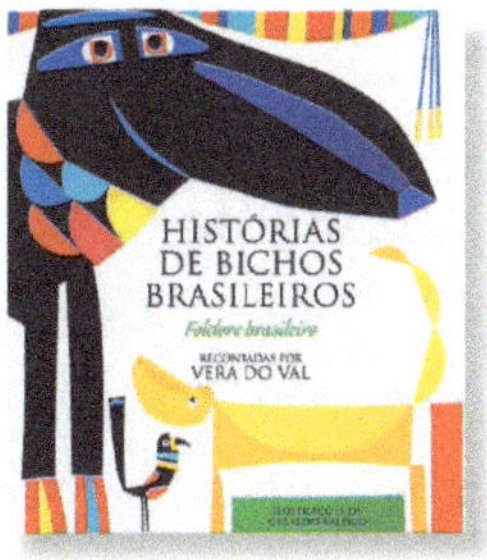

Histórias de bichos brasileiros

Vera do Val. São Paulo: WMF Martins Fontes, 2010.

Jabutis, macacos, coelhos, onças, cotias e tartarugas são personagens de contos brasileiros, aqui revisitados e recontados por quem foi "escarafunchá-los" na memória onde se imprimiram desde a tenra infância.

O Médico das Estrelas

Luiz Antonio Aguiar. Rio de Janeiro: Galerinha Record, 2009.

Os pacientes do médico das estrelas são naturalmente esquentados. Por exemplo, a Mamãe Estrela, cujo endereço era uma das constelações mais elegantes da galáxia. O problema era com o filho que, de tão triste, não queria se alimentar. Tudo porque desejava se tornar um cometa para viajar e dar *shows* no céu.

O Menino da Terra

Ziraldo. São Paulo: Melhoramentos, 2010.

O chinesinho Nan ganhou, no dia de seu aniversário, uma nave completa, pronta para passear pelo espaço sideral. Depois de muito tempo, durante o qual divertiu-se e fez descobertas, voltou à Terra. Mas o planeta azul havia se transformado em uma enorme bola marrom, completamente arrasada. Nan voltou à nave e continuou sua aventura em busca de um planeta verde, seguindo a instrução de seu pai, deixada no painel da nave.

Reprodução/Editora Ática

O nascimento do Universo

Judith Nuria Maida. São Paulo: Ática, 2009.

A mais antiga de todas as histórias – a origem de tudo – relatada mediante a combinação dos ensinamentos científicos, das imagens e das ilustrações. O resultado é uma exploração das grandes questões que expressa o poder da curiosidade humana e o fascínio pelo desconhecido.

Reprodução/Editora Scipione

O Rei Borboleta

Dionísio Jacob. São Paulo: Scipione, 2009.

Mário Meira, o famoso colecionador de borboletas, um dia resolve sair em busca da única espécie que falta em sua coleção, a raríssima Borboleta Imperial Randômica. Essa espécie é encontrada apenas na distante e exótica ilha de Mirabela, para onde também parte Afrânio Passoca, seu maior rival. Na ilha, Mário vai viver uma experiência fantástica e surpreendente, que mudará definitivamente sua vida.

Filme

Reprodução/Tietê Produções Cinematográficas

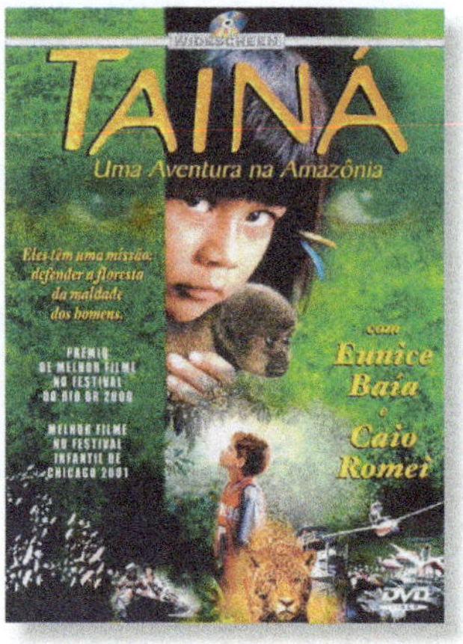

Tainá: Uma Aventura na Amazônia,

de Tânia Lamarca e Sérgio Bloch. Brasil, 2000. 90 min.

Tainá é uma menina indígena de 8 anos que vive na Amazônia. Com a ajuda de uma bióloga e de seu filho, Tainá se mostrará uma guerreira na luta contra o tráfico de animais.

Site

Reprodução/<http://discoverykidsbrasil.uol.com.br>

Discovery Kids

<www.discoverykidsbrasil.com/jogos/ciencias/nivel_avancado/corpo>

Por meio de divertidos jogos, este *site* demonstra o funcionamento de alguns sistemas do corpo humano, além de trazer uma série de curiosidades sobre eles.

1

In the classroom

Valter Ferrari/Arquivo da editora

1. Word search.

pencil	clock	fan
ruler	wastebasket	

A	D	C	H	E	I	R	M	L	P	I	J	T	M
S	Y	J	M	E	G	P	X	C	L	O	C	K	U
P	H	U	O	J	P	T	R	W	A	Z	V	N	S
E	U	F	A	N	P	G	F	C	H	A	L	K	V
N	W	U	I	P	L	M	G	B	C	V	F	D	T
C	X	O	Y	R	I	L	Z	D	S	A	X	R	I
I	C	A	L	C	U	L	A	T	O	R	I	U	K
L	N	T	W	Q	A	Z	L	V	S	V	T	L	Z
X	K	J	R	R	D	U	O	L	P	G	D	E	W
M	P	R	S	Q	A	E	I	U	N	F	G	R	O
A	W	A	S	T	E	B	A	S	K	E	T	Z	H
G	E	H	N	B	D	W	S	T	X	U	K	O	Y

2. Complete.

a) pen________

b) b________k

c) ______e______

d) e________r

e) d________k

f) stu________

g) ________rd

h) no________k

The alphabet

A	B	C	D	E	F	G	H	I	J	K	L	M
N	O	P	Q	R	S	T	U	V	W	X	Y	Z

1. Listen and complete.

a) rul______r b) er______ser c) ______en d) de______k

2. Spell.

Zoonar/Wavebreak Med/Keystone

CBW/Alamy/Other Images

Image Source/Corbis

stillfx/Keystone

Classroom actions

Ilustrações: Valter Ferrari/Arquivo da editora

2

Sports

Table tennis

Clifford White/Corbis/Latinstock

Volleyball

Ivan Amorin/Confederação Brasileira de Voleibol (25.janeiro.2014)

Basketball

Photo Objects/Other Images

Swimming

Soccer

1. Do the crosswords.

2. Fill in the blanks with the correct pronoun. Follow the examples.

Dennis Grombkowski/Bongarts/Getty Images

Who is **this man**?
He is Cristiano Ronaldo.

Kevin Winter/Clear Channel/Getty Images

Who is **this woman**?
She is Demi Lovato.

pukach/Shutterstock/Glow Images

What is **it**?
It is a racket.

a) 

Kevin Winter/Naras/Getty Images

Who is **this girl**?

__________ is Katy Perry.

b) 

William Volcov/BrazilPhotopress/Folhapress

Who is **this boy**?

__________ is Neymar.

c) 

Fernanda Calfat/Getty Images

Who is **this man**?

__________ is Caio Castro.

d) 

Labrador/Keystone

What is **it**?

__________ is a basket.

Personal pronouns

Ilustrações: Valter Ferrari/Arquivo da editora

3

The city

Ilustrações: Valter Ferrari/Arquivo da editora

Ilustrações: Valter Ferrari/Arquivo da editora

1. Do the crosswords.

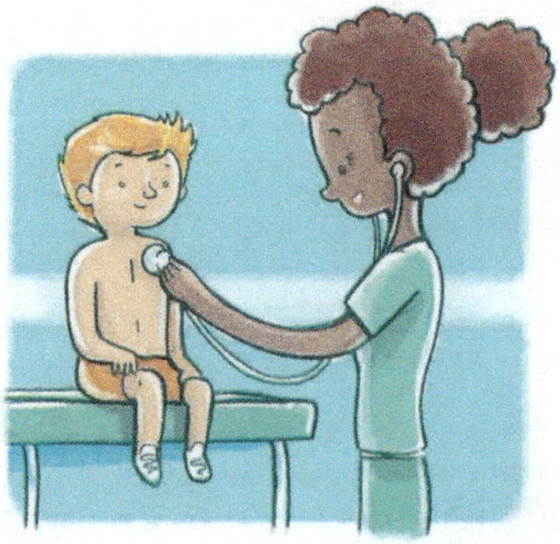

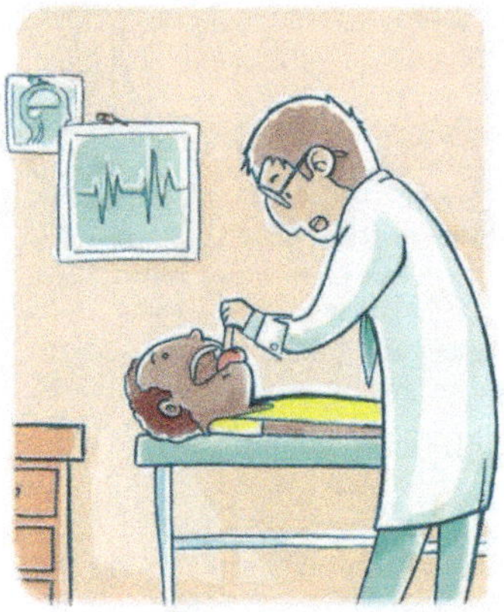

Ilustrações: Valter Ferrari/Arquivo da editora

2. Look at the pictures and write the name of the places.

a) 

____

b) 

____

c) 

____

d) 

____

e) 

____

Ilustrações: Valter Ferrari/Arquivo da editora

4

Means of transportation

Ship

Purestock/Grupo Keystone

Train

Raimundo Pacco/Folha Imagem

Subway

Glória Flügel/Latinstock Brasil RM/Latinstock

Car

São Paulo; SP: São Paulo; Brasil

Bus

Pagina/Shutterstock/Glow Images

Airplane

IM_photo/Shutterstock/Glow Images

Motorcycle

Thomas Schneider/Keystone

Bike

Mel-nik/Shutterstock/Glow Images

1. Circle your favorite way to travel.

ship motorcycle bus

car subway

train airplane bike

2. Word search.

X U T W E N T Y O L P H Z M
W S H I P K L M V X Z O E B
T W E N T Z G F P V Z M R Q
A C H Y U M C A R Q V I O E
B A T H I R T E E N T Y I T
E S K R D E W Q A K R G E H
V B B U J A I R P L A N E J
E U U S H A O D C X I F G R
N S L I Q U L I H N N N H F
T U O X V F S J L J E M T A
E Y U S U B W A Y S O B E K
E A D E H P X L Y W N I E O
N I N E T E E N I O D K N L
B H T N W F O U R T E E N C
E Y U T K N B M H S E H E K
E A M O T O R C Y C L E E O
N I N E T E E N I O D P N L

Verb *to be*

affirmative form	negative form	interrogative form
I am/ I'm	I am not/ I'm not	Am I?
You are/ You're	You are not/ You aren't	Are you?
He is/ He's	He is not/ He isn't	Is he?
She is/ She's	She is not/ She isn't	Is she?
It is/ It's	It is not/ It's not	Is it?
We are/ We're	We are not/ We aren't	Are we?
You are/ You're	You are not/ You aren't	Are you?
They are/ They're	They are not/ They aren't	Are they?

- Match.

iofoto/Shutterstock/Glow Images

vseb/Shutterstock/Glow Images

Tyler Olson/Shutterstock/Glow Images

MO_SES Premium/Shutterstock/Glow Images

( ) It is/ It's an airplane.

( ) He is/ He's a driver.

( ) They are/ They're in the library.

( ) She is/ She's a teacher.

Days of the week/Numbers

Valter Ferrari/Arquivo da editora

1. Word search.

Sunday Monday Tuesday Friday Saturday

T	F	H	S	M	U	J	S	U	N	D	A	Y	J
U	O	P	A	K	N	F	G	V	X	Z	X	W	A
E	N	H	T	E	B	C	V	B	T	E	W	P	Q
S	B	M	U	P	J	H	M	O	N	D	A	Y	F
D	Y	J	R	I	M	N	R	S	Z	A	V	I	Z
A	H	J	D	C	I	X	U	J	C	X	S	S	M
Y	J	I	A	L	M	G	F	R	I	D	A	Y	O
H	I	P	Y	M	P	U	T	R	E	W	Q	Q	D

2. Read.

AnikaNes/Shutterstock/Glow Images

She goes to school from Monday to Friday.

Jorg Hackemann/Shutterstock/Glow Images

He goes to the club on Saturdays.

kazoka/Shutterstock/Glow Images

They go to the supermarket on Wednesdays.

michaeljung/Shutterstock/Glow Images

She goes to grandma's house on Sundays.

Numbers

13	14	15	16
thirteen	fourteen	fifteen	sixteen
17	**18**	**19**	**20**
seventeen	eighteen	nineteen	twenty

21	22	23	24	25
twenty-one	twenty-two	twenty-three	twenty-four	twenty-five
26	**27**	**28**	**29**	**30**
twenty-six	twenty-seven	twenty-eight	twenty-nine	thirty

- Add the **numbers**. Follow the example.

5 + 7 = 12 five + seven = twelve

a) 4 + 3 = ______ ______________________

b) 7 + 9 = ______ ______________________

c) 8 + 6 = ______ ______________________

d) 9 + 9 = ______ ______________________

e) 10 + 1 = ______ ______________________

How old are you?

Ilustrações: Valter Ferrari/Arquivo da editora

- Answer the questions.

How old is George?

How old is Mary?

How old is Betty?

Ilustrações: Valter Ferrari/Arquivo da editora

How old is Joe?

How old is Nicole?

How old is Charles?

Let's sing

Happy birthday to you!

Happy birthday to you!
Happy birthday to you!
Happy birthday, dear (Joe)!
Happy birthday to you!

Happy birthday to you!
Happy birthday to you!
Happy birthday, dear (Joe)!
Happy birthday to you!

How old are you now?
How old are you now?
Oh, tell us, please (Joe)!
How old are you now?

6

The house

Dining room

Ilustrações: Valter Ferrari/Arquivo da editora

Living room

Bedroom

Kitchen

Ilustrações: Valter Ferrari/Arquivo da editora

Bathroom

Prepositions

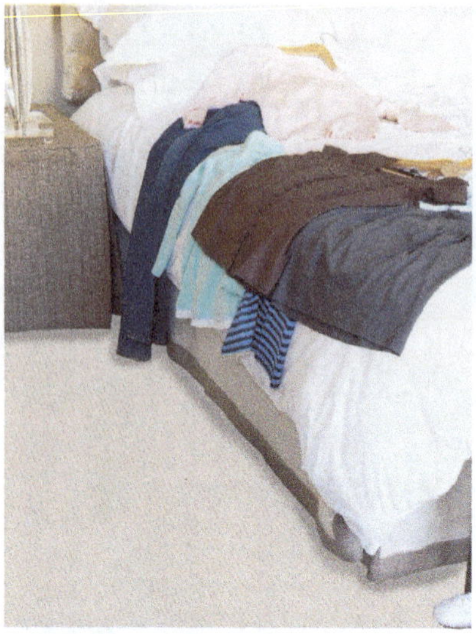

bikeriderlondon/Shutterstock/Glow Images

Where are the clothes?
The clothes are **on** the bed.

Christian Delbert/Shutterstock/Glow Images

Where are the plates?
The plates are **in** the sink.

Alena Ozerova/Shutterstock/Glow Images

Where is the girl?
The girl is **under** the table.

1. Look at the pictures and answer the questions.

Robert Kneschke/Shutterstock/Glow Images

Where is the woman?

____

Monkey Business Images/Shutterstock/Glow Images

Where are the family?

____

Anneka/Shutterstock/Glow Images

Where is the cat?

____

2. Match.

a	living room
b	bedroom
c	kitchen
d	bathroom
e	dining room

☐	chair	☐	wardrobe
☐	television	☐	sofa
☐	shower	☐	refrigerator
☐	microwave	☐	towel
☐	bed	☐	table
☐	bookcase	☐	pillow
☐	sink	☐	toilet
☐	mirror	☐	stove

3. Create your home.

7

Breakfast

Valter Ferrari/Arquivo da editora

1. What do you eat for breakfast? Circle and write.

tarasov/Shutterstock/Glow Images

Shutterstock/Glow Images

Seregam/Shutterstock/ Glow Images

Seregam/Shutterstock/ Glow Images

Viktor1/Shutterstock/ Glow Images

Viktor1/Shutterstock/ Glow Images

Garsya/Shutterstock/Glow Images

Africa Studio/Shutterstock/ Glow Images

Piyato/Shutterstock/ Glow Images

donatas1205/Shutterstock/Glow Images

2. Do the crosswords.

aarrows/Shutterstock/Glow Images

chevanon/Shutterstock/Glow Images

Freer/Shutterstock/Glow Images

Svetlana Kuznetsova/Shutterstock/Glow Images

Seregam/Shutterstock/Glow Images

Shutterstock/Glow Images

Vicente Mendonça/Arquivo da editora

8

Clothes

Ilustrações: Valter Ferrari/Arquivo da editora

- Check what they are wearing.

©erics/Shutterstock/Glow Images

ANN

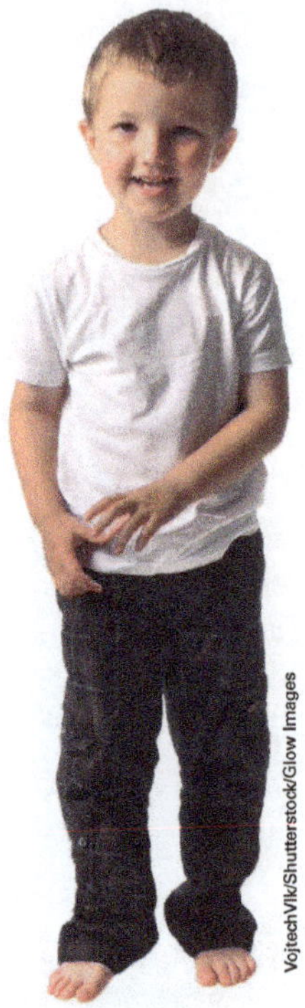

VojtechVlk/Shutterstock/Glow Images

PETER

MidoSemsem/Shutterstock/Glow Images

JAMES

Jaimie Duplass/Shutterstock/Glow Images

MARY

	T-shirt	shorts	black pants	sandals	pink T-shirt	purple dress	blue skirt
ANN							
JAMES							
PETER							
MARY							

Opposites

Robyn Mackenzie/Shutterstock/Glow Images

Old

cristi180884/Shutterstock/Glow Images

New

Africa Studio/Shutterstock/Glow Images

Cheap

Africa Studio/Shutterstock/Glow Images

Expensive

David Evison/Shutterstock/Glow Images

Ugly

Olympus/Shutterstock/Glow Images

Beautiful

Svetlana Romantsova/Shutterstock/Glow Images

Long

Sergey Novikov/Shutterstock/Glow Images

Short

- Match the words according to the pictures.

a cheap

b short

c expensive

d long

( ) 
Digital Storm/Shutterstock/Glow Images

( ) 
Brian Green/Alamy/Other Images

( ) 
Gena73/Shutterstock/Glow Images

( ) 
amana images inc./Alamy/Other Images

Livros

Reprodução/Editora Macmillan

It's my birthday!,
de Paula Metcalf, Macmillan.

Chegou o dia do aniversário de Shirley. Ela e sua irmã, Doris, estão superansiosas. Mas nem tudo sai como Shirley esperava!

Reprodução/Editora Ática

Modern Times,
de Nara Mattoso, Ática.

As crianças do mundo moderno passam o dia dentro de apartamentos assistindo à TV e longe da natureza. Conheça David e sua família, e várias situações divertidas.

Sites

Reprodução/<www.funbrain.com/kidscenter.html>

Funbrain

<www.funbrain.com/kidscenter.html> (acesso em: 4 dez. 2013)

Neste *site* há várias brincadeiras, histórias, jogos que podem ser usados como material de apoio ao conteúdo do livro.

Reprodução/<http://pbskids.org/sid/games.html>

Sid, the Science Kid

<http://pbskids.org/sid/games.html> (acesso em: 4 dez. 2013)

O *site* oferece muitos jogos e brincadeiras que envolvem o uso de cores, números e muito mais.

Romantismo e Realismo

O **Romantismo** e o **Realismo** foram dois movimentos artísticos importantes que surgiram na Europa no século XIX.

Os pintores românticos pintavam a natureza, os fatos heroicos e históricos, as lendas e as cenas mitológicas e imaginárias. Eles valorizavam o sentimento e a emoção e utilizavam cores intensas com pinceladas fortes e gestuais.

Castelo de Flint, aquarela de Joseph Mallord William Turner, 1838. Esta obra tem 25,7 cm de altura e 31,9 cm de largura.

A partir de 1850, surgiu um novo movimento artístico que ficou conhecido como Realismo. Ao contrário dos românticos, os pintores realistas pintavam a realidade da vida, como cenas cotidianas e cenas de trabalhadores em suas atividades diárias. Mostravam como viviam as pessoas do povo, como eram suas condições socioeconômicas e as dificuldades por que passavam.

Observe os quadros desta página. O primeiro é representante do Romantismo, e o segundo, do Realismo.

A bicada, óleo sobre tela de Jean-François Millet, cerca de 1860. Esta obra tem 74 cm de altura e 60 cm de largura.

Eugène Delacroix

Félix Nadar/Wikipedia/Wikimedia Commons

No século XIX, muitos povos lutavam para se libertar do poder do rei. Por isso, alguns quadros da época mostram batalhas heroicas.

Na tela ao lado, o pintor romântico francês Eugène Delacroix retrata a vitória do povo da França em uma revolução contra o rei Carlos X, que aconteceu em 1830. Delacroix se autorretrata no quadro com um fuzil na mão.

A Liberdade guiando o povo, óleo sobre tela de Eugène Delacroix, 1830. Esta obra tem 260 cm de altura e 325 cm de largura.

Museu do Louvre, Paris, França.

Rosa Bonheur

Wikipedia/Wikimedia Commons

O pintor realista procurava pintar a realidade o mais próximo possível do que ele via ou podia tocar. Rosa Bonheur, artista realista francesa, gostava de esculpir e pintar animais com precisão de detalhes.

Lavoura em Nivernais, óleo sobre tela de Rosa Bonheur, 1849. Esta obra tem 134 cm de altura e 260 cm de largura.

Museu d'Orsay, Paris/The Bridgeman/Keystone

- Veja agora outras obras de Eugène Delacroix e de Rosa Bonheur. Em que elas são semelhantes? E em que são diferentes? Complete os itens abaixo, expressando sua opinião sobre cada aspecto.

Galeria Nacional de Arte, Washington, Estados Unidos.

Árabes em batalha nas montanhas, óleo sobre tela de Eugène Delacroix, 1863. Esta obra tem 92 cm de altura e 75 cm de largura.

Christie's Images/Corbis/Latinstock

Mercado dos fazendeiros de Pirineus, óleo sobre tela de Rosa Bonheur, 1884. Esta obra tem 63,5 cm de altura e 101 cm de largura.

	Obra de Eugène Delacroix	Obra de Rosa Bonheur
Qual é o tema?		
Como são as cores?		
O que você sentiu ao observar esta obra?		

Romantismo e Realismo no Brasil

Victor Meirelles

A. Pelliciari/Wikipedia/Wikimedia Commons

De 1826 a 1899 funcionou, no Rio de Janeiro, a Academia Imperial de Belas Artes. Nesse local as obras de arte eram expostas, e os artistas brasileiros estudavam artes plásticas tendo como mestres muitos artistas europeus. Por isso a pintura brasileira da época foi muito influenciada pela arte europeia. Esses artistas foram chamados de **acadêmicos**.

Um deles foi Victor Meirelles. A pintura histórica foi uma das características de sua obra. Veja o quadro ao lado, pintado em Paris, onde o artista estudou.

Museu Nacional de Belas Artes, Rio de Janeiro, RJ.

Primeira missa no Brasil, óleo sobre tela de Victor Meirelles, 1861. Esta obra tem 268 cm de altura e 356 cm de largura.

Pedro Américo

Reprodução/Arquivo da editora

Outro artista que estudou na Academia Imperial de Belas Artes foi Pedro Américo. O quadro abaixo foi pintado por ele em 1888, quando morava na Itália, 66 anos depois da Proclamação da Independência do Brasil. A obra foi encomendada pelo governo de São Paulo. Como pintor romântico, Pedro Américo imaginou o momento em que o imperador dom Pedro I proclamou a Independência do Brasil, às margens do riacho do Ipiranga, em São Paulo.

Museu Paulista da USP, São Paulo, SP.

Independência ou morte, óleo sobre tela de Pedro Américo, 1888. Esta obra tem 415 cm de altura e 760 cm de largura.

Almeida Júnior

Um importante pintor acadêmico no Brasil foi Almeida Júnior. Observe como a obra ao lado, de sua autoria, retrata o homem simples brasileiro que vivia no campo naquela época.

Wikipedia/Wikimedia Commons

Pinacoteca do Estado de São Paulo, SP.

O violeiro, óleo sobre tela de Almeida Júnior, 1899. Esta obra tem 141 cm de altura e 172 cm de largura.

Pinacoteca do Estado de São Paulo, SP.

Almeida Júnior também retratou cenas do cotidiano, como a de uma família paulista do fim do século XIX. Repare nas cores, nos objetos da casa, nas roupas usadas e na cena desta pintura.

Cena da família de Adolfo Augusto Pinto, óleo sobre tela de Almeida Júnior, 1891. Esta obra tem 106 cm de altura e 137 cm de largura.

Saiba mais

Ted V. Tamburo/National Geographic/Getty Images

Em 1839 surgiram as primeiras máquinas fotográficas, denominadas **daguerreótipos**. Um de seus inventores foi o pintor e físico francês Louis Daguerre.

Os fotógrafos começaram então a registrar pessoas e paisagens, como faziam os pintores da época. Dessa forma, muitos artistas daquele tempo achavam que a arte da pintura seria substituída pela fotografia. Claro que isso não aconteceu. Até hoje a pintura é uma manifestação artística muito importante, assim como a fotografia.

2

O impressionismo

Em 1874, na cidade de Paris, vários artistas se reuniram no ateliê do célebre fotógrafo francês Félix Nadar – ou apenas Nadar, pseudônimo de Gaspard-Félix Tournachon (1820-1910) – para expor seus quadros.

Esses artistas apresentaram obras de grande variedade de estilos e temas, mas todos tinham algo em comum: pintar ao ar livre, dando importância à captação da luz do Sol em suas pinturas para retratar, com rápidas pinceladas, um instante da natureza ou da vida das pessoas. Eles saíram de seus ateliês e romperam com a pintura acadêmica, originando, assim, o **impressionismo**.

Esses artistas ficaram conhecidos como impressionistas.

Na pintura abaixo, Oscar-Claude Monet retratou o Porto de Havre, cidade francesa onde morou na infância. Como se tratava de impressões e lembranças daquele tempo, deu à obra o título **Impressão: nascer do Sol**.

Museu Marmottan, Paris, França.

Impressão: nascer do Sol, óleo sobre tela de Claude Monet, 1872. Esta obra tem 48 cm de altura e 63 cm de largura.

Claude Monet

Claude Monet foi o grande representante do impressionismo francês. Seus temas favoritos eram água, barcos, oceanos e lagos. Ele apreciava o reflexo das cores na água e também adorava flores.

Seu famoso jardim, que cultivou por mais de quarenta anos, foi um verdadeiro laboratório onde ele pintou as flores em diferentes horas do dia.

Para dar a impressão da passagem do tempo, os impressionistas pintavam a mesma cena em diferentes horários. Veja abaixo os quadros da Catedral de Rouen feitos por Monet.

Félix Nadar/Wikipedia/ Wikimedia Commons

Galeria Nacional, Londres, Inglaterra.

A lagoa das ninfeias, óleo sobre tela de Claude Monet, 1899. Esta obra tem 90 cm de altura e 92 cm de largura.

Museu de Belas Artes, Boston, Estados Unidos.

A Catedral de Rouen. O pórtico e a torre da Saint-Romain, de manhã, óleo sobre tela de Claude Monet, 1894. Esta obra tem 106,1 cm de altura e 73,9 cm de largura.

Museu d'Orsay, Paris, França.

A Catedral de Rouen. O pórtico e a torre da Saint-Romain, ao sol brilhante, óleo sobre tela de Claude Monet, 1894. Esta obra tem 100 cm de altura e 65 cm de largura.

Museu d'Orsay, Paris, França.

A Catedral de Rouen. O pórtico e a torre da Saint-Romain, efeito matinal, óleo sobre tela de Claude Monet, 1894. Esta obra tem 106 cm de altura e 73 cm de largura.

Museu d'Orsay, Paris, França.

A Catedral de Rouen. O pórtico e a torre da Saint-Romain, tempo nublado, óleo sobre tela de Claude Monet, 1894. Esta obra tem 107 cm de altura e 73 cm de largura.

Renoir

The Bridgeman Art Library/Getty Images

Outro grande pintor impressionista foi Pierre-Auguste Renoir. Ele não usava a cor preta nem fazia o contorno das figuras. Os tons escolhidos por ele davam a sua obra uma luminosidade especial.

Renoir pintava a vida de pessoas comuns do fim do século XIX. Seus quadros retratam, principalmente, a alegria e a beleza de crianças, mulheres e paisagens francesas.

Museu d'Orsay, Paris, França.

Baile no Moulin de la Galette, óleo sobre tela de Pierre-Auguste Renoir, 1876. Esta obra tem 131 cm de altura e 175 cm de largura.

Degas

Edgar Degas era fascinado por balé. Grande parte de seus trabalhos retrata essa forma de arte.

Adoc-photos/Corbis/Latinstock

Diferentemente da maioria dos pintores impressionistas, Degas gostava de pintar em seu ateliê, tendo como base esboços e fotografias que tirava de ensaios de balés.

Olhe atentamente o quadro ao lado. Não é surpreendente o movimento do corpo da bailarina?

Museu d'Orsay, Paris, França.

Primeira bailarina, pastel seco de Edgar Degas, 1876-1878. Esta obra tem 58 cm de altura e 42 cm de largura.

Saiba mais

Na década de 1880, Georges Seurat criou quadros usando muitos pontinhos. Essa técnica de pintura ficou conhecida como **pontilhismo** e deu início a um novo período artístico: o neoimpressionismo.

Galeria Nacional de Londres, Inglaterra.

Banhistas em Asnières, óleo sobre tela de Georges Seurat, 1883-1884. Esta obra tem 201 cm de altura e 300 cm de largura.

Mistura das cores

Para pintar a mudança de cor provocada pela luz do Sol sobre os objetos ou as pessoas que retratavam, os impressionistas utilizavam as cores primárias lado a lado na tela. Assim, o artista colocava pequenas pinceladas de amarelo e azul próximas umas das outras, e o olho do espectador formava a cor verde.

- Você já viu que as cores primárias são **vermelho**, **azul** e **amarelo**, e as cores secundárias são **violeta**, **verde** e **laranja** (feitas com a mistura de duas cores primárias). Que tal produzir agora cores terciárias, feitas com a mistura de uma cor secundária com uma cor primária?

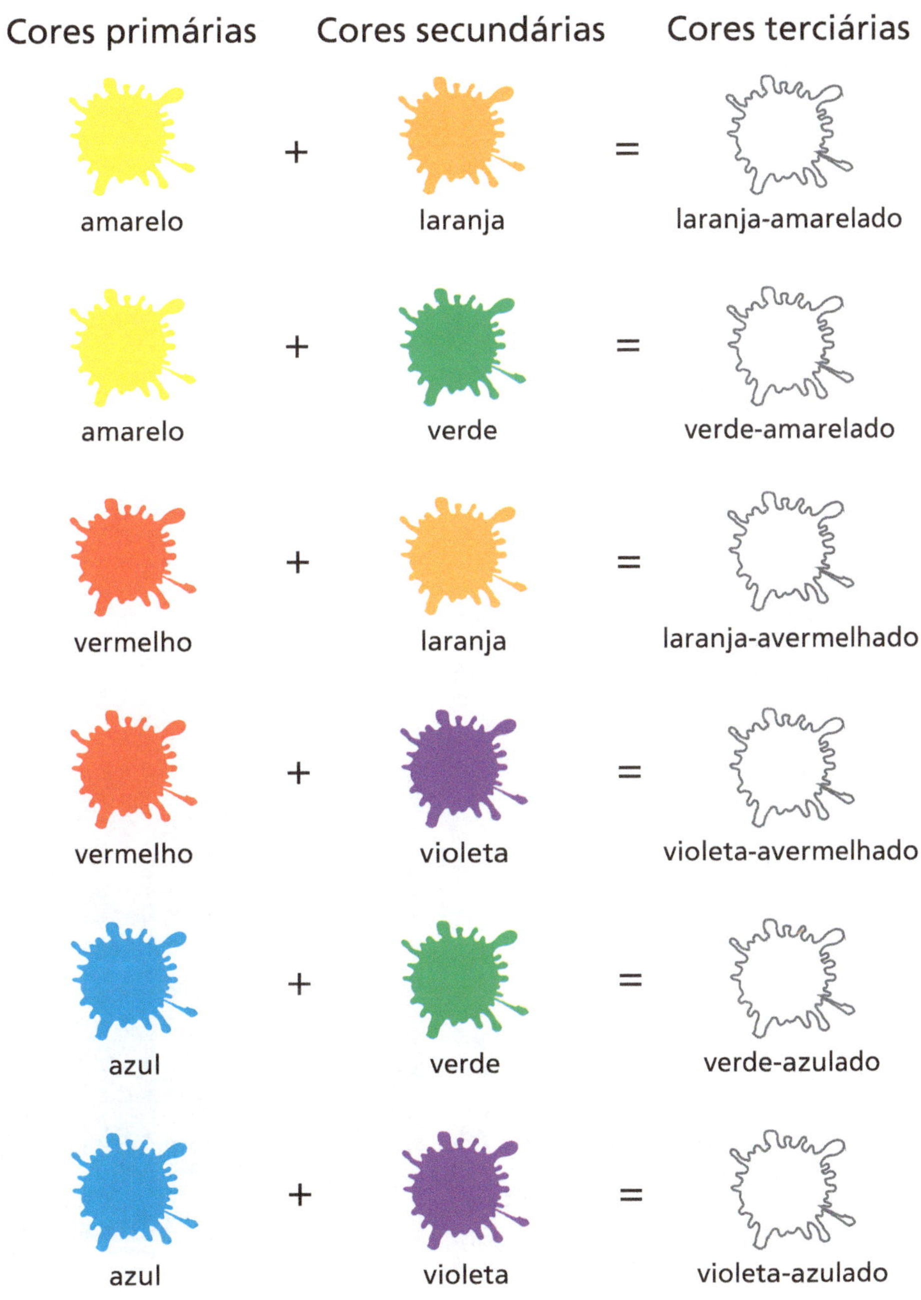

O impressionismo no Brasil

Por não ser uma criação brasileira, o movimento impressionista não teve por aqui a mesma força que teve na França, mas alguns artistas se destacaram, como Eliseu Visconti. Foi ele quem trouxe o impressionismo para o Brasil.

Outro nome que também se destacou no impressionismo brasileiro foi o de Georgina de Moura Andrade Albuquerque. Note as cores vibrantes e os efeitos de luz no quadro **Dia de Verão**.

Museu Nacional de Belas Artes/Iphan/MinC, Rio de Janeiro, RJ

Dia de verão, óleo sobre tela de Georgina de Moura Andrade Albuquerque, 1920. Esta obra tem 130 cm de altura e 89 cm de largura.

Darci Lucas/Museu Nacional de Belas Artes/Iphan/MinC, Rio de Janeiro, RJ

Cura de sol, óleo sobre tela de Eliseu Visconti, cerca de 1919. Esta obra tem 157 cm de altura e 104 cm de largura.

3

O pós-impressionismo

Pós-impressionistas são os artistas que produziram no fim do século XIX e início do XX. Apesar de ligados ao impressionismo, cada pintor desenvolveu seu próprio estilo e seus temas preferidos.

No pós-impressionismo destacaram-se vários gênios da pintura, como Paul Cézanne, Paul Gauguin e Vincent van Gogh, conhecidos como os precursores da Arte Moderna.

Paul Cézanne

Hulton Archive/Getty Images

Cézanne gostava de retratar naturezas-mortas para estudar a forma, a cor e a luz dos objetos. Para o artista, a natureza-morta tinha muitas vantagens sobre outros temas, pois ele podia reunir frutas, louças e outros objetos que lhe serviriam de modelo e observá-los por vários dias e até mesmo por meses. Desse modo, o artista experimentava o que realmente lhe interessava: pintar um objeto de vários pontos de vista.

Francis G. Mayer/Corbis/Latinstock

A cesta de maçãs, óleo sobre tela de Paul Cézanne, cerca de 1893. Esta obra tem 65 cm de altura e 80 cm de largura.

- Após muitas pesquisas com naturezas-mortas, Cézanne concluiu que a natureza é basicamente composta de cilindros, esferas e cones. Em duplas, procurem identificar cilindros, esferas e cones na obra de Cézanne reproduzida acima.

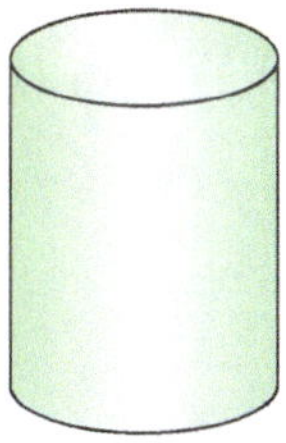

cilindro

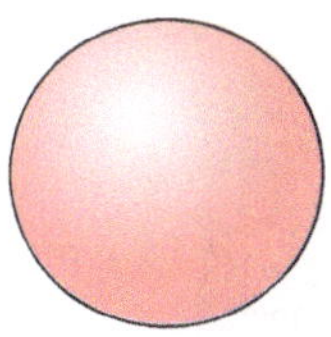

esfera

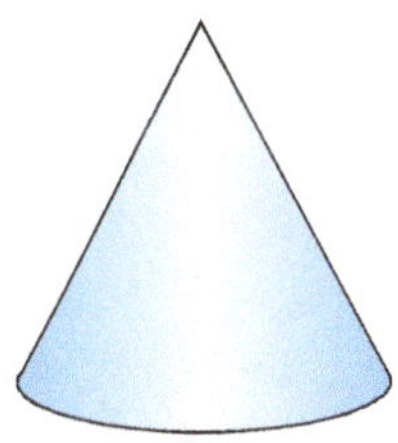

cone

Paul Gauguin

Adoc-photos/Corbis/Latinstock

Paul Gauguin admirava as cores usadas pelos impressionistas e seus temas despreocupados com os fatos históricos e problemas sociais. Ele desenvolveu um estilo próprio ao usar cores não naturais, que não correspondiam mais ao real. A grama, por exemplo, podia ser amarela, e um cachorro podia ser laranja. O artista fazia uso de cores fortes e brilhantes. As formas de sua pintura são mais simplificadas e possuem contornos pretos.

Museu d'Orsay, Paris, França.

Arearea, óleo sobre tela de Paul Gauguin, 1892. Esta obra tem 75 cm de altura e 93 cm de largura.

Vincent van Gogh

Na primeira fase de sua carreira, Vincent van Gogh retratou a vida das pessoas simples que trabalhavam no campo. Em 1886, foi morar em Paris e conheceu os artistas impressionistas.

Bayerische Staatsgemadesammlungen, Neue Pinakothek, Munique, Alemanha.

Vaso com doze girassóis, óleo sobre tela de Vincent van Gogh, 1888. Esta obra tem 91 cm de altura e 72 cm de largura.

Foi na cidade de Arles, na França, que o artista desenvolveu seu estilo inconfundível de pintura: pinceladas vigorosas feitas com cores vivas e complementares, que davam sensação de movimento aos quadros.

Reprodução/Arquivo da editora

Erich Lessing/Album/Latinstock

Esta obra tem 73 cm de altura e 91 cm de largura.

- Pensando no que você aprendeu sobre o estilo de cada artista aqui apresentado, identifique o pintor pós-impressionista que fez a obra **A sesta** (1889-1890), ao lado.

____

4

O fovismo, o cubismo e o expressionismo

O impressionismo e o pós-impressionismo libertaram os artistas das regras e dos modelos rígidos das escolas acadêmicas. Por isso, no século XX não houve mais uma sequência tão ordenada de fases artísticas como havia até então. Nesta unidade você estudará três manifestações artísticas do início do século XX: o **fovismo**, o **cubismo** e o **expressionismo**.

O fovismo

O fovismo foi um movimento artístico francês de curta duração. Sua característica mais marcante foi não querer imitar a natureza, mas representá-la com cores intensas. Os artistas fovistas não se preocupavam com temas sociais.

Henri Matisse foi um dos principais artistas fovistas que, influenciado pelas cores da pintura de Gauguin, pintava formas simplificadas usando tons fortes e contrastantes, como vermelhos, azuis, verdes e amarelos.

Museu de Belas Artes de São Francisco, Estados Unidos

A mulher com o chapéu, óleo sobre tela de Henri Matisse, 1905. Esta obra tem 81 cm de altura e 65 cm de largura.

Cores complementares ou contrastantes

As cores complementares, também conhecidas como contrastantes, são as que estão do lado oposto àquelas escolhidas no círculo de cores. Elas foram muito utilizadas pelos pintores fovistas.

- Encontre, no círculo ao lado, as cores complementares das cores primárias e pinte-as nos quadros em branco.

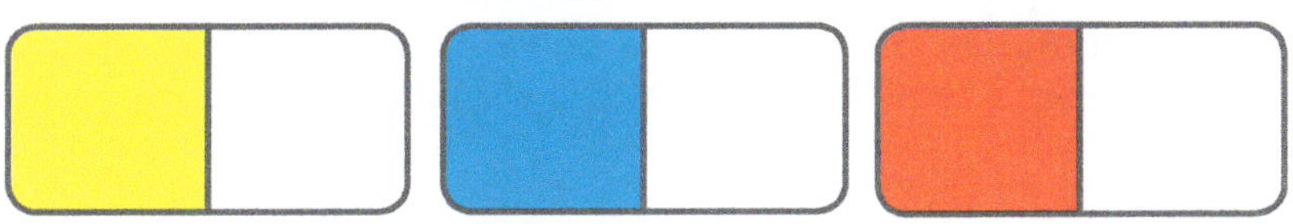

O cubismo

O artista espanhol Pablo Picasso e o francês Georges Braque foram os responsáveis por um novo jeito de fazer arte. Eles começaram a desenvolver uma forma de pintar inspirada nas figuras geométricas. Esses artistas pintavam o objeto de diferentes pontos de vista e colocavam os diversos ângulos sobre um mesmo plano.

Museu de Arte Moderna, Nova York, Estados Unidos.

Moça com bandolim, óleo sobre tela de Pablo Picasso, 1910. Esta obra tem 100,3 cm de altura e 73,6 cm de largura.

Pinacoteca Moderna, Munique, Alemanha.

Mulher com bandolim, óleo sobre tela de Georges Braque, 1910. Esta obra tem 92 cm de altura e 73 cm de largura.

- Picasso homenageou o artista espanhol Diego Velázquez por meio da releitura, no estilo cubista, da obra **As meninas**. Velázquez fez seu autorretrato nesse quadro. Você saberia dizer onde está Picasso na releitura?

Museu do Prado, Madri, Espanha.

As meninas, óleo sobre tela de Diego Velázquez, 1656-1657. Esta obra tem 318 cm de altura e 276 cm de largura.

Museu Picasso, Barcelona, Espanha.

As meninas, óleo sobre tela de Pablo Picasso, 1957. Esta obra tem 194 cm de altura e 260 cm de largura.

O expressionismo

A partir de 1905, vários artistas começaram a usar a cor para expressar situações dramáticas (como a pobreza e a guerra) e sentimentos (como a tristeza, a melancolia, a angústia e a raiva).

Esse movimento, que ficou conhecido como expressionismo, ganhou maior destaque na Alemanha. Inspirados nas pinturas do norueguês Edvard Munch, os expressionistas alemães usavam cores fortes, linhas curvas e figuras deformadas em suas obras.

Coleção Rasmus Meyer, Bergen, Noruega.

Fim da tarde na rua Karl-Johan, óleo sobre tela de Edvard Munch, 1892. Esta obra tem 84,5 cm de altura e 121 cm de largura.

Museu Solomon R. Guggenheim, Nova York, Estados Unidos.

Cavalo a sonhar, aquarela sobre papel de Franz Marc, 1913. Esta obra tem 39,4 cm de altura e 46,3 cm de largura.

Livros

Reprodução/Editora Moderna

Érica e os impressionistas,
de James Mayhew. São Paulo: Moderna.

Érica quer presentear sua avó com as flores dos quadros de um artista impressionista, mas qual? Que baita dúvida! Para resolvê-la, a menina vai se envolver em uma grande aventura em meio às obras de arte de Renoir, Degas e Monet.

Reprodução/Callis

Escolhas que brilham,
de Silvia Helena Camossa. São Paulo: Callis.

O personagem deste livro quer descobrir a cor perfeita para pintar a sua vida. Para realizar essa escolha, ele conta a ajuda de Monet, Van Gogh, Rodin, Toulouse-Lautrec e Degas.

Reprodução/Editora DCL

Pintura aventura,
de Katia Canton. São Paulo: DCL.

A pintura pode ser uma grande aventura. Você já havia pensado nisso? Neste livro, você vai ver crianças se aventurando como se fossem pintores de verdade, fazendo até autorretrato. Após a leitura, você vai ver que também pode ser artista. Basta deixar esse artista sair de dentro de você.

Site

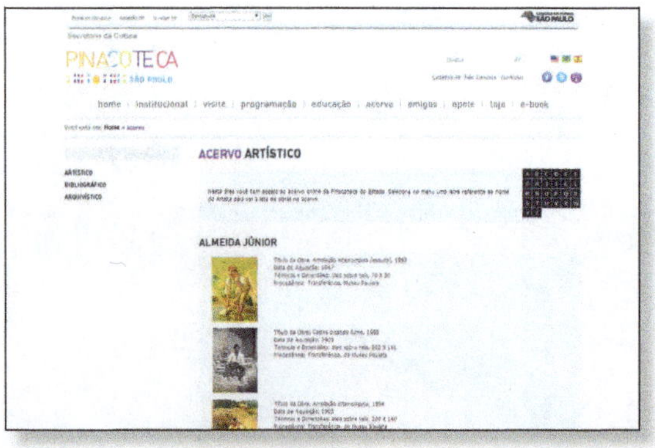

Reprodução/<http://www.pinacoteca.org.br>

Site da Pinacoteca: Almeida Júnior

<www.pinacoteca.org.br/pinacoteca-pt/default.aspx?mn=545&c=acervo&letra=A&cd=2335>. Acesso em: 26 nov. 2013.

No *site* da Pinacoteca de São Paulo, você poderá pesquisar, no acervo digital, diversas obras do pintor realista brasileiro Almeida Júnior.

Língua Portuguesa

SUMÁRIO

Matemática

SUMÁRIO

História

SUMÁRIO

Geografia

SUMÁRIO

Ciências

SUMÁRIO

Inglês

Autores
César de Oliveira Nyaradi e
Luiza Auxiliadora Pavon de Oliveira

SUMÁRIO

Arte

Autoras
Lígia Maria da Silva Rego e
Lígia da Costa Santos

SUMÁRIO

Material de apoio

SUMÁRIO

LÍNGUA PORTUGUESA

Brincando de soletrar

- Forme um grupo com 4 participantes. As fichas devem ser destacadas, embaralhadas e colocadas sobre a mesa com as faces viradas para baixo. Faz-se um sorteio para definir quem será o primeiro jogador. Depois, cada participante retira 8 fichas.
- O primeiro jogador escolhe uma de suas fichas e lê em voz alta a palavra que o colega da esquerda deverá soletrar. Se acertar, ele ganha um ponto. O jogador que acabou de soletrar escolhe uma de suas cartas para desafiar o colega seguinte, e assim sucessivamente até que acabem todas as fichas.
- Vence aquele que tiver mais pontos.

GENTE	RESIDÊNCIA	SANDÁLIA	VALSA
AMBULÂNCIA	PISCINA	TOALHA	CHAMEGO
LENÇOL	JEITO	ABSURDO	GANGORRA
ANZOL	DOUTOR	MILIONÁRIO	FOGUEIRA
AÇUCAREIRO	XÍCARA	SURDEZ	HÉLICE
CHALEIRA	GIGANTE	SERROTE	CONSTRUIR
GOLEIRO	SELEÇÃO	CAIXOTE	TRANSPORTE
PÁTIO	FILHOTE	SOSSEGO	BUEIRO

MATEMÁTICA

Dominó de multiplicações e divisões

Número de participantes: 4.

Regras do jogo:

- Destaque as fichas da página seguinte e coloque-as sobre a mesa com as faces viradas para baixo. Embaralhe. Cada participante retira 7 fichas.
- No par ou ímpar, decide-se quem vai começar. Este aluno põe na mesa uma de suas fichas. O próximo jogador verifica se tem uma ficha com o resultado da operação ou com a operação cujo resultado consta na ficha em jogo. Se tiver, deve colocá-la ao lado da primeira ficha, como em um jogo de dominó comum.
- Se ele não tiver uma ficha com o resultado ou com a operação correspondente, passa a vez ao próximo, e assim sucessivamente.
- Vence o jogo quem conseguir encaixar todas as fichas.

Nome: ______________________

Ano: ______________________

95	$3 \times 10 =$	30	$40 \div 10 =$
4	$600 \div 100 =$	2 000	$450 \div 10 =$
45	$51 \times 10 =$	510	$9000 \div 1000 =$
600	$1\,500 \div 100 =$	15	$91 \times 100 =$
9 100	$35 \times 10 =$	780	$30 \times 100 =$
3 000	$500 \div 100 =$	5	$10 \div 10 =$
290	$3000 \div 1000 =$	3	$190 \div 10 =$
61	$100 \div 10 =$	10	$40 \times 100 =$
6	$14 \times 100 =$	1 400	$20 \times 100 =$
9	$20 \div 10 =$	2	$60 \times 10 =$
350	$70 \div 10 =$	7	$78 \times 10 =$
1	$83 \times 10 =$	830	$29 \times 10 =$
19	$17 \times 100 =$	1 700	$6\,100 \div 100 =$
4 000	$800 \div 100 =$	8	$950 \div 10 =$

HISTÓRIA

Hora da História

Este jogo contém: 14 cartas para recortar.

Número de participantes: 2, 4 (equipes de 2) ou 6 (equipes de 3).

Número de equipes: 2 (equipe **A** e equipe **B**).

Instruções:

- Um jogador da equipe **A** embaralha as cartas e coloca todas na mesa, viradas para baixo.
- O jogador da equipe **B** pega uma carta e faz a pergunta aos colegas da equipe **A**, que têm 1 minuto para responder à pergunta.
- Se os colegas da equipe **A** acertarem a resposta, ficam com a carta. Se eles errarem, a carta fica com a equipe **B**.
- Agora é a vez da equipe **A**: um colega pega a carta e faz a pergunta à equipe **B**. Assim, as equipes se revezam até que todas as perguntas sejam feitas, esgotando as cartas do monte.
- Ganha o jogo quem acumular mais cartas no final.

Em que século houve o encontro entre portugueses e indígenas?

Resposta: Século XV.

Qual o nome da madeira que foi explorada pelos portugueses e deu nome às terras que hoje formam o Brasil?

Resposta: Pau-brasil.

Os portugueses pretendiam converter os indígenas à sua religião. Que religião era essa?

Resposta: O catolicismo.

Em que região da colônia o cultivo de cana-de-açúcar foi mais intenso?

Resposta: No Nordeste.

No início do século XVI, qual nome foi dado aos quinze lotes de terra que dividiram a colônia portuguesa na América?

Resposta:
Capitanias hereditárias.

Quais foram as duas primeiras capitais do Brasil?

Resposta:
Salvador e Rio de Janeiro.

Qual foi o principal produto explorado na colônia portuguesa durante o século XVIII?

Resposta:
O ouro.

Quem foi condenado à morte após o fracasso da Inconfidência Mineira?

Resposta:
Tiradentes.

Quem foi o primeiro imperador do Brasil?

Resposta:
Dom Pedro I.

Qual é o nome do documento que contém as principais leis de um país?

Resposta:
Constituição.

Qual foi o principal produto exportado pelo Brasil durante o Segundo Reinado?

Resposta:
O café.

Como se chamavam as comunidades criadas por africanos que resistiam à escravidão?

Resposta:
Quilombos.

Qual é o nome da lei que aboliu a escravidão no Brasil?

Resposta:
Lei Áurea.

Qual é o nome atribuído aos estrangeiros que vieram para o Brasil trabalhar após a proibição da escravidão no país?

Resposta:
Imigrantes.

GEOGRAFIA

Álbum de figurinhas das regiões brasileiras

O Brasil é um país muito extenso, composto de 26 estados e um Distrito Federal. Todos esses territórios possuem capitais e cada um deles é representado por uma sigla e uma bandeira própria.

Para completar o álbum, você deverá destacar e colar as bandeiras (página 13) dos estados e do Distrito Federal em seus respectivos lugares.

Região Norte

cole aqui

ACRE
Sigla: **AC**
Capital: **Rio Branco**

cole aqui

AMAPÁ
Sigla: **AP**
Capital: **Macapá**

cole aqui

AMAZONAS
Sigla: **AM**
Capital: **Manaus**

cole aqui

PARÁ
Sigla: **PA**
Capital: **Belém**

cole aqui

RONDÔNIA
Sigla: **RO**
Capital: **Porto Velho**

cole aqui

RORAIMA
Sigla: **RR**
Capital: **Boa Vista**

cole aqui

TOCANTINS
Sigla: **TO**
Capital: **Palmas**

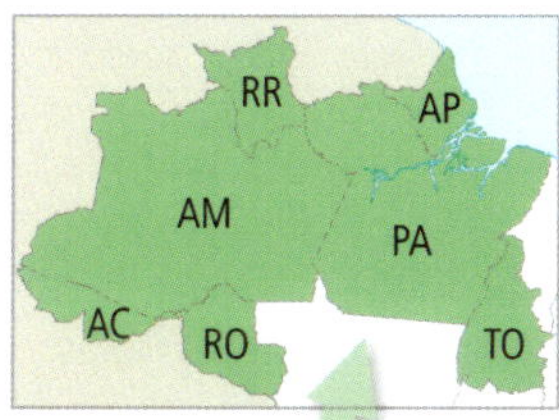

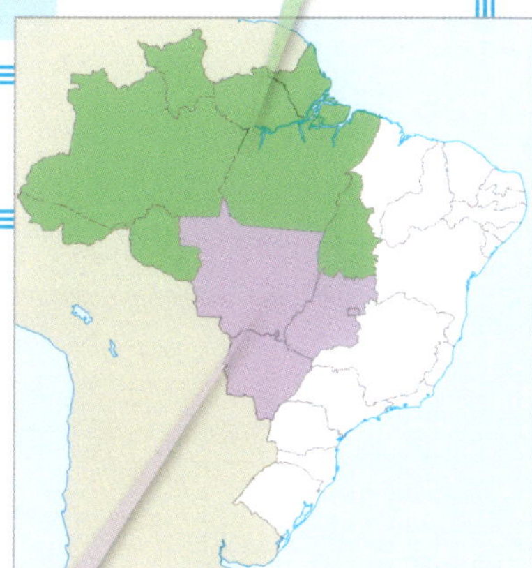

Mapas: Mario Yoshida/Arquivo da editora

Região Centro-Oeste

cole aqui

DISTRITO FEDERAL
Sigla: **DF**
Capital: **Brasília**

cole aqui

GOIÁS
Sigla: **GO**
Capital: **Goiânia**

cole aqui

MATO GROSSO
Sigla: **MT**
Capital: **Cuiabá**

cole aqui

MATO GROSSO DO SUL
Sigla: **MS**
Capital: **Campo Grande**

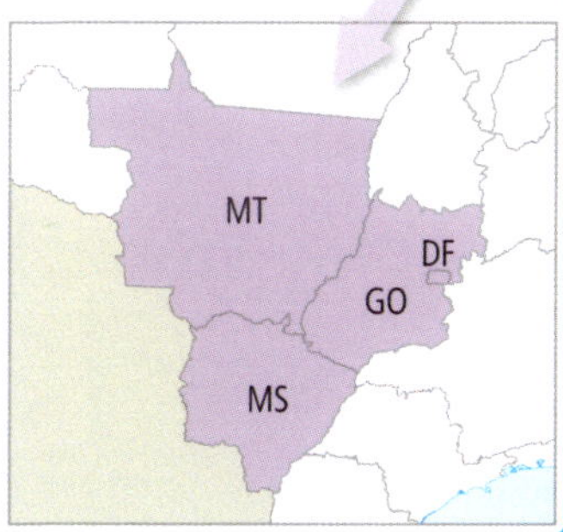

Região Nordeste

cole aqui	cole aqui	cole aqui	cole aqui	cole aqui
ALAGOAS Sigla: **AL** Capital: **Maceió**	**BAHIA** Sigla: **BA** Capital: **Salvador**	**CEARÁ** Sigla: **CE** Capital: **Fortaleza**	**MARANHÃO** Sigla: **MA** Capital: **São Luiz**	**PARAÍBA** Sigla: **PB** Capital: **João Pessoa**
cole aqui	cole aqui	cole aqui	cole aqui	
PERNAMBUCO Sigla: **PE** Capital: **Recife**	**PIAUÍ** Sigla: **PI** Capital: **Teresina**	**RIO GRANDE DO NORTE** Sigla: **RN** Capital: **Natal**	**SERGIPE** Sigla: **SE** Capital: **Aracaju**	

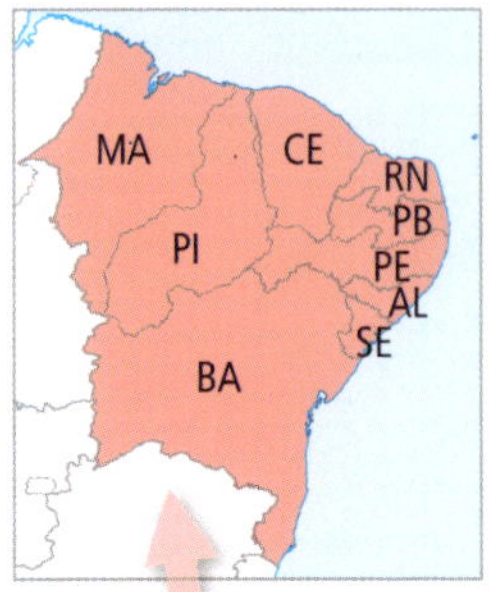

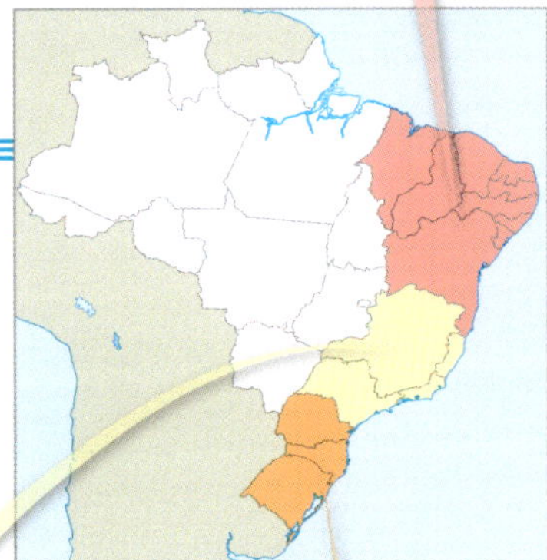

Mapas: Mario Yoshida/Arquivo da editora

Região Sudeste

cole aqui	cole aqui
ESPÍRITO SANTO Sigla: **ES** Capital: **Vitória**	**MINAS GERAIS** Sigla: **MG** Capital: **Belo Horizonte**
cole aqui	cole aqui
RIO DE JANEIRO Sigla: **RJ** Capital: **Rio de Janeiro**	**SÃO PAULO** Sigla: **SP** Capital: **São Paulo**

Região Sul

cole aqui	cole aqui	cole aqui
PARANÁ Sigla: **PR** Capital: **Curitiba**	**RIO GRANDE DO SUL** Sigla: **RS** Capital: **Porto Alegre**	**SANTA CATARINA** Sigla: **SC** Capital: **Florianópolis**

Fonte: IBGE

CIÊNCIAS

Viagem espacial

Neste jogo, o seu foguete partirá de Mercúrio em uma viagem até Netuno. Para saber como jogar, leia as instruções na página 17.

Cassiano Röda/Arquivo da editora

Como jogar

- Destaque a imagem do Sistema Solar da página 15, os foguetes e as fichas abaixo. Misture as fichas e empilhe-as com o texto virado para baixo. Cada jogador posiciona seu foguete no planeta Mercúrio para começar a viagem.
- Na sua vez, cada jogador move seu foguete para o próximo planeta em direção a Netuno. Depois, pega uma ficha, obedece às indicações e passa a vez ao próximo.
- Vence o jogador que chegar primeiro a Netuno.

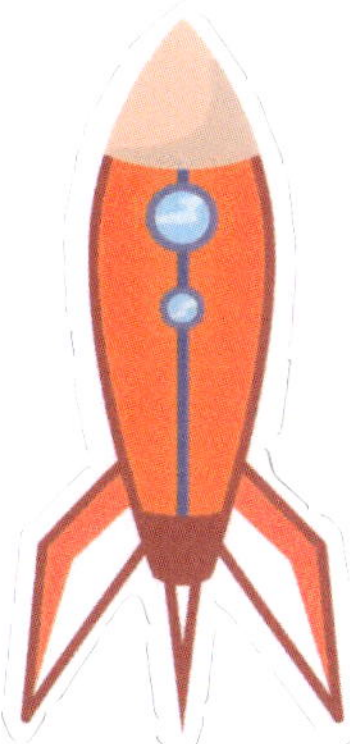

Ilustrações: Ilustra Cartoon/Arquivo da editora

Vá ao planeta onde há vida.	Fique onde está.	Vá ao planeta conhecido por seus anéis.	Vá ao segundo planeta depois da Terra.
Fique onde está.	Volte um planeta.	Pule um planeta.	Vá ao planeta mais próximo do Sol.
Vá até o quarto planeta.	Vá até o planeta anterior a Netuno.	Pule dois planetas.	Vá até o próximo planeta.

INGLÊS

Memory game

BOARD

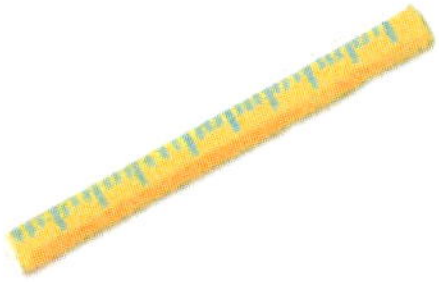

RULER

PENCIL

ERASER

PEN

NOTEBOOK

POLICE STATION

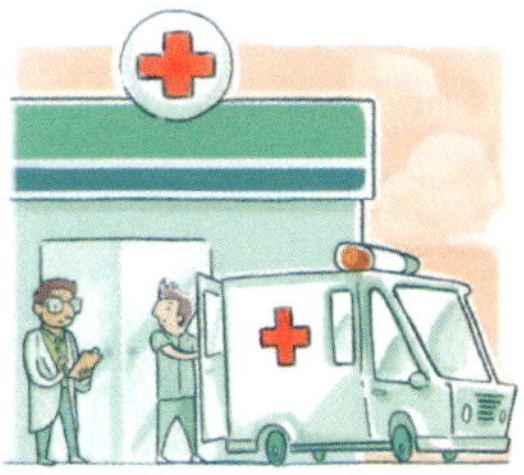

HOSPITAL

SUPERMARKET

FIRE STATION

Ilustrações: Valter Ferrari/Arquivo da editora

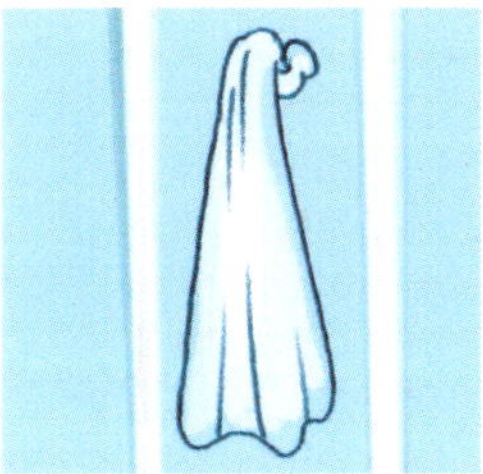

TOWEL

SHOWER

STOVE

CHAIR

TABLE

TELEVISION

SOFA

BED

PILLOW

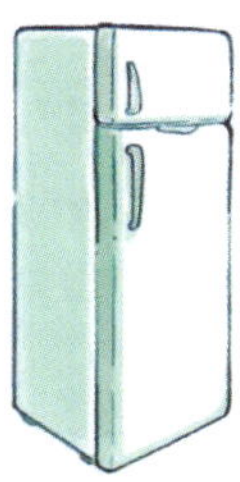

REFRIGERATOR

Ilustrações: Valter Ferrari/Arquivo da editora

ARTE

Quebra-cabeça

Monte a obra de Cézanne, colando as peças do quebra-cabeça em um pedaço de cartolina.

Museu Pushkin, Moscou, Rússia

Terça-feira gorda, óleo sobre tela de Paul Cézanne, 1888. Esta obra tem 102 cm de altura e 81 cm de largura.

MARIA TERESA • MARIA ELISABETE • ARMANDO COELHO

MARCHA CRIANÇA 4º ANO

INTEGRADO

LÍNGUA PORTUGUESA • MATEMÁTICA • HISTÓRIA
GEOGRAFIA • CIÊNCIAS • INGLÊS • ARTE

Caderno de atividades

editora scipione

MARCHA CRIANÇA
INTEGRADO

Caderno de atividades

Sumário

Língua Portuguesa

1. Leia esta matéria de jornal.

Lição de meio ambiente

Muitas crianças até sabem o que fazer a fim de garantir um futuro sustentável para o nosso planeta. Mas pôr em prática é outra coisa... "Futuro no meu jardim", um espetáculo de bonecos que está rodando pelas escolas do Rio desde o ano passado, ajuda a reforçar a necessidade de economizar água e energia elétrica, separar materiais recicláveis e produzir menos lixo.

E quem alerta para o perigo que a gente corre, caso isso não seja feito, é um menino que vem de um mundo castigado pela poluição e a falta d'água.

A história se passa no jardim da casa da avó de Augusto, um garoto que deixa as torneiras abertas por um tempão, gasta muito gás no banho e não se preocupa com as plantas. De repente, da árvore principal do jardim surge Júlio, um menino que vem de um futuro sóbrio em que a Floresta Amazônica foi quase toda desmatada.

O visitante desse mundo poluído, então, vai ensinar a Augusto como evitar que a Terra se torne um lugar praticamente inabitável. Ele mostra que energias limpas, como a solar, a eólica (dos ventos) e a geotérmica (que usa as forças do interior do planeta) são as melhores alternativas ao petróleo e a outras fontes poluentes.

[...]

Jornal **O Globo**. Rio de Janeiro, 30 abr. 2011. Globinho.

2. Releia o texto e circule os sinais de pontuação.

3. Releia o segundo parágrafo do texto, circulando as letras destacadas de acordo com a legenda.

 vogal

 consoante

4. Releia o primeiro parágrafo do texto e escreva as palavras que apresentam:

a) vogais juntas.

____

____

____

____

b) consoantes juntas.

____

____

____

____

5. Leia as palavras abaixo, observe os sinais nas vogais destacadas e escreva-as na coluna correta.

sustent**á**vel   at**é**   pr**á**tica   liç**ão**   est**á**   recicl**á**veis

p**ô**r   n**ão**   Amaz**ô**nica   poluiç**ão**   temp**ão**   ent**ão**

palavras com acento agudo	palavras com acento circunflexo	palavras com til
____________	____________	____________
____________	____________	____________
____________	____________	____________
____________	____________	____________
____________	____________	____________

6. Releia o terceiro parágrafo do texto e observe as letras destacadas.

a) Qual é a diferença entre as letras escritas em **verde** e as escritas em **vermelho**?

____

____

b) Explique por que as palavras em **verde** foram escritas com o tipo de letra em destaque.

A, **D**e: ____

Augusto: ____

Júlio: ____

Floresta **A**mazônica: ____

7. Empregue as palavras do quadro para completar os espaços. Depois, leia as frases.

Terra	terra	Brasil	brasileiro
Rio	rio	Floresta	floresta

a) Nos últimos anos o ______________ vem incentivando a preservação ambiental.

b) As escolas da cidade do ______________ de Janeiro assistem à peça sobre um mundo sustentável.

c) A história se passa em uma ______________.

d) O povo ______________ é a favor do consumo consciente.

e) O planeta ______________ possui mais água do que ______________.

f) A poluição das águas daquele ______________ matou os peixes.

g) O avião sobrevoa a ______________ Amazônica.

8. Separe as sílabas das palavras.

criança ______________________ ☐

recicláveis ______________________ ☐

muita ______________________ ☐

iguais ______________________ ☐

outra ______________________ ☐

energia ______________________ ☐

feito ______________________ ☐

ruim ______________________ ☐

poluído ______________________ ☐

enxaguei ______________________ ☐

eólica ______________________ ☐

torneiras ______________________ ☐

- Observe as separações silábicas e identifique os encontros vocálicos. Depois, pinte os quadrinhos de acordo com a indicação:

ditongo hiato tritongo

9. Leia o texto.

A loja da dona Raposa

Dona Raposa estava triste por ter de fechar sua loja. Num desabafo com a Onça-Pintada, ela explicou que as encomendas birutas dos bichos da floresta tornavam o seu trabalho impossível. Gravata para girafa, calça para centopeia... só pedidos absurdos! Depois de muitas queixas e lamúrias, dona Raposa descobriu que até a Onça procurava um produto especial: um creme para tirar manchas!

Catálogo literatura infantil. São Paulo: Scipione, 2010/2011.

a) Releia a primeira frase do texto e copie nos quadrinhos as letras da palavra que indica como estava dona Raposa:

☐ ☐ ☐ ☐ ☐ ☐

- Pinte as vogais dessa palavra de **azul**, e, de **verde**, as consoantes.

b) Nessa palavra, há qual tipo de encontro?

____

c) Copie do texto as palavras que indicam o que queriam a girafa, a centopeia e a onça.

______________________ ☐

______________________ ☐

______________________ ☐

- Escreva, nos quadrinhos, os encontros consonantais dessas palavras.

10. Separe as sílabas das palavras a seguir.

triste ______________ gravata ______________

calça ______________ creme ______________

floresta ______________ produto ______________

- Observe o encontro de consoantes dessas palavras e escreva-as na coluna correta.

o encontro de consoantes está	
na mesma sílaba	em sílabas diferentes

11. Releia o texto e copie as palavras em que há dígrafo.

______________ ☐ ______________ ☐

______________ ☐ ______________ ☐

______________ ☐ ______________ ☐

______________ ☐

- Escreva, nos quadrinhos, o dígrafo de cada palavra.

12. Leia a receita.

Bolinhos de chuva

Ingredientes:

1 lata de leite condensado

1 lata de creme de leite

2 xícaras (chá) de farinha de trigo

1 colher (sopa) de fermento em pó

Modo de preparo:

Misture bem todos os ingredientes até formar uma massa homogênea, porém ainda mole. Com duas colheres, pingue porções da massa em uma panela com óleo quente e frite até que fiquem douradas. Retire, escorra em papel absorvente e sirva a seguir.

Dica:

Polvilhe com açúcar e canela no momento de servir.

Rendimento:

50 unidades.

13. Separe as sílabas das palavras a seguir. Depois escreva nos quadrinhos o número de sílabas de cada uma.

bolinhos ____________ ☐

chuva ____________ ☐

leite ____________ ☐

farinha ____________ ☐

ingredientes ____________ ☐

panela ____________ ☐

com ____________ ☐

14. Escreva as palavras da atividade anterior na coluna correta.

mais de três sílabas	três sílabas	duas sílabas	uma sílaba

- Agora, pinte o título de cada coluna de acordo com a legenda.

monossílabo dissílabo trissílabo polissílabo

15. Leia as palavras destacadas no texto, separe-as em sílabas e circule a sílaba mais forte em cada uma delas:

16. A sílaba mais forte de uma palavra pode ser a **antepenúltima**, a **penúltima** ou a **última**. Escreva as palavras destacadas no texto na coluna correta.

proparoxítona	paroxítona	oxítona

17. Leia as palavras abaixo e observe as vogais destacadas.

x**í**caras	p**ó**	at**é**	por**é**m
homog**ê**nea	**ó**leo	aç**ú**car	ch**á**

a) Considere as vogais destacadas e complete o título de cada coluna do quadro.

palavras com acento ______	palavra com acento ______
______	______
______	______
______	______
______	______

b) Escreva as palavras na coluna correta.

18. Leia o texto.

A lagarta que tinha medo de voar

Era uma vez uma lagarta bem grande e bonita. Seu nome era Lia.

Ela morava num abacateiro com outros insetos. Conversava com todos, especialmente com suas colegas lagartas.

Lia era muito alegre e animada, até o dia em que soube que estava bem próximo para ela o momento mais importante da vida das lagartas: transformar-se em borboleta.

— Mas, afinal, o que é uma borboleta? — perguntou para sua amiga mais velha, que se preparava para o sono transformador.

— Borboleta é o ser mais lindo que eu conheço. Tem em suas asas todas as cores da natureza e voa com a leveza do vento.

[...]

A lagarta que tinha medo de voar, de Cleide Vilas. São Paulo: Paulinas, 2010.

19. Leia os substantivos e empregue os artigos **o** ou **a**.

______	lagarta	☐	______	nome	☐
______	abacateiro	☐	______	inseto	☐
______	dia	☐	______	momento	☐
______	vida	☐	______	borboleta	☐
______	amiga	☐	______	sono	☐
______	ser	☐	______	asa	☐
______	cor	☐	______	natureza	☐
______	vento	☐	______	leveza	☐

- Leia as sequências e escreva nos quadrinhos **s.m.** para **substantivo masculino** e **s.f.** para **substantivo feminino**.

20. Leia os substantivos e empregue os artigos **um** ou **uma**.

______ galinha ______ pavoa ______ dragoa ______ marreco

______ sapo ______ tigresa ______ cavalo ______ gaviã

- Observe o gênero dos substantivos acima e escreva-os na coluna correta.

substantivo masculino	substantivo feminino

21. Identifique no texto **A lagarta que tinha medo de voar** os substantivos que se referem aos adjetivos a seguir.

a) importante: ______

b) velha: ______

c) lindo: ______

22. Reescreva as sequências, substituindo as palavras destacadas por um substantivo masculino. Faça as alterações necessárias.

a) a **borboleta** medrosa

______

b) a **árvore** grande e bonita

______

c) a **cigarra** alegre e animada

______

23. Observe o exemplo e continue a escrever.

verbos	substantivos	adjetivos
ajudar	a ajuda	ajudado
	o desencanto	desencantado
		divertido
	a resposta	
lavar		
iluminar		
	o cansaço	
bater		

24. Complete os espaços com as formas verbais indicadas.

morar

A lagarta _______________ num abacateiro. futuro

Lia _______________ um tempo no abacateiro. pretérito

A lagarta _______________ feliz num abacateiro. presente

conversar

Lia e suas amigas _______________ sobre o assunto. futuro

A lagarta _______________ com todos. pretérito

Ela sempre _______________ com suas amigas lagartas. presente

25. Complete adequadamente as frases com os pronomes do quadro abaixo.

eu	elas	comigo	você	me	Vossa Alteza

a) Quando vier ao Rio de Janeiro, não deixe de falar _______________.

b) _______________ vive em um belo castelo.

c) _______________ não concordaram com a decisão.

d) Meus pais não _______________ deram escolha.

e) Estou atrasado! _______________ sabe que horas são?

f) _______________nunca comi aspargos.

Matemática

1. Como você já viu, há muito tempo os números fazem parte de nossa vida. Observe as fotos e escreva o que esses números estão indicando.

Diego Padgurschi/Folhapress

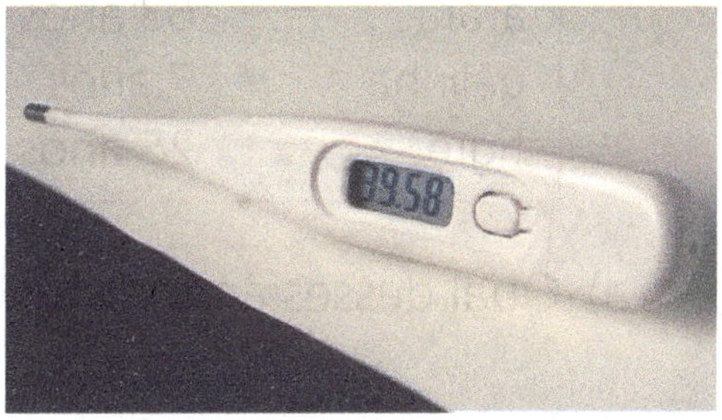

Frederico Ferrite/Editora Abril

Rubens Chaves

Rubens Chaves

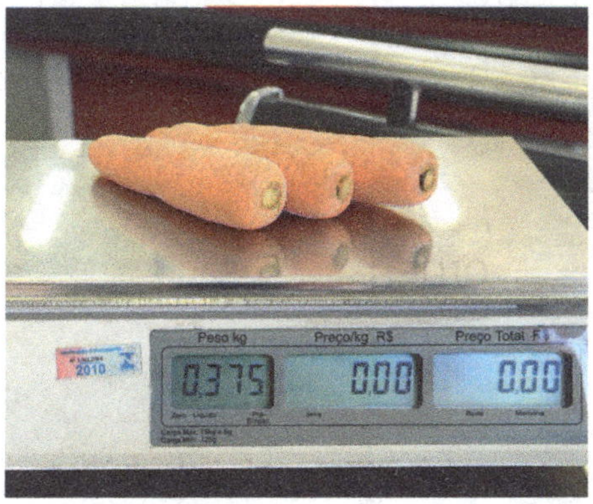

Fernando Favoretto/Criar Imagem

Divulgação/Editora Globo

2. No planeta Terra, há diversas espécies de animais. Observe o tempo médio de vida de alguns deles:

leão	→	25 anos	coelho	→	12 anos
cachorro	→	12 anos	jabuti	→	80 anos
arara	→	63 anos	cavalo	→	30 anos
galinha	→	7 anos	coruja	→	24 anos
tigre	→	25 anos	canguru	→	7 anos

a) Qual desses animais vive mais tempo?

____

b) Quais são os animais que vivem menos tempo?

____

c) Indique dois animais que têm o mesmo tempo médio de vida.

____

3. Complete as sequências numéricas:

			69			72
413		415	416			
	31	32				36
302		304				

4. Complete:

a) o número 546 tem ______________ ordens.

b) O 6 ocupa 1ª ordem, chamada ______________.

c) O 4 ocupa a 2ª ordem, chamada ______________.

d) O 5 ocupa a 3ª ordem, chamada ______________.

5. Rafaela escreveu dez algarismos indo-arábicos em fichas. Sorteou quatro e formou o número:

(9) (5) (7) (2)

Avalone/Arquivo da editora

- Complete:

a) O número formado tem ________________ ordens.

b) A ordem de maior valor é ________________.

c) O valor relativo do algarismo 5 é ________________.

d) O valor absoluto do algarismo 9 é ________________.

e) O menor número que se pode escrever usando as fichas sorteadas é ________________, e o maior é ________________.

6. Circule os números pares:

224   2 364   75   380   479   904   106

7. Risque os números ímpares:

207   439   1 204   905   412   1 523   103

8. Coloque 1 nos números usados para ordenar e 2 nos usados para contar:

a) Marta comprou cinco potes de biscoitos. ☐

b) Marcos foi o quinto a chegar à festa. ☐

c) Gabriela tem quarenta ursinhos de pelúcia em sua coleção. ☐

d) Na lista de alunos de sua classe, Gabriel é o vigésimo sexto. ☐

e) Na classe de Aline há trinta alunos. ☐

9. Usando R$ e algarismos, represente os seguintes valores:

a) quinhentos e trinta reais ______________________

b) trezentos e quatro reais ______________________

c) trinta e sete reais ______________________

d) mil, trezentos e setenta reais ______________________

e) oitocentos e quatro reais e vinte e cinco centavos ______________

10. Descubra os termos da adição, substituindo cada quadrinho pelo algarismo adequado.

a)
$$\begin{array}{r} 2\ 5\ 1\ \square \\ +\ 4\ \square\ \square\ 2 \\ \hline \square\ 5\ 9\ 9 \end{array}$$

b)
$$\begin{array}{r} 3\ \square\ 2\ 4 \\ +\ 4\ 4\ 3\ \square \\ \hline 7\ 5\ \square\ 9 \end{array}$$

c)
$$\begin{array}{r} 2\ 0\ \square\ \square \\ +\ \ \ \square\ 1\ 1 \\ \hline \square\ 3\ 7\ 9 \end{array}$$

11. Arme e efetue.

a) 4 238 − 2 618 = __________

b) 4 434 − 2 528 = __________

c) 2 935 − 1 050 = __________

d) 2 845 − 1 055 = __________

12. Complete e resolva as expressões numéricas:

a) 43 + 4 − 6 =
________ − 6 = ________

b) 307 + 40 − 16 + 20 =
________ − 16 + 20 =
________ + 20 = ________

c) 498 − 50 + 26 =
________ + 26 = ________

d) 83 − 21 − 25 + 15 =
________ − 25 + 15 =
________ + 15 = ________

13. Efetue:

UM	C	D	U
	7	3	8
×			8

UM	C	D	U
2	6	2	8
×			5

UM	C	D	U
4	0	7	3
×			5

14. Uma revista custa 10 reais. Calcule o preço de:

5 revistas ______________________

15 revistas ____________________

21 revistas ____________________

10 revistas ____________________

Ilustrações: MW Editora Ilustrações Ltda./Arquivo da editora

15. Calcule mentalmente e responda:

a) Um inseto tem 6 pernas. Quantas pernas têm 10 insetos?

____

b) No verão um sorveteiro vende, em média, 200 picolés por dia. Quantos picolés ele vende em uma semana?

____

16. Observe a quantidade de produtos que há em cada embalagem. Escreva quantas unidades a papelaria comprou.

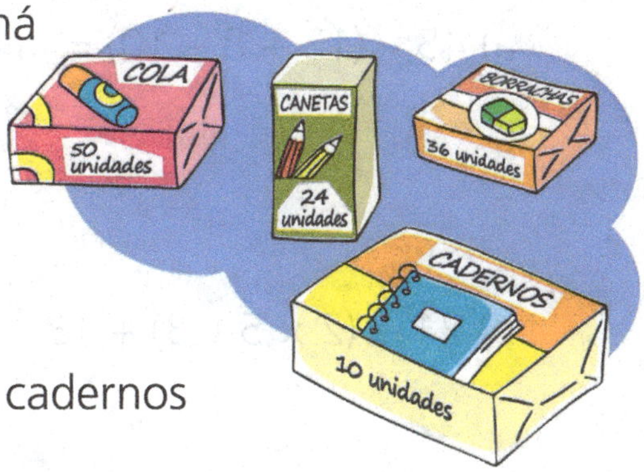

a) 10 caixas de cola → ________ tubos de cola

b) 15 pacotes de caderno → ________ cadernos

c) 20 caixas de caneta → ________ canetas

d) 50 caixas de borracha → ________ borrachas

17. Escreva os 5 menores múltiplos de 7. ____________________

18. Determine os múltiplos de 20 compreendidos entre 15 e 70.

____

19. Determine o dividendo da divisão a seguir:

$$\begin{array}{r|l} & 8 \\ \hline 2 & 6 \end{array}$$

20. Calcule os quocientes abaixo:

a) 5 200 ÷ 100 = ______

b) 400 ÷ 10 = ______

c) 13 000 ÷ 1 000 = ______

d) 36 000 ÷ 1 000 = ______

e) 1 200 ÷ 10 = ______

f) 23 000 ÷ 100 = ______

21. Indique com um X se o número é divisível por 2, 3, 5, 9 ou 10:

	2	**3**	**5**	**9**	**10**
405					
702					
840					

22. Resolva as expressões numéricas:

a) 45 – (15 + 8 – 10) =

c) 27 + (19 – 7) – 8 =

b) 21 ÷ (2 × 5 – 3) + 13 =

d) (20 – 5 + 8) × 2 =

23. Observe as imagens e escreva o nome de cada sólido geométrico.

_______________ _______________ _______________

_______________ _______________ _______________

24. Veja a figura e complete a frase.

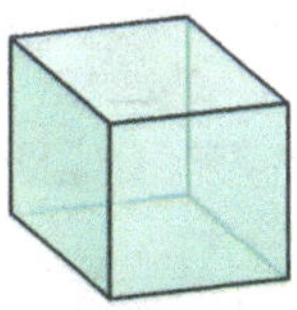

O cubo tem ________ faces, ________ vértices e ________ arestas.

25. Classifique os ângulos em reto, agudo ou obtuso:

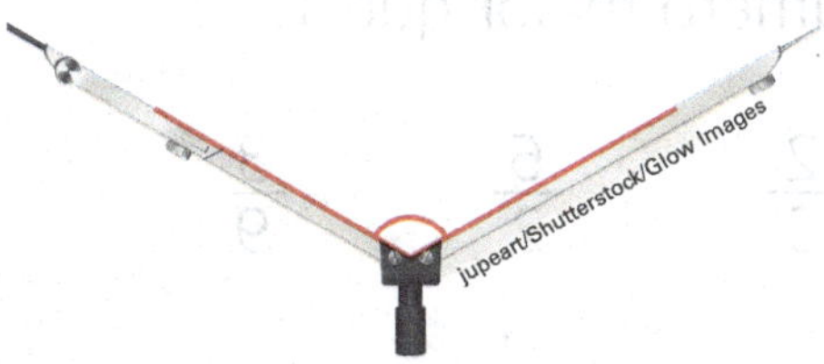

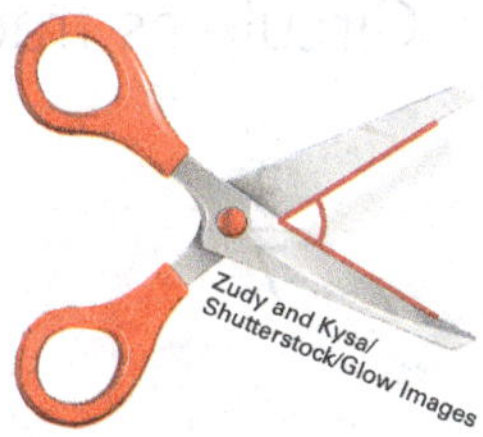

_______________ _______________ _______________

26. Quantos lados e ângulos há nesses polígonos?

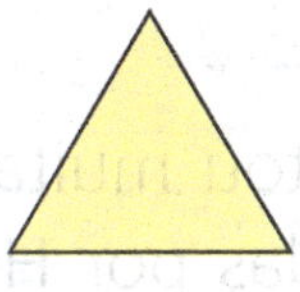

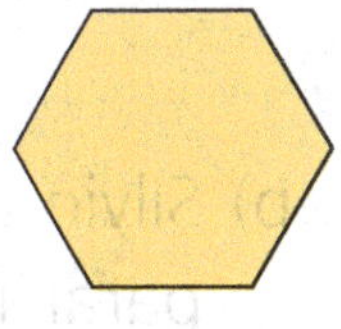

____________ ____________ ____________ ____________

____________ ____________ ____________ ____________

27. Escreva a fração que representa a parte que resta de cada alimento:

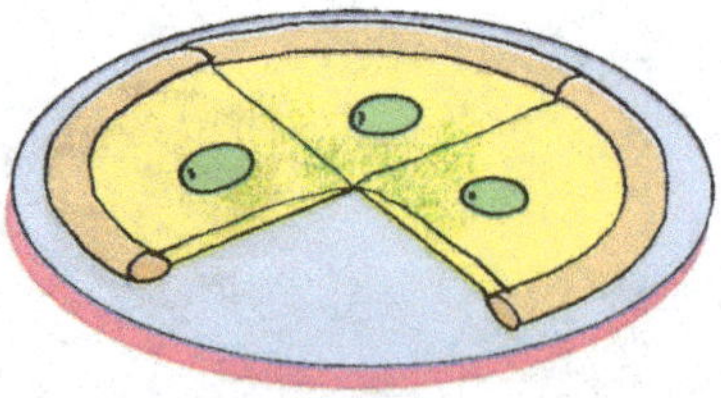

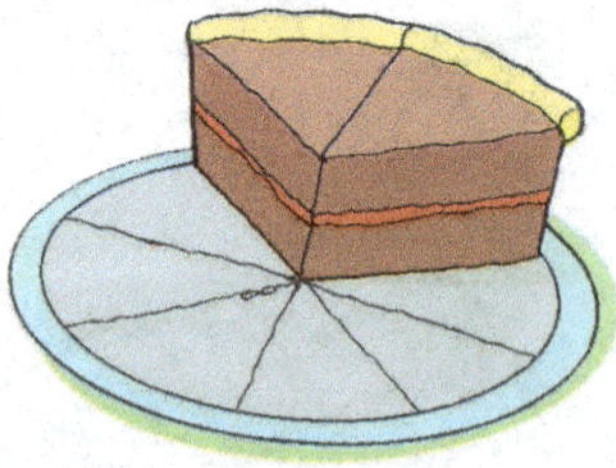

Ilustrações: MW Editora Ilustrações Ltda./Arquivo da editora

28. Observe a figura e responda: a parte colorida da figura pode ser representada pela fração $\frac{2}{4}$? Justifique.

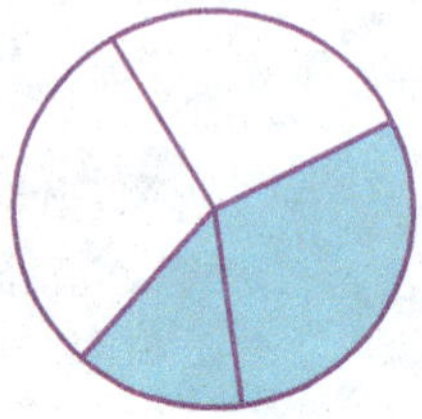

____

29. Calcule:

a) $\frac{3}{4}$ de 16 bananas → ______________ = ______

b) $\frac{7}{9}$ de 54 maçãs → ______________ = ______

c) $\frac{4}{5}$ de 45 laranjas → ______________ = ______

30. Circule as frações que representam um número maior que 1:

$\frac{3}{7}$ $\frac{6}{5}$ $\frac{9}{8}$ $\frac{1}{3}$ $\frac{2}{3}$ $\frac{6}{2}$ $\frac{3}{9}$

31. Calcule mentalmente e responda:

a) Humberto usou $\frac{24}{2}$ de folhas para preparar o trabalho. Quantas folhas ele usou?

____

b) Sílvio achou que Humberto gastou muitas folhas. Ele resolveu separar metade das folhas utilizadas por Humberto. Quantas folhas Silvio separou?

____

32. Transforme as frações impróprias em números mistos:

a) $\frac{5}{2} =$

b) $\frac{10}{6} =$

c) $\frac{13}{8} =$

d) $\frac{18}{4} =$

33. Agora transforme os números mistos em frações impróprias:

a) $3\frac{7}{8} =$

b) $13\frac{1}{2} =$

c) $1\frac{5}{7} =$

d) $8\frac{2}{5} =$

34. Pinte a fração correspondente e complete:

$\frac{2}{6}$ 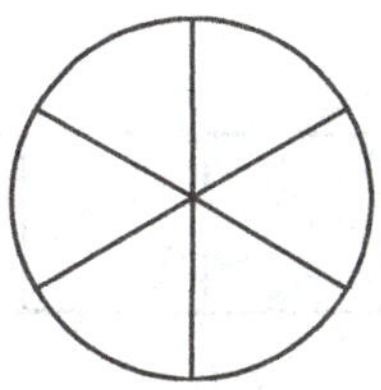

$\frac{5}{6}$ 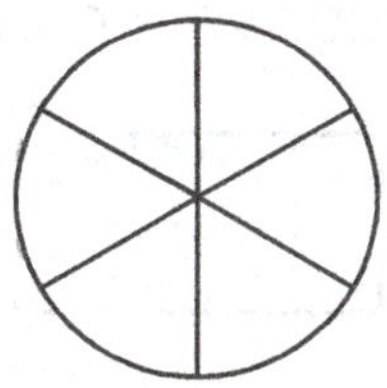

$\frac{3}{6}$ 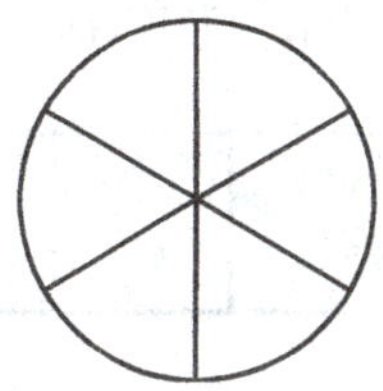

A maior fração é ______. A menor fração é ______.

35. Na hora do lanche, a mãe de Leonardo dividiu uma minitorta entre ele e sua irmã Larissa.

Sérgio Cântara/Arquivo da editora

• Quem está certo, Leonardo ou Larissa? Por quê?

____

36. Efetue:

a) $\frac{3}{7} + \frac{1}{7} + \frac{2}{7} =$

b) $\frac{4}{8} + \frac{2}{8} =$

c) $\frac{4}{15} + \frac{3}{15} + \frac{5}{15} =$

d) $\frac{3}{10} + \frac{1}{10} + \frac{5}{10} =$

37. Efetue as subtrações:

a) $\frac{7}{5} - \frac{3}{5} =$

b) $\frac{4}{9} - \frac{3}{9} =$

c) $\frac{11}{8} - \frac{7}{8} =$

d) $\frac{6}{7} - \frac{2}{7} =$

38. Indique as frações e efetue. Veja o exemplo.

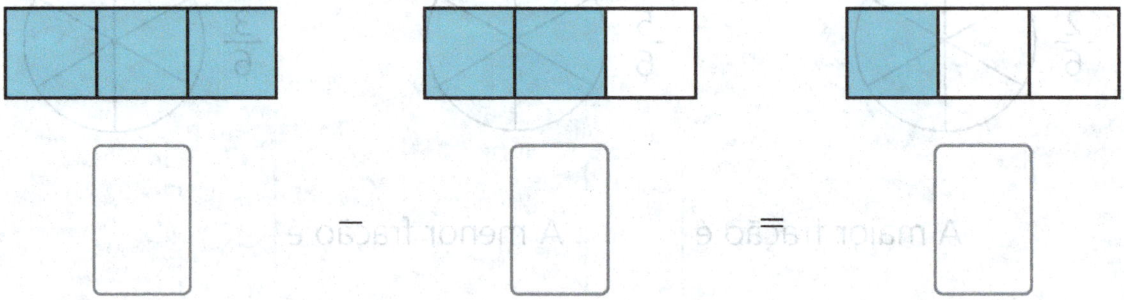

39. Calcule mentalmente e responda:

a) Um relógio marca 15 horas e 35 minutos, mas está adiantado 20 minutos. Que horas são?

b) Rita viajou durante dois meses. Quantos dias ela viajou?

c) Numa cidade, choveu 13 dias no mês de junho. Durante quantos dias não choveu?

40. Escreva as frações por extenso e em forma de números decimais:

a) $\frac{7}{10}$ → ______________________ → ______________

b) $\frac{3}{10}$ → ______________________ → ______________

c) $\frac{1}{10}$ → ______________________ → ______________

41. Complete com os símbolos <, > ou =:

a) 2,31 ______ 3,15

b) $\frac{74}{100}$ ______ 0,74

c) $\frac{64}{100}$ ______ $\frac{9}{100}$

42. Observe a figura e represente sob a forma de fração decimal e de número decimal correspondente:

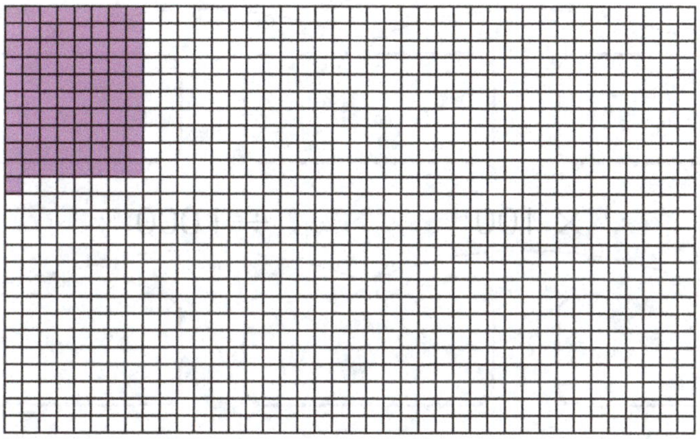

- Fração decimal: ☐
- Número decimal: ______________

43. Faça os cálculos mentalmente e responda:

a) Quantos centésimos tem 1 inteiro? E quantos milésimos?

____

b) Com 140 centésimos, pode-se formar 1 inteiro? Sobram centésimos? Quantos?

____

c) Com 1 012 milésimos, pode-se formar 1 inteiro? Sobram milésimos? Quantos?

____

44. Arme e efetue:

a) $2 + 0{,}3 + 0{,}9 =$ b) $3{,}4 - 2{,}3 =$ c) $5{,}68 \times 4 =$

45. Complete as sequências.

	÷ 100	× 10	÷ 1 000
4 398,2			

	÷ 10	× 100	× 1 000
3 641,8			

	÷ 1 000	× 100	÷ 1 000
530			

46. A tabela mostra a altura de 5 jogadoras do time de vôlei. Observe:

jogadoras	altura (em metros)
Fernanda	1,84
Adriana	1,78
Fabiana	1,89
Beatriz	1,67
Camila	1,91

- Escreva o nome dessas jogadoras em ordem decrescente de altura.

47. Calcule o perímetro e a área da figura abaixo. Cada quadradinho tem 1 cm de lado.

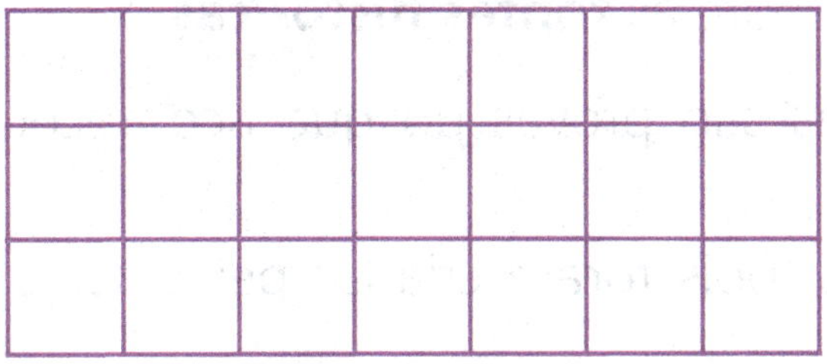

Perímetro: ______________

Área: ______________

48. Veja as quantidades de material reciclável que uma cooperativa coletou.

material	quantidade (em tonelada)
papelão	120,5
lata	80,95
vidro	165,16

- No total, foram coletadas ______________ toneladas de material reciclável.

49. Observe cada embalagem e escreva por extenso a medida que indica sua capacidade:

350 mL

____

____

1,5 mL

____

____

200 mL

____

____

1 mL

____

____

Ilustrações: Avalone/Arquivo da editora

História

1. Assinale a afirmação verdadeira sobre as **fontes históricas**.

☐ Podem ser estudadas, pois são provas do que aconteceu no passado.

☐ Não podem ser estudadas, pois foram criadas pelos seres humanos.

☐ Podem ser estudadas, pois são indícios do que aconteceu no passado.

☐ Não podem ser estudadas, pois é impossível conhecer o passado.

2. O tempo pode ser medido de diferentes formas. O texto a seguir mostra como é a noção de tempo para alguns povos indígenas:

> A maloca, a aldeia e a mata formavam e formam um pequeno universo onde todos crescem convivendo com o ritmo do tempo, que não era marcado por relógios ou calendários. Os índios se orientam pelas mudanças da natureza. O bebê não leva nove meses para nascer, e sim dez luas, como ainda marcam os Xavante. Um acontecimento pode ser notado pela chegada das chuvas, pelo canto dos pássaros, pela desova dos peixes, ou pela floração das árvores. Cada coisa acontece no seu tempo. Inclusive caçar e pescar [...].
>
> **Pindorama: terra das palmeiras**, de Marilda Castanha. São Paulo: Cosac Naify, 2007. p.14.

maloca: tipo de habitação indígena.

- Assinale a alternativa correta de acordo com o texto.

☐ Muitos indígenas não sabem medir o tempo, pois não utilizam calendários.

☐ Alguns povos indígenas medem a passagem do tempo orientando-se pelas mudanças da natureza.

☐ Os indígenas necessitam do uso de calendários, pois só assim eles conseguem medir a passagem do tempo.

3. Os historiadores utilizam muitas fontes históricas para entender como era a vida em épocas e lugares diferentes. Essas fontes podem possuir características diversas, como forma, tamanho e época de produção.

- Escolha uma fonte histórica disponível na sua casa (pode ser uma foto, um documento pessoal, um jornal, uma revista, etc.) e escreva:

a) Qual fonte você escolheu?

____

b) Quando ela foi produzida?

____

c) O que é possível saber por meio da análise dela? Cite um exemplo.

____

4. Assinale as afirmações corretas e reescreva o que estiver incorreto, corrigindo as frases:

☐ Em 1500, quando os indígenas chegaram às terras que hoje formam o Brasil, encontraram muitos portugueses.

☐ Os indígenas alimentavam-se da carne dos animais que caçavam e de peixes que pescavam, além de comer diversas frutas, milho e mandioca.

☐ De modo geral, os europeus acreditavam em vários deuses, diferentemente da maioria dos indígenas, que acreditavam em um único deus.

☐ O contato entre indígenas e europeus influenciou os modos de vida dessas populações no Brasil. Assim, muitos hábitos indígenas foram incorporados pelos europeus e vice-versa.

____

____

____

5. Utilize as palavras do quadro para completar o texto abaixo sobre o início da colonização do Brasil.

terra	colônia	capitanias	herança	faixas

Em 1536, com o objetivo de colonizar, cultivar e defender o território ocupado, o governo português decidiu dividir a ________________ em quinze grandes ________________ de ________________, que foram doadas a portugueses ricos. Esses lotes podiam ser transmitidos como ________________ de pai para filho, por isso foram chamados de ________________ hereditárias.

6. Leia o texto abaixo. Depois responda à pergunta.

> Desde que os portugueses se lançaram ao mar no século XV, a grande expectativa era encontrar ouro. Não foi diferente em 1500, quando puseram os pés na terra que batizaram de Santa Cruz. O sonho só foi plenamente realizado dois séculos mais tarde, no coração da região que formaria as Minas Gerais.
>
> Disponível em: <www.revistadehistoria.com.br/secao/livros/o-sonho-dourado-luso-brasileiro>. Acesso em: 2 abr. 2014.

- A que fatos históricos o autor se refere ao dizer que:

a) Os portugueses "puseram o pé nas terras que batizaram de Santa Cruz"?

____

____

b) O sonho "só foi plenamente realizado dois séculos mais tarde"?

____

____

7. Existem diferentes tipos de fontes históricas. Observe as fontes a seguir e classifique-as em fontes escritas ou iconográficas.

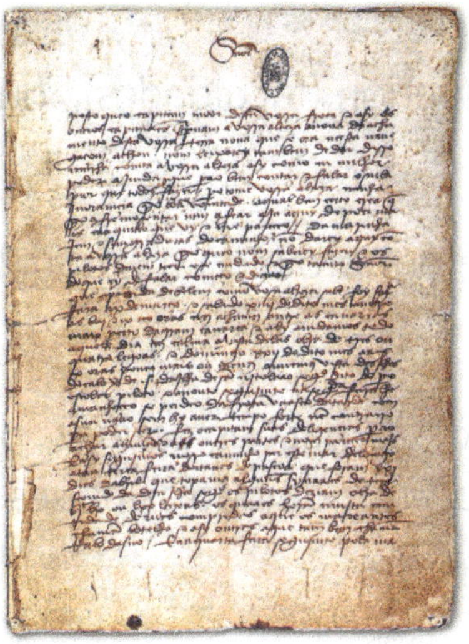

Carta de Pero Vaz de Caminha ao rei de Portugal, dom Manuel, escrita em 1º de maio de 1500.

Cerimônia de Sagração de dom Pedro I no Rio de Janeiro, de Jean Baptiste Debret, 1839.

Diario Popular

A LEI AUREA

Jornal **Diário popular**, São Paulo, 14 de maio de 1888.

Lavagem de diamantes em Minas Gerais. Foto de cerca de 1800.

- Além das fontes que você observou, existe outro tipo de fonte que é estudado por meio de entrevistas. Que tipo de fonte é essa?

8. Muitas mudanças ocorreram após a chegada da família real portuguesa ao Brasil. Sobre essas mudanças, assinale **V** para as frases verdadeiras e **F** para as falsas.

☐ Fechamento das escolas de Ensino Superior (faculdades), que passaram a ser proibidas.

☐ Instalação de fábricas na colônia, o que era proibido até aquele momento.

☐ Ocorreu a abertura dos portos brasileiros às nações amigas, ou seja, passou a ser permitido comprar produtos de outros países e vender os produtos brasileiros para eles.

9. Utilize as palavras do quadro para completar as frases sobre o início do período imperial no Brasil.

Brasil	João	imperador
Pedro	Reinado	
Constituição	documento	Portugal

a) Antes de retornar a ________________, dom ________________ deixou seu filho, dom Pedro como governante do ________________. Pressionado a voltar para seu país de origem, dom ________________ anunciou que permaneceria no Brasil. Esse episódio ficou conhecido como Dia do Fico.

b) A elaboração da primeira ________________ brasileira, em 1824, foi um dos principais acontecimentos do início do Primeiro ________________. Esse ________________ garantia grande poder ao ________________ dom Pedro I.

10. Explique, com suas palavras, por que foi adotado o sistema de regências para governar o Brasil.

11. Assinale a(s) frase(s) verdadeira(s) e reescreva a(s) falsa(s), corrigindo-a(s).

- [ ] Durante o reinado de dom Pedro II, o café foi um dos principais produtos agrícolas cultivados no Brasil.
- [ ] No Brasil, as grandes fazendas de café surgiram no Rio de Janeiro e também na região do Vale de São Paulo, no interior da Paraíba.
- [ ] O Brasil não participou da Guerra do Paraguai.
- [ ] O Brasil, o último dos aliados a deixar a Guerra do Paraguai, saiu vitorioso, mas, para isso, aumentou muito suas dívidas com as despesas de guerra.

12. Até 1839 não existia fotografia. O gravador e a filmadora só seriam inventados muito tempo depois. Assim, os **viajantes estrangeiros** que visitavam o continente americano procuravam registrar, por meio de desenhos ou relatos escritos, boa parte daquilo que viam. Leia o texto abaixo, do francês Jean-Baptiste Debret, que viveu no Brasil entre 1816 e 1831.

> Espantado à primeira vista com a multidão imensa de escravos espalhados pelas ruas do Rio de Janeiro, o observador mais calmo reconhece logo, pelo caráter particular da dança e do canto, cada uma das nações negras que aí se encontram confundidas.
>
> É principalmente nas praças e em torno dos chafarizes, lugares de reunião habitual dos escravos, que muitas vezes um deles inspirado pela saudade da mãe-pátria recorda algum canto. Ao ouvir a voz desse compatriota, os outros, repentinamente entusiasmados, se aglomeram em torno do cantor e acompanham cada estrofe com um refrão nacional ou simplesmente um grito determinado [...].
>
> **Viagem pitoresca e histórica ao Brasil**, de Jean-Baptiste Debret. São Paulo: Melhoramentos, 1971, p. 94.

- Agora observe a figura abaixo e responda no caderno.

a) O que você vê na imagem? Troque ideias com os colegas. Eles observaram algo diferente de você? Quais são essas diferenças?

b) Ao centro da imagem há um homem cantando e tocando um instrumento musical. Que instrumento é esse?

O velho Orfeu africano, aquarela sobre papel, de Jean-Baptiste Debret, 1826.

c) Esse instrumento é muito comum na prática de um esporte criado pelos africanos que viviam no Brasil. Que esporte é esse? Como ele é praticado?

13. Leia o texto a seguir:

> Vários acontecimentos fizeram crescer as cidades brasileiras.
>
> Um deles foi a abertura dos portos, quando o Brasil conseguiu o direito de exportar açúcar, algodão, fumo, madeira e outros produtos para qualquer país, sem a interferência de Portugal.
>
> Outro acontecimento foi a chegada de mudas de cafeeiro trazidas da África. [...] Em pouco tempo, graças ao trabalho dos escravos, as plantações de café cobriam áreas cada vez mais extensas.
>
> A proibição do comércio de escravos levou os fazendeiros a investir o dinheiro ganho no café na construção de ferrovias. De norte a sul, as linhas de trem começaram a ligar o interior aos portos. [...] As cidades portuárias cresceram, bem como as vilas e cidades ao longo das linhas de trem.
>
> Outro acontecimento importante [...] foi a permissão para a fabricação de tecidos no Brasil. Várias tecelagens clandestinas do interior se mudaram para as cidades e passaram a atrair muita gente do campo, pois empregavam mulheres e crianças. [...].
>
> **Cidades brasileiras: do passado ao presente**, de Rosicler Martins Rodrigues. São Paulo: Moderna, 2003.

- Como você viu, na época do Segundo Reinado, muitas pessoas saíram do campo para trabalhar nas cidades, que cresciam muito. Com base nessas informações, responda às questões a seguir.

a) Quais fatores fizeram a população das cidades brasileiras crescer? Cite dois.

____

____

b) O que a "abertura dos portos" permitiu ao Brasil?

____

____

14. Leia o texto e observe o detalhe da capa da *Revista Illustrada*.

Trabalho escravo

Sempre se soube que há no Brasil milhares de pessoas sujeitas a trabalhos forçados ou jornadas excessivas, prisioneiras de dívidas contraídas com empregadores, em condições análogas à da escravidão, mas só há pouco esse problema foi, literalmente, mapeado. Trata-se do Atlas do Trabalho Escravo no Brasil, elaborado por geógrafos da Unesp e da USP.

Revista Illustrada/Biblioteca Nacional, Rio de Janeiro, RJ.

Detalhe da capa da *Revista Illustrada* de 19 de maio de 1888, com ilustração de Angelo Agostini.

A escravidão contemporânea é mais comum em regiões remotas do País, mas é mais abrangente do que geralmente se pensa: das 27 unidades federativas do País, apenas em 5 a Comissão Pastoral da Terra (CPT) não encontrou trabalhadores mantidos como escravos nos últimos anos.

Os números são impressionantes: de 1995 a 2008, último ano pesquisado, 42 mil brasileiros foram libertados da escravidão pela CPT. Desde então, autuações têm sido feitas também pelo Ministério do Trabalho, podendo haver, evidentemente, muitos outros casos não detectados. O objetivo do Atlas foi justamente o de ajudar o poder público a avaliar a probabilidade da existência de trabalho escravo em regiões ou setores específicos da economia. [...].

Disponível em: <www.estadao.com.br/noticias/impresso,trabalho-escravo-,884185,0.htm>. Acesso em: 4 abr. 2014.

- Agora responda no caderno.

a) O que a capa da revista informa?

b) O que o texto informa?

c) Há uma grande diferença entre a informação da capa da revista e o texto que você leu? Que diferença é essa?

15. Observe as fontes a seguir e classifique-as de acordo com o período da história do Brasil em que elas foram produzidas: colonial, imperial ou republicano.

Lei Áurea, assinada em 13 de maio de 1888.

____

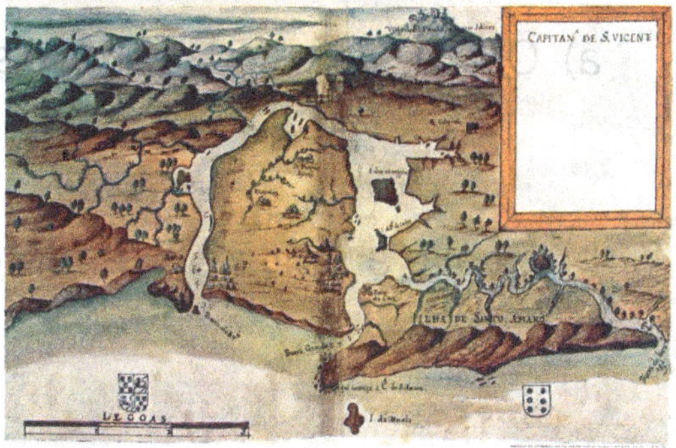

Mapa da capitania de São Vicente, de João Teixeira Albemas, 1631.

____

Imigrante japonês peneirando café junto com brasileiro. São Paulo, década de 1930.

____

Jogar capoeira, de Johann Moritz Rugendas, 1835.

____

Segunda Constituição do Brasil, publicada em 24 de fevereiro de 1891.

____

Escravos na extração de diamantes, de Carlos Julião, século XVIII.

____

Geografia

1. Responda:

a) Quem são os responsáveis pelo governo do município?

b) Qual é a função de um prefeito no município?

2. Procure saber e responda:

a) Quando ocorreram as últimas eleições municipais?

b) Quem foi eleito prefeito de seu município?

3. Observe as fotos.

Mauricio Simonetti/Pulsar Imagens

Curitiba (PR). Foto de 2012.

Gerson Gerloff/Pulsar Imagens

Mostardas (RS). Foto de 2014.

- Agora, responda às perguntas no caderno:

a) Qual das fotos mostra uma cidade grande?

b) O lugar onde você mora é parecido com alguma das cidades fotografadas? Explique aos colegas os motivos pelos quais você acha isso.

4. Observe a figura e, depois, assinale a resposta:

a) Os vegetais foram cultivados:

☐ na área rural ☐ na área urbana

b) Os vegetais estão sendo vendidos:

☐ na área rural ☐ na área urbana

Gerson Gerloff/Pulsar Imagens

Santa Maria (RS), 2014.

5. Complete as informações corretamente, usando as palavras do quadro.

cultivo	animais	industriais	comerciais	alimentos

a) As principais atividades econômicas desenvolvidas na área rural são o ____________ de ____________ e a criação de ____________.

b) Na área urbana, predominam as atividades ____________, ____________ e de prestação de serviços.

6. O professor vai mostrar o mapa de seu estado dividido em municípios.

a) Localize o município onde você mora e a capital de seu estado.

b) Após localizar seu município, complete a ficha:

Municípios vizinhos

Ao Norte: ____________.

Ao Sul: ____________.

A Leste: ____________.

A Oeste: ____________.

7. Observe a placa e informe o que ela indica.

Iara Venanzi/kino.com.br

- Agora é sua vez! Imagine que você está saindo de seu município e seguindo para o Norte. Que placa de limite você vai encontrar na estrada? Desenhe-a.

8. Assinale apenas as frases com afirmações corretas.

a) ☐ O estado de Rondônia faz parte da região Centro-Oeste.

b) ☐ A região Norte é formada por sete estados.

c) ☐ Santa Catarina faz parte da região Sul.

9. Complete o quadro com o nome de alguns estados brasileiros e as suas respectivas siglas e capitais.

estado	sigla	capital

10. Pesquise e registre nas linhas abaixo:

a) Por que se acrescenta cloro à água?

____

b) Em seu município, a água consumida recebe tratamento?

____

11. Leia com atenção o texto a seguir.

O que é o tempo?

Se pensarmos no sentido histórico, o tempo é a duração dos acontecimentos.

Já o tempo atmosférico está relacionado ao estado do ar.

Quando pensamos nas condições meteorológicas de um local em determinado momento, estamos falando de **tempo.** O tempo pode variar bastante num único dia: amanhecer com muito sol e calor, depois ficar nublado e, à noite, chover e fazer frio.

O que é o clima?

Neste exato momento, Porto Alegre, Rio de Janeiro e Belém registram temperaturas diferentes. Muito provavelmente, o frio na capital do Rio Grande do Sul é mais intenso do que no Rio de Janeiro e faz mais calor em Belém do que nessas outras duas cidades. Isso é influência do **clima.**

O clima define a temperatura média em diferentes épocas do ano, o regime de chuvas, a vegetação e até o tipo de ocupação humana.

Será que vai chover? Disponível em: <www.cptec.inpe.br>. Acesso em: 30 nov. 2010. Texto adaptado.

- Com base no texto, explique com suas palavras a diferença entre **tempo** e **clima**.

____

____

12. Observe a seguir o mapa de previsão do tempo para as capitais do Brasil no dia 20 de maio de 2014. Depois, responda às perguntas no caderno.

Editoria de Arte/Folhapress

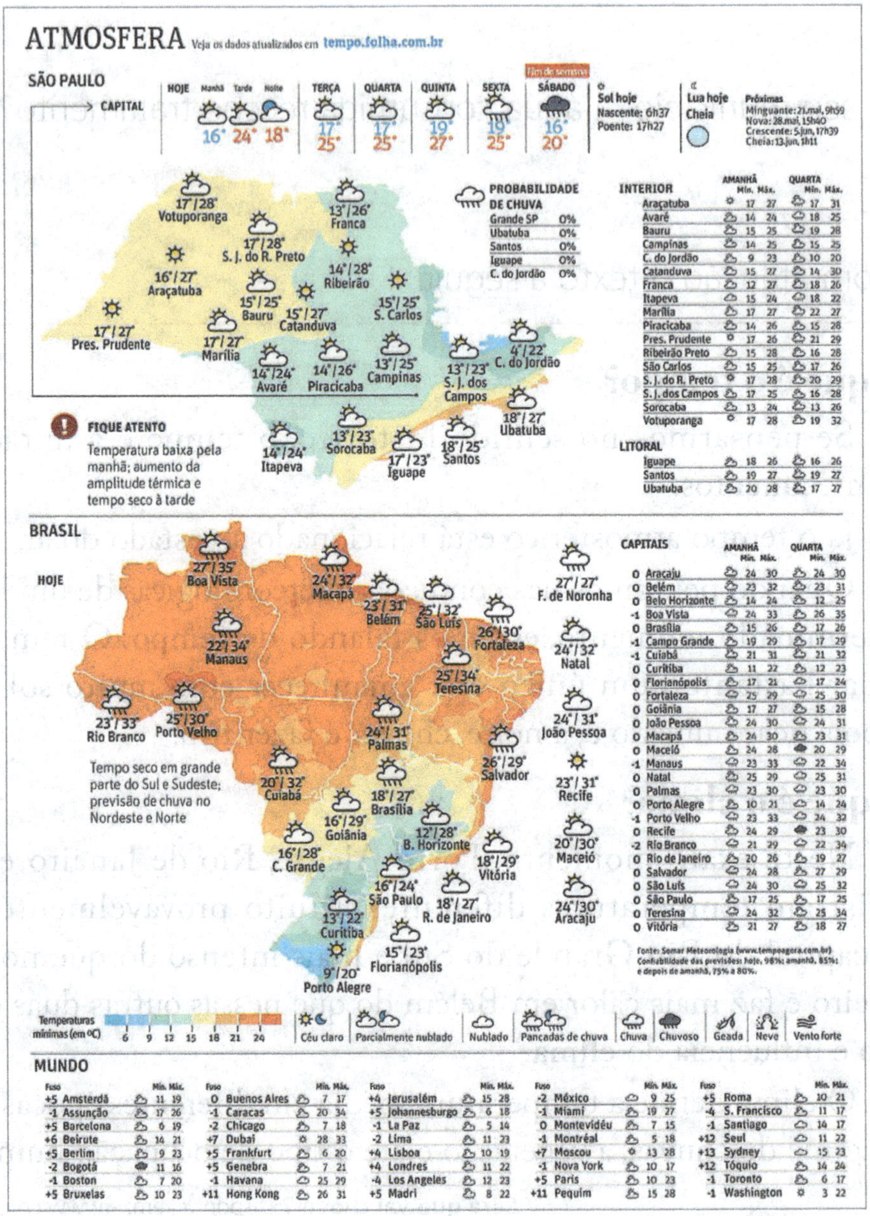

ATMOSFERA Veja os dados atualizados em tempo.folha.com.br

SÃO PAULO

CAPITAL

HOJE Manhã	HOJE Tarde	HOJE Noite	TERÇA	QUARTA	QUINTA	SEXTA	SÁBADO (Fim de semana)
16°	24°	18°	17° / 25°	17° / 25°	19° / 27°	19° / 25°	16° / 20°

Sol hoje
Nascente: 6h37
Poente: 17h27

Lua hoje
Cheia

Próximas
Minguante: 21.mai, 9h59
Nova: 28.mai, 15h40
Crescente: 5.jun, 17h39
Cheia: 13.jun, 1h11

PROBABILIDADE DE CHUVA

Grande SP	0%
Ubatuba	0%
Santos	0%
Iguape	0%
C. do Jordão	0%

INTERIOR	AMANHÃ Mín.	AMANHÃ Máx.	QUARTA Mín.	QUARTA Máx.
Araçatuba	17	27	17	31
Avaré	14	24	18	25
Bauru	15	25	19	28
Campinas	14	25	15	25
C. do Jordão	9	23	10	20
Catanduva	15	27	14	30
Franca	12	27	18	26
Itapeva	15	24	18	22
Marília	17	27	22	27
Piracicaba	14	26	15	28
Pres. Prudente	17	26	21	29
Ribeirão Preto	15	28	16	28
São Carlos	15	25	17	26
S. J. do R. Preto	17	28	20	29
S. J. dos Campos	17	25	16	28
Sorocaba	13	24	13	26
Votuporanga	17	28	19	32

LITORAL	AMANHÃ Mín.	AMANHÃ Máx.	QUARTA Mín.	QUARTA Máx.
Iguape	18	26	16	26
Santos	19	27	19	27
Ubatuba	20	28	17	27

FIQUE ATENTO
Temperatura baixa pela manhã; aumento da amplitude térmica e tempo seco à tarde

BRASIL

HOJE

Tempo seco em grande parte do Sul e Sudeste; previsão de chuva no Nordeste e Norte

	CAPITAIS	AMANHÃ Mín.	AMANHÃ Máx.	QUARTA Mín.	QUARTA Máx.
0	Aracaju	24	30	24	30
0	Belém	23	32	23	31
0	Belo Horizonte	14	24	12	25
-1	Boa Vista	24	33	26	35
0	Brasília	15	26	17	26
-1	Campo Grande	19	29	17	29
-1	Cuiabá	21	31	21	32
0	Curitiba	11	22	12	23
0	Florianópolis	17	21	17	24
0	Fortaleza	25	29	25	30
0	Goiânia	17	27	15	28
0	João Pessoa	24	30	24	31
0	Macapá	24	30	23	31
0	Maceió	24	28	20	29
-1	Manaus	23	33	22	34
0	Natal	25	29	25	31
0	Palmas	23	30	23	30
0	Porto Alegre	10	21	14	24
-1	Porto Velho	23	33	24	32
0	Recife	24	29	23	30
-2	Rio Branco	21	29	22	34
0	Rio de Janeiro	20	26	19	27
0	Salvador	24	28	27	29
0	São Luís	24	30	25	32
0	São Paulo	17	25	17	25
0	Teresina	24	32	25	34
0	Vitória	21	27	18	27

Fonte: Somar Meteorologia (www.tempoagora.com.br) Confiabilidade das previsões: hoje, 98%; amanhã, 85%; e depois de amanhã, 75% a 80%.

Temperaturas mínimas (em °C): 6, 9, 12, 15, 18, 21, 24

Céu claro | Parcialmente nublado | Nublado | Pancadas de chuva | Chuva | Chuvoso | Geada | Neve | Vento forte

MUNDO

Fuso	Cidade	Mín.	Máx.
+5	Amsterdã	11	19
-1	Assunção	17	26
+5	Barcelona	6	19
+6	Beirute	14	21
+5	Berlim	9	23
-2	Bogotá	11	16
-1	Boston	7	20
+5	Bruxelas	10	23
0	Buenos Aires	7	17
-1	Caracas	20	34
-2	Chicago	7	18
+7	Dubai	28	33
+5	Frankfurt	6	20
+5	Genebra	7	21
-1	Havana	25	29
+11	Hong Kong	26	31
+4	Jerusalém	15	28
+5	Johannesburgo	6	18
-1	La Paz	5	14
-2	Lima	11	23
+4	Lisboa	10	19
+4	Londres	11	22
-4	Los Angeles	12	23
+5	Madri	8	22
-2	México	9	25
-1	Miami	19	27
0	Montevidéu	7	15
-1	Montréal	5	18
+7	Moscou	13	28
-1	Nova York	10	17
+5	Paris	10	23
+11	Pequim	15	28
+5	Roma	10	21
-4	S. Francisco	11	17
-1	Santiago	14	17
+12	Seul	11	22
+13	Sydney	15	23
+12	Tóquio	14	24
-1	Toronto	6	17
-1	Washington	3	22

Jornal **Folha de S.Paulo**. 20 de maio de 2014.

a) Que tempo estava previsto para a capital de seu estado nesse dia?

b) Para quantas capitais foi previsto tempo parcialmente nublado?

c) Para que capitais estava previsto céu claro?

d) Em quantas capitais haveria pancadas de chuva?

13. Converse com um colega sobre as questões abaixo. Complete os espaços com base nas conclusões a que vocês chegaram.

a) No lugar onde você mora, durante a maior parte do ano:

☐ faz calor ☐ faz frio

b) O clima é:

☐ mais seco ☐ mais úmido

c) Em relação às chuvas:

☐ há uma época em que costuma chover mais

☐ elas são bem distribuídas ao longo do ano

14. Desenhe, no espaço abaixo, como está o tempo em seu município hoje.

15. Leia o texto a seguir:

> Os brasileiros gostam de aproveitar uma praia bonita recheada de coqueiros e casas de pescadores. Divertem-se nadando nas cachoeiras, pequenos riachos e nos grandes rios. Afinal, nós, brasileiros, somos privilegiados pela extensão de nosso território. O litoral, as florestas, os campos, planaltos e planícies no Brasil são espaços que conquistam a todos que valorizam a natureza, pela sua beleza e exuberância.
>
> **Vistas e paisagens do Brasil**, de Nereide Schilaro Santa Rosa. Rio de Janeiro: Pinakotheke, 2005.

- Que tal você e seus colegas confeccionarem um álbum intitulado "Vistas e paisagens do Brasil"? Vale desenhar, pintar, colar gravuras, postais e o que mais sua criatividade permitir.

16. Este é o mapa do estado do Paraná dividido em municípios.

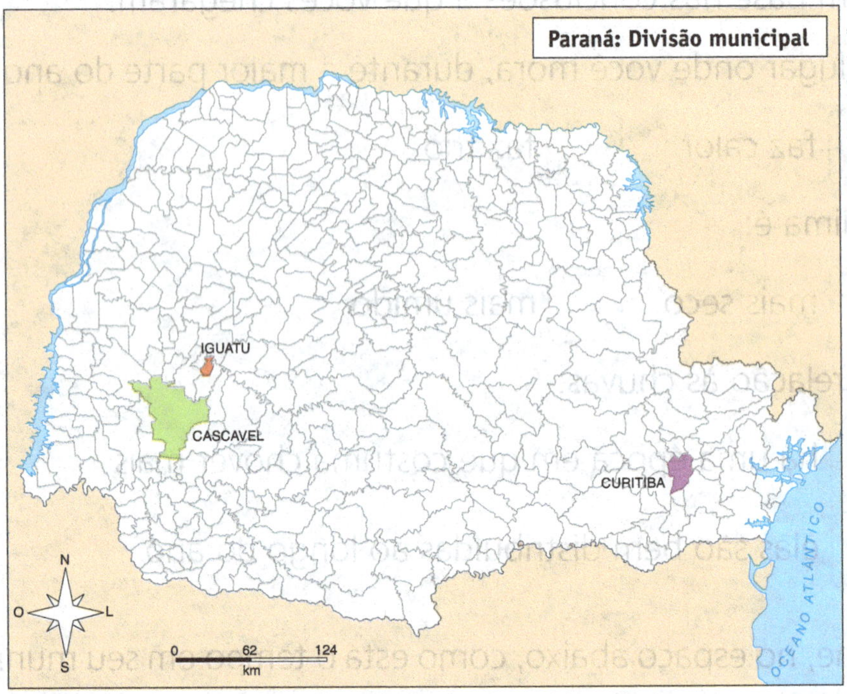

Organizado com base em: <www.cidadao.pr.gov.br>. Acesso em: 30 nov. 2010.

- Observe alguns dados sobre a população dos municípios destacados no mapa:

Iguatu
Área: 107 km^2
Pessoas residentes: 2 233
Pessoas residentes na área urbana: 1 438
Pessoas residentes na área rural: 795

Curitiba
Área: 435 km^2
Pessoas residentes: 1 746 896
Pessoas residentes na área urbana: 1 746 896
Pessoas residentes na área rural: 0

Cascavel
Área: 2 091 km^2
Pessoas residentes: 286 172
Pessoas residentes na área urbana: 270 009
Pessoas residentes na área rural: 16 163

Fonte: IBGE. Resultado dos dados preliminares do Censo 2010.

- Agora responda às perguntas no caderno.

a) Qual dos três municípios tem área maior?

b) Qual dos três tem a maior população residente?

c) Qual é a população rural de Curitiba? Por que você acha que isso acontece?

17. Escreva **V** para afirmativa verdadeira e **F** para afirmativa falsa.

☐ A pesca é uma atividade da indústria extrativa animal.

☐ A indústria de transformação comercializa as matérias-primas sem alterá-las.

☐ Quando o ser humano extrai minério das rochas está realizando uma atividade da indústria extrativa vegetal.

☐ A extração de minérios das rochas é uma atividade da indústria extrativa mineral.

18. Explique, com suas palavras, o que é:

a) indústria extrativa:

____

____

____

b) indústria de transformação:

____

____

____

c) matéria-prima:

____

____

____

____

19. Observe a foto. Ela mostra a produção de artesanatos.

Artesão confeccionando peças de madeira no município de Mostardas (RS). Foto de 2014.

- Agora, responda:

a) Como se chama a pessoa que pratica essa atividade?

____

b) Qual é a diferença entre essa atividade e a atividade industrial?

____

____

c) Em seu estado ou município, é comum encontrar pessoas que praticam atividades desse tipo? Cite alguns exemplos.

____

20. O que você sabe sobre os tipos de indústria que existem em seu estado? Faça uma pesquisa para responder às perguntas a seguir:

a) Que tipos de indústria de transformação existem em seu estado?

____

b) Existe algum tipo de indústria extrativa em seu estado? Qual?

____

21. Cite o nome de alguns profissionais que prestam serviços à sua família e o que cada um faz.

____

22. Observe a sinalização de trânsito ao redor de sua escola. Depois, pense nas seguintes questões e debata com os colegas:

a) A região ao redor de sua escola é bem sinalizada? Existe alguma rua ou local perigoso para os alunos?

b) Existem semáforos para carros e pedestres e faixas de segurança nos locais necessários?

c) Há um guarda de trânsito disponível para ajudar os alunos?

- Se preciso, apresentem à direção da escola sugestões para aumentar a segurança dos alunos e funcionários.

23. Os jornais impressos, além de trazer informações atualizadas, são também boas fontes de consulta. Quase todos os países do mundo têm seus jornais. Observe a foto:

Reprodução/Jornal *Diário de Pernambuco*

Primeira página do suplemento infantil Diarinho, publicado no dia 8 de março de 2014.

- Procure o suplemento infantil de algum jornal a que você tenha acesso (pode ser um jornal do país ou um de sua região). Depois, responda às seguintes perguntas:

a) Qual é o nome do suplemento infantil?

____

b) Copie a manchete e o texto que resume a matéria de capa.

____

____

c) Qual é o assunto principal da matéria de capa?

____

____

Ciências

1. Na Feira de Ciências da escola, Juliana pegou uma lanterna, um palito e uma bola de isopor para demonstrar os movimentos da Terra. Leia as perguntas que um colega fez à menina e ajude-a a respondê-las.

Fábio Sgroi/Arquivo da editora

a) O que representa a bola de isopor? ______________________

b) E a lanterna? ______________________

c) Que movimento é esse que a bola de isopor fez em volta dela mesma quando você girou o palito?

____

d) Qual é o movimento que você mostrou rodando a bola de isopor em volta da lanterna?

____

2. Observe as figuras abaixo.

Luciano da Matta/Ag. A Tarde/Folhapress

Banhistas na praia do Porto da Barra (BA), Brasil, em dezembro de 2013.

Mario Proença/Bloomberg/Getty Images

Pessoas caminhando em rua de Lisboa, Portugal, em janeiro de 2011.

• De acordo com as imagens, complete:

a) Se no Brasil o clima é ________________ , ao mesmo tempo, em Portugal o clima será ________________.

b) O movimento de ________________ da Terra é que proporciona a mudança de estações do ano.

c) Quando acontece o solstício de inverno em Portugal, significa o início do ________________ no Brasil.

3. Vamos observar o movimento do ar?

Movimento do ar

Material necessário

- 1 folha de papel sulfite;
- tesoura sem ponta;
- lápis ou caneta;
- linha de costura;
- luminária ou abajur.

Como fazer

1. Pegue a folha de papel sulfite e, com o lápis ou a caneta, desenhe uma espiral.

Fábio Sgroi/Arquivo da editora

2. Com uma tesoura sem ponta, recorte o papel sobre as linhas que você desenhou.

3. Numa das pontas, faça um furo com lápis e amarre uma linha de costura.
4. Coloque a montagem acima de um abajur e observe.

• Converse com os colegas e escreva o que aconteceu.

____

____

____

4. A pressão do ar tem uma força poderosa. Para comprovar isso, você pode fazer o truque do copo mágico. Veja a seguir como é fácil.

Pressão atmosférica

Material necessário

- copo com borda lisa;
- pedaço de papelão;
- água.

Como fazer

1. Encha o copo com água até a metade. Coloque o papelão sobre a boca do copo, tampando-o bem.
2. Firme a palma da mão sobre o papelão e, com cuidado, vire o copo de boca para baixo. Em seguida, tire a mão.

Ilustrações: Ilustra Cartoon/Arquivo da editora

- O que aconteceu com o papelão?

____

____

- E com a água do copo? Ela caiu?

____

____

- Por que você acha que isso aconteceu?

____

____

____

5. Vamos verificar como a água poluída pode penetrar nas plantas?

Poluição da água

Material necessário

- 1 recipiente com água;
- 1 flor branca;
- corante para alimentos (azul ou vermelho).

Como fazer

1. Peça a um adulto que apare o caule da flor.
2. Coloque no recipiente algumas gotas de corante até que ele se espalhe por toda a água. Imagine que o corante é a poluição.

Ilustrações: Ilustra Cartoon/ Arquivo da editora

3. Coloque a flor dentro do recipiente e deixe-a por algumas horas.

- O que aconteceu com a flor?

____

____

- Se o corante representa a poluição, o que você pode concluir?

____

____

____

6. Vamos fazer um experimento para compreender melhor como se dá o processo de formação das nuvens e a mudança de estado físico da água na natureza?

Fazendo nuvens

Material necessário

- 1 garrafa plástica transparente de 2 litros;
- 1 tampa de copo de requeijão;
- água quente;
- 1 funil;
- cubos de gelo.

Como fazer

Ilustra Cartoon/Arquivo da editora

1. Peça a um adulto que, com o auxílio do funil, encha a garrafa com a água quente (não use água fervendo, pois o plástico pode derreter).

2. Deixe a água descansar durante cinco minutos.
3. Depois retire mais da metade da água da garrafa.

4. Volte a colocar o funil no gargalo e, sobre ele, encaixe a tampa de requeijão. Depois insira vários cubos de gelo.

- O que aconteceu?

____

____

- Você sabe explicar por que isso aconteceu? Troque ideias com os colegas.

____

____

____

7. Você já sabe o quanto devemos valorizar a água que chega até nossas casas. Então, vamos fazer um experimento para ver como funcionam os filtros nas estações de tratamento de água?

Filtragem da água

Material necessário

- 1 garrafa de plástico vazia;
- um pouco de terra;
- 1 chumaço de algodão;
- 1 pote plástico transparente;
- algumas pedrinhas (cascalho);
- 1 copo com água suja ou turva;
- um pouco de areia grossa;
- luvas;
- um pouco de areia fina.

Como fazer

Fábio Sgroi/Arquivo da editora

1. Pegue a garrafa plástica já com o fundo cortado por um adulto.
2. Coloque o algodão no gargalo, sem apertar muito. Em seguida, utilizando as luvas, coloque a areia fina, a areia grossa e as pedrinhas, nessa ordem.
3. Para verificar a eficiência do filtro, coloque-o sobre o pote plástico transparente e despeje nele a água do copo, misturada com terra.

- Observe as características dessa água após a filtragem. O que acontece com ela? Escreva abaixo.

____

____

____

____

8. Que tal fazer uma experiência para verificar a permeabilidade dos solos?

Permeabilidade dos solos

Material necessário

- 2 garrafas plásticas transparentes de 2 litros;
- 2 chumaços de algodão;
- 2 copos de água;
- luvas;
- relógio;
- areia;
- argila.

Como fazer

1. Com o auxílio de um adulto, corte as garrafas plásticas ao meio.
2. Coloque um chumaço de algodão no gargalo de cada garrafa, sem apertar muito.
3. Encaixe a parte superior de cada garrafa dentro da parte inferior, com o gargalo virado para baixo, formando um funil.
4. Utilizando as luvas, coloque a mesma quantidade de solo em cada funil, sem comprimi-las.
5. Despeje um copo de água sobre cada amostra e marque o tempo que a água leva para atravessar a areia e a argila.

Ilustrações: Fabio Sgroi/Arquivo da editora

6. Compare a quantidade de água recolhida e o tempo gasto nos dois recipientes.

- Qual solo é mais permeável? Explique.

9. Você sabe o que é Geologia? É a ciência que estuda os terrenos, as rochas e a formação da Terra. O estudioso dessa ciência se chama geólogo. Vamos brincar de ser geólogo?

Brincando de geólogo

Material necessário

- 1 pequena pá ou colher;
- alguns saquinhos transparentes.

Como fazer

1. Com o material em mãos, vá a locais próximos (acompanhado de um adulto) e colete porções de terra. Você pode ir a jardins, à praia, no quintal de casa...
2. Evite tocar o solo com as mãos, para evitar risco de adquirir doenças.
3. Coloque cada amostra de terra em um saco plástico transparente. Feche os sacos plásticos e cole em cada um uma etiqueta com o nome do local de onde a amostra foi retirada.
4. Em um dia combinado, leve as amostras para a aula e junte com os colegas as que foram retiradas de um mesmo local.
5. Usando luvas de plástico e pinças, observem as amostras: cor e tamanho dos grãos, umidade e outras características.
6. No fim da atividade, lavem as mãos, mesmo tendo usado as luvas.

Ilustra Cartoon/Arquivo da editora

10. O que é necessário para que uma semente germine, produzindo uma nova planta? Para descobrir, basta seguir os passos do experimento abaixo. Em aproximadamente uma semana você já terá a resposta!

Germinação do feijão

Material necessário

- 16 grãos de feijão;
- um pouco de terra preta, seca;
- um pedaço de algodão;
- 8 copinhos plásticos;
- água;
- etiquetas;
- lápis;
- 1 seringa plástica sem a agulha;
- 1 caixa com furos (feitos por um adulto) e tampa.

Como fazer

1. Coloque um pedaço de algodão no fundo de quatro copinhos. Em seguida, despeje um pouco de terra nos outros copos. Coloque 2 grãos de feijão em cada um dos copinhos.

2. Identifique todos os copinhos com números de 1 a 8, conforme o desenho.

Ilustrações: Fábio Sgroi/ Arquivo da editora

3. Coloque os copinhos de números pares (2, 4, 6 e 8) na caixa com furinhos. Depois, feche-a com a tampa.

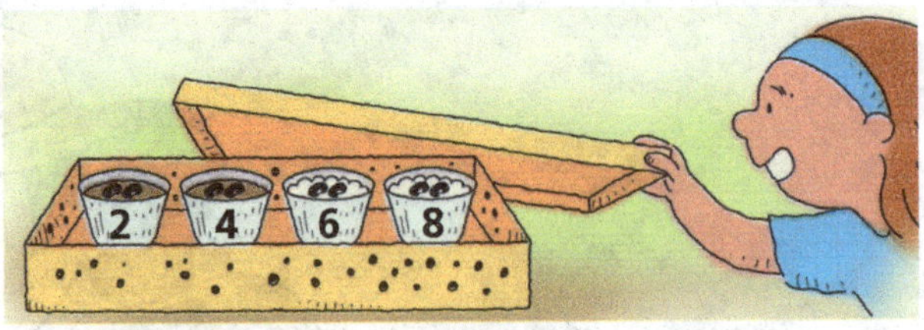

4. Agora, deixe os copos de número ímpares (1, 3, 5 e 7) em um local com bastante luminosidade.

5. Utilizando uma seringa, coloque a mesma quantidade de água na terra e no algodão dos copos 2 e 6 e depois 1 e 5. Procure não colocar água demais: só o suficiente para deixar o algodão e a terra molhados.

Ilustrações: Fábio Sgroi/Arquivo da editora

6. Repita o procedimento diariamente, mas não encharque o algodão nem a terra.

7. Observe durante uma semana para descobrir quais são os elementos vitais à germinação de uma semente. Utilize a tabela a seguir para orientar seus estudos.

teste de germinação			copo nº	resultado
com terra	com água	com luz	1	
		sem luz	2	
	sem água	com luz	3	
		sem luz	4	
com algodão	com água	com luz	5	
		sem luz	6	
	sem água	com luz	7	
		sem luz	8	

Balaio de ideias, de Sérgio Capparelli. Porto Alegre: Projeto, 2006. p. 18-9. Texto adaptado.

- Agora que você já sabe mais sobre a germinação e o crescimento dos vegetais, que tal fazer a mesma experiência com outras espécies?

Inglês

1. Match.

a

Asier Romero/Shutterstock/Glow Images

b

Rob Marmion/Shutterstock/Glow Images

c

Szasz-Fabian Ilka Erika/Shutterstock/Glow Images

d

luminaimages/Shutterstock/Glow Images

☐ Write your name.

☐ Read next page.

☐ Erase your name.

☐ Read the text.

2. Answer.

JOHN

Who is he?

____

What is his occupation?

____

MARY

Who is she?

____

What is her occupation?

____

GEORGE

Who is he?

____

What is his occupation?

____

BRENDA

Who is she?

____

What is her occupation?

____

3. Time for breakfast.

Y	T	C	O	O	K	I	E	S	R	E	W	Q
A	U	Z	I	P	S	A	J	U	I	C	E	O
B	U	T	T	E	R	D	F	G	H	J	L	M
X	S	V	A	R	T	C	Z	G	C	K	V	B
D	B	C	O	F	F	E	E	R	L	Y	Z	I
W	E	A	T	D	Y	F	I	B	R	E	A	D
O	P	K	B	L	N	K	C	J	H	G	F	N
S	M	E	A	U	Z	X	H	W	C	E	V	B
K	Q	J	I	M	L	Y	E	Z	X	C	B	M
V	S	A	O	R	I	C	E	T	Q	R	M	W
E	R	T	P	Y	U	O	S	I	P	A	I	S
A	D	F	J	K	L	Z	E	X	C	V	L	B
S	P	A	G	H	E	T	T	I	N	E	K	M

4. What do you wear? Circle and write.

1. ______________________ 11. ______________________
2. ______________________ 12. ______________________
3. ______________________ 13. ______________________
4. ______________________ 14. ______________________
5. ______________________ 15. ______________________
6. ______________________ 16. ______________________
7. ______________________ 17. ______________________
8. ______________________ 18. ______________________
9. ______________________ 19. ______________________
10. ______________________ 20. ______________________

Arte

1. A pintura e a fotografia são duas manifestações artísticas importantes. Observe as duas obras abaixo.

Francisco Faria/Galeria de Arte Virgilio

Sem título (mar), de Francisco Faria, 2003. Esta obra tem 150 cm de altura e 150 cm de largura.

Caio Reisewitz/Galeria Brito Cimino

Sem título (mar), de Caio Reisewitz, 2004. Esta obra tem 160 cm de altura e 176 cm de largura.

- Discuta oralmente com os colegas: qual dessas reproduções é fotografia e qual é pintura?

2. O artista baiano Marepe tirou várias fotografias de uma feira livre e pintou em todas elas, com guache branco, "bolhas" que parecem pertencer às cenas fotografadas. A esse processo dá-se o nome de **interferência**. Veja:

Cortesia: Galeria Luisa Strina

Detalhe da obra **Flutuantes da feira**, fotografia e guache de Marepe, 2004. Esta obra tem 33,5 cm de altura e 44 cm de largura.

- Tire e imprima uma foto de um local da região em que você estuda. Depois, faça uma interferência na imagem e cole-a abaixo.

3. Procure em revistas a imagem de um rosto visto de frente. Trace uma linha vertical na metade do rosto e recorte a imagem seguindo a linha traçada. Cole metade do rosto no quadro abaixo e complete a outra metade desenhando.

MARCHA CRIANÇA

INTEGRADO

LÍNGUA PORTUGUESA • MATEMÁTICA • HISTÓRIA
GEOGRAFIA • CIÊNCIAS • INGLÊS • ARTE

A coleção **Marcha Criança Integrado** vem acompanhada de cinco cadernos. Um para cada volume da coleção. Em cada caderno há atividades complementares para todas as disciplinas. Elas contribuem para o aprimoramento da aprendizagem dos alunos.

editora scipione

ISBN 978-85-262-9356-4
9 788526 293564